Klassische Texte der Wissenschaft

Gründungsherausgeber

Olaf Breidbach

Jürgen Jost

Reihe herausgegeben von

Jürgen Jost, Max-Planck-Institut für Mathematik in den Naturwissenschaften, Leipzig, Deutschland

Armin Stock, Zentrum für Geschichte der Psychologie, Universität Würzburg, Würzburg, Deutschland

Die Reihe bietet zentrale Publikationen der Wissenschaftsentwicklung der Mathematik, Naturwissenschaften, Psychologie und Medizin in sorgfältig edierten, detailliert kommentierten und kompetent interpretierten Neuausgaben. In informativer und leicht lesbarer Form erschließen die von renommierten WissenschaftlerInnen stammenden Kommentare den historischen und wissenschaftlichen Hintergrund der Werke und schaffen so eine verlässliche Grundlage für Seminare an Universitäten, Fachhochschulen und Schulen wie auch zu einer ersten Orientierung für am Thema Interessierte.

Jan Frercks · Jürgen Jost

Lavoisier

System der antiphlogistischen Chemie

2. Auflage

Mit einem Geleitwort von Friedrich Steinle

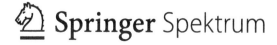 Springer Spektrum

Jan Frercks
Flensburg, Deutschland

Jürgen Jost
Max-Planck-Institut für Mathematik in den
Naturwissenschaften
Leipzig, Deutschland

ISSN 2522-865X   ISSN 2522-8668   (electronic)
Klassische Texte der Wissenschaft
ISBN 978-3-662-67256-3   ISBN 978-3-662-67257-0   (eBook)
https://doi.org/10.1007/978-3-662-67257-0

Die Deutsche Nationalbibliothek verzeichnet diese Publikation in der Deutschen Nationalbibliografie; detaillierte
bibliografische Daten sind im Internet über http://dnb.d-nb.de abrufbar.

Ursprünglich erschienen bei Suhrkamp, Frankfurt am Main, 2008
1. Auflage: © Suhrkamp Verlag, Frankfurt am Main 2008
2. Aufl.: © Der/die Herausgeber bzw. der/die Autor(en), exklusiv lizenziert an Springer-Verlag GmbH, DE, ein
Teil von Springer Nature 2023

Planung/Lektorat: Nikoo Azarm
Springer Spektrum ist ein Imprint der eingetragenen Gesellschaft Springer-Verlag GmbH, DE und ist ein Teil von
Springer Nature.
Die Anschrift der Gesellschaft ist: Heidelberger Platz 3, 14197 Berlin, Germany

Geleitwort

Welche wissenschaftlichen Werke als epochemachend geltend können, wissen wir immer erst im Rückblick. Im Fall des *Traité élémentaire de chimie* allerdings, den der Pariser Chemiker, Zollpächter und Verwaltungsdirektor Antoine Laurent de Lavoisier 1789 veröffentlichte, hat sich diese Überzeugung sehr rasch etabliert: Schon zum Zeitpunkt des Erscheinens des *Traité* teilte die Kerngruppe der Pariser Chemiker mit Lavoisier die Überzeugung, dass hier eine fundamentale Neubegründung der Chemie formuliert war. Mit dem Gestus des Neubeginns, der sein Lehrbuch durchzieht, hatte Lavoisier eine schon vor ihm gestellte Forderung nach einer Neuaufstellung der Chemie aufgegriffen. In Frankreich setzte sich diese Überzeugung, unter aktiver Mithilfe Lavoisiers, rasch durch. Wenngleich dieser Prozess in anderen europäischen Ländern später und auch komplexer verlief, war man sich in der chemischen Literatur schon vor 1800 weitgehend einig, dass der *Traité*, gleich wie man sich im Einzelnen zu seinen vielfältigen Aussagen stellte (und das war durchaus kontrovers!), eines der wichtigsten Werke der Chemie jener Zeit darstellte und deren Begriffssystem entscheidend veränderte. Der epochemachende Charakter des Werkes stand auch in der Geschichtsschreibung nie in Frage, wiewohl durchaus darüber gestritten wurde, wie er genau zu verstehen war und ob die Rede von einer „Revolution" (die manche schon in Lavoisiers Zeit verwendeten) passend oder eher fehl am Platze war. Lavoisier selbst sollte 1794 der politischen Revolution zum Opfer fallen, die im Jahr der Veröffentlichung des *Traité* ausgebrochen war.

Drei Punkte sind es, an denen die Wichtigkeit des Werkes bis heute festgemacht wird: Lavoisier formulierte einen operationalen Begriff der „einfachen Substanz", der eine pragmatische, aber immer mit Vorläufigkeit versehene Identifikation chemischer Elemente erlaubte. Hierauf aufbauend propagierte er eine von Grund auf veränderte, systematisch aufgebaute chemische Nomenklatur nach dem Vorbild der binären Terminologie, die Carl von Linné wenige Jahrzehnte zuvor für den Bereich des Lebendigen eingeführt hatte. Und drittens schlug Lavoisier ein neues Verständnis der Verbrennungs- und Kalzinierungsvorgänge vor, das radikal mit der weit verbreiteten und erfolgreichen Auffassung eines als Phlogiston bezeichneten Verbrennungsprinzips brach. Alle genannten Punkte waren durch andere schon angedacht worden, aber Lavoisier gab ihnen erstmals höchst markanten und systematischen Ausdruck und Begründung. Für die deutsche Übersetzung, drei Jahre nach dem französischen Original erschienen, spitzte der Apotheker und Chemiker Sigismund F. Hermbstaedt den Titel allerdings in markanter Weise zu: Aus all dem, was Lavoisiers „Elementare Abhandlung der Chemie" (so die wörtliche Übersetzung des Titels) zu bieten hatte, betonte er einzig die antiphlogistische Chemie als zentralen Punkt und befeuerte damit im deutschen Sprachraum eine intensive und oft polemische Diskussion. Zu den Hintergründen dieser Zuspitzung gibt der Kommentar in dieser Ausgabe beredt Auskunft. Als ein Dreh- und Angelpunkt moderner Wissenschaftsentwicklung ist Lavoisiers *Traité* schon häufig Gegenstand wissenschaftshistorischer Untersuchung geworden – die Auswahlbibliographie in der vorliegenden Ausgabe illustriert das in markanter Weise. Die deutsche Übersetzung hingegen war weit seltener im Blickfeld. Von daher war es hochwillkommen, dass Olaf Breidbach 2008 sie (in gekürzter Form) im Rahmen der Suhrkamp Studienbibliothek neu zugänglich machte, und es ist wunderbar, dass diese längst vergriffene Ausgabe nun im Rahmen der ‚Klassische[n] Texte der Wissenschaft' wieder erscheint. Der Kommentar, mit dem Jan Frercks 2008 die Neuausgabe versah, ist mit über 200 Seiten eine Studie in eigenem Recht. Er entwickelt den theoretischen und praktischen Kontext, in dem das Werk und seine Übersetzung entstanden, führt in detaillierter Weise durch den Text, mit Blick auf Theorien, Begriffe, Verfahren und Instrumente, und gibt einen Abriss der Rezeptionsgeschichte und der dabei erkennbaren unterschiedlichen Einschätzungen von Lavoisiers Werk. Damit fasst er nicht nur in hervorragender Weise zusammen, was die Wissenschaftsgeschichtsschreibung zu Lavoisiers *Traité* bis dato hervorgebracht hatte, sondern nimmt auch einen kritisch-evaluierenden Blick auf die Entwicklung der Geschichtsschreibung selbst. Der Kommentar zählt nach wie vor zum historisch gründlichsten, umsichtigsten und historiographisch ausgefeiltesten, was die Wissenschaftsgeschichtsschreibung zu Lavoisiers *Traité* zu bieten hat, und es ist hoch zu begrüßen, dass er hier unverändert wieder abgedruckt wird.

Natürlich ging und geht die Beschäftigung mit dem Werk weiter. Ein besonders markantes Beispiel der Fruchtbarkeit solcher Untersuchungen hat Hasok Chang mit seiner Studie ‚*Is Water H_2O? Evidence, Realism and Pluralism*' 2012 vorgelegt. In einer Verbindung wissenschaftshistorischer und -philosophischer Ansätze stellte er u.a. die Frage, wie es sein konnte, dass Lavoisiers Ansätze in ihrer Zeit keinesfalls uneingeschränkte Anerkennung erfuhren und dass auch hocherfahrene und bedeutende Chemiker sich vehement gegen Lavoisiers neue Verbrennungstheorie wandten. Durch Ausloten chemischer Arbeitsfelder, die meist nicht im Vordergrund der Diskussion standen, konnte er deutlich machen, dass in vielen Bereichen die praktische Brauchbarkeit der Phlogistontheorie einfach zu deutlich war, als dass man sie leicht aufgeben konnte.

Lavoisiers *Traité*, sein Kontext, seine Rezeptionsgeschichte und die daran anknüpfende, bis heute unabgeschlossene Debatte um den Begriff der ‚chemischen Revolution' stellen einen herausragenden Fall dar, an dem die Komplexität von Entwicklungen der Naturwissenschaft und auch der Wissenschaftsgeschichtsschreibung deutlich werden. So kann man dieser Neuausgabe von Werk und Kommentar nur eine möglichst breite Leserschaft wünschen!

Berlin   Friedrich Steinle
im April 2021

Vorwort

Bücher haben ihre Geschichte, nicht nur ihre Entstehungs-, Rezeptions-und Wirkungsgeschichte, sondern auch ihre verlegerische Geschichte.

Antoine Laurent de Lavoisier (1743-1794) gilt als der Begründer der modernen Chemie. Nach einer vorzüglichen naturwissenschaftlichen Ausbildung studierte er Jura und wurde 1764 Doktor der Rechte. 1768 trat er in die Ferme générale ein, die Organisation der Zoll-und Steuerpächter, und stieg dort rasch auf. Durch seine administrativen Fähigkeiten konnte er nicht nur in verschiedenen öffentlichen Funktionen manche Missstände beseitigen und technische, wirtschaftliche und soziale Neuerungen einführen, sondern auch ein bedeutendes Vermögen erwerben. Durch mineralogische und geologische Forschungen gelang ihm schon 1768 die Aufnahme in die Académie Francaise. Auch dort bekleidete er später leitende Positionen und wurde 1784 Direktor der Académie des Sciences. Zusammen mit seiner Frau Marie-Anne Pierrette Paulze Lavoisier (1758-1836) betrieb er chemische Experimente, die sich durch systematisches Wiegen und Messen mittels speziell angefertigter und sehr teurer Präzisionsinstrumente und sorgfältiges Protokollieren auszeichneten. Zu den theoretischen Grundlagen gehörten das Prinzip der Erhaltung der Masse, eine neue Konzeption chemischer Elemente und die Verwendung einer neuen chemischen Nomenklatur. Bahnbrechend waren seine Analyse von Verbrennungsvorgängen und deren Erklärung durch das Prinzip der Oxydation, welche die Rolle des Sauerstoffs hervorhob. Dies war der Schlüssel zu seiner neuen Chemie, die auch Theorien der Säuren und des Atemvorganges umfasste. Seine Untersuchungen widerlegten die damals vorherrschende Phlogistontheorie.

Lavoisiers Hauptwerk *Traité élémentaire de chimie* erschien im Jahre 1789. Lavoisier selbst wurde im Jahre 1794 wegen seiner früheren Tätigkeit in der verhassten Ferme générale während der französischen Revolution hingerichtet, aber schon 1795 offiziell rehabilitiert. Seine Witwe, die nicht nur eine wichtige Mitarbeiterin ihres Mannes bei dessen chemischen Versuchen gewesen war, sondern insbesondere auch 13 Kupferstiche für den *Traité* erstellt hatte, kümmerte sich dann um seinen wissenschaftlichen Nachlass. Das Werk begründete schon im Urteil seiner Zeitgenossen eine *Chemische Revolution*, und diese Einschätzung bleibt auch heute noch gültig. Lavoisiers Erklärung des Verbrennungsvorgangs und der Rolle des Sauerstoffs auch bei anderen chemischen Vorgängen

wie auch seine quantitative Bilanzmethode und seine systematische chemische Nomenklatur haben die seinerzeitige Chemie revolutioniert und die weitere Entwicklung dieser
Wissenschaft geprägt.

Das Werk wurde schon ein Jahr nach seinem Erscheinen ins Englische übersetzt. Seit-
her sind viele weitere französische Ausgaben wie auch solche in verschiedenen anderen
Sprachen erschienen. Eine deutsche Übersetzung durch Sigismund Friedrich Hermbstädt
(1760-1833) erschien 1792 als *System der antiphlogistischen Chemie von Anton Lorenz
Lavoisier*, also mit einer expliziten, im Titel des französischen Originals nicht enthaltenen Wendung gegen die damals noch vorherrschende Phlogistontheorie von Georg Ernst
Stahl (1659-1734), welche Verbrennungsvorgänge mittels eines Wärmestoffes zu erklären
versuchte. Hermbstädt war Pharmazeut und Chemiker; durch seine Beiträge zu technischen Anwendungen der Chemie spielte er eine wichtige Rolle in der Modernisierung
und Rationalisierung der preußischen Landwirtschaft und der gewerblichen und industri-
ellen Produktion seiner Zeit. Hermbstädts Übersetzung verhalf Lavoisiers neuer Chemie
in Deutschland zum Durchbruch.

Jan Frercks hat aus der 2. Auflage von 1803 die wesentlichen Teile ausgewählt, durchgesehen und behutsam überarbeitet. Weitere deutsche Ausgaben sind mir abgesehen
von einigen Digitalisaten im Internet nicht bekannt. Daher füllt Frercks' Ausgabe eine
bedeutende wissenschaftsgeschichtliche Lücke.

Dieses Buch sollte den Auftakt einer Reihe naturwissenschaftlicher Texte in der *Suhr-
kamp Studienbibliothek* bilden, die mein gutter Freund und wichtiger wissenschaftlicher
Partner Olaf Breidbach im Suhrkamp-Verlag angeregt hatte, und es erschien dort im
Jahre 2008. Aber nach dem Tode seines langjährigen Verlegers Siegfried Unseld, der den
Verlag geprägt und zu seiner herausragenden Rolle im intellektuellen Leben des deut-
schen Sprach- und Kulturraumes geführt hatte – und wohl nicht nur zufällig waren die
Kürzel *SU* des Verlages auch gleichzeitig die Initialen seines Verlegers –, war der Ver-
lag in innere Turbulenzen geraten, die eine Fortsetzung der enthusiastisch begonnenen
Reihe verhinderten. Schon der zweite geplante Band, mein eigener Kommentar zu Rie-
manns *Ueber die Hypothesen, welche der Geometrie zu Grunde liegen*, die die modern
Geometrie begründeten und die mathematische Grundlage für Einsteins allgemeine Rela-
tivitätstheorie und die heutige Quantenfeldtheorie legten, konnte bei Suhrkamp nicht mehr
erscheinen. In dieser Situation wandte ich mich an den Springer-Verlag, zu dem ich durch
verschiedene Buchprojekte schon gute Beziehungen aufgebaut hatte, wegen der Möglichkeit einer Übernahme der Reihe. Dies gelang, und so wurde ich selbst von einem
Bandautor zu einem Mitherausgeber der Reihe. Die wissenschaftliche und internatio-
nale Ausrichtung des Springer-Verlages ermöglichte dann auch eine neue Konzeption der
Reihe als *Klassische Texte der Wissenschaft* und insbesondere auch die Gründung einer
parallelen englischsprachigen Reihe *Classic Texts in the Sciences*. Dies wurde von Seiten des Verlages kompetent und engagiert von dem leider kürzlich verstorbenen Clemens
Heine verwirklicht.

Im Herbst 2013 wurde bei Olaf Breidbach eine schwere Erkrankung diagnostiziert, welcher er im Juli 2014 traurigerweise erlag. Zur Fortführung der Reihe konnte ich dann aber Armin Stock als neuen Mitherausgeber gewinnen. Weil nun bei der Übernahme der Reihe Springer auch die Rechte an dem seinerzeit noch bei Suhrkamp erschienenen Lavoisierband erworben hatte, bestand der natürliche Wunsch, diesen Gründungstext der modernen Chemie in unserer Reihe noch einmal herauszugeben, insbesondere auch, weil der seinerzeitige Herausgeber und Autor Jan Frercks mit seinem Kommentar auch einen herausragenden wissenschaftsgeschichtlichen Beitrag geleistet hatte. Die Reihe hat sich nämlich erfolgreich etablieren können, und wir konnten insbesondere auch verschiedene weitere klassische Texte der Chemie herausgeben, u.a. von Liebig, Meyer und Ostwald; weitere Bände sind in Planung. Nachdem sich Jan Frercks dankenswerter Weise mit einer unveränderten Neuausgabe einverstanden erklärt hatte, blieben immer noch einige rechtliche und technische Hürden bestehen, die aber durch das Engagement verschiedener Mitarbeiterinnen des Springer-Verlages, Annika Denkert, Stefanie Wolf und Nikoo Azarm, letztendlich überwunden werden konnten. Ich möchte an dieser Stelle auch Friedrich Steinle für sein schönes Geleitwort danken und freue mich sehr, nun diesen wirklich klassischen Text der Wissenschaft erneut vorlegen zu können.

Leipzig
den 22.12.2022

Jürgen Jost

Inhaltsverzeichnis

Suhrkamp Studienbibliothek 12

Die naturwissenschaftlichen Texte der *Suhrkamp Studienbibliothek*
werden herausgegeben von Olaf Breidbach

Dieser Band der Reihe *Suhrkamp Studienbibliothek* (stb) bietet eine
gekürzte Fassung von Antoine Laurent Lavoisiers *System der antiphlogistischen Chemie* (*Traité élémentaire de chimie*, Paris 1789). Die
deutsche Übersetzung stammt von Sigismund Friedrich Hermbstaedt; sie wurde von Jan Frercks durchgesehen und revidiert. In
höchst lesbarer und informativer Weise erschließt der Kommentar
von Jan Frercks den historischen wie theoretischen Horizont des
Werkes. Alle erforderlichen Informationen werden in kompakter
und übersichtlicher Weise gebündelt. Der Band eignet sich daher
nicht nur als erste Orientierung für Theorieeinsteiger, sondern stellt
auch eine ideale Grundlage für Lektürekurse an Schule und Universität dar.

Jan Frercks ist wissenschaftlicher Mitarbeiter an der Hochschule für
Gestaltung in Offenbach.

Antoine Laurent Lavoisier
System der antiphlogistischen Chemie

Aus dem Französischen von
Sigismund Friedrich Hermbstaedt
Übersetzung durchgesehen von Jan Frercks

Kommentar von
Jan Frercks

Suhrkamp

Bibliografische Information Der Deutschen Nationalbibliothek
Die Deutsche Nationalbibliothek verzeichnet diese Publikation
in der Deutschen Nationalbibliografie; detaillierte bibliografische Daten
sind im Internet über http://dnb.d-nb.de abrufbar.

Suhrkamp Studienbibliothek 12
© Suhrkamp Verlag Frankfurt am Main 2008
Erste Auflage 2008
Satz: pagina GmbH, Tübingen
Druck: Druckhaus Nomos, Sinzheim
Printed in Germany
Umschlag: Werner Zegarzewski
ISBN 978-3-518-27012-7

1 2 3 4 5 6 – 13 12 11 10 09 08

Inhalt

I.

Antoine Laurent Lavoisier
System der antiphlogistischen Chemie

Antoine Laurent Lavoisiers *Traité élémentaire de chimie* erschien in Paris 1789. Die deutsche Übersetzung unter dem Titel *System der antiphlogistischen Chemie* stammt von Sigismund Friedrich Hermbstaedt (Berlin und Stettin 1792). Für die vorliegende Ausgabe wurden Teile dieser Übersetzung ausgewählt. Die Übersetzung wurde mit dem Original verglichen und an wenigen Stellen verbessert. Zur Textgestalt siehe die Hinweise am Ende der Einleitung (Seite 196-200). Am Rand findet sich eine Zeilenzählung für jede Seite. Die Pfeile am Textrand verweisen auf Erläuterungen zu Namen, Begriffen, Apparaturen und chemischen Substanzen, auf den Nachweis zitierter Literatur sowie auf Hinweise zur Übersetzung im Stellenkommentar (Seite 349-375).

Des Herrn Lavoisier

der Königl. Akademie der Wissenschaften, der Königl. Societät der Aerzte, wie auch der Societät der Ackerbaukunst zu
Paris und Orlean; der Königl. Großbritt. Societät zu London;
des Instituts zu Bologna; der Helvetischen Societät zu Basel;
der Societäten zu Harlem, Manchester, Padua u.s.w. Mitglied

System
der
antiphlogistischen Chemie

aus dem Französischen übersetzt
und
mit Anmerkungen und Zusätzen versehen
von

D. Sigismund Friedrich Hermbstädt

Professor der Chemie und Pharmacie, bei dem Königl. Col-
legio Medico Chirurgico; und Königl. Preuß. Hofapotheker
zu Berlin; der Römisch. Kaiserl. Akademie der Naturforscher;
der Churfürstl. Maynzischen Akademie der Wissenschaften;
der Gesellschaft naturforschender Freunde zu Berlin, und der
naturforschenden Gesellschaft zu Halle Mitglied.

Mit zehn Kupfertafeln.
Erster Band.
Berlin und Stettin
Bei Friedrich Nicolai.

1792.

Lavoisier's
System
der antiphlogistischen Chemie

Erster Theil

Einleitung.

Da ich diese Arbeit unternahm, war es bloß meine Absicht, die
in der öffentlichen Sitzung der Akademie im April 1787 von
mir vorgelesene Abhandlung, über die Nothwendigkeit, die
chemische Nomenklatur zu verbessern und sie zu vervollkommnen, mehr auseinander zu setzen. Bei der Arbeit selbst,
fühlte ich aber mehr wie jemals die Evidenz derjenigen Grundsätze, welche der Abt von Condillac in seiner Logik, und in
einigen andern seiner Werke gegründet hat; indem er annimmt: daß wir nur mit Hülfe der Worte denken; daß die
Sprachen wahre analytische Methoden sind; daß die Algebra,
welche unter allen Ausdrucksarten, die einfachste, bestimmt-
teste, und ihrem Gegenstande angemessenste ist, zugleich als
Sprache und als analytische Methode betrachtet werden kann;
kurz daß die Kunst zu räsoniren, sich auf eine wohl geordnete
Sprache zurückführen läßt. Und in der That, da ich mich nur
mit der Nomenklatur zu beschäftigen glaubte; da es bloß
meine Absicht war, die chemische Sprache zu vervollkommnen, entstand unvermerkt unter meinen Händen, ohne daß
ich es zu hindern vermochte, dieses chemische Elementarwerk.

 Die Unmöglichkeit, die Nomenklatur von einer Wissenschaft, und die Wissenschaft von der Nomenklatur abzuson-
dern, hat ihren Grund darin, daß jede physische Wissenschaft,
nothwendig aus drei Stücken zusammengesetzt ist, 1) aus einer
Reihe Thatsachen, die die Wissenschaft bilden, 2) aus Vorstellungen, welche sie uns ins Andenken bringen; und 3) aus
Worten, welche die Thatsachen ausdrücken: denn das Wort
muß die Vorstellung erzeugen, und die Vorstellung muß die
Thatsache mahlen. Dieses sind drei Abdrücke eines und eben
desselben Siegels; da aber durch die Worte, die Vorstellungen

aufbewahrt und mitgetheilt werden, so folget daraus, daß man
die Sprache nicht vervollkommnen kann, ohne zugleich die
Wissenschaft vollkommener zu machen; so wie man gegenseitig nicht die Wissenschaft vervollkommnen kann, ohne die
Sprache zu verbessern; folglich, möchten auch die Thatsachen
noch so gewiß, und die durch sie erzeugten Vorstellungen,
noch so richtig seyn, so würden sie doch nur falsche Eindrücke
machen, wenn wir nicht genaue Ausdrücke hätten, um sie
wieder darzustellen.

Der erste Theil dieses Werks, wird jedem, der darüber recht
nachdenken will, von der Wahrheit jener Sätze, zahlreiche Beweise ablegen. Da ich mich indessen genöthiget sehe, in diesem Werke eine Ordnung zu befolgen, die wesentlich von
derjenigen abweicht, welche bisher in allen chemischen Lehrbüchern angenommen worden ist; so ist es meine Pflicht, die
Gründe zu rechtfertigen, welche mich dazu bewogen haben.

Es ist ein ausgemachter Grundsatz, dessen Allgemeinheit,
sowohl in der Mathematik, als in allen übrigen Arten von
Kenntnissen, anerkannt ist, daß wir, um uns zu belehren, nur
von dem Bekannten zum Unbekannten fortschreiten können.
In der ersten Kindheit, entstehen unsere Vorstellungen, aus
unsren Bedürfnissen. Die Empfindung unsrer Bedürfnisse erzeugt die Vorstellung von den Gegenständen, welche geschickt
sind, die erstern zu befriedigen. Durch eine Folge von Empfindungen, bilden sich Beobachtungen, Analysen und succes-
sive Ideenverbindungen, davon ein aufmerksamer Beobach-
ter, sogar bis auf einen gewissen Punkt, den Faden und die
Verkettung auffinden kann; und sie allein sind es, welche das
Ganze unsers Wissens ausmachen.

Wenn wir uns zum erstenmal dem Studio einer Wissenschaft ergeben, so sind wir in Rücksicht dieser Wissenschaft in
einem Zustande, der dem sehr analog ist, worin sich die Kinder befinden; und der Weg dem wir folgen müssen, ist grade
der, welchen die Natur in der Bildung ihrer Vorstellungen
einschlägt. Eben so wie dem Kinde die Vorstellung eine Wirkung der Empfindung ist, die Empfindung aber die Vorstel-

lung bei ihm erzeugt; eben so müssen auch für denjenigen, welcher die Physik zu studiren anfängt, die Vorstellungen nur eine Consequenz, eine unmittelbare Folge einer Erfahrung, oder einer Beobachtung seyn.

Hier erlaube man mir noch beizufügen, daß derjenige, welcher die Laufbahn der Wissenschaften antritt, sich in einer weniger vortheilhaften Lage befindet, als das Kind, das seine ersten Vorstellungen erhält; denn wenn das Kind sich in den heilsamen oder schädlichen Wirkungen der Gegenstände, die es umgeben, irrt; so giebt ihm die Natur eine Menge Mittel an die Hand, sich wieder zurecht zu helfen. In jedem Augenblick kommt seiner Beurtheilung die Erfahrung zu Hülfe; Beraubung oder Schmerz folgen gleich einem falschen Urtheile nach; Genuß und Vergnügen dagegen, einem richtigen; und unter solchen Lehrern, bei denen man, bei Strafe der Beraubung oder des Duldens, nicht falsch urtheilen darf, wird man bald consequent, und man urtheilt bald richtig.

Dies ist aber nicht der Fall beim Studiren, und in der Ausübung der Wissenschaften. Die falschen Urtheile die wir fällen, interessiren weder unsre Existenz noch unser Wohlseyn; kein physisches Interesse fordert uns auf, uns zu berichtigen; dagegen die Einbildung, die uns unaufhörlich über die Wahrheit zu erheben sucht; die Eigenliebe, und das Zutrauen in uns selbst, das sie uns so schön einzuflößen weis, uns gemeinschaftlich zwingen, Schlüsse zu machen, die nicht unmittelbar aus Thatsachen folgen; so daß wir gewissermaßen dabei interessirt sind, uns selbst irre zu führen. Man darf sich daher gar nicht wundern, daß man in der Physik, statt zu urtheilen, Voraussetzungen machte; daß diese Voraussetzungen, die ein Zeitalter dem andern überlieferte, durch das Gewicht ihres erhaltenen Ansehns, noch mehr täuschen, und endlich sogar von guten Köpfen, als Grundwahrheiten angesehen, und aufgenommen wurden.

Das einzige Mittel solche Irrwege zu meiden, bestehet darin, daß wir unser Räsonnement, das allein uns irre führen kann, soviel wie nur möglich ist, zurückhalten, oder wenig-

stens simplificiren; daß wir dasselbe zur Probe immer mit der
⇨ Erfahrung vergleichen; daß wir nur Thatsachen aufbewahren;
denn sie sind das allein von der Natur Gegebene, und können
uns nicht trügen; daß wir endlich die Wahrheit nur in der
5 natürlichen Verkettung der Erfahrungen und Beobachtungen
suchen; eben so wie die Mathematiker zur Auflösung einer
Aufgabe, nur durch die einfache Stellung der Sätze gelangen,
und in dem sie das Räsonnement auf ganz sinnliche Operationen, auf ganz kurze Schlüsse zurückbringen, die Evidenz
10 nie aus den Augen verlieren, die ihnen zur Führerin dient.

Von dieser Wahrheit überhaupt, habe ich mir das Gesetz
aufgelegt, nie anders als vom Bekannten zum Unbekannten
fortzugehen; keinen Schluß zu ziehen, der nicht unmittelbar
aus Erfahrungen und Beobachtungen fließt; und die Thatsa-
15 chen und chemischen Wahrheiten, in einer solchen Ordnung
zusammen zu ketten, in welcher sie dem Anfänger verständlich werden.

Da ich mir diesen Plan entwarf, so war es unmöglich, mich
nicht von dem gewöhnlichen Wege zu entfernen. In der That
⇨ 20 ist es ein Fehler, der allen chemischen Lehrbüchern gemein ist,
daß sie gleich bei dem ersten Schritt Kenntnisse voraussetzen,
die der Schüler oder der Leser, erst in den folgenden Lektionen
⇨ erhalten soll. Fast alle fangen damit an, daß sie die Grundstoffe
⇨ der Körper abhandeln; und die Tabellen der Affinitäten er-
25 klären, ohne zu bedenken, daß man gleich vom ersten Tage an
dabei genöthigt ist, die Haupterscheinungen der Chemie zu
überschauen, und sich solcher Ausdrücke zu bedienen, die
noch nicht erklärt worden sind; und bei denen die Wissenschaft als bekannt vorausgesetzt werden muß, die ihnen erst
30 gelehrt werden soll. Auch ist es bekannt, daß man beim ersten
Vortrage der Chemie nur wenig lernt; daß kaum ein Jahr hinreichend ist, das Ohr mit der Sprache, die Augen mit den
Operationen, vertraut zu machen: und daß es fast unmöglich
ist, einen Chemiker, in weniger als drei oder vier Jahren zu
35 bilden.

Diese genannten Schwierigkeiten, liegen nicht so sehr in

der Natur der Dinge, als in der Form des Unterrichts; und
eben dieses hat mich bewogen, der Chemie einen Weg anzu-
weisen, der der Natur am angemessensten zu seyn scheint. Es
ist mir dabei nicht entgangen, daß ich, wenn ich eine Schwierigkeit vermeiden wollte, in eine andere gerieth, und daß es   5
unmöglich seyn würde, sie alle zu übersteigen. Allein ich
glaube, daß die noch zu hebenden Schwierigkeiten gar nicht
zu der Ordnung gehören, die ich mir vorgeschrieben habe; daß
sie vielmehr eine Folge des unvollkommenen Zustandes sind,
worin sich die Chemie noch jetzt befindet. Diese Wissenschaft   10
weiset zahlreiche Lücken auf, welche die Reihe der Thatsachen
unterbrechen, welche mühsame und schwierige Verbindungen erheischen. Sie hat nicht wie die Elementar-Geometrie,   ⇐
das Glück, eine vollständige Wissenschaft zu seyn, deren
Zweige untereinander alle genau zusammenhängen; zugleich   15
ist aber ihre wirkliche Laufbahn so schnell, die Thatsachen
lassen sich in der neuen Lehre auf eine so glückliche Art zusammen stellen, daß wir selbst in unsern Tagen hoffen können, sie um ein merkliches dem Grade der Vollkommenheit
näher bringen zu sehen, den sie zu erreichen fähig ist.   20

Das strenge Gesetz, das ich nicht übertreten durfte, niemals
mehr zu folgen, als die Versuche aufweisen, und niemals das
Stillschweigen der Thatsachen zu ersetzen, erlaubte mir nicht,
in diesem Werke, den Theil der Chemie aufzunehmen, der
vielleicht am fähigsten ist, dereinst eine genaue Wissenschaft   25
zu werden; ich meine den Theil, welcher von den chemischen
Attraktionen oder Wahlanziehungen handelt. Die Herren   ⇐
Geoffroy, Gellert, Bergmann, Scheele, Morveau, Kirwan und   ⇐
viele andere, haben schon eine Anzahl besondrer Thatsachen
gesammelt, die nur noch auf einen Standpunkt warten, der   30
ihnen angewiesen werden soll; allein die Hauptsätze fehlen,
oder wenigstens sind die welche wir haben, weder bestimmt
noch gewiß genug, um die Grundlage zu werden, worauf ein
so wichtiger Theil der Chemie ruhen soll. Die Lehre von den
Attraktionen, ist überhaupt für die gewöhnliche Chemie das,   35
was die transcendentelle Geometrie, für die Elementargeo-   ⇐

metrie ist, und ich glaubte nicht, durch so große Schwierigkeiten, einfache und leichte Anfangsgründe, compliciren zu
müssen, die wie ich hoffe, einer sehr großen Anzahl von Lesern
begreiflich seyn werden. Vielleicht hat ein Gefühl von Eigenliebe, ohne daß ich es mir gestanden habe, diesen Bemerkungen Gewicht gegeben. Hr. v. Morveau steht im Begriff, den
Artikel der Attraktion, der Encyclopédie méthodique herauszugeben, und ich hatte mancherlei Bewegungsgründe, warum
ich mir es nicht zutraute, mich mit ihm in einen Wettstreit
einzulassen.

Man wird vielleicht erstaunen, in diesem chemischen Elementarwerke, kein Kapitel über die uranfänglichen Bestandtheile und Elemente der Körper zu finden: allein hier muß ich
bemerken, daß dieser Hang zum Verlangen, daß alle Naturkörper nur aus drei oder vier Elementen zusammengesetzt
seyn sollen, von einem Vorurtheile abstammt, das wir ursprünglich den griechischen Philosophen zu danken haben.
Die Voraussetzung von vier Elementen, welche durch ihre
mannichfaltigen Verhältnisse, alle uns bekannten Körper bilden, ist eine bloße Hypothese, die lange Zeit vorher erdacht
worden ist, bevor man noch die allerersten Kenntnisse, der
Experimentalphysik und Experimentalchemie, erlangt hatte.
Man hatte noch keine Thatsachen, und machte Systeme; und
jetzt da wir Thatsachen gesammelt haben, scheint es, als wollten wir sie zurückstossen, wenn sie nicht mit unsern Vorurtheilen übereinstimmen; so sehr ist es wahr, daß das Gewicht
des Ansehens dieser Väter der menschlichen Philosophie, sich
noch fühlen läßt, und daß es ohne Zweifel, noch künftige
Generationen drücken wird.

Ein sehr merkwürdiger Umstand ist es, daß wenn man die
Lehre von den vier Elementen vortrug, es keinen Chemiker
gab, der nicht durch die Kraft der Thatsachen dazu gebracht
worden wäre, eine größere Anzahl festzusetzen. Die ersten
Chemisten, welche seit der Erneuerung der Wissenschaften
geschrieben haben, sahen den Schwefel und das Salz als Ele-
mentarsubstanzen an, die mit einer großen Anzahl von Kör-

pern in Verbindung ständen; sie erkannten also die Existenz
von sechs Elementen, anstatt von vieren. Becher nahm drei
Erden an, und seiner Meinung nach, entstand aus ihrer Verbindung in verschiedenen Verhältnissen, die Verschiedenheit,
welche unter den Natursubstanzen statt findet. Stahl modi- 5
ficirte dieses System, und alle Chemiker nach ihm, erlaubten
sich; darin Aenderungen zu machen, ja sogar andere Systeme
zu ersinnen; allein alle ließen sich von dem Geiste ihres Zeitalters hinreißen, der mit Behauptungen ohne Beweise zufrieden war, oder doch oft sehr geringe Wahrscheinlichkeiten, als 10
solche ansahe.

Alles was man über die Anzahl und die Natur der Elemente
sagen kann, schränkt sich meiner Meinung nach, bloß auf
metaphysische Untersuchungen ein: es sind unbestimmte
Aufgaben, die man aufzulösen sich vornimmt, und die einer 15
unendlichen Art von Auflösungen fähig sind; von denen es
aber sehr wahrscheinlich ist, daß keine insbesondre, mit der
Natur übereinstimmt. Ich werde mich also damit begnügen,
zu sagen, daß wenn wir mit dem Namen Elemente, die einfachen untheilbaren Theilchen belegen, aus welchen die Kör- 20
per zusammengesetzt sind; so ist es wahrscheinlich, daß wir sie
nicht kennen. Verbinden wir im Gegentheil mit dem Ausdruck Element oder Grundstoff der Körper den Begriff des
höchsten Ziels, das die Analyse erreicht, so sind alle Substanzen, die wir noch durch keinen Weg haben zerlegen können, 25
für uns Elemente; nicht als könnten wir versichern, daß diese
Körper, die wir für einfach halten, nicht aus zwei, oder sogar
aus einer größern Anzahl von Stoffen zusammengesetzt wären;
sondern weil diese Grundstoffe sich nie trennen, oder vielmehr weil wir kein Mittel haben sie zu trennen; sie wirken vor 30
unsern Augen als einfache Körper, und wir dürfen sie nicht
eher für zusammengesetzt halten, als in dem Augenblick, wo
Erfahrungen und Beobachtungen, uns davon Beweise gegeben
haben.

Diese Bemerkungen über den Gang der Ideen, lassen sich 35
natürlicherweise auf die Wahl der Worte anwenden, welche sie

⇨ ausdrücken sollen. Geleitet durch die Arbeit, welche die Herren von Morveau, Berthollet, von Fourcroy und ich, im Jahre
1787 gemeinschaftlich unternahmen, bezeichnete ich einfache
Substanzen, so oft als es angieng, mit einfachen Worten, und
5 eben diese mußte ich erst erfinden. Man wird sich erinnern,
daß wir uns Mühe gaben, allen diesen Substanzen diejenigen
Namen zu lassen, welche sie im gemeinen Leben erhalten hatten; nur in zwei Fällen erlaubten wir uns sie zu ändern: 1) in
Rücksicht derjenigen Substanzen, welche erst kürzlich ent-
10 deckt worden sind, und die man noch nicht benannt hatte,
oder wenigstens bei denen, die seit kurzem benannt, und deren neue Namen noch nicht durch allgemeinen Beifall sanc-
tionirt worden waren. 2) Wenn die von den Alten oder Neuern
⇨ eingeführten Namen, augenscheinlich zu falschen Begriffen
15 veranlasseten, wenn sie zur Verwechselung einer Substanz Anlaß gaben, indem sie ihre wahren, ganz entgegengesetzte Eigenschaften dadurch bezeichneten. In solchen Fällen machten
wir keine Schwierigkeit, andre Namen an ihre Stelle zu setzen,
die wir hauptsächlich aus dem Griechischen entlehnt haben:
20 wir richteten sie so ein, daß sie die gemeinste und charakteri-
⇨ stische Eigenschaft der Substanz ausdrückten; und wir fanden
dabei den Vortheil, dem Gedächtniß der Schüler zu Hülfe zu
kommen, (welche nur mit vieler Mühe ein neues Wort, das
durchaus sinnlos ist, behalten) um sie frühzeitig zu gewöhnen,
25 kein Wort anzunehmen, ohne einen Begriff damit zu verbinden.

Was die Körper betrift, welche durch die Verbindung mehrerer einfacher Substanzen entstehen, so haben wir diese, mit
zusammengesetzten Namen belegt; da aber die Anzahl der
30 zweifachen Verbindungen, schon sehr ansehnlich ist, so mußten wir Klassen machen, um dadurch allen Verwirrungen und
⇨ Unordnungen vorzubeugen. Der Name, Klasse und Gattung,
ist in der natürlichen Ordnung der Begriffe diejenige, welche
die, vielen Individuen gemeine Eigenschaft, ins Gedächtniß
35 bringt; die Ordnung der Arten hingegen führt den Begriff auf
Eigenschaften zurück, welche einigen Individuen besonders
zukommen.

Solche Unterschiede werden nicht bloß, wie man denken könnte, durch die Metaphysik gemacht, sondern sie sind in der Natur. Ein Kind (sagt der Abt Condillac) nennt mit Namen Baum, den ersten Baum den wir ihm zeigen. Ein zweiter Baum, den es nachher sieht, ruft in ihm dieselbe Idee zurück, und es giebt ihm denselben Namen; so einen dritten, einen vierten: und so wird das Wort Baum, das erst einem Individuo gegeben wurde, für das Kind, ein Klassen- oder Gattungsname, eine abstrakte Idee, welche alle Bäume überhaupt in sich begreift. Wenn wir es aber darauf aufmerksam gemacht haben, daß nicht alle Bäume zu einerlei Gebrauche dienen, daß nicht alle einerlei Früchte tragen, so wird es dieselben bald durch spezifische und besondere Namen unterscheiden lernen. Dies ist die Logik aller Wissenschaften, und sie läßt sich natürlich auch auf die Chemie anwenden.

So sind zum Beispiel die Säuren aus zwei Substanzen zusammengesetzt, welche zur Ordnung derjenigen gehören, die wir für einfach halten; aus einer, die die Säure bildet, und allen Säuren gemein ist, und wovon der Klassen- oder Gattungsname hergenommen werden muß; und aus einer andern, die jeder Säure eigen ist, wodurch die Säuren von einander abweichen, und von dieser Substanz muß der specifische Name hergeleitet werden.

In den mehresten Säuren können indessen die beiden bildenden Grundstoffe, der säurungsfähige, und der sauermachende, in verschiedenen Verhältnissen existiren, die alle für sich, Punkte des Gleichgewichts, oder der Sättigung ausmachen; dieses bemerkt man an der reinen und flüchtigen Schwefelsäure; diese beiden Zustände einer Säure, haben wir durch die abgeänderte Endigung ihres specifischen Namens, ausgedrückt.

Die metallischen Substanzen verlieren, wenn sie der vereinigten Einwirkung des Feuers, und der Luft ausgesetzt werden, ihren Metallglanz, erhalten eine Gewichtszunahme, und einen erdigten Zustand. In diesem Zustande sind sie wie die Säuren, aus einem Grundstoffe, der allen gemein ist, und aus

einem andern, der jedem eigen ist, zusammengesetzt; wir
mußten sie daher ebenfalls unter einen Gattungsnamen bringen, der vom gemeinschaftlichen Grundstoffe abgeleitet wird,
und der dazu von uns gewählte Name ist Oxide; wir haben sie
nachher, durch den besondern Namen des Metalls, wozu sie
gehören, voneinander unterschieden.

Die entzündlichen Substanzen welche in den Säuren, so wie
in den oxidirten Metallen *(oxides métalliques)* einen specifischen und besondern Grundstoff ausmachen, sind ihrerseits
fähig, ein für eine große Anzahl Substanzen gemeinschaftli-
cher Grundstoff zu werden. Die schweflichten Verbindungen,
sind lange Zeit die einzigen bekannten dieser Art gewesen:
jetzt weis man aber aus den Erfahrungen der Herren von Vandermonde, Monge und Berthollet, daß auch die Kohle sich
mit dem Eisen, und vielleicht mit mehrern andern Metallen
verbindet, und daß daraus, nach den verschiedenen Verhältnissen, bald Stahl, Reißblei u.s.w. erzeugt wird. So weis man
auch, nach den Versuchen des Herrn Pelletier, daß der Phosphor mit einer großen Anzahl Substanzen in Verbindung tritt;
auch diese verschiedenen Verbindungen, haben wir unter Gattungsnamen gebracht, die wir von der gemeinschaftlichen
Substanz abgeleitet, und ihnen eine Endigung gegeben haben,
welche diese Analogie ins Gedächtniß ruft; dagegen haben wir
sie durch einen andern, von ihren eigenthümlichen Stoffen
abgeleiteten Namen, specifizirt.

Die Nomenklatur der aus dreifachen Substanzen zusammengesetzten Wesen, verursachete, in Rücksicht auf ihre Anzahl, etwas mehr Schwierigkeit, und zwar vorzüglich daher,
weil man nie die Natur ihrer bildenden Stoffe ausdrücken
kann, ohne komponirte Namen zu gebrauchen. In den Körpern welche zu dieser Klasse gehören, wie die Neutralsalze,
hatten wir z.B. folgendes zu betrachten: 1) den säurezeugenden Stoff, der allein gemein ist, 2) den säurungsfähigen Stoff,
der die eigenthümliche Säure ausmacht; 3) die salzigte, erdigte
oder metallische Basis, welche die besondere Art des Salzes
bestimmt. Den Namen jeder Klasse der Salze, haben wir von

dem Namen des säurefähigen Stoffes, welcher allen Individuen dieser Klasse gemein ist, entlehnt, und hernach jede Art,
durch den Namen des salzigten, erdigten, oder metallischen
Grundstoffs, welcher ihr eigenthümlich ist, unterschieden.

Da indessen ein Salz, wenn es gleich aus diesen drei Stoffen
zusammengesetzt ist, bloß durch die Verschiedenheit ihres
Verhältnisses, unter drei verschiedenen Zuständen erscheinen
kann; so würde unsre angenommene Nomenklatur sehr man-
gelhaft gewesen seyn, wenn sie nicht diese verschiedenen Zustände ausgedrückt hätte; daher wir um diesen Zweck zu erreichen, dieses hauptsächlich durch Abänderungen in der
Endigung bewirkten, die wir für einen und eben denselben
Zustand der verschiedenen Salze, gleichlautend gemacht haben.

Endlich haben wir es dahin gebracht, daß man aus einem
einzigen Worte, augenblicklich die entzündliche Substanz er-
kennt, die in einer vorhandenen Verbindung enthalten ist;
ferner, ob diese entzündliche Substanz mit dem säurebilden-
den Stoffe, und in welchem Verhältniß sie verbunden ist; in
welchem Zustande sich die Säure befindet; mit welchem
Grundstoffe sie vereiniget ist; ob eine genaue Sättigung vorhanden; oder ob der säurezeugende Stoff oder die Basis prä-
dominirt.

Man sieht ein, daß es unmöglich wäre, diese verschiedenen
Absichten zu erreichen, ohne bisweilen eingeführte Gebräu-
che zu verstossen, und neue Benennungen anzunehmen, die
im ersten Anblick, hart und barbarisch zu seyn scheinen; wir
bemerkten aber sehr bald, daß sich das Ohr an diese neuen
Worte gewöhnte, vorzüglich wenn sie mit einem allgemeinen
und räsonirenden System verbunden waren. Ueberdieses sind
auch die Namen welche man vor uns brauchte, als Algaroth-
pulver, Alembrothssalz, Pompholix, Mineralturpith, Colko-
thar und viele andre, nicht weniger hart und ungewöhnlich. Es
gehört eine große Fertigkeit und viel Gedächtniß dazu, sich
der Substanzen zu erinnern, die sie bezeichnen; um vorzüglich
zu wissen, zu welcher Gattung von Verbindungen sie gehören.

⇨ Die Namen zerflossenes Weinsteinöl, Vitriolöl, Arsenikbutter,
⇨ Spiesglanzbutter und Zinkblumen, sind weit unschicklicher,
weil sie falsche Begriffe erwecken; denn eigentlich existiren im
Mineral- und vorzüglich im Metallreiche, weder Butter, Oel,
noch Blumen; und die unter so verführerischen Namen auf-
⁵ geführten Substanzen, sind nicht selten die heftigsten Gifte.

Da wir unsern Versuch der chemischen Nomenklatur herausgegeben hatten, machte man uns den Vorwurf, daß wir die
Sprache verändert hätten, welche unsre Lehrer zu uns geredet,
¹⁰ uns erläutert, und uns mitgetheilt haben; allein man hatte
⇨ vergessen, daß selbst Bergmann und Macquer schon um diese
Verbesserungen angesucht hatten: auch schrieb der gelehrte
⇨ Bergmann zu Upsal in der letzten Zeit seines Lebens an Herrn
von Morveau: »gehen sie mit keiner unschicklichen Benen-
¹⁵ nung gnädig um.« Diejenigen welche schon Kenntnisse haben, werden es immer verstehen, und diejenigen welche noch
keine Kenntnisse haben, werden es noch eher verstehen.

Vielleicht könnte man mir mit mehrerm Rechte vorwerfen,
daß ich in dem Werke, welches ich dem Publikum übergebe,
²⁰ die Meinungen meiner Vorgänger nicht historisch angezeigt
habe, daß ich bloß die meinigen angegeben, ohne die Meinungen anderer zu untersuchen.

Dieses hat Gelegenheit gegeben, daß ich nicht immer meinen Mitbrüdern, noch weniger fremden Chemikern die Ge-
²⁵ rechtigkeit habe widerfahren lassen, wie es meine Absicht war;
allein ich bitte den Leser zu erwägen, daß man in solchem Fall
den wahren vorgesetzten Endzweck aus dem Gesichtspunkte
verlieren, und eine, für Anfänger höchst eckelhafte Lektüre,
verfasset haben würde, wenn man Citationen auf Citationen
⇨ ³⁰ in einem Elementarwerke häufen, und sich in weitläufige Untersuchung über die Geschichte der Wissenschaften, und die
Arbeiten derer, die sie ausübten, einlassen wollte. In ein Elementarwerk gehört weder die Geschichte der Wissenschaft,
noch die Geschichte des menschlichen Geistes; nur Klarheit
³⁵ und Deutlichkeit muß man darin suchen; und daher alles entfernen, was die Aufmerksamkeit stöhren kann. Es ist ein Weg

den man beständig eben machen muß, auf welchem kein Hinderniß, das den mindesten Aufenthalt veranlassen könnte, gestattet werden darf. Die Wissenschaften haben schon an und für sich Schwierigkeiten genug, als daß es nöthig sey, sie noch mit neuen zu vermehren; Chemiker werden überdies leicht einsehen, daß ich in dem ersten Theile, fast nur von meinen Versuchen Gebrauch gemacht habe. Sollte es mir zuweilen begegnet seyn, Erfahrungen oder Meinungen der Herren Berthollet, de Fourcroy, de Laplace und Monge, und derjenigen überhaupt, welche mit mir einerlei Grundsätze bekennen, anzunehmen, ohne ihrer zu erwähnen; so ist wohl nur allein die Gewohnheit miteinander zu leben, unsre Art zu bemerken, und uns unsre Ideen und Beobachtungen mitzutheilen, daran Schuld; denn sie hat bei uns eine Art von gemeinschaftlichen Besitz der Ideen veranlasset, wobei es oft schwer fällt, das voneinander zu unterscheiden, was einem Jeden besonders zugehört.

Alles was ich bisher über die Ordnung gesagt habe, der ich mit Fleiß in der Darstellung der Beweise und Ideen gefolgt bin, läßt sich bloß auf den ersten Theil dieses Werks anwenden; dieser allein enthält das Ganze der Lehre, die ich angenommen habe; diesem allein habe ich die wahrhaft elementarische Form zu geben gesucht.

Der zweite Theil, bestehet vorzüglich aus den Abrissen der Nomenklatur der Neutralsalze. Ich habe nur sehr kurze Erklärungen beigefügt, deren Absicht es ist, die einfachsten Verfahrungsarten, um die verschiedenen bekannten Säuren zu gewinnen, kennen zu lehren. Dieser zweite Theil enthält nichts, das mir eigenthümlich zugehörte, sondern er giebt nur einen sehr kurzen Auszug von Resultaten, aus verschiedenen andern Werken.

Endlich habe ich in dem dritten Theile eine umständliche Beschreibung aller Operationen mitgetheilt, die sich auf die neuere Chemie beziehen. Seit langer Zeit schien man ein solches Werk zu wünschen, und ich glaube daß es von einigem Nutzen seyn wird. Ueberhaupt ist die Anstellung der Versu-

⇨ che, und vorzüglich der neuern nicht genug verbreitet; vielleicht würde ich viel verständlicher geworden seyn, und die
Wissenschaft würde schnellere Fortschritte gemacht haben,
wenn ich in den verschiedenen der Akademie mitgetheilten
⇨ 5 Memoirs, die Handhabung genauer angegeben hätte. Die Anordnung der Gegenstände, schien mir in diesem dritten
Theile, beinahe willkührlich zu seyn; daher ließ ich mich bloß
darauf ein, die Operationen welche die mehreste Aehnlichkeit
miteinander haben, in jedem der acht Abschnitte, woraus die-
10 ser Theil besteht, zu klassificiren. Man wird leicht sehen, daß
dieser dritte Theil, keinen Auszug eines andern Werks ausmacht, und daß mir in den Hauptartikeln, nur allein meine
eigene Erfahrung half.

Ich will diese Einleitung damit beschließen, daß ich einige
15 Stellen des Herrn Abts von Condillac anführe, welche mir mit
vieler Wahrheit den Zustand schildern, in welchem sich die
Chemie ohnlängst befand. Diese Stellen die nicht absichtlich
dazu geschrieben sind, werden desto mehr Kraft haben, wenn
man ihre Anwendung für gerecht hält.

⇨ 20 »Anstatt die Sachen zu beobachten, welche wir kennen zu
lernen suchten, (sagt der Abt Condillac) wollten wir sie erdenken. Von einer falschen Voraussetzung auf die andere, gerie-
then wir in eine Menge Irrthümer, diese Irrthümer die zu
Vorurtheilen wurden, hielten wir aus dem Grunde für Grund-
25 sätze, und so verirrten wir uns immer mehr. Wir wußten sodann nach der uns zu eigen gemachten üblen Gewohnheit zu
urtheilen, daher unsre Kunst zu urtheilen, bloß in der Kunst
bestand, Worte zu mißbrauchen, ohne sie gehörig zu verstehen. Ist es aber soweit gekommen, haben die Irrthümer so
30 zugenommen; dann bleibt uns nur ein Mittel übrig, um in das
Vermögen zu denken, Ordnung zu bringen: nämlich alles das
zu vergessen, was wir gelernt haben, den Anfang unserer Ideen
⇨ aufzusuchen, ihre Entstehung zu verfolgen, und wie Baco sagt,
den menschlichen Verstand wieder zu bilden.

35 Dieses Mittel fällt aber um so schwerer, je gelehrter man zu
seyn glaubt; auch würden die Werke worin die Wissenschaften

mit einer großen Deutlichkeit und Bestimmtheit, und Ordnung vorgetragen würden, nicht von Jedermann verstanden
werden. Diejenigen welche nichts studirt hätten, würden sie
besser verstehen, als diejenigen welche viel studirt, und viel
über die Wissenschaften geschrieben haben.«   5

Der Herr Abt von Condillac setzt am Ende noch hinzu:
»aber endlich haben die Wissenschaften Fortschritte gemacht,   ⇐
weil die Philosophen besser geurtheilt, und in ihre Sprache
eben die Bestimmtheit und Genauigkeit übergetragen haben,
welche bei ihren Beobachtungen, statt fand; sie haben die   10
Sprache verbessert, und nun urtheilt man auch richtiger.«

System der antiphlogistischen Chemie.

Erster Theil.

⇨ 5   Von der Bildung der luftförmigen Flüßigkeiten, und von
ihrer Zerlegung; von der Verbrennung der einfachen Körper,
und von der Bildung der Säuren überhaupt.

Erster Abschnitt.

⇨   Von den Verbindungen des Wärmestoffes, und von der Bildung
⇨ 10   der elastischen luftförmigen Flüßigkeiten.

Es ist ein beständiges Phänomen in der Natur, dessen Allge-
⇨   meinheit bereits von Boerhave sehr gut festgesetzt wurde: daß
wenn man irgend einen festen oder flüßigen Körper erwärmt,
er in seiner Ausdehnung nach allen Seiten zunimmt. Die
15   Thatsachen, auf welche man sich stützte, um die Allgemeinheit dieses Grundsatzes zu wiederlegen, sind nichts als täu-
schende Folgerungen, wobei fremde verwickelte Umstände
eintreten, die den Irrthum veranlassen. Allein wenn es Jeman-
dem gelungen ist, die Wirkungen voneinander zu trennen,
20   und jede zu der ihr eigenen Ursache zurückzuführen; so sieht
⇨   er ein, daß die Entfernung der Theilchen von einander, durch
die Wärme, ein allgemeines und beständiges Gesetz der Natur
ist.
Wenn man einen festen Körper, dem man einen gewissen
25   Grad von Wärme gegeben hat, wodurch also alle seine Theile
immer mehr und mehr voneinander getrennt werden, wieder
erkalten läßt, so nähern sich diese Theilchen in eben dem
Verhältnisse, in welchem sie sich voneinander entfernten, der

Körper erleidet wieder eben dieselben Grade der Ausdehnung,
welche er durchgangen war; und, bringt man denselben wieder in diejenige Temperatur, in der er sich beim Anfange des
Versuchs befand, so nimmt er weitgehend, sein voriges Volu- ⇐
men wieder an. Indessen, da wir weit entfernt sind, einen Grad ₅
von absoluter Kälte zu bewirken, da wir keinen Grad der Kälte
kennen, von welchem wir nicht voraussetzen könnten, daß er
noch verstärkungsfähig sey; so folgt hieraus, daß wir die Theilchen irgend eines Körpers, noch nicht so nahe aneinander
haben bringen können, als es möglich ist, daß folglich noch ₁₀
nie die kleinsten Theile irgend eines Körpers in der Natur, sich
haben unmittelbar berühren können: freilich eine höchst son-
derbare Folgerung, deren man sich doch aber ganz ohnmög-
lich enthalten kann.

   Man begreift leicht, daß die Theilchen, wenn sie die ₁₅
Wärme unaufhörlich zur Trennung von einander nöthigt, gar
keine Bindung unter sich haben würden, und es also keine
feste Körper geben könnte, wenn nicht eine andre Kraft sie
zurück hielt, welche sie wieder zu vereinigen, und so zu sagen
aneinander zu ketten sucht; und diese Kraft, welche Ursache ₂₀
sie auch immer haben mag, hat man Attraktion genannt. Man
muß folglich die Theilchen der Körper, als solche betrachten,
welche zweien Kräften, der zurückstoßenden, und der anzie- ⇐
henden Kraft, zwischen welchen sie im Gleichgewicht stehen,
gehorsam sind. So lange die letztere dieser beiden Kräfte die ₂₅
Oberhand hat, so lange bleibt der Körper in einem festen
Zustande; ist im Gegentheil die attrahirende Kraft die
schwächste, hat der Wärmestoff die Theilchen der Körper so
sehr auseinander getrieben, daß sie außer dem Wirkungskreise
ihrer Attraktion sind, so verlieren sie ihre Adhäsion, und der ₃₀ ⇐
Körper hört auf ein fester Körper zu seyn.

   Das Wasser giebt uns beständig ein Beispiel, von diesen
Erscheinungen: unter Null des Reaumürschen Thermome- ⇐
ters, ist es im festen Zustande, und heißt Eis. Ueber diesem
Punkte, werden seine Theilchen nicht mehr durch wechsel- ₃₅
seitige Attraktion zusammengehalten, und es wird flüßig: aber

endlich über dem 80sten Grade, geben seine Theilchen der durch die Wärme veranlasseten Zurückstossung nach; das Wasser geht in einen Zustand von Dunst oder Gas über, und wird nun in eine luftförmige Flüßigkeit verwandelt.

5 Ein gleiches kann man von allen Körpern der Natur sagen; sie sind entweder fest oder flüßig, oder luftförmig, und zwar dem Verhältniß zufolge, welches zwischen der anziehenden Kraft ihrer kleinsten Theile, und zwischen der zurückstossenden Kraft der Wärme statt findet; oder welches gleichviel sa-
10 gen will, dem Grade der Wärme zufolge, dem man sie aussetzte.

Diese Erscheinungen sind schwer zu begreifen, wenn man nicht annimmt, daß sie die Wirkungen einer wirklichen materiellen Substanz sind, einer sehr feinen Flüßigkeit, welche in
15 die Theilchen aller Körper eindringt, und sie voneinander treibt. Gesetzt aber auch, die Existenz dieser Flüßigkeit, wäre eine Hypothese so wird man in der Folge einsehen, daß sie auf eine glückliche Art jene Naturerscheinungen erklärt.

Wenn diese Substanz, was sie auch immer seyn mag, die
20 Ursache der Wärme ist, oder mit andern Worten, wenn die Empfindung, welche wir Wärme nennen, eine Wirkung der Anhäufung dieser Substanz ist, so kann man sie, streng genommen, nicht mit dem Namen der Wärme bezeichnen; da eine und eben dieselbe Benennung, nicht Ursache und Wir-
25 kung zugleich, andeuten kann. Dieses hatte mich bewogen, in einer Abhandlung welche ich 1777 vorlas, (s. *Receuil de l'Académie*, pag. 420.) sie mit dem Namen, feurige Flüßigkeit *(fluide igné)* und Wärmematerie, zu belegen. Nachher aber, bei der Verbesserung der chemischen Sprache, welche die Herren
30 von Morveau, Berthollet, und von Fourcroy, mit mir unternahmen, hielten wir es für Pflicht, diese Umschreibungen abzuschaffen; denn sie verlängern den Vortrag, machen ihn schleppend, weniger bestimmt und klar, und oft geben sie keine hinlänglich richtigen Begriffe. Dem zufolge, haben wir
35 die Ursache der Wärme, diese in einem so hohen Grade elastische Flüßigkeit, mit dem Namen Wärmestoff *(calorique)*

bezeichnet. Außerdem, daß diese Benennung unserm Gegenstande in dem System entspricht, das wir angenommen haben,
hat sie noch einen andern Vortheil, nämlich den, daß sie sich
aller Arten von Meinungen anpassen läßt. Denn streng genommen, brauchen wir nicht einmal anzunehmen, daß der   5
Wärmestoff eine wirkliche Materie ist, es ist hinlänglich, wie
man es beim weitern Lesen bestimmt einsehen wird, daß es
irgend eine zurückstossende Ursache ist, welche die Theilchen
der Materie voneinander treibt; und so kann man ihre Wirkungen auf eine abstrakte und mathematische Art beleuchten.   10

Ist das Licht eine Modifikation des Wärmestoffs, oder ist
der Wärmestoff eine Modifikation des Lichts? Unmöglich
kann man bei dem gegenwärtigen Zustande unsrer Kenntnisse, hierüber etwas Bestimmtes entscheiden. Soviel ist gewiß, daß man in einem System, wo man es sich zum Gesetz   15
macht, nur Thatsachen aufzunehmen, und wo man so viel wie
möglich alles vermeidet, nicht mehr anzunehmen, als jene darbieten, auch sorgfältigerweise das, was verschiedene Wirkungen hervorbringt, mit verschiedenen Namen bezeichnen muß.
Wir werden daher auch das Licht vom Wärmestoff unter-   20
scheiden; indessen werden wir darum nicht weniger zugeben,
daß Licht und Wärmestoff gemeinschaftliche Eigenschaften
besitzen, und daß sie, unter einigen Umständen, sich beinahe
auf dieselbe Art verbinden, und zum Theil dieselben Wirkungen hervorbringen.   25

Was ich hier anführe, würde schon hinreichend den Begriff
bestimmen, welchen man mit dem Worte Wärmestoff (calorique) verbinden soll. Allein ich habe noch eine andere Arbeit
vor mir, die schwerer ist: nämlich richtige Begriffe von der Art
zu geben, wie der Wärmestoff auf die Körper wirkt. Da diese   30
feine Materie, durch die Pori aller uns bekannten Substanzen
dringt; da keine Gefäße vorhanden sind, durch die sie nicht
entwischt, und da folglich keines da ist, das sie ohne Verlust
einschließen könnte; so kann man leider nur aus den Wirkungen,
die mehrentheils schnell vorübergehen, und nur schwer   35
wahrzunehmen sind, ihre Eigenschaften erkennen. Bei Din-

gen, die man weder sehen noch begreifen kann, ist es überaus
wichtig, sich vor Verirrungen der Einbildungskraft zu hüten,
die sich immer gern über die Wahrheit hinaus erhebt, und der
es viele Mühe kostet, in dem engen Kreise, den Thatsachen ihr
vorzeichnen, zu bleiben.

Wir haben oben gesehen, daß derselbe Körper fest oder
tropfbar, oder zur luftförmigen Flüßigkeit wurde, nach der
Menge des Wärmestoffs, die ihn durchdrang; oder, um genauer zu reden, nachdem entweder die Repulsionskraft des
Wärmestoffes, der Attraktion der körperlichen Atomen gleich,
oder nachdem sie stärker oder schwächer war, als letztere.
Wären indessen diese beiden Kräfte allein vorhanden, so würden die Körper nur bis zu einem untheilbaren Grade des Thermometers flüßig bleiben, und schnell aus dem festen Zustande, in den elastischen luftförmigen übergehen. So würde
z. B. das Wasser, in eben dem Augenblick, wo es aufhört Eis zu
seyn, zu kochen anfangen; es würde sich zu einer luftförmigen
Flüßigkeit umbilden, und seine Atome würden sich unbe-
stimmbar in ihrem Raum, ausdehnen. Geschieht dieses nicht,
so ist eine dritte Kraft vorhanden, nämlich der Druck des
Dunstkreises, der diese Ausdehnung hindert; und aus diesem
Grunde bleibt das Wasser in einem flüßigen Zustande, von
o bis 80 Grad des Reaum. Thermometers; die Menge des Wärmestoffes, den es in diesem Zwischenraume aufnimmt, reicht
nicht zu, den Druck des Dunstkreises zu überwinden.

Man sieht also ein, daß wir ohne den Druck des Dunstkreises keinen bleibend tropfbaren Körper haben würden;
wir würden die Körper nur im Augenblick ihres Schmelzens,
in diesem Zustande sehen; die geringste Vermehrung der
Wärme, würde durch ihren Zutritt augenblicklich die Theile
trennen, und sie zerstreuen. Ja noch mehr, ohne den Druck
der Atmosphäre, würden wir im eigentlichen Sinne, gar keine
luftförmige Flüßigkeiten haben. In der That würden sich die
Theilchen in eben dem Augenblick, da ihre Anziehungskraft
von der Repulsionskraft des Wärmestoffes übertroffen würde,
auf eine unbestimmbare Art ausdehnen, ohne daß dieser Aus-

dehnung in irgend etwas Grenzen gesetzt würden; wenn nicht
ihre eigne Schwere sie wieder zusammen brächte, um die Atmosphäre zu bilden. Dergleichen simple Reflektionen, über
die bekanntesten Ereignisse, reichen zu, die Wahrheit des Vor-
stehenden, einzusehen. Sie wird aber noch überdies auf eine
sehr evidente Art durch folgenden Versuch bestätigt; welchen
ich der Akademie 1777 *(Mém. de l'Académ. pag. 426.)* umständlich mitgetheilt habe.

Ein kleines enges gläsernes Gefäß Abb. 1, Fig. 17. A, das auf
seinem Fusse P steht, füllt man mit Schwefeläther[1]. Das Gefäß
darf nicht mehr als 12 bis 15 Linien im Durchmesser haben,
und ohngefähr 2 Zoll Höhe. Man bedeckt dieses Gefäß mit
einer feuchten Blase, die man mit starkem Zwirn um den Hals
desselben vielmal umwickelt, und recht fest zuzieht. Um recht
sicher zu verfahren, legt man noch eine Blase über die erste,
und befestigt sie auf die nämliche Art. Dieses Gefäß muß so
mit Aether angefüllt seyn, daß kein Lufttheilchen zwischen
der Flüßigkeit und der Blase ist. Nachher stellt man es unter
den Rezipienten einer Luftpumpe B C D, dessen oberer Theil
B mit einer ledernen Büchse versehen seyn muß, durch die
eine Spindel E F geht, deren Ende F sich in eine Spitze, oder
scharfe Fläche endigt. An demselben Rezipienten wird ein Barometer G H befestigt.

Hat man nun alles auf diese Art veranstaltet, so pumpt man
den Rezipienten aus; und nun stößt man die spitze Spindel E F
hinunter, und durchsticht die Blase. Sogleich fängt der Aether
mit einer außerordentlichen Schnelligkeit an zu kochen, er
verdunstet, und wird zu einer elastischen luftförmigen Flüßigkeit, die den ganzen Rezipienten ausfüllt. Ist die Menge des
Aethers so ansehnlich, daß nach geschehener Verdunstung
noch einige Tropfen in dem gläsernen Gefäße übrig sind, so ist

---

1 Ich werde an einem andern Orte die Definition der Flüßigkeit geben,
welche man Aether nennt, und seine Eigenschaften entwickeln. Hier
will ich bloß anführen, daß man mit diesem Namen eine sehr flüchtige entzündbare Flüßigkeit bezeichnet, deren spec. Schwere viel geringer ist, als die des Wassers, und selbst des Weingeistes.

die erzeugte elastische Flüßigkeit fähig, den an der Luftpumpe angebrachten Barometer, auf 10 oder 12 Zoll ohngefähr im Winter, und auf 20 bis 25 Zoll in der Sommerhitze, zu erhalten.

Um diesen Versuch vollständig zu machen, kann man in das Gefäß A worin der Aether ist, einen kleinen Thermometer einlassen, und man bemerkt, daß er die ganze Zeit der Verdünstung hindurch, merklich fällt.

Bei diesem Versuche thut man weiter nichts, als daß man den Druck der Atmosphäre, der im gewöhnlichen Zustande auf die Oberfläche des Aethers drückt, aufhebt; und die Wirkungen die daraus entstehen, beweisen offenbar zweierlei: a) Daß in dem Grade der Temperatur worinnen wir leben, der Aether beständig in dem Zustande einer luftförmigen Flüßigkeit seyn würde, wenn der Druck der Atmosphäre es nicht verhinderte. b) Daß das Uebergehen aus dem tropfbaren, in den luftförmigen Zustand eine beträchtliche Erkältung mit sich führet, und zwar aus dem Grunde, weil während der Verdunstung, ein Theil des Wärmestoffes, welcher in einem freien Zustande, oder wenigstens im Gleichgewicht mit den ihn umgebenden Körpern war, sich mit dem Aether verbindet, um ihn in den Zustand der luftförmigen Flüßigkeit zu bringen.

Derselbe Versuch gelingt mit allen verdunstbaren Flüßigkeiten, als Alkohol, Wasser, und selbst Quecksilber; doch mit dem Unterschiede, daß die Atmosphäre des Alkohols, welche in dem Rezipienten entsteht, den in der Luftpumpe angebrachten Barometer, im Winter nur einen Zoll, und im Sommer 4 bis 5 Zoll über seinem Niveau erhält; daß das Wasser ihn nur einige Linien, und das Quecksilber einige Brüche von Linien hält. Braucht man also Alkohol, so giebt es weniger dunstförmige Flüßigkeit, als wenn man Aether anwendet; noch weniger beim Gebrauch des Wassers, und vorzüglich wenig beim Quecksilber: folglich weniger angewandten Wärmestoff, und weniger Erkältung, und dieses stimmt vollkommen mit den Resultaten der Versuche überein.

Eine andere Art von Versuch beweißt eben so evident, daß

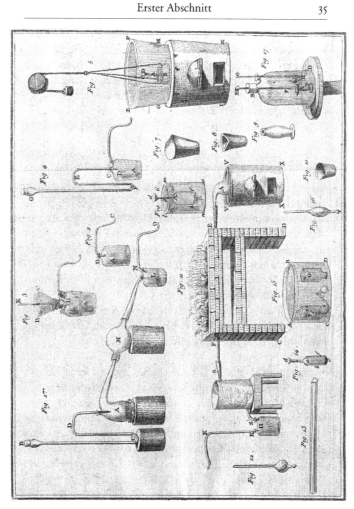

Abb. 1

der luftförmige Zustand, eine Modifikation der Körper ist,
und daß er von dem Grade der Temperatur, und dem Drucke,
den sie erleiden, abhängt. Herr de Laplace und ich, haben in
einer der Akademie 1777 vorgelesenen, jetzt noch ungedruckten Abhandlung, gezeigt, daß, wenn der Aether einem Drucke
von 28" Quecksilber, das heißt, einem der Atmosphäre gleichem Drucke ausgesetzt würde, er im 32 oder 33sten Grade des
Reaum. Thermometers, zu kochen anfinge.

Herr de Lüc, der ähnliche Versuche mit Weingeist angestellet hat, bemerkte, daß er im 67sten Grade zu kochen an-
fieng. Endlich weis ja Jedermann, daß das Wasser beim 80sten
Grade zu kochen anfängt. Da das Kochen nichts anders ist, als
das Verdunsten einer tropfbaren Flüßigkeit, oder der Augenblick ihres Uebergangs, aus dem tropfbaren Zustande, in den
elastischen luftförmigen; so erhellet daraus, daß, wenn man
Aether in einer Temperatur über 33 Grad und bei dem gewöhnlichen Grade des Druckes des Dunstkreises der Atmosphäre erhält, man denselben im Zustande einer elastischen
Flüßigkeit erhalten müßte; daß dasselbe dem Alkohol über
dem 67sten, und dem Wasser über dem 80sten Grade begegnen müßte; und dieses findet sich vollkommen durch folgende
Versuche bestätigt.[2]

Ein großes Gefäß A B C D, Abb. 1, Fig. 15. habe ich mit
Wasser von 35 bis 36 Reaum. Graden gefüllet; ich denke es mir
durchsichtig, um das was in seinem Innern vorgehet, desto
besser bemerken zu können. Da man bei diesem Grade, die
Hände noch ziemlich lange im Wasser unbeschädigt erhalten
kann; so setzte ich Flaschen umgekehrt hinein F G die sich
darin füllten. Hierauf drehte ich sie um, so daß ihr Hals am
Boden des Gefässes sich befand.

Nach dieser gemachten Anordnung, füllte ich einen kleinen Kolben, der einen zweimal gebogenen Hals a b c hatte, mit
Schwefeläther. Diesen Kolben tauchte ich in das mit Wasser
gefüllte Gefäß A B C D und brachte, wie man es in der 15ten

2 *Mémoires de l'Academ. 1780. 335.*

Fig. abgebildet sieht, die Oeffnung des Halses a b c, in den
Hals der Flasche F. Sobald der Aether den Eindruck der
Wärme fühlte, ging er ins Sieden über, und der Wärmestoff
der sich mit ihm verbunden hatte, machte ihn zu einer elastischen luftförmigen Flüßigkeit, womit ich nach und nach,   5
mehrere Flaschen F G füllte.

Hier ist nicht der Ort, die Natur und die Eigenschaften
dieser luftförmigen Flüßigkeit, welche sehr entzündlich ist, zu
untersuchen, aber ohne Kenntnisse vorauszusetzen, die ich
beim Leser nicht vermuthen darf, will ich, ohne von dem   10
Gegenstande mit dem wir uns beschäftigen, abzuweichen, nur
anmerken, daß der Aether diesem Versuch zufolge, in dem
Planeten den wir bewohnen, ganz geneigt ist, nur im luftförmigen Zustande zu existiren, daß wenn die Schwere unserer
Atmosphäre, nur einer Säule Quecksilber von 20 oder 24 Zoll   15
anstatt 28 gleich wäre, wir wenigstens im Sommer über, den
Aether nicht im flüßigen Zustande zu erhalten, vermögend
seyn würden. Daß folglich die Bildung des Aethers, auf den
nur etwas hohen Bergen, gar nicht geschehen könnte, und er
gleich nach seiner Entstehung zu Gas werden müßte; es sey   20
denn, daß man sehr starke Ballons gebrauchte, um ihn zu
verdicken, und daß man zu dem Drucke noch Erkältung
komme ließe.

Endlich, da der Wärmegrad des Bluts, derjenigen Wärme,
worin der Aether vom tropfbaren Zustande, in den elastischen   25
übergeht, gleich ist, so folgt daraus, daß er sich in den ersten
Wegen verdunsten müsse, und es sehr wahrscheinlich ist, daß
die Eigenschaften dieses Arzeneimittels, diese, so zu sagen mechanische Wirkung haben.

Diese Versuche gelingen noch weit besser mit dem Salpe-   30
teräther, weil er bei einem geringern Grade der Wärme verdunstet, als der Schwefeläther. Mit Weingeist oder Alkohol,
hat der Versuch, um ihn im luftförmigen Zustande zu erhalten, etwas mehr Schwierigkeit; denn da dieses Fluidum sich
nur beim 67sten Grad nach Reaum. verdunsten kann, so muß   35
das Wasser im Bade fast zum Kochen gebracht werden, und bei

diesem Wärmegrade, kann man nicht mehr die Hände hinein-
tauchen.

Es war evident, daß dieses auch bei dem Wasser statt haben
müsse, daß diese Flüßigkeit gleichfalls, wenn man sie einem
höhern Grade der Wärme, als dem des Kochpunktes aussetzte,
sich in Gas verwandeln müßte. Ob wir indessen gleich von
dieser Wahrheit überzeugt waren, so glaubten doch Hr. de
Laplace und ich, sie durch einen direkten Versuch bestätigen
zu müssen, wovon hier das Resultat folgt. Wir fülleten eine
gläserne Röhre Abb. 1, Fig. 5. A mit Quecksilber, welche so,
daß ihre Oeffnung unten stand, in eine mit Quecksilber gefüllte Schale B gesetzt wurde. In dieser Schale thaten wir ohngefähr zwei Drachmen Wasser, welche die Höhe C D in der
Röhre erreichten, und sich über der Oberfläche des Quecksilbers hielten, das Ganze stellten wir nachher in einen großen
eisernen Kessel E F G H der auf einem Ofen G H I K stand.
Dieser Kessel war voll kochenden Salzwassers, dessen Temperatur am Thermometer 85 zeigte; denn man weis, daß das
mit Salz beladene Wasser einen Grad von Wärme annehmen
kann, der den des Kochpunktes, weit übersteigt. Sobald diese
beiden Drachmen Wasser, die in dem obersten Theile der
Röhre C D standen, die Temperatur von 80 Grad ohngefähr
erreicht hatten, fingen sie an zu kochen, und anstatt den kleinen Raum A C D einzunehmen, wie sie es thaten, wurden sie
zu einer luftförmigen Flüßigkeit ausgedehnt, welche die ganze
Röhre ausfüllte. Das Quecksilber stieg sogar etwas unter seyn
Niveau, und die Röhre würde gewiß umgeworfen worden
seyn, wenn sie nicht sehr dick, folglich sehr schwer, und überdies noch mit einem Eisendrathe an der Schale befestigt gewesen wäre. Sogleich als man die Röhre aus dem Salzwasser-
bade zog, sogleich verdickte sich das Wasser, und das
Quecksilber stieg wieder; stellte man aber den Apparat wieder
hinein, so nahm es einige Augenblicke nachher, seinen luftförmigen Zustand wieder an.

Es giebt also eine gewisse Anzahl Substanzen, die in solchen
Graden der Wärme, welche denen worin wir leben, sehr nahe

kommen, sich in luftförmige Flüßigkeiten umwandeln. Wir
werden bald sehen, daß es andere giebt, als Kochsalzsäure,
flüchtiges Laugensalz oder Ammoniak, Kohlensäure oder fixe
Luft, Schwefelsäure u. s. w., die bei dem gewöhnlichen Grade
der Wärme, und dem Drucke der Atmosphäre, beständig im   5
luftförmigen Zustande bleiben.

Alle diese einzelnen Thatsachen, deren Beispiele ich leicht
vermehren könnte, berechtigen mich, das was ich weiter oben
erwähnte, zum allgemeinen Grundsatz zu nehmen: daß nämlich fast alle Naturkörper in drei verschiedenen Zuständen   10
existiren können: Im Zustande der Festigkeit, im tropfbaren
und im luftförmigen Zustande; und daß diese drei Zustände,
eines und eben desselben Körpers, von der Menge des Wärmestoffs, der mit ihnen verbunden ist, abhängen. Ich werde
von nun an diese luftförmigen Flüßigkeiten, unter dem Gat-   15
tungsnamen Gas, anführen; und dem zufolge werde ich sagen:
daß man bei jeder Art Gas den Wärmestoff, der in gewissem
Betracht als Auflösungsmittel dient, und die mit demselben
vereinigte Substanz, welche seinen Bindungsstoff ausmacht,
unterscheiden muß.   20

Diesen noch wenig bekannten Grundstoffen, der verschiedenen Gasarten, waren wir genöthigt, Namen zu geben. Ich
werde diese in dem vierten Abschnitt dieses Werks beschreiben, nachdem ich vorher von einigen Phänomenen werde Re-
chenschaft abgelegt haben, die sich bei der Erwärmung und   25
Erkältung der Körper darstellen; und nachdem ich überhaupt,
über die Beschaffenheit unserer Atmosphäre, richtige Begriffe
festgesetzt haben werde.

Wir haben gesehen, daß die kleinen Theilchen aller Naturkörper, sich zwischen der Attraktion, welche sie untereinander 30
nahe zu bringen, und zu vereinigen sucht, und zwischen dem
Bestreben des Wärmestoffes, der sie voneinander zu trennen
sucht, in einem Zustande des Gleichgewichts befinden. Folglich umgiebt der Wärmestoff nicht nur die Körper von allen
Seiten, sondern er füllet auch die Zwischenräumchen aus, die   35
die kleinen Theilchen zwischen sich lassen. Von solcher Dis-

position wird man sich einen Begriff machen können, wenn
man sich ein Gefäß vorstellet, das mit Bleikügelchen angefüllet ist, und in welches man eine sehr feine pulverichte Substanz, z. B. Sand, schüttet: man begreift, daß diese Substanz
sich gleichmäßig in die Zwischenräume, welche die Kügelchen unter sich lassen, vertheilen, und sie ausfüllen wird. Die
Kügelchen sind in diesem Beispiele für den Sand das, was die
Theilchen der Körper für den Wärmestoff sind; nur mit dem
Unterschiede, daß in dem gegebenen Beispiel, die Kügelchen
sich berühren, da hingegen die kleinen Theilchen der Körper
sich nicht berühren, sondern durch die Einwirkung des Wärmestoffs, beständig in einer kleinen Entfernung voneinander
gehalten werden.

Legte man an die Stelle der Kügelchen, welche rund sind,
Sechsecke, Achtecke, oder Körper von irgend einer regelmä-
ßigen Figur, und von gleicher Festigkeit; so würden die leeren
Räume, die sie zwischen einander lassen, nicht mehr dieselben
seyn, man könnte nicht mehr eine so große Menge Sand anbringen. Dasselbe findet bei allen Naturkörpern statt; die Zwischenräume, welche die kleinen Theile unter sich lassen, sind
nicht von gleichem Umfange; dieser Umfang hängt aber von
der Figur der kleinern Theilchen ab, von ihrer Größe, und von
der Entfernung untereinander, in welcher sie sich erhalten
haben, und zufolge dem Verhältnisse, das zwischen ihrer anziehenden und zwischen der zurückstossenden Kraft, des Wärmestoffes statt hat.

In diesem Sinne muß man den Ausdruck: Vermögen der
Körper Wärmestoff zu fassen *(capacité des corps pour contenir la
matière de la chaleur)* nehmen; ein sehr richtiger Ausdruck, den
die englischen Physiker einführten, welche am ersten genaue
Begriffe davon hatten. Ein Beispiel von dem, was sich im Wasser zuträgt, nebst einigen Betrachtungen über die Art, wie
diese Flüßigkeit die Körper naß macht, und durchdringt, wird
dieses verständlicher machen; denn in abstrakten Dingen,
kann man nicht genug sinnliche Vergleiche zu Hülfe nehmen.

Werden z. B. Stücke von verschiedenem Holz, die ein glei-

ches Volumen, z. B. von einem Cubikfuß, haben, in Wasser
getaucht; so wird sich diese Flüßigkeit nach und nach in ihre
Poren einziehen; sie werden anschwellen, und am Gewicht
zunehmen. Eine jede Holzart, wird aber eine verschiedene
Menge Wasser in ihre Pori aufnehmen; die leichtern und po-
rösern Arten, werden mehr aufnehmen, die dichten Arten hingegen, werden nur eine geringe Menge eindringen lassen;
kurz, das Verhältniß, des von ihnen eingenommenen Wassers,
wird von der natürlichen Beschaffenheit der holzichten Theilchen, und von ihrer größern oder geringern Verwandtschaft
mit dem Wasser abhängen: die harzigten Holzstücke z. B. werden obschon sie sehr porös sind, sehr wenig Wasser einlassen.
Man kann also sagen, daß die verschiedenen Holzarten, eine
verschiedene Capacität, sich mit dem Wasser zu vereinigen,
besitzen. Aus dem vermehrten Gewicht, wird man die eingesogene Quantität finden können; da man aber die Menge des
Wassers, die sie vor dem Eintauchen enthielten, nicht kennt,
so kann die absolute Quantität des Wassers, welches sie nach
dem Herausziehen enthalten, auch nicht angegeben werden.

Ganz dieselben Umstände, treffen auch bei den Körpern
ein, die man in den Wärmestoff taucht; jedoch ist dabei zu
bemerken, daß das Wasser eine Flüßigkeit ist, welche sich
nicht zusammendrücken läßt, wogegen der Wärmestoff, mit
einer großen Elasticität begabt ist; das heißt: seine kleinsten
Theilchen, besitzen ein großes Bestreben sich voneinander zu
trennen, wenn irgend eine Kraft sie zwang, sich einander zu
nähern; und man sieht hieraus ein, daß dieser Umstand sehr
beträchtliche Veränderungen in die Resultate bringen muß.

Bei dem Grade der Klarheit und Einfachheit, die wir in
diesen Gegenständen erreicht haben, werde ich leicht begreiflich machen können, welche Begriffe man mit dem Ausdruck
freier Wärmestoff, gebundner Wärmestoff, specifischer Wärmestoff, Capacität Wärmestoff zu fassen, latente Wärme, und
empfindbare Wärme, verbinden soll. Es sind dieses lauter Ausdrücke, die gar nicht synonym sind, welche aber nach dem
gesagten, einen genauen und bestimmten Sinn haben; den ich
durch einige Definitionen festzusetzen suchen werde.

Freier Wärmestoff *(calorique libre)* ist derjenige, welcher in keiner Verbindung stehet. Da wir mitten in einem System von Körpern leben, in welchen der Wärmestoff gebunden ist; so folgt daraus, daß wir diesen Stoff niemals in seiner absoluten Freiheit erhalten.

Gebundener Wärmestoff *(calorique combiné)* ist derjenige, welcher in den Körpern durch die Kraft der Attraktion, festgehalten wird, und welcher einen Theil ihrer Substanz, ja selbst ihrer Festigkeit ausmacht.

Unter specifischem Wärmestoff *(calorique spécifique)* der Körper, versteht man diejenige Quantität Wärmestoff, welche erfordert wird, um die Temperatur mehrerer gleich schwerer Körper, auf eine gleiche Anzahl von Graden zu bringen. Diese Quantität des Wärmestoffes, hängt von dem Abstande der kleinsten körperlichen Theilchen, von ihrer mehr oder weniger festen Verbindung ab; und eben diesen Abstand, oder vielmehr den daraus entstandenen Raum, hat man, wie ich schon angemerkt habe, Capacität, den Wärmestoff zu fassen, genannt.

Wärme als Empfindung betrachtet, oder mit andern Worten, empfindbare Wärme *(chaleur sensible)* ist nichts anders, als die Wirkung, die der aus den uns umgebenden Körpern sich entwickelte Wärmestoff, durch seinen Einfluß auf unsere Organe hervorbringt. Ueberhaupt genommen, erleiden wir keine Empfindung, ohne irgend eine Bewegung, und man könnte als Axiom festsetzen: ohne Bewegung sey keine Empfindung. Dieser allgemeine Grundsatz, läßt sich natürlicher Weise auch auf das Gefühl von Wärme und Kälte anwenden: wenn wir daher einen kalten Körper berühren, so geht der Wärmestoff, welcher sich in allen Körpern ins Gleichgewicht zu setzen sucht, von unserer Hand in den Körper über, den wir berühren, und wir empfinden Kälte. Die entgegengesetzte Wirkung hat aber statt, wenn wir einen warmen Körper berühren: dann geht der Wärmestoff aus dem Körper in unsre Hand über, und wir haben die Empfindung von Wärme. Wenn aber der Körper und die Hand einen gleichen, oder beinahe gleichen Grad

der Temperatur haben, so empfinden wir weder Kälte noch
Wärme, weil alsdann keine Bewegung, mit Uebergang des
Wärmestoffes erfolgt, und daher, wie schon gesagt, keine
Empfindung, ohne eine sie veranlassende Bewegung statt fin-
det.

Wenn der Thermometer steigt, so ist es ein Beweiß, daß
freier Wärmestoff da ist, der sich unter die umstehenden Körper verbreitet. Der Thermometer, als einer von diesen Körpern, empfängt seinen Theil, nach dem Verhältniß seiner
Masse, und seiner Capacität für den Wärmestoff. Die Veränderung, welche der Thermometer erleidet, zeigt also bloß eine
Versetzung des Wärmestoffs, eine dem System von Körpern,
wozu er gehört, begegnete Veränderung an; er zeigt höchstens
seinen erlangten Theil Wärmestoff an, ohne die ganze Summe
des entwickelten, versetzten oder eingesogenen Wärmestoffs,
zu messen. Das einfachste und genaueste Mittel, diesen letztern Endzweck zu erreichen, ist das vom Herrn de Laplace
erfundne, welches in den *Mémoires de l'Académie* 1780 p. 364.
beschrieben ist, und wovon sich am Ende dieses Werks, das
Wesentlichste im Auszuge befindet. Es bestehet darin, den
Körper, oder die Verbindung, aus welcher sich der Wärmestoff
entwickelt, mitten in eine ausgehölte Eiskugel zu setzen. Die
Menge des geschmolzenen Eises, giebt genau die Menge des
entwickelten Wärmestoffs an. Man kann vermittelst der Geräthschaft, die wir nach dieser Idee haben machen lassen,
durch bestimmte Anzahl von Thermometergraden, das Verhältniß der Ab- oder Zunahme angeben, welche die Capacitäten der Körper für den Wärmestoff erleiden; man kann aber
nicht, wie man behauptet hat, die Capacität der Körper, den
Wärmestoff zu fassen, dadurch erkennen. Mit eben diesem
Apparate, und verschiedenen kombinirten Versuchen, läßt
sich auch leicht finden, wieviel Wärmestoff erfordert wird, um
die festen Körper in tropfbare, und diese in luftförmige Flüßigkeiten zu verwandeln, und umgekehrt, wieviel die elastischen Flüßigkeiten an Wärmestoff verlieren, wenn sie zu
tropfbaren, und diese, wenn sie wieder zu festen Körpern wer-

den. Mit der Zeit wird man es also, wenn hinreichende Versuche angestellet seyn werden, noch dahin bringen, das Verhältniß des Wärmestoffs, welches zur Erzeugung einer jeden
Art Gas erforderlich ist, zu bestimmen. In einem besondern
Abschnitt, werde ich die vorzüglichsten Resultate dieser Art,
welche wir erhalten haben, anführen.

    Beim Schlusse dieses Artikels, habe ich noch ein Wort über
die Ursache der Elasticität der Gasarten und dunstförmigen
Flüßigkeiten zu sagen. Es ist nicht schwer einzusehen, daß
diese Elasticitäten, von der Elasticität des Wärmestoffes her-
rühren, welcher der am meisten elastische Körper in der Natur
ist. Nichts ist leichter zu begreiffen, als daß ein Körper ela-
stisch wird, wenn er sich mit einem andern verbindet, der
selbst diese Eigenschaft hat: Allein man muß gestehen, daß
dieses Elasticität, durch Elasticität erklären heißt, daß man
dadurch nur Schwierigkeiten entfernt, und uns noch immer
die Ursache der Elasticität, und warum der Wärmestoff ela-
stisch ist, zu erklären übrig bleibt. Wenn man Elasticität im
abstrakten Sinn nimmt; so ist sie nichts anders als die Eigenschaft, welche die kleinsten Theilchen eines Körpers besitzen,
sich voneinander zu entfernen, wenn man sie näher zu bringen
sucht; und dieses Bestreben hat selbst, in sehr großen Entfernungen statt. Man wird sich hiervon überzeugen, wenn man
bedenkt, daß die Luft sich um einen beträchtlichen Grad zu-
sammenpressen läßt; dieses setzt voraus, daß ihre kleinen
Theile, schon sehr voneinander entfernt sind. Denn die Möglichkeit sich wieder zu nähern, setzt eine Entfernung voraus,
die wenigstens der Größe des Näherns gleich ist. Nun suchen
aber die kleinen Theilchen der Luft, die schon voneinander
entfernt sind, sich noch mehr zu entfernen; auch in der That
füllen sie, wenn man in einem sehr großen Recipienten, einen
Boyleschen leeren Raum macht, diesen ganz aus, indem sie
sich im ganzen Raume des Gefäßes gleichseitig ausbreiten,
und gegen seine Wände drücken. Diese Wirkung läßt sich
aber nicht anders erklären, als wenn man annimmt, daß sich
diese kleinen Lufttheilchen, nach allen Seiten hin, zu entfer-

nen trachten, ob man schon den Grad der Entfernung noch
nicht kennt, bei welchem dieses Phänomen stehen bleibt.

Es giebt also eine wahre Repulsion, zwischen den kleinsten
Theilen der elastischen Flüßigkeiten; wenigstens ereignen sich
diese Sachen so, als fände diese Repulsion statt; und man   5
könnte mit Recht daraus folgern, daß die kleinsten Theilchen
des Wärmestoffes, sich voneinander abstossen. Nähme man
diese Zurückstossung einmal an, so würden die Erklärungen
über die Bildung der luftförmigen Flüßigkeiten, oder Gasarten, sehr einfach werden. Allein man muß zu gleicher Zeit   10
auch zugeben, daß sich eine zurückstossende Kraft, zwischen
den kleinsten Theilen, welche in einer großen Entfernung
wirkt, sehr schwer begreifen läßt.

Vielleicht wäre es natürlicher anzunehmen, daß die kleinsten Theile des Wärmestoffes, sich untereinander stärker an-   15
ziehen, als diejenigen, der unter seiner Einwirkung stehenden
Körper; daß folglich letztere nur getrennt werden, um der
Attraktionskraft zu gehorchen, welche sie zur Vereinigung
nöthigt. Eine diesem sehr ähnliche Erscheinung geht vor,
wenn man einen trockenen Schwam ins Wasser taucht: er   20
schwillt an, seine kleinen Theile entfernen sich voneinander,
und das Wasser füllet alle Zwischenräume aus. Es ist klar, daß
dieser Schwam durch das Aufschwellen, mehr Capacität, Wasser zu fassen, bekam, als er vorher fassen konnte. Kann man
indessen wohl sagen, daß das zwischen seine kleinsten Theile   25
getretene Wasser, diesen eine zurückstossende Kraft mit-
theilte, welche sie auseinander zu treiben suchte? Nein das
wohl nicht: es giebt im Gegentheil nur anziehende Kräfte, die
in diesem Fall wirken, und diese Kräfte sind: a) Schwere des
Wassers, und seine Wirkung nach allen Seiten, wie alle Flü-   30
ßigkeiten; b) die Anziehungskraft der kleinsten Theilchen des
Wassers untereinander; c) die anziehende Kraft der kleinsten
Theilchen des Schwammes untereinander; kurz die wechselseitige Attraktion der Wasser- und Schwamtheilchen. Es ist
leicht zu begreiffen, daß die Erklärung dieser Erscheinungen,   35
von der Intensität und dem Verhältniß aller Kräfte abhängt. Es

ist wahrscheinlich, daß die Entfernung der Körpertheilchen
voneinander, durch den Wärmestoff, von einer Verbindung
der verschiedenen anziehenden Kräfte herkommt; und das
Resultat dieser Kräfte ist es eben, das wir auf eine bestimmtere,
und dem unvollkommenen Zustande unserer Kenntnisse an-
gemessenere Art, auszudrücken suchen, wenn wir sagen, daß
der Wärmestoff den Körpertheilchen eine zurückstossende
Kraft mittheile.

Zweiter Abschnitt.

Allgemeine Uebersicht über die Bildung und die
Zusammensetzung des Dunstkreises der Erde.

Die angestellten Betrachtungen, über die Bildung der elastischen luftförmigen Flüßigkeiten oder Gasarten, verbreiten ein
großes Licht über die Art, wie sich beim Ursprung der Dinge,
die Atmosphäre der Planeten, und besonders die der Erde,
gebildet habe. Man sieht ein, daß diese letztere, das Resultat
und die Mischung a) aller Substanzen sey, die sich verdunsten
lassen, oder vielmehr, die bei dem Grade der Temperatur, in
welchem wir leben, und bei einem Druck, der einer 28 Zoll
hohen Quecksilbersäule am Gewicht gleich ist, im luftförmigen Zustande bleiben, b) aller flüßigen oder dichten Körper,
die sich in der Vermischung der verschiedenen Gasarten, auflösen können.

Um unsre Begriffe über diese Materie, über welche man
noch nicht genug nachgedacht hat, zu festigen, wollen wir
einen Augenblick überlegen, was den verschiedenen Substanzen, welche den Erdball bilden, begegnen würde, wenn man
ihre Temperatur plötzlich veränderte. Wir wollen z. B. annehmen, die Erde sey auf einmal in eine viel wärmere Region des
Sonnensystems versetzt worden, z. B. in die Region des Merkurs, wo die gewöhnliche Wärme wahrscheinlich die Wärme
des siedenden Wassers weit übersteigt: sogleich würden das

Wasser, und alle flüßigen Körper, die in einem dem siedenden
Wasser nahe kommenden Grade verdunsten, ja das Quecksilber selbst, eine Ausdehnung erleiden; sie würden luftförmige
Flüßigkeiten oder Gasarten bilden, welche Bestandtheile der
Atmosphäre, ausmachen würden. Diese neuen Gasarten, wür-   5
den sich mit den schon vorhandenen mischen, und daraus
würden wechselseitige Zerlegungen, und neue Verbindungen
entstehen, bis endlich die verschiedenen Attraktionen befrie-
digt, und die Grundstoffe welche sich aus diesen verschiedenen Gasarten erzeugt hätten, in Ruhe kommen würden. In-   10
dessen darf man eine Bemerkung dabei nicht aus der Acht
lassen, nämlich die, daß selbst jene Ausdehnung Grenzen haben würde; indem in der That, so wie die Menge der elastischen Flüßigkeiten zunähme, auch die Schwere der Atmosphäre, verhältnißmäßig wachsen würde. Denn da jeder   15
Druck die Ausdehnung hindert; indem die verdünstbarsten
Flüßigkeiten, bei einer sehr starken Wärme, Wiederstand leisten, wenn man ihnen einen verhältnißmäßigen stärkern
Druck entgegen setzt; indem selbst das Wasser, und alle and-
ren Flüßigkeiten, im papinischen Topf, eine Glühhitze aus-   20
halten können; so sieht man ein, daß die neue Atmosphäre bis
zu einem solchen Grad von Schwere gelangen würde, daß das
Wasser, welches bis dahin noch nicht verdunstet worden, zu
sieden aufhören, und im flüßigen Zustande bleiben würde; so
daß selbst in dieser Voraussetzung, so wie in jeder andern die-   25
ser Art, die Schwere der Atmosphäre begrenzt, und eine gewisse Grenze, nicht würde überschreiten können. Diese Betrachtungen ließen sich weiter fortsetzen: Man könnte z. B.
untersuchen, was mit den Steinen, Salzen, und dem größten
Theil der schmelzbaren Substanzen aus denen der Erdball be-   30
steht, vorgehen würde? Man sieht daß sie weicher werden,
schmelzen, und Flüßigkeiten bilden würden; allein diese letztern Bemerkungen führen mich von meinem Gegenstande ab,
zu welchem ich zurückeile.

Durch eine entgegengesetzte Wirkung würde, wenn die   35
Erde mit einemmal in eine sehr kalte Region versetzt würde,

das Wasser, welches jetzt unsere Seen und Flüße, und wahrscheinlich die größeste Anzahl der uns bekannten Flüßigkeiten bildet, sich in feste Berge, sehr harte Felsen verwandeln, die
anfänglich durchsichtig, homogen und weiß wie Bergkristall
seyn, mit der Zeit aber, indem sie sich mit Substanzen von
verschiedener Natur mischten, undurchsichtige und bunte
Steine werden würden.

Nach dieser Voraussetzung würde ohnstreitig die Luft, oder
wenigstens ein Theil der luftförmigen Substanzen, aus denen
sie bestehet, aus Mangel an hinreichender Wärme, nicht länger im Zustande elastischer Dünste existiren; sie würden also
wieder in einen tropfbaren Zustand übergehen, und neue flü-
ßige Körper bilden, von denen wir keinen Begriff haben.

Diese beiden entgegengesetzten Fälle, zeigen deutlich: a)
daß Festigkeit, Flüßigkeit und Elasticität, drei verschiedene
Zustände, einer und eben derselben Materie, drei besondre
Modifikationen sind, welche alle Substanzen nacheinander
erleiden können; und welche einzig und allein von demjenigen
Grade der Wärme abhängen, in welchem sie sich befinden,
nämlich von der Quantität des Wärmestoffs, welcher sie
durchdrungen hat; b) daß es sehr wahrscheinlich ist, daß die
Luft natürlicherweise eine dunstförmige Flüßigkeit ist, oder
daß unsere Atmosphäre aus lauter tropfbaren Flüßigkeiten
bestehet, die bei unserm gewöhnlichen Grade der Wärme und
Drucke, im dunstförmigen Zustande, und in beständiger Elasticität, zu existiren fähig sind; c) daß es folglich nicht unmöglich seyn würde, daß sich in unsrer Atmosphäre, außerordentlich dichte Substanzen, selbst Metalle befänden, und z.B.
eine metallische Substanz, welche ein wenig flüchtiger als
Quecksilber wäre, sich in diesem Falle befinden würde.

Es ist bekannt, daß unter den uns bekannten Flüßigkeiten
einige, als Wasser und Alkohol, sich in allen Verhältnissen
miteinander mischen lassen, andere hingegen, als Quecksilber,
Wasser und Oel, nur momentane Verbindungen eingehen,
sich nach der Vermischung wieder voneinander trennen, und
sich vermöge ihrer specifischen Schwere, ordnen. Ein gleiches

muß, oder kann wenigstens, sich in der Atmosphäre zutragen. Es ist möglich, ja wahrscheinlich, daß sich Anfangs dergleichen Gasarten gebildet haben, und noch täglich bilden, welche sich schwer mit der Atmosphäre mischen lassen, und sich daher von ihr trennen. Wenn diese Gasarten leichter sind, so müssen sie sich in den höhern Regionen sammeln, und daselbst Lagen bilden, welche auf der atmosphärischen Luft schwimmen. Das, was die feurigen Lufterscheinungen begleitet, nöthigt mich zu glauben, daß sich in den höhern Regionen, der Atmosphäre, auch eine Lage einer entzündbaren Flüßigkeit aufhalte, und daß da, wo diese beiden Luftarten sich berühren, Nordlichter, und andere feurige Meteore bewirkt werden; Gedanken, die ich mir vorgenommen habe, in einer andern Schrift, mehr auseinander zu setzen.

Dritter Abschnitt.

Zerlegung der atmosphärischen Luft in zwei elastische Flüßigkeiten, wovon die eine respirabel, die andere aber nicht respirabel ist.

So ist also *a priori* unsre Atmosphäre beschaffen; sie muß durch die Vereinigung solcher Substanzen entstehen, welche bei dem gewöhnlichen Grade der Temperatur, und dem gewöhnlichen Drucke den wir leiden, in einem luftförmigen Zustande bleiben können. Diese elastischen Flüßigkeiten, bilden von der Erde an, bis zur größten Höhe, die man bis jetzt hat erreichen können, eine Masse von beinahe homogener Natur, deren Dichtigkeit, im umgekehrten Verhältnisse der Gewichte, die auf ihr liegen, abnimmt. Allein, es ist wie ich schon gesagt habe, möglich, daß diese erste Lage, mit einer oder mehreren andern, sehr verschiedenen Flüßigkeiten, wieder bedeckt seyn kann.

Nun haben wir nur noch die Anzahl, und die Natur der elastischen Flüßigkeiten zu bestimmen, welche diese untere

Lage, in der wir uns aufhalten, bilden, worüber uns die Erfahrung, Aufschlüsse geben wird. Die neuere Chemie hat in diesem Stück große Fortschritte gemacht, aus den umständlichen
Berichten die ich jetzt mittheilen will, wird man einsehen, daß
die atmosphärische Luft, vielleicht unter allen Substanzen dieser Ordnung, gerade diejenige sey, welche man auf das streng-
ste und genaueste untersucht hat.

Die Chemie giebt uns überhaupt zwei Mittel an die Hand,
die Natur der Bestandtheile eines Körpers zu bestimmen,
nämlich die Zusammensetzung, und die Zerlegung. Wenn
man z. B. Wasser und Alkohol zusammen verbunden, und
durch das Resultat dieser Mischung diejenige Art Flüßigkeit,
hervorgebracht hat, welche im Handel den Namen Brandtwein führt; so kann man mit Recht daraus schließen, daß
Brandtwein aus Alkohol und Wasser bestehe. Allein man kann
zu eben diesem Schluße, auf dem Wege der Zerlegung gelangen; und überhaupt sollte man in der Chemie nicht eher ganz
zufrieden seyn, als bis man diese beiden Prüfungsarten, hat
vereinigen können.

Diesen Vortheil hat man bei der Analyse der atmosphärischen Luft: man kann sie zerlegen und wieder zusammen setzen. Ich werde mich bloß darauf einschränken, hier die schlüssigsten Versuche, die man zu diesem Ende gemacht hat;
anzuführen; es ist fast kein einziger darunter, der mir nicht
eigenthümlich zugehörte, theils weil ich sie zuerst selbst an-
stellte, theils weil ich sie unter einem neuen Gesichtspunkte,
nämlich unter dem, die atmosphärische Luft, zu analysiren,
wiederholt habe.

Ich nahm eine Phiole, deren innerer Raum ohngefähr 36
Cubikzoll faßte. Ihr sehr langer Hals, war inwendig 6 bis 7
Linien weit, und wurde krum gebogen, wie man ihn Abb. 2,
Fig. 2. vorgestellt sieht, so daß die Phiole in einen Ofen M M
N N gestellt werden konnte, während dessen, das Ende ihres
Halses E unter die Glocke F G die in einem Quecksilberbade
R R S S stand, gebracht wurde. In diese Phiole that ich vier
Unzen vom reinsten Quecksilber, und nachdem ich nachher

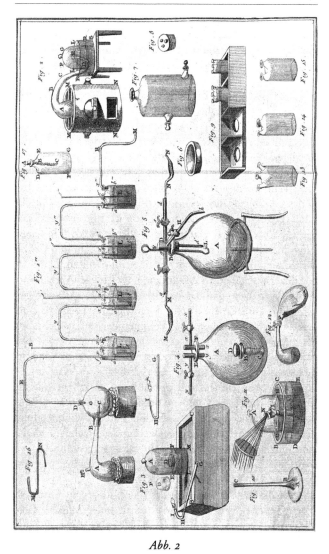

Abb. 2

mit einer unter die Glocke F G gebrachten Röhre saugte, hob
ich das Quecksilber, bis auf L L Ich bemerkte sorgfältig diese
Höhe mit einem angeleimten Papierstreif, und beobachtete
genau den Barometer und Thermometer.

Nach dieser Vorrichtung machte ich in dem Ofen M M N
N Feuer, und unterhielt es fast zwölf Tage lang, so daß das
Quecksilber beinahe bis auf den Kochpunkt erhitzt wurde.
Den ganzen ersten Tag, fiel nichts Merkwürdiges vor; das
Quecksilber, ob es gleich nicht kochte, war doch in einer beständigen Ausdünstung, es setzte sich anfänglich im Innern
des Gefässes, in feinen Tropfen an, die aber nachher zunahmen, wenn sie ein gewisses Volumen erreicht hatten, von selbst
in das Glas hinabsunken, und sich mit dem übrigen Quecksilber vereinigten. Den zweiten Tag sahe ich zum erstenmal auf
der Oberfläche des Quecksilbers, kleine rothe Theilchen
schwimmen, die vier oder fünf Tage lang an Zahl und Größe
zunahmen; hierauf aber nahmen sie nicht mehr zu, und blieben durchaus in demselben Zustande. Da ich nach Verlauf von
zwölf Tagen sahe, daß die Verkalkung des Quecksilbers, gar
keine Fortschritte mehr machte, löschte ich das Feuer aus, und
ließ die Gefässe erkalten. Das Volumen der Luft, welches im
Halse der Phiole, und unter dem leeren Raume der Glocke
enthalten war, und nun auf einen Druck von 28″ und 10
Graden des Reaum. Thermometers reduzirt war, war vor der
Operation von ohngefähr 50 Cubikzoll. Nach geendigter
Operation war dieses Volumen, bei gleichem Druck und Temperatur, nur noch 42 bis 43 Cubikzoll, und das Volumen folglich ohngefähr nur ein Sechstheil vermindet. Nachdem ich die
entstandenen rothen Theilchen sorgfältig aufgesammelt, und
soviel wie möglich, von dem flüßigen Quecksilber abgesondert hatte, betrug ihr Gewicht 45 Gran.

Ich habe diese Verkalkung des Quecksilbers, in verschlos-
senen Gefässen, verschiedenemale wiederholen müssen, da es
schwer fällt, bei einem und eben demselben Versuche, die Luft
in der man gearbeitet hat, und die entstandenen rothen Theilchen, oder den Quecksilberkalk, zu erhalten. Es wird mir also

oft begegnen, daß ich in dieser Abhandlung, das Resultat von
zwei oder drei Versuchen dieser Art, verwechsle.

Die nach dieser Operation übrig gebliebene Luft, welche
auf fünf Sechstheile ihres Volumens durch die Verkalkung reduzirt war, taugte weder zur Respiration, noch zur Verbrennung: denn die Thiere welche man hineinbrachte, starben
nach wenig Augenblicken, und die Lichter verlöschten so
schnell, als wenn man sie im Wasser getaucht hätte.

Ich nahm nun ferner die 45 Gran des rothen Stoffs, welcher
sich während der Operation gebildet hatte, that sie in einen
sehr kleinen gläsernen Kolben, der gehörig eingerichtet war,
um die flüßigen und elastischen Produkte, die sich absondern
könnten, aufzunehmen. Nachdem ich unter dem Ofen Feuer
gemacht hatte, bemerkte ich, daß so wie der rothe Stoff erwärmt wurde, seine Farbe sich an Intensität vermehrte. Als
nachher der Kolben beinahe glühend wurde, verlor der rothe
Stoff nach und nach von seinem Volumen, und in einigen
Minuten, war er ganz verschwunden. Zu gleicher Zeit verdick-
ten sich in dem kleinen Recipienten 41½ Gran fließendes
Quecksilber, und unter die Glocke stieg eine elastische Flüßigkeit von 7 bis 8 Cubikzoll auf, welche die Respiration, und
das Verbrennen zu unterhalten weit geschickter war, als die
atmosphärische Luft.

Nachdem ich einen Theil von dieser Luft, in eine, einen
Zoll weite gläserne Röhre gethan hatte, und ein angezündetes
Wachslicht hineintauchte, so verbreitete es darin einen blendenden Glanz. Eine Kohle, statt darin ruhig, wie in gewöhnlicher Luft sich zu verzehren, brach in Flammen aus, und
brannte mit einer Art von Verprasselung (décrépitation) nach
Art des Phosphors, und mit einem so lebhaften Lichte, daß es
die Augen kaum vertragen konnten. Diese Luft, welche die
Herren Priestley, Scheele und ich, fast zu gleicher Zeit entdeckten, nannte der erste dephlogistisirte Luft, der zweite Feuerluft, ich gab ihr gleich den Namen der vorzüglichst respirablen Luft (air éminemment respirable); nachher hat man sie
aber mit dem Namen Lebensluft belegt. Wir werden bald sehen, was wir von dieser Benennung zu halten haben.

Denkt man über die Umstände dieses Versuchs nach, so sieht man, daß das Quecksilber, indem es sich verkalket, den gesunden und respirablen Theil der Luft, oder vielmehr den Grundstoff derselben einsaugt; ferner, daß der übrige Theil der Luft, eine Art mephitischer Luft (*mofette*) ausmacht, welche zur Respiration untauglich ist. Die atmosphärische Luft besteht also aus zwei elastischen Flüßigkeiten, die ihrer Natur nach verschieden, und sich so zu sagen, gerade entgegengesetzt sind.

Als ein Beweiß dieser wichtigen Wahrheit, dient folgender: verbindet man diese beiden elastischen Flüßigkeiten, die man getrennt erhalten hatte, wieder miteinander, nämlich, 42 Cubikzoll, nicht respirabler oder mephitischer Luft, und die 8 Cubikzoll respirabler Luft, so bildet man eine, der atmosphärischen ganz ähnliche Luft, die fast eben so gut zur Verbrennung als zur Verkalkung der Metalle, und zur Respiration der Thiere tauglich ist.

Ob schon dieser Versuch ein sehr einfaches Mittel darbietet, die beiden vorzüglich elastischen Flüßigkeiten, die unsre Atmosphäre bilden helfen, abgesondert darzustellen, so giebt er uns doch keine genauen Begriffe, von dem Verhältnisse dieser beiden Flüßigkeiten. Die Affinität des Quecksilbers, zum respirablen Theil der Luft, oder vielmehr zur Basis derselben, ist nicht groß genug, um ganz die Hindernisse zu überwinden, die sich dieser Verbindung in den Weg stellen. Zu diesen Hindernissen gehört der Zusammenhang der zwei Flüßigkeiten, welche die atmosphärische Luft bilden, und die Stärke der Affinität, mit welcher die Basis der Lebensluft, mit dem Wärmestoff vereinigt ist; folglich bleibt nach vollendeter, oder wenigstens, so weit als möglich war, getriebener Verkalkung des Quecksilbers, in einer bestimmten Menge Luft, noch etwas respirable Luft, mit dem mephitischen Gas verbunden, und das Quecksilber kann diese letztere Portion nicht scheiden. In der Folge werde ich zeigen, daß das Verhältniß der respirablen, und nicht respirablen Luft, welche die atmosphärische Luft bilden, sich wie 27 zu 73 verhält; wenigstens ist dieses der Fall

in den Himmelsstrichen, welche wir bewohnen; auch werde
ich zu gleicher Zeit die Ungewißheiten auseinander setzen, die
bei der Genauigkeit dieses Verhältnisses statt finden.

Da bei der Kalzination des Quecksilbers, eine Zerlegung
der Luft, und eine Fixirung und Bindung der Basis ihres respirablen Theils, mit dem Quecksilber vor sich geht; so folgt
aus den vorher angegebenen Grundsätzen, daß sich dabei
Licht und Wärmestoff einwickeln muß; und daß diese Entwickelung wirklich statt hat, läßt sich nicht bezweifeln; allein
zwei Ursachen verhindern es, daß sie bei dem beschriebenen
Versuche nicht bemerkt werden kann. Die erste, weil die Verkalkung mehrere Tage lang dauert, und daher die Entwickelung der Wärme und des Lichts, welche in einem so großen
Zeitraum vertheilt wurde, für jeden Augenblick unendlich
schwach war. Die zweite, weil da die Operation in einem
Ofen, und mit Hülfe des Feuers unternommen wird, die
durch die Verkalkung veranlassete Wärme, sich mit der
Wärme des Ofens vermischet. Ich könnte noch hinzusetzen,
daß wenn der respirable Theil der Luft, oder vielmehr seine
Basis, sich mit dem Quecksilber verbindet, er nicht den ge-
bundenen Wärmestoff total fahren läßt, daher ein Theil desselben in der neuen Verbindung festgehalten werden muß:
allein die Auseinandersetzung dieser Meinung, und die dazu
erforderlichen Beweise, würden hier nicht am rechten Orte
stehen.

Es ist übrigens sehr leicht, die Entwickelung der Wärme
und des Lichtes, empfindbar zu machen, wenn die Zerlegung
der Luft, auf eine schnellere Art bewirkt wird. Eisen, das weit
mehr Affinität als das Quecksilber, zur Basis des respirablen
Theils der Luft hat, giebt hierzu ein Mittel an die Hand. Jedermann kennt den schönen Versuch des Hrn. Ingen-Hous
über die Verbrennung des Eisens: man nimmt ein Stück dünnen Eisendrath, Abb. 2, Fig. 17. B C der spiralförmig gewun-
den ist. Ein Ende desselben B befestigt man in den Korkstöpsel
A der zum Verstopfen der Flasche D E F G bestimmt ist. An
das andere Ende des Eisendraths, befestigt man ein Stückchen

Schwam C. Nachdem dieses geschehen ist, so füllet man die
Flasche D E F G mit Luft, welche ihres nicht respirablen
Theils beraubt ist. Nun zündet man den Schwam an, bringt
ihn darauf schnell mit dem Eisendrath B C in die Flasche, und
stopft sie zu, wie man es in der erwähnten Figur sieht. Sobald
der Schwam in die Lebensluft getaucht wird, so fängt er an mit
einem blendenden Glanz zu brennen, theilt seine Entzündung
dem Eisen mit, welches selbst im Brand geräth, und hellglän-
zende Funken aussprühet, die auf den Boden der Flasche als
runde Kügelchen niederfallen, beim Abkühlen schwarz werden, und noch ein wenig Metallglanz behalten. Das auf diese
Art verbrannte Eisen, ist zerbrechlicher als Glas, es läßt sich
leicht zerreiben, und wird auch noch vom Magnet gezogen,
obschon weniger als vor seiner Verbrennung.

Herr Ingen-Hous hat nicht untersucht, was bei dieser Operation dem Eisen, noch was der Luft begegnet; daher ich mich
also genöthigt fand, diese Operation unter verschiedenen Umständen, und in einem, meinen Absichten entsprechenden
Apparate zu wiederholen. Eine Glocke Abb. 2, Fig. 3. A die
ohngefähr sechs Pfund fassete, füllte ich mit reiner oder respirabler Luft. Vermittelst eines sehr flachen Geschirrs,
brachte ich diese Glocke in dem Baßin B C auf ein Quecksilberbad. Hierauf trocknete ich mit Löschpapier sorgfältig,
sowohl die Oberfläche des Quecksilbers, als auch die Glocke,
in und ausserhalb. Auf der andern Seite versahe ich mich mit
einer flach ausgehölten porzellanen Schale D, in die ich spi-
ralförmige Eisenstücke legte und sie so ordnete, daß die Verbrennung aller Theile dadurch begünstigt wurde. An das Ende
eines dieser Eisenstücken, band ich ein Stückchen Schwam, zu
welchem ich etwas Phosphor legte, welcher kaum 1/16 Gran
wog. Nun brachte ich diese Schaale unter die Glocke, indem
ich diese ein wenig aufhob. Zwar weis ich wohl, daß durch
diese Verfahrungsart, sich ein kleiner Theil gemeiner Luft, mit
der in der Glocke befindlichen vermischet; allein diese Mischung, die, wenn man mit Geschicklichkeit operirt, nicht viel
zu bedeuten hat, schadet dem Erfolge des Versuches, gar nicht.

Wenn nun die Schaale D unter die Glocke gebracht worden ist, so saugt man einen Theil der in ihr enthaltenen Luft aus, um dadurch das Quecksilber in der Glocke bis E F zu heben. Zu diesem Ende bedient man sich einer Röhre G H I die darunter gebracht wird; und um deren Ende, damit sie nicht voll Quecksilber wird, man ein Stückchen Papier umwickelt. Es ist ein Kunstgriff dabei, das Quecksilber durchs Saugen unter der Glocke in die Höhe zu bringen. Wollte man die Luft bloß mit der Lunge athmen, so würde man nur eine sehr mittelmäßige Höhe, z.B. eines, oder höchstens anderthalb Zoll, erreichen, da man hingegen, durch die Bewegung der Mundmuskeln, ohne sich zu ermüden, wenigstens ohne alle Gefahr sich Schaden zuzufügen, das Quecksilber sechs bis sieben Zoll hoch bringen kann.

Nach dieser Vorrichtung läßt man ein krummes Eisen Abb. 2, Fig. 16. M N, das zu solchen Versuchen bestimmt ist, glühend machen. Man bringt es unter die Glocke, und ehe es Zeit bekommt kalt zu werden, fährt man damit an das Stückchen Phosphor, welches sich in der porzellanen Schaale D befindet. Der Phosphor entzündet sich sogleich, er entzündet darauf den Schwam, und dieser das Eisen. Hat man nun die Eisenstücke gut geordnet, so verbrennen sie alle bis auf das letzte Stäubchen, und verbreiten dabei ein weißes glänzendes Licht, das dem ähnlich ist, welches man an den Sternen des Chinesischen Feuerwerks bemerkt. Die große Hitze, welche während der Verbrennung entsteht, schmelzt das Eisen, und es fällt in runden Kügelchen von verschiedener Größe nieder, davon die meisten in der Schaale bleiben, einige aber springen heraus, und schwimmen auf der Oberfläche des Quecksilbers.

Im ersten Augenblick der Verbrennung erfolget eine geringe Vermehrung im Volumen der Luft, und zwar zufolge der Ausdehnung, welche die Hitze veranlasset: aber gleich darauf folgt eine schnelle Abnahme auf die Ausdehnung; das Quecksilber in der Glocke steigt, und wenn die Menge des Eisens hinreichend, und die Luft recht rein war, so wird sie fast gänzlich absorbirt.

Hier muß ich noch anmerken, daß im Fall man Versuche
zum weiteren Nachforschen anstellen wollte, es besser sey, nur
eine mittelmäßige Menge Eisen zu verbrennen. Will man den
Versuch zuweit treiben, und fast alle Luft absorbiren; so nähert
5 sich die Schaale D die auf dem Quecksilber schwimmt, zu sehr
dem Gewölbe der Glocke, und die große Hitze, verbunden
mit dem plötzlichen Kaltwerden, das durch die Berührung des
Quecksilbers veranlasset wird, zersprengt das Glas. Das Gewicht der Quecksilbersäule, die schnell fällt, sobald die Glocke
10 einen Sprung bekommen hat, veranlasset eine Welle *(flot)* welche einen großen Theil des Quecksilbers, aus dem Boden
treibt. Um diesem Uebel abzuhelfen, und seines Versuchs sicher zu seyn, darf man unter einer Glocke die acht Pinten
(Pfund) hält nicht mehr als anderthalb Drachmen Eisen ver-
15 brennen. Die Glocke muß stark seyn, damit sie dem Gewicht
des Quecksilbers, welches sie aufzunehmen bestimmt ist, wiederstehen kann.

In diesem Versuche ist es nicht möglich, mit einemmal das
Gewicht zu bestimmen, welches das Eisen annimmt, so wenig
20 wie die Veränderungen, welche die Luft erleidet. Sucht man
die Gewichtszunahme des Eisens, und ihr Verhältniß mit der
Absorbtion der Luft zu erforschen, so muß man auf der
Glocke die Höhe des Quecksilbers, vor und nach dem Versuche, mit einem Diamant bezeichnen. Man bringt sodann
25 die Röhre, Abb. 2, Fig. 3. G H die um das Eindringen des
Quecksilbers zu verhüten, mit einem Papier verwahret seyn
muß, unter die Glocke, man verschließt das äußere Ende G
mit dem Daumen, und ersetzt dann die Luft nach und nach,
indem man den Daumen wegzieht. Wenn das Quecksilber
30 auf seine gewöhnliche Höhe herabgesunken ist, so nimmt
man die Glocke behutsam ab; man nimmt die Eisenkügel-
chen, welche sich in der Schaale befinden, heraus, und sammelt auch diejenigen sorgfältig, welche herausgesprungen
sind, und auf der Oberfläche des Quecksilbers schwimmen,
35 und wägt nun das Ganze. Das Eisen ist in dem Zustande, in
⇨ welchem es die ältern Chemiker Eisenmohr nannten. Es hat

noch einigen Metallglanz, und läßt sich leicht zu Pulver reiben. Ist diese ganze Operation recht gut gelungen, so erhält man aus 100 Gran Eisen, 135 bis 136 Gran Eisenmohr; man kann also auf den Centner eine Gewichtsvermehrung, von wenigstens 35 Pfund annehmen.

Hat man auf diesen Versuch alle erforderliche Aufmerksamkeit gewendet, so hat die Luft nach dem Verbrennen am Gewicht gerade so viel verloren, als das Eisen gewonnen hat. Hat man also 100 Gran Eisen verbrannt, und beträgt die Gewichtszunahme des Metalls 35 Gran; so beträgt die Verminderung des Luftraums, auf jeden Cubikzoll, einen halben Gran gerechnet, genau 70 Cubikzoll. Daß ein Cubikzoll dieser Luft, ziemlich genau einen halben Gran wiegt, wird man in der Folge dieses Werks bestätigt finden.

Ich muß hierbei noch einmal erwähnen, daß man in allen Versuchen dieser Art, nie vergessen darf, das Volumen der Luft, sowohl beim Anfang, als beim Ende des Versuchs, durch Berechnung auf das Volumen zu bringen, daß man bei 10 Graden des Thermometers, und einem Drucke von 28 Zoll, würde erhalten haben. Die Art und Weise diese Berichtigung vorzunehmen, werde ich am Ende dieses Werks beschreiben.

Sollen über die Eigenschaften, der nach dem Verbrennen in der Glocke zurückgebliebenen Luft, Versuche angestellt werden; so muß man auf eine etwas verschiedene Art operiren. Man fängt damit an, daß man nach geschehener Verbrennung und Abkältung der Gefässe, das Eisen und die Schaale, indem man die Hand durch das Quecksilber unter die Retorte bringt, hervorziehet. Hierauf bringet man unter diese Glocke, etwas in Wasser aufgelößtes Pflanzenalkali oder ätzendes Laugensalz; sulphurisirtes Alkali (Schwefelleber) oder eine dergleichen andere Substanzen, die man dazu für tauglich hält, um zu untersuchen, wie sie auf die Luft wirken. (Ich werde in der Folge wieder auf die Mittel um die Luft zu analysiren zurückkommen, wenn ich erst die Natur dieser verschiedenen Substanzen, die ich hier nur im Vorbeigehen anführe, werde kennen gelehrt haben.) Endlich bringt man soviel Wasser unter die

Glocke, als nöthig ist, um das Quecksilber zu vertreiben; und
nun hält man ein Gefäß oder eine sehr flache Schaale darunter,
womit man die Glocke in die gewöhnliche bestimmte pneumatische Vorrichtung bringt, wo man mehr im Großen, und
mit mehr Leichtigkeit arbeiten kann.

Nimmt man zu diesem Versuch sehr weiches und reines
Eisen, und ist die respirable Luft worinnen die Verbrennung
vor sich geht, von aller nicht respirablen frei; so ist die nach der
Verbrennung übrig bleibende Luft eben so rein, als sie vor der
Verbrennung war. Indessen ist es selten, daß das Eisen nicht
eine Menge Kohlenstoff enthält; und vorzüglich der Stahl, ist
immer damit verbunden. Und so ist es denn auch außerordentlich schwer, die respirable Luft vollkommen rein zu erhalten, sie ist vielmehr immer mit einem kleinen Theile nicht
respirabler Luft vermischt. Diese Art von mephytischer Luft
(espèce de mofètte) stört indessen das Resultat des Versuchs,
nicht im geringsten, und ist am Ende in eben der Menge, als
im Anfang vorhanden.

Ich habe gesagt, daß man auf zwei verschiedene Arten, die
Natur der Bestandtheile, der atmosphärischen Luft bestimmen könnte: nämlich durch die Zerlegung, und durch die
Zusammensetzung. Die Kalzination des Quecksilbers, hat von
beiden ein Beispiel gegeben: denn nachdem wir der respirablen Luft, ihren Grundstoff durch das Quecksilber geraubt
hatten, so gaben wir ihn wieder zurück, um Luft hervorzubringen, die in allem der atmosphärischen gleich ist. Allein
man kann auch denn diese Zerlegung der Luft bewirken, wenn
man aus verschiedenen Reichen die Stoffe borgt, welche sie
bilden sollen. In der Folge wird man sehen, daß wenn man
animalische Stoffe in Salpetersäure auflößt, eine große Menge
Luft dabei entwickelt wird, die Lichter auslöscht, den Thieren
schädlich ist, und in allem, dem nicht respirablen Theile der
atmosphärischen Luft gleich ist. Setzt man zu 73 Theilen dieser elastischen Flüßigkeit, 27 Theile ganz reine respirable Luft,
die man aus Quecksilber, das bis zur Röthe kalzinirt worden
ist, gezogen hat, so bildet man eine elastische Flüßigkeit, die

der atmosphärischen Luft gleicht, und auch alle ihre Eigenschaften hat.

Es giebt noch viele andere Mittel, den respirablen Theil der
Luft, von dem nicht respirablen zu trennen; allein ich kann sie
hier nicht anführen, ohne Begriffe vorauszusetzen, die der
Ordnung nach, zu den folgenden Abschnitten gehören. Ueberdies sind auch die angegebenen Erfahrungen, für eine Einleitung hinreichend, da es bei solchen Gegenständen, mehr auf
die Wahl der Beispiele, als auf ihre Anzahl ankommt.

Zum Beschluß dieses Artikels, will ich noch eine Eigenschaft der atmosphärischen Luft, und überhaupt aller uns bekannten elastischen Flüßigkeiten, oder Gasarten anführen;
nämlich ihre Auflösung des Wassers. Nach den Versuchen des
Hrn. von Saussure, kann ein Cubikfuß atmosphärische Luft,
zwölf Gran Wasser auflösen; andere Gasarten aber, als Kohlensäure etc. scheinen davon noch mehr aufzulösen; man hat
aber bis jetzt noch nicht genug genaue Versuche angestellt, um
die Menge des von ihnen aufzulösenden Wassers, bestimmen
zu können. Dieses Wasser, das in den Gasarten enthalten ist,
giebt bei manchem Versuche, zu besondern Erscheinungen
Gelegenheit, die viel Aufmerksamkeit verdienen, und durch
welche die Chemiker oft zu großen Irrthümern verleitet worden sind.

Vierter Abschnitt.

Nomenklatur der verschiedenen Bestandtheile der atmosphärischen Luft.

Bis hierher habe ich mich der Umschreibungen bedienen müssen, um die Natur der verschiedenen unsre Atmosphäre bildenden Substanzen zu bezeichnen, und ich habe unterdessen
die Ausdrucke respirable Luft, und nicht respirable Luft, angenommen. Die Einzelheiten aber, in die ich mich nun einlassen werde, machen es nothwendig, daß ich einen kürzern

Weg einschlage, und daß ich die verschiedenen Substanzen, welche die atmosphärische Luft bilden helfen, nachdem ich deutlichere Begriffe von ihnen gegeben, auch durch deutlichere Worte zu bestimmen suche.

Da die Temperatur unseres Planeten dem Grade sehr nahe ist, wo das Wasser aus dem flüßigen Zustande in den festen, und aus den festen in den flüßigen übergehet; und da diese Erscheinung öfters unter unsern Augen erfolgt; so darf man sich nicht wundern, daß man in allen Sprachen, wenigstens in den Climaten, wo man eine Art Winter hat, dem Wasser, das durch die Abwesenheit des Wärmestoffes, fest geworden ist, einen besondern Namen gegeben habe.

Dieses konnte aber nicht der Fall bei dem Wasser seyn, das durch einen größern Zusatz des Wärmestoffs, in den Zustand von Dunst versetzt wurde. Die sich diesen Gegenstand nicht zu einem besondern Studium gemacht haben, wissen noch nicht, daß bei einem etwas höhern Wärmegrade, als der des siedenden Wassers, das Wasser in eine elastische, luftartige Flüßigkeit umgeändert wird, welche man, wie alle Gasarten, in Gefässen auffangen, und verwahren kann, und welche ihre Gasform so lange behält, als sie eine Temperatur über 80 Grad, und einen Druck, der einer 28 Zoll hohen Quecksilbersäule gleich ist, erleidet. Da diese Erscheinung den mehresten entgieng, so hat auch keine Sprache, das in diesem Zustande befindliche Wasser, mit einem besondern Namen bezeichnet; und das ist auch der Fall mit allen übrigen Flüßigkeiten, und überhaupt mit allen Substanzen, welche sich in dem gewöhnlichen Grade der Temperatur, und dem Druck des Dunstkreises, in dem wir leben, nicht verdunsten lassen.

Aus gleicher Ursache gab man auch den meisten luftförmigen Flüßigkeiten, im flüßigen oder festen Zustande, keine Namen; man wußte nicht, daß diese Flüßigkeiten, das Resultat der Verbindung eines Grundstoffes mit dem Wärmestoff wären; und da man sie nie, weder im flüßigen noch festen Zustande gesehen hatte, so war selbst ihre Existenz, unter dieser Form, den Physikern unbekannt.

Wir hielten es nicht für erlaubt, Namen abzuändern, die in
der gesellschaftlichen Sprache durch ein altes Herkommen
aufgenommen und geheiligt sind. Wir verbanden also mit
den Worten Wasser und Eis ihre gewöhnliche Bedeutung. So
drückten wir auch durch das Wort Luft, den Inbegriff aller   5
elastischen Flüßigkeiten aus, welche unsere Atmosphäre ausmachen. Indessen glaubten wir nicht nötig zu haben, den neuern Benennungen, die kürzlich von den Physikern vorgeschlagen worden sind, eine gleiche Achtung zu gestatten;
daher hielten wir uns für berechtigt, sie zu verwerfen, und   10
andere, die weniger zu Irrthümern verleiten, an ihre Stelle zu
setzen; und selbst dann, wenn wir sie aufzunehmen beschlos-
sen hatten, trugen wir kein Bedenken, sie zu modifiziren, und
bestimmtere Begriffe mit ihnen zu verbinden.

Die neuen Namen haben wir vorzüglich aus dem Griechi-   15
schen entlehnt, und sie so gewählet, daß ihre Etymologie, an
den Begriff der Dinge, die wir damit bezeichnen wollen, erin-
nert; daher haben wir uns auch besondere Mühe gegeben, nur
kurze Worte aufzunehmen, und zwar soviel wie möglich solche, aus denen man Adjectiva und Verba machen könnte.   20

Diesen Grundsätzen zufolge, behielten wir, nach dem Beispiel des Herrn Macquer, den Namen Gas, den van Helmont   ⇐
gebraucht hat, bei; und brachten unter diese Benennung, die
zahlreiche Klasse der elastischen luftförmigen Flüßigkeiten,
nur daß wir bei der atmosphärischen Luft eine Ausnahme   25
machten. Das Wort Gas ist also für uns der Gattungsname,
welcher die höchste Stuffe der Sättigung, irgend einer Substanz, durch den Wärmestoff anzeigt; ein Name, der eine gewisse Art von Existenz der Körper, ausdrückt. Hiernach kam
es darauf an, jede Art Gas wieder zu speziciren, und dieses   30
gelang uns, indem wir einen zweiten Namen, von dem Namen
des Grundstoffs entlehnten, welcher in ihr gebunden liegt.
Wasser das mit Wärmestoff verbunden, und dadurch in den
Zustand einer elastischen luftförmigen Flüßigkeit versetzt ist,
werden wir daher Wassergas *(gaz aqueux)*; die Verbindung des   35
Aethers mit dem Wärmestoff, Aethergas *(gaz éthéré)*; und die

Verbindung des Weingeistes mit dem Wärmestoff, Alkoholgas
⇨ *(gaz alkoolique)* nennen. Eben so werden wir auch Salzsaures
Gas *(gaz acide muriatique)*; Ammoniakgas *(gaz ammoniaque)*
u. s. w. haben. Ueber diese Artikel werde ich mich denn weiter
5 einlassen, wenn die verschiedenen Grundstoffe, benannt werden müssen.

Wir haben gesehen, daß die atmosphärische Luft vorzüglich
aus zwei luftförmigen Flüßigkeiten oder Gasarten bestehet: aus
einer respirablen, die das Leben der Thiere zu unterhalten ver-
10 mag, in welcher Metalle kalzinirt werden, und die entzündlichen Körper brennen können; und aus einer andern, welche
grade entgegengesetzte Eigenschaften hat, in welcher die
Thiere nicht athmen können, und die das Verbrennen nicht zu
unterhalten vermögend ist u. s. w. Dem Grundstoffe der re-
15 spirablen Luft, geben wir den Namen säurezeugend *(oxygène)*
der von zwei griechischen Worten (ὀξυς) sauer, und (γεινομαι)
ich erzeuge hergeleitet ist; weil es wirklich eine der hauptsäch-
lichsten Eigenschaften dieses Grundstoffes ist, durch die Verbindung mit den mehresten Substanzen, Säuren zu erzeugen.
20 Wir wollen also die Verbindung dieses Stoffes mit dem Wärmestoff, säurezeugendes Gas *(gaz oxygène)* nennen. Seine
Schwere in diesem Zustande ist ziemlich genau ein halbes Gran
⇨ Markgewicht, auf einen Cubikzoll, oder anderthalb Unzen, auf
einen Cubikfuß, und zwar bei einer Temperatur von 10 Graden,
25 und einem Druck von 28 Zoll des Baromethers.

Da die chemischen Eigenschaften, des nicht respirablen
Theils der atmosphärischen Luft, noch nicht gehörig bekannt
sind, so haben wir uns begnügt, den Namen seines Grundstoffes, von der Eigenschaft herzuleiten, die diesem Gas zu-
30 kommen, nämlich den Thieren welche es athmen, das Leben
⇨ zu rauben. Wir nannten es daher *azote*, von dem α *privatif* der
Griechen und ζων Leben hergeleitet; und folglich wird der
nicht respirable Theil jener Luft azotisches Gas *(gaz azotique)*
heißen. Ein Cubikfuß dieses Gases, wiegt eine Unze, zwei
⇨ 35 Drachmen, und acht und vierzig Gran, und der Cubikzoll
0,4444 Gran.

Wir haben es wohl gemerkt, daß dieser Name etwas un-
zulängliches hat, allein dieses ist ein Schicksal aller neuen Namen; mit denen man nur durch den öftern Gebrauch bekannter wird. Wir hatten uns überdies schon nach einem bessern
umgesehen, es war uns aber nicht möglich, einen zu finden. 5
Da es durch die Versuche des Hrn. Berthollet, erwiesen ist, daß
dieses Gas, wie man in der Folge sehen wird, das Ammoniak
oder flüchtige Alkali erzeugen hilft, so wurden wir anfänglich
versucht, dasselbe alkalizeugendes Gas *(gaz alkaligène)* zu nennen. Auf der andern Seite haben wir aber auch gar keinen 10
Beweiß, daß es eines von den bildenden Stoffen der andern
Alkalien ausmache. Ueberdies ist erwiesen, daß es auch einen
Bestandtheil der Salpetersäure ausmacht, und man hätte es
also mit gleichem Recht salpetersäurezeugenden Stoff *(prin-*
cipe nitrigène) nennen können. Endlich waren wir genöthigt, 15
einen Namen, der systematisch klang, zu verwerfen, und wir
fürchteten keinesweges uns zu irren, da wir den Namen *Azote,*
und azotisches Gas *(gaz azotique)* einführten, da er nur eine
Thatsache, oder vielmehr eine Eigenschaft bezeichnet, nämlich diese, daß dieses Gas den Thieren, welche es einathmen, 20
daß Leben raubt.

Ich würde den Begriffen, die ich für die folgenden Abschnitte bestimmt habe, vorgreiffen, wenn ich mich weiter
über die Benennung der verschiedenen Gasarten einlassen
wollte. Es ist für mich hinlänglich, hier nicht die Benennun- 25
gen aller, sondern nur die Methoden, sie zu benennen, angegeben zu haben. Das Verdienst der von uns angenommenen
Nomenklatur, besteht hauptsächlich darin, daß, sobald die
einfache Substanz genannt worden ist, der Name aller derer,
die aus ihr zusammengesetzt sind, nothwendig aus dem ersten 30
Worte fließe.

Fünfter Abschnitt.

Von der Zerlegung des säurezeugenden Gases,
durch Schwefel, Phosphor und Kohle; und von der Bildung
oder Entstehung der Säuren überhaupt.

Einer von den Grundsätzen, die man in der Kunst Versuche
anzustellen, niemals aus der Acht lassen darf, ist, sie so einfach
als möglich zu machen, und alles zu entfernen, was die Wirkungen dabei verwickeln könnte. Wir werden also bei den
Versuchen, die den Gegenstand dieses Abschnittes ausmachen, nicht mit atmosphärischer Luft operiren, denn sie ist
keine einfache Substanz. Es ist zwar wahr, daß das azotische
Gas, welches einen Theil, des sie bildenden Gemisches ausmacht, sowohl bei der Kalzination, als bei der Verbrennung,
ganz passiv zu seyn scheint. Da es indessen doch die Versuche
aufhält, und selbst nicht unmöglich ist, daß es in einigen Fällen, die Resultate ändern kann, so hielt ich es für nothwendig,
diese Ursache der Ungewißheit zu verbannen.

Ich werde also bei denen Versuchen, die ich jetzt mittheilen
will, das Resultat der Verbrennung so angeben, wie es in der
reinsten Lebensluft, oder dem säurezeugenden Gas, statt findet, und bloß den Unterschied anführen, der dabei vorgeht,
wenn das säurezeugende Gas, mit einer verschiedenen Menge
azotischem Gas vermischt ist.

Ich nahm eine kristallene Glocke, Abb. 2, Fig. 3. A die 5 bis
6 Pinten hielt. Ich füllete sie über Wasser mit säurezeugendem
Gas, und brachte sie darauf, vermittelst einer gläsernen
Schaale, die ich darunter hielt, auf das Quecksilberbad. Nachdem ich die Oberfläche des Quecksilbers wohl abgetrocknet
hatte, brachte ich 60¼ Gran Kunkelschen Phosphor hinein,
die in zwei porzellanen Schälchen vertheilt waren, von der Art,
wie sie Fig. 3. unter der Glocke A zu sehen sind. Um nun jede
dieser Portionen besonders anzünden zu können, und zu verhüten, daß nicht die eine der andern die Entzündung mit-

theilen könne; so deckte ich eine davon, mit einer kleinen
Glasscheibe zu. Nachdem dieses alles vorbereitet war, saugte
ich mit einer gläsernen Röhre, G H I derselben Figur, die
unter die Glocke gebracht wurde, und hierdurch erhob' ich
das Quecksilber in der Glocke bis zur Höhe E F Damit aber
nicht, indem man die Röhre unter das Quecksilber bringt,
etwas davon hineinlaufe, so wird das Ende derselben I mit
etwas Papier umwickelt; hierauf zündete ich mit einem krum-
men glühenden Eisen, das Fig. 16. abgebildet ist, den Phosphor in den beiden Schälchen an, indem ich bei dem unbe-
deckten, den Anfang machte. Die Verbrennung geschahe mit
einer großen Schnelligkeit, mit einer glänzenden Flamme, und
mit einer beträchtlichen Entwickelung von Wärme und Licht.
Den ersten Augenblick, fand eine beträchtliche Ausdehnung
des Gases statt, die durch die Wärme veranlasset wurde; aber
sogleich stieg das Quecksilber über sein gewöhnliches Niveau,
und es erfolgte eine beträchtliche Absorbtion des Gases; zu
gleicher Zeit schossen im Innern der Glocke weiße leichte
Flocken an, die nichts anders als feste Phosphorsäure waren.
Die Quantität des angewandten säurezeugenden Gases, war
im Anfang des Versuchs 162 Cubikzoll, nach Beendigung desselben aber, nur 23¼ Cubikzoll; es war also ein Volumen von
138¾ Cubikzoll, oder 69,375 Gran absorbirt worden. Ganz war
der Phosphor nicht verbrannt; sondern es befanden sich in den
Schälchen noch einige Portionen übrig, die nachdem sie aus-
gelaugt und getrocknet waren, ohngefähr 16¼ Gran wogen;
dieses setzte also die Menge des verbrannten Phosphors auf
beinahe 45 Gran, ich sage beinahe, denn es wäre nicht möglich, daß nicht ein Irrthum von 1 oder 2 Gran, das nach der
Verbrennung übrig gebliebenen Phosphors statt haben sollte.

Jenem zufolge, verbanden sich also bei dieser Operation,
45 Gran Phosphor, mit 69,375 Gran säurezeugendem Stoff,
und da nichts Schweres durchs Glas gehen kann; so kann man
mit Recht daraus schließen, daß das Gewicht der Substanz, die
aus dieser Verbindung entstanden war, und die sich hier in
weißen Flocken ansammelte, der Summe des Gewichts, vom

säurezeugenden Stoffe, und vom Phosphor, gleich kommen
mußte, nämlich 114,375 Gran. Man wird bald sehen daß diese
weißen Flocken, nichts anders als eine feste Phosphorsäure
sind.

Berechnet man nun die Summe nach Centnergewicht, so
findet sich, daß 154 Pfund säurezeugender Stoff erfordert wurden, um 100 Pfund Phosphor zu sättigen, und daß daraus 254
Pfund weiße Flocken, oder feste Phosphorsäure, entstanden
sind.

Dieser Versuch beweiset deutlich, daß bei einem gewissen
Grade der Temperatur, der säurezeugende Stoff mit dem
Phosphor mehr Verwandtschaft als mit dem Wärmestoff be-
sitzet; daß folglich der Phosphor das säurezeugende Gas zerlegt, und sich seines Grundstoffes bemächtigt, wobei alsdenn
der Wärmestoff, welcher frei wird, verfliegt, und sich in die
umstehenden Körper vertheilt.

So schlüssig indessen dieser Versuch auch ist, so ist er doch
nicht streng genug; denn bei der von mir angewendeten, und
eben beschriebenen Geräthschaft, ist es in der That nicht möglich, das Gewicht der sich erzeigten weißen Flocken, oder festen Säure, zu verifiziren; man kann es vielmehr nur mit Hülfe
der Berechnung finden, indem man es mit der Säure des Phosphors und des säurezeugenden Stoffs, für gleich annimmt. So
klar beweisend nun auch dieser Schluß ist, so ist doch so wenig
in der Chemie als in der Physik jemals erlaubt etwas vorauszusetzen, was man durch direkte Versuche bestimmen kann.
Ich hielt es daher für Pflicht, diesen Versuch noch einmal im
Großen vorzunehmen, und zwar mit einem von jenem verschiedenen Apparat.

Ich nahm einen großen gläsernen Ballon Abb. 2, Fig. 4. A
dessen Oeffnung E F drei Zoll im Durchmesser hatte; und mit
einer durch Smirgel polirten Kristallplatte, die zwei Löcher
hatte, um die Röhre y y y x x x durchzulassen, bedeckt war.

Bevor der Ballon mit der Platte verschlossen wurde, brachte
ich ein Gestell hinein B C worauf die porzellanene Schaale D
stand, in der sich 150 Gran Phosphor befanden. Nachdem ich

hiermit fertig war, wurde die Kristallplatte, auf die Oeffnung
des Ballons genau angepasset, und mit einem fetten Kütt ver-
klebt, über den wieder leinene Lappen, die durch Kalk und
Eyweiß gezogen waren, gelegt wurden. Nachdem der Kalk
recht trocken worden war, hing ich den ganzen Apparat, an   5
den Arm einer Wage und bestimmte das Gewicht desselben,
auf ein oder anderthalb Gran genau. Hierauf brachte ich die   ⇐
Röhre x x x an eine kleine Luftpumpe, und leerte den Ballon
aus, darnach machte ich den Hahn an der Röhre y y y auf, und
ließ säurezeugendes Gas in den Ballon. Hier muß ich bemer-   10
ken, daß ein solcher Versuch sich ziemlich leicht, und mit
vieler Genauigkeit machen läßt, wenn man die Hydropneu-   ⇐
matische Maschine zu Hülfe nimmt, wovon Herr Meusnier   ⇐
und ich in den *Mémoires de l'Académie* fürs Jahr 1782. S. 466.
eine Beschreibung mitgetheilt haben; und wovon in dem letz-   15
tern Theile dieses Werks, eine Erklärung vorkommt, indem
man durch Hülfe dieses Werkzeuges, was nachher durch Hrn.
Meusnier Zusätze und Verbesserungen erhalten hat, auf eine
genaue Art die Menge des in den Ballon gelassenen säurezeugenden Gases, so wie auch diejenige Menge, welche während   20
der Operation verbraucht wird, erfahren kann.

Nach dieser getroffenen Vorrichtung, zündete ich den
Phosphor mit einem Brennglase an. Die Verbrennung erfolgte   ⇐
außerordentlich schnell, mit einer großen Flamme und vieler
Hitze: so wie sie vor sich ging, entstand eine große Menge   25
weißer Flocken, die sich an die innern Wände des Gefässes
ansetzten, und es bald gänzlich undurchsichtig machten. Es
war sogar ein solcher Ueberfluß von Dünsten, daß, obschon in
einem fort neues säurezeugendes Gas hineintrat, welches die
Verbrennung hätte unterhalten sollen, sich doch der Phosphor   30
bald auslöschte. Nachdem die Geräthschaft vollkommen er-
kältet war, so suchte ich mich gleich von der Menge des gebrauchten säurezeugenden Gases zu versichern, und den Ballon zu wägen, ehe ich ihn öffnete, nachher wusch, trocknete
und wog ich, die kleine Menge Phosphor, die in der Schaale   35
übrig geblieben war, und eine gelbe Ocher-Farbe hatte, um sie

von der Hauptsumme des im Versuche gebrauchten Phosphors abzuziehen. Es ist klar, daß es mir vermittelst dieser
verschiedenen Vorsicht, leicht ward, 1) das Gewicht des verbrannten Phosphors; 2) das Gewicht der durch die Verbrennung erhaltenen weißen Flocken; 3) das Gewicht des säurezeugenden Gases, das sich mit dem Phosphor verbunden
hatte, zu bestimmen. Dieser Versuch hat mir beinahe dieselben Resultate als der vorhergehende gegeben; und so folgt auf
diese Weise daraus, daß der Phosphor im Verbrennen etwas
über anderthalbmal seines Gewichts, säurezeugenden Stoff ab-
sorbirte; und überdies bekam ich die Gewißheit, daß das Gewicht der neuerzeugten Substanz, der Summe des Gewichts,
des verbrannten Phosphors, und des von ihm absorbirten säurezeugenden Stoffs, gleich war; welches überdies sich leicht
a priori vermuthen ließ.

War das säurezeugende Gas, das man zu diesem Versuche
brauchte, rein, so ist der Ueberrest nach der Verbrennung
ebenfalls rein; dies beweißt, daß von dem Phosphor nichts
abgeht, was die Reinigkeit der Luft ändern könnte, und daß er
nur wirkt, indem er dem Wärmestoffe seinen Grundstoff, das
heißt, den säurezeugenden Stoff raubt, der vorher mit ihm
vereinigt war.

Ich habe weiter oben gesagt, daß wenn man irgend einen
brennbaren Körper in einer hohlen Eiskugel, oder in einer
andern nach demselben Grundsatze verfertigten Geräthschaft,
verbrennet, die Menge des während der Verbrennung geschmolzenen Eises, genau das Maß der Quantität, des entwickelten Wärmestoffes angäbe. Man kann hierüber die Abhandlung zu Rathe ziehen, die Herr de Laplace und ich
gemeinschaftlich, der Akademie vorgelegt haben[3]. Nachdem
wir die Verbrennung des Phosphors einer solchen Probe ausgesetzt hatten, fanden wir, daß ein Pfund Phosphor durchs
Brennen etwas über 100 Pfund Eis schmelzte.

Die Verbrennung des Phosphors geht in der atmosphäri-

---

3 *Mémoires de l'Académie de Paris 1780. pag. 355.*

schen Luft ebenfalls gut von statten, nur mit folgendem doppelten Unterschiede, a) daß die Verbrennung in Ansehung der
großen Menge azotischen Gases, welches sich mit dem säurezeugenden Gas vermischt befindet, und welches die Verbrennung aufhält, weit weniger schnell erfolgt; b) daß wenigstens
nur ⅕ Luft absorbirt wird, weil diese Absorbtion ganz allein
auf Kosten des säurezeugenden Gases erfolgt, und das Verhältniß des azotischen Gases gegen das Ende der Operation so
wird, daß die Verbrennung nicht mehr statt haben kann.

Der Phosphor wird durch seine Verbrennung, sie mag nun
in gewöhnlicher Luft, oder in säurezeugendem Gas geschehen,
wie ich schon oben gesagt habe, in einen weißen flockigen sehr
lockern Stoff verwandelt, und erhält neue Eigenschaften: als
vorher unauflößbar im Wasser, wird er nicht allein auflößbar,
sondern er zieht auch die in der Luft enthaltene Feuchtigkeit
mit einer erstaunenden Schnelligkeit an, und wird in eine Flüßigkeit aufgelöst, die weit dichter als Wasser, und auch um
sehr vieles spezifisch schwerer ist. Im Zustande des Phosphors,
und vor seiner Verbrennung, hat er fast keinen Geschmack;
durch seine Wiedervereinigung mit säurezeugendem Stoff,
nimmt er aber einen sehr sauren und stechenden Geschmack
an; kurz, aus der Klasse der brennbaren Körper, geht er in die
Klasse der nicht brennbaren über, und wird zu einer Säure.

Diese Umänderung einer brennbaren Substanz, in eine
Säure, durch Zusetzung des säurezeugenden Stoffs, ist eine
Eigenschaft, die sehr viele Körper miteinander gemein haben.
Nun kann man aber nach einer guten Logik nicht umhin, alle
Operationen, die ähnliche Resultate darstellen, unter einen
gemeinschaftlichen Namen zu bringen: denn dies ist ja das
einzige Mittel, das Studium der Wissenschaften zu simplificiren; und man könnte auch unmöglich alle besonderen Umstände im Gedächtnisse behalten, wenn man sie nicht in Klassen zu bringen suchte. Diesem zufolge werden wir die
Umänderung des Phosphors in Säure, und überhaupt die Verbindung irgend eines brennbaren Körpers mit dem säurezeugenden Stoff die Säurezeugung *(oxygénation)* nennen.

So werden wir gleichfalls den Ausdruck, säuren *(oxygéner)* aufnehmen, und folglich werde ich sagen, daß man den Phosphor, indem man ihn säuret *(qu'en oxygénant)*, in eine Säure verwandelt.

Der Schwefel ist ebenfalls ein brennbarer Körper, das heißt, der die Eigenschaft besitzt, die Luft zu zerlegen, und dem Wärmestoffe, seinen säurezeugenden Stoff zu rauben. Man kann sich hiervon leicht durch Versuche überzeugen, die denen ganz ähnlich sind, welche ich für den Phosphor genau angegeben habe; allein ich muß dabei erinnern, daß man unmöglich so genaue Resultate, als beim Phosphor erhalten kann, wenn man den Schwefel auf diese Art behandelt; und zwar aus dem Grunde, weil die Säure, die durch Verbrennung des Schwefels entsteht schwer zu verdicken ist; weil der Schwefel selbst mit vieler Schwierigkeit brennt; und weil er in den verschiedenen Gasarten auflößbar ist. Nach meinen Versuchen aber, kann ich behaupten, daß der Schwefel im Brennen Luft verschluckt; daß die daraus entstehende Säure schwerer ist, als es der Schwefel war; daß seyn Gewicht, der Summe des Gewichts des Schwefels, und des von ihn verschluckten säurezeugenden Stoffs gleich ist, kurz, daß diese Säure schwer, und unbrennbar ist, und sich in allen Verhältnissen mit Wasser verbinden läßt; und es bleibt weiter keine Ungewißheit über, als die Menge des Schwefels und des säurezeugenden Stoffs zu bestimmen, die diese Säure bilden.

Die Kohle, die man bisher als eine einfache brennbare Substanz hat ansehen müssen, hat ebenfalls die Eigenschaft, das säurezeugende Gas zu zerlegen, und dem Wärmestoffe seine Basis zu rauben: allein die Säure die aus dieser Verbrennung entsteht, wird bei unserem Grade von Druck und Temperatur nicht verdickt; sie bleibt in dem gasförmigen Zustande, und es ist eine große Menge Wasser nöthig, um sie zu absorbiren. Diese Säure hat übrigens die allen Säuren gemeinschaftlichen Eigenschaften, nur in einem schwächeren Grade, und sie verbindet sich, wie jene, mit allen Grundstoffen, die Neutralsalze bilden können.

Man kann die Verbrennung der Kohle, so wie die des Phosphors, unter einer gläsernen Glocke veranstalten Abb. 2, Fig. 3. A die mit säurezeugendem Gas angefüllet ist, und auf Quecksilber umgestürzt wird. Allein da die Hitze eines heißen, und selbst glühenden Eisens, nicht hinreichend seyn würde, um sie anzuzünden, so legt man auf die Kohle ein Stückchen Schwam und ein Stäubchen Phosphor. Den Phosphor kann man leicht mit einem glühenden Eisen anzünden: die Entzündung theilt sich dem Schwam und hernach der Kohle mit.

Man findet diesen Versuch umständlich in den *Mémoires de l'Académie* fürs Jahr 1781. S. 448. beschrieben. Man wird darin sehen, daß 72 Theile säurezeugender Stoff, am Gewicht erfordert werden, um damit 28 Theile Kohle zu sättigen, und daß die erzeugte gasartige Säure, eine Schwere besitzt, welche grade der Summe des Gewichts, der Kohle und des säurezeugenden Stoffs, die sie erzeugte, gleich ist. Diese luftartige Säure, haben die ersten Chemiker die sie entdeckten, fixe oder figirte Luft genannt, sie wußten damals nicht, ob diese Luft der atmosphärischen Luft ähnlich, oder eine andere elastische schlechte, und durch die Verbrennung verdorbene Flüßigkeit war. Allein da man jetzt weis, daß diese luftartige Substanz eine Säure ist, die wie alle Säuren, durch die Säuerung eines Grundstoffs entstehet; so sieht man leicht ein, daß der Name fixe Luft, ihr nicht zukommt.

Nachdem Herr de Laplace und ich es versucht hatten, Kohle in einem Apparat zu verbrennen, der dazu eingerichtet war, die Menge des entwickelten Wärmestoffs zu bestimmen, so fanden wir daß ein Pfund Kohle im Brennen 96 Pfund 6 Unzen Eis schmolz. 2 Pfund 9 Unzen 1 Drachm. und 10 Gran säurezeugendes Gas, verbanden sich in dieser Operation mit der Kohle, und es entstanden 3 Pfund 9 Unzen 1 Drachme und 10 Gran, gasförmige Kohlensäure, wovon ein Cubikzoll 0 Gran 695 wog, welches also für das ganze Volumen des sauren Gases, das durch Verbrennung eines Pfundes Kohle entsteht, 34 242 Cubikzoll beträgt.

Ich könnte noch eine sehr große Menge solcher Beispiele

anführen, und durch eine Folge zahlreicher Thatsachen darthun, daß die Bildung der Säuren, allemal durch die Säuerung
(oxygénation) irgend einer Substanz bewerkstelligt wird; allein
der Weg, den ich eingeschlagen habe, und welcher darin besteht, vom Bekannten zum Unbekannten fortzugehen, und
dem Leser nur solche Beispiele aufzustellen, die von zuvor
erklärten Dingen hergenommen sind, hindert es, mich jetzt
schon auf Thatsachen zu beziehen. Ueberdies sind die drei
angeführten Beispiele hinlänglich, um einen klaren und bestimmten Begriff von der Entstehungsart der Säuren zu geben.
Man sieht, daß der säurezeugende Stoff allen gemein ist, daß er
ihr eigentlich saures Wesen ausmacht; und daß sie nachher,
durch die Natur der gesäuerten Substanz, voneinander unterschieden werden müssen. Man muß also in jeder Säure die
säurefähige Basis, *(base acidifiable)* welcher Herr von Morveau
den Namen gegeben hat, und den sauermachenden Stoff, das
heißt, den säurezeugenden Stoff, unterscheiden.

Dreizehnter Abschnitt.

Von der Zerlegung der oxidirten Pflanzenstoffe,
vermittelst der weinichten Gährung.

Jedermann weis, wie der Wein, der Cider, der Meth, und überhaupt alle gegohrnen geistigen Getränke bereitet werden. Man
drückt den Saft der Trauben und Aepfel aus, diesen letzten
verdünnt man mit Wasser, man thut die Flüßigkeit in große
Wannen, und läßt sie an einem Orte stehen, dessen Temperatur wenigstens 10 Grad des Reaumürschen Thermometers
seyn muß. Bald darauf entsteht eine sehr schnelle Bewegung
der Gährung, eine Menge Luftblasen steigen auf und zerplatzen an der Oberfläche der Gefässe, und wenn die Gährung
aufs Höchste gestiegen ist, so wird die Anzahl der Blasen so
groß, die Menge des sich entwickelnden Gases so beträchtlich,
daß man glauben sollte, die Flüßigkeit stehe über einem Koh-

lenfeuer, das darinnen ein heftiges Kochen errege. Das Gas
welches frei wird, ist Kohlensäure, und wenn man es mit Sorgfalt sammelt, ist es vollkommen rein, und ohne alle Beimi-
schung anderer Luft- oder Gasarten. Der Traubensaft, so süß
und zuckricht er auch war, wird bei dieser Operation eine   5
weinichte Flüßigkeit, die, wenn die Gährung vollkommen ist,
keinen Zucker mehr enthält, und woraus man vermittelst der
Destillation eine entzündbare Flüßigkeit ziehen kann, die in   ⇐
dem Handel und in den Künsten, unter dem Namen Weingeist bekannt ist. Man sieht ein, daß, da diese Flüßigkeit ein   10
Erfolg der Gährung einer jeden gezuckerten, und mit Wasser
verdünnten Materie ist, es wider die Grundsätze unserer Nomenklatur gewesen wäre, wenn wir ihr den Namen Weingeist,
oder Aepfelgeist, oder gegohrner Zuckergeist, hätten geben
wollen. Wir waren also genöthigt einen allgemeinen Namen   15
anzunehmen, und der Name Alkohol, der aus dem Arabischen
kommt, hat uns zu diesem Zweck sehr schicklich geschienen.   ⇐

Die Operation der Gährung ist eine der auffallendsten und
außerordentlichsten unter allen denen, die uns die Chemie
darbietet, und wir müssen dabei untersuchen, 1) woher das   20
kohlensaure Gas, welches frei wird, 2) woher der brennbare
Geist, welcher erzeugt wird, kommen, und 3) wie ein süßer
Körper, ein oxidirter Pflanzenstoff, sich auf diese Art in zwei
verschiedene Substanzen umändern könne, wovon die eine
brennbar, die andere aber äußerst unverbrennlich ist. Man   25
sieht, daß um zur Auflösung dieser beiden Fragen zu gelangen,
man erst die Analyse der Natur des gährungsfähigen Körpers,
und die Produkte der Gährung genau kennen mußte; denn   ⇐
nichts wird weder in den Operationen der Kunst, noch in
jenen der Natur erschaffen, und man kann als Grundsatz an-   30
nehmen, daß in jeder Operation eine gleiche Menge Stoff vor
und nach derselben da sey; daß die Eigenschaft und die Menge
der Bestandtheile, eben dieselbe bleibe, und daß nur Abänderungen und Modifikationen entstehen.

Auf diesem Grundsatze beruht die Kunst Versuche in der   35
Chemie zu machen: man muß bei allen eine wahre Gleichheit

oder Gleichförmigkeit, zwischen den Bestandtheilen des Körpers den man untersucht, und denen die man durch die Zerlegung nur aus demselben herauszieht, voraussetzen. Da nun
der Traubenmost kohlensaures Gas und Alkohol giebt, so
kann ich sagen, daß der Traubenmost = der Kohlensäure +
Alkohol ist. Hieraus folgt, daß man das, was in der weinichten
Gährung vorgeht, auf zweierlei Art erklären kann; nach er-
sterer durch eine genaue Bestimmung der Natur und der Bestandtheile des gährungsfähigen Körpers; nach der andern
durch eine genaue Berechnung der Produkte, welche daraus
durch die Gährung erfolgen; und es ist klar, daß die Kenntnisse die man von dem einen erhalten kann, zu gewissen Folgerungen über die Natur der andern leiten, und umgekehrt
eben so.

Diesem zufolge war es wichtig, daß ich mich bemühte, die
bildenden Bestandtheile des gährungsfähigen Körpers genau
zu kennen. Um hierzu zu gelangen, begreift man, daß ich
keine sehr zusammengesetzten Obstsäfte genommen habe,
eine strenge Zerlegung solcher möchte wohl unmöglich seyn.

Unter allen gährungsfähigen Körpern, habe ich den einfachsten gewählt; es ist der Zucker, dessen Zerlegung leicht ist,
und dessen Natur ich schon in dem vorhergehenden habe
kennen gelehrt. Man wird sich erinnern, daß diese Substanz
ein wahrer oxidirter Pflanzenstoff, aus zwei Grundbasen ist;
daß er aus Wasserstoff und Kohlenstoff besteht, die durch eine
gewisse Quantität vom säurezeugendem Stoffe in den oxidirten Zustand *(oxide)* gebracht worden sind, und daß diese drei
Bestandtheile in einem Gleichgewichte stehen, welches eine
sehr geringe Kraft aufheben kann. Eine lange Reihe von Versuchen, die ich auf verschiedenen Wegen gemacht, und sehr
oft wiederholt habe, hat mich gelehrt, daß das Verhältniß der
Bestandtheile welche den Zucker ausmachen, ohngefähr folgendes ist:

Wasserstoff   8 Theile.
säurezeugender Stoff   64 —
Kohlenstoff   28 —
            Summe   100 —

Um den Zucker in Gährung zu bringen, muß man ihn gleich
Anfangs in vier Theilen Wasser auflösen. Allein Wasser und
Zucker miteinander vermischt, in welchem Verhältniß es auch
sey, würden niemals für sich gähren, und das Gleichgewicht
würde sich immer zwischen den Bestandtheilen dieser Verbindung erhalten, wenn man es nicht durch irgend ein Mittel
trennte. Ein wenig Bierhefe ist hinlänglich diese Wirkung hervorzubringen, und die erste Bewegung der Gährung zu veranlassen: nach diesem fährt sie von selbst bis ans Ende fort. An
einem andern Orte werde ich, sowohl von den Wirkungen der
Hefe, als von den Gährungsmitteln überhaupt Rechnung geben. Gemeiniglich habe ich 10 Pfund dicke Hefe zu einem
Centner Zucker, und viermal soviel Wasser als Zucker genommen: die zur Gährung bestimmte Flüßigkeit, bestand also aus
folgenden Theilen: (die Erfolge meiner Versuche gebe ich hier
an, wie ich sie erhalten habe: sogar behalte ich die Brüche bei,
die mir die Reductionsrechnung gegeben hat.)

Von der Gährung für einen Centner Zucker.

			Pf.	Unz.	Dr.	Gr.
Wasser			400	–	–	–
Zucker			100	–	–	–
Dicke Bierhefe zu-	}	Wasser	7	3	6	44
sammengesetzt aus	}	trockener Hefe	2	12	1	28
		Summe	510	–	–	–

Detaillirte Bestimmung der Bestandtheile,
woraus die der Gährung unterworfenen Materien
zusammengesetzt sind.

		Pf.	Unz.	Dr.	Gr.
407 Pf. 3 Unz. 6 Dr. 44 Gr. Wasser, sind zusammengesetzt aus:	Wasserstoff	61	1	2	71,40.
	säurez. Stoff	346	2	3	44,60.
100 Pfund Zucker, sind zusammengesetzt aus	Wasserstoff	8	–	–	–
	säurez. Stoff	64	–	–	–
	Kohlenstoff	28	–	–	
2 Pf. 12 Unz. 1 Drachm. 28 Gr. trockne Bierhefe, sind zusammengesetzt aus	Kohlenstoff	–	12	4	59,00.
	Azot. Stoff	–	–	5	2,94.
	säurez. Stoff	1	10	2	28,76.
	Wasserstoff	–	4	5	9,30.
Zusammen		510	–	–	–

Rekapitulation
der bildenden Grundstoffe, woraus die der Gährung
unterworfenen Materien zusammengesetzt sind.

		Pf.	Unz.	Dr.	Gr.	Pf.	Unz.	Dr.	Gr.
Säurezeugender Stoff aus dem	Wasser	340	–	–	–	411	12	6	1,36.
	Hefenwasser	6	2	3	44,60				
	Zucker	64	–	–	–				
	d. trocknen Hefe	1	10	2	28,76				
Wasserstoff aus dem	Wasser	60	–	–	–	69	6	–	8,70.
	Wasser der Hefe	1	1	2	71,40				
	Zucker	8	–	–	–				
	der Hefenpasta	–	4	5	9,30				
Kohlenstoff aus dem	Zucker	28	–	–	–	28	12	4	59,00.
	der Hefe	–	12	4	59,00				
Azotischer Stoff, aus der Bierhefe						–	–	5	2,94.
Zusammen						510	–	–	–

Nachdem wir die Natur und die Menge der Bestandtheile, welche die Stoffe der Gährung bilden, genau bestimmt haben, ist noch nöthig die Produkte zu untersuchen, welche durch ihre Verbindungen erzeugt werden. Um diese kennen zu lernen, schloß ich die obigen 510 Pfund Flüßigkeit in einen Apparat ein, vermöge dessen ich im Stande war, nicht nur die Eigenschaft und Menge der Gasarten, so wie sie sich entwikkelten, zu bestimmen, sondern auch jedes dieser Produkte in einem beliebigen Zeitpunkte der Gährung, für sich zu wägen. Hier würde eine Beschreibung dieser Geräthschaft zu weitläuftig seyn, sie ist aber im dritten Theil dieses Werks beschrieben, und ich werde also nur die Wirkungen hier angeben.

Eine bis zwei Stunden nach geschehener Mischung, besonders wenn man die Operation in einer Temperatur von 15 bis 18 Graden vornimmt, wird man die ersten Zeichen der Gährung gewahr: die Flüßigkeit wird trübe und schäumend; es machen sich Blasen los, die an der Oberfläche zerplatzen: bald darauf vermehren sich diese Blasen, und es wird sehr reines kohlensaures Gas (mit Schaum verbunden, der nichts anders als Hefe ist, die sich absondert) in Menge, und mit Schnelligkeit entbunden. Nach etlichen Tagen nimmt, dem Grade der Wärme zufolge, die Bewegung und Entwickelung des Gases ab, hört aber nicht völlig auf, und erst nach einer ziemlich langen Zeit, ist die Gährung zu Ende.

Das Gewicht der trocknen Kohlensäure, die bei dieser Operation frei wird, beträgt 35 Pfund 5 Unz. 4 Drachm. und 19 Gran. Dieses Gas führt überdies eine beträchtliche Menge Wasser mit sich fort, das in ihm aufgelöst ist, und ohngefähr 13 Pfund 14 Unz. 5 Drachm. beträgt.

In dem Gefäße, darinnen man die Operation vornimmt, bleibt eine weinichte wenig säuerliche Flüßigkeit zurück, diese ist Anfangs trübe, klärt sich aber nach und nach von selbst auf, und setzt einen Theil Hefe ab. Diese Flüßigkeit wiegt in allem 397 Pfund 9 Unzen 29 Gran. Analysirt man endlich alle diese Substanzen besonders, und löst sie in ihre bildenden Theile auf, so finden sich nach einer sehr mühsamen Arbeit folgende Resultate, die in den Aufsätzen der Akademie mehr auseinander gesetzt werden sollen.

Verzeichniß
der durch die Gährung erhaltenen Produkte.

Pf.	Unz.	Dr.	Gr.			Pf.	Unz.	Dr.	Gr.
35	5	4	19	Kohlensäure bestehend aus	Säurez. Stoff	25	7	1	34.
					Kohlenstoff	9	14	2	57.
408	15	5	14	Wasser bestehend aus	Säurez. Stoff	347	10	–	59.
					Wasserstoff	61	5	4	27.
57	11	1	58	Wasserfreier Alkohol bestehend aus	Säurez. Stoff verbunden mit Wasserstoff	31	6	1	64.
					Wasserstoff verbunden mit Säurez. Stoff	5	8	5	3.
					Wasserstoff verbunden mit Kohlenstoff	4	–	5	–.
					Kohlenstoff	16	11	5	63.
2	8	–	–	Wasserfreie Essigsäure bestehend aus	Wasserstoff	–	2	4	–
					Säurez. Stoff	1	11	4	–
					Kohlenstoff	–	10	–	–
4	1	4	3	Zucker bestehend aus	Wasserstoff	–	5	1	67.
					Säurez. Stoff	2	9	7	27.
					Kohlenstoff	1	2	2	53.
1	6	–	50	Wasserfreie Hefe, bestehend aus	Wasserstoff	–	2	2	41.
					Säurez. Stoff	–	13	1	14.
					Kohlenstoff	–	6	2	30.
					Azotischer Stoff	–	–	2	37.
510 Pf.	–	–	–			510 Pf.	–	–	–

Rekapitulation
der durch die Gährung erhaltenen Produkte.

Pf.	Unz.	Dr.	Gr.			Pf.	Unz.	Dr.	Gr.
409	10	–	54	Säurezeugender Stoff und zwar vom	Wasser	347	10	–	59.
					Kohlensäure ...	25	7	1	34.
					Alkohol	31	6	1	64.
					Essigsäure	1	11	4	–
					Zuckerrückstand	2	9	7	27.
					Hefe	–	13	1	14.
28	12	5	59	Kohlenstoff enthalten, in der	Kohlensäure ...	9	14	2	57.
					Alkohol	16	11	5	63.
					Essigsäure	–	10	–	–
					Zuckerrückstand	1	2	2	53.
					Hefe	–	6	2	30.
71	8	6	66	Wasserstoff	Wasser	61	5	4	27.
					Alkohol, das Wasser mit .... dem Kohlenstoff in Alkohol verbunden	5 ... 4	8 ... –	5 ... 5	3. ... –
					Essigsäure	–	2	4	–
					Zuckerrückstand	–	5	1	67.
					Hefe	–	2	2	41.
–	–	2	37	Azotischer Stoff		–	–	2	37.
510 Pf.	–	–	–			510 Pf.	–	–	–

Ob ich gleich bei diesen Erfolgen die Genauigkeit der Berechnung bis auf Grane gebracht habe, so können doch dergleichen Versuche bei weitem noch nicht eine so große Genauigkeit mit sich bringen; da ich aber die Operation nur mit etlichen Pfunden Zucker vorgenommen hatte, und um Vergleichungen anzustellen, genöthigt war, sie auf einen Centner zu bringen, so hielt ich mich für verbunden, die Brüche, so wie sie die Berechnung gegeben hat, stehen zu lassen.

Wenn man über die Resultate, welche obige Tabellen darbieten, nachdenkt, so ist es leicht, deutlich zu sehen, was bei der weinichten Gährung vorgeht. Man bemerkt sogleich, daß von den 100 Pfund Zucker, die man dazu genommen hatte, 4 Pfund 1 Unze 4 Drachmen 3 Gran unzerlegter Zucker übrig

geblieben sind, so daß man wirklich nur mit 95 Pfund 14 Unzen 3 Drachmen 69 Gran Zucker die Operation gemacht hat;
nämlich mit 61 Pfund 6 Unz. 45 Gran säurezeugendem Stoff,
mit 7 Pfund 10 Unz. 6 Drachm. 6 Gran Wasserstoff, und mit
26 Pfund 13 Unzen 5 Drachm. 19 Gran Kohlenstoff; vergleicht
man nun diese Quantitäten miteinander, so wird man sehen,
daß sie hinreichen, allen Weingeist oder Alkohol, alle Kohlensäure, und alle Essigsäure, die durch die Wirkung der Gährung
entstanden sind, hervorzubringen. Man darf also gar nicht
annehmen, daß das Wasser sich bei dieser Operation zerlege: es
sey denn, daß man behaupte, der Säurestoff und Wasserstoff,
seyen als Wasser im Zucker enthalten; dieses glaube ich aber
nicht, weil ich im Gegentheil festgestellt habe, daß überhaupt
die drei bildenden Bestandtheile der Pflanzen, nämlich Was-
ser-, Säurez.- und Kohlenstoff untereinander im Gleichgewicht stehen, daß dieser Zustand des Gleichgewichts so lange
bestände, als er nicht, entweder durch eine Veränderung der
Temperatur, oder durch eine doppelte Affinität gestöhrt
würde, und daß die Bestandtheile nur alsdenn, wenn sie sich
paarweise miteinander verbänden, Wasser- und Kohlensäure
erzeugten.

Die Wirkungen der weinichten Gährung laufen also auf
Folgendes hinaus: der Zucker, der ein oxidirter Stoff ist, wird
in zwei Theile getrennt; der eine Theil, nämlich der säurezeugende Stoff, verbindet sich mit einem Theil des Kohlenstoffs,
um Kohlensäure daraus zu erzeugen; der andere Theil des
Kohlenstoffs, der dadurch entsäuert worden ist, vereinigt sich
mit dem Wasserstoff, um eine brennbare Substanz, den Alkohol daraus zu erzeugen, so daß wenn es möglich wäre, diese
beiden Substanzen, den Alkohol und die Kohlensäure, wieder
in Verbindung zu bringen, man den Zucker wieder herstellen
müßte. Uebrigens muß man noch bemerken, daß der Wasser-
und Kohlenstoff, nicht im Zustande eines Oels, sich im Alkohol befinden; sondern sie sind mit einem Theil säurezeugendem Stoff verbunden, der sie mit dem Wasser mischbar
macht: die drei Bestandtheile, säurezeugender, Wasser- und

Kohlenstoff, sind also hier noch in einer Art von Gleichgewicht; und in der That, läßt man sie durch eine glühende Glas-
oder Porzellanröhre streichen, so vereinigt man sie paarweise
wieder miteinander, und man findet wieder Wasser, Wasserstoff, Kohlensäure, und Kohlenstoff.

In meinen ersten Aufsätzen über die Erzeugung des Wassers, hatte ich ausdrücklich gesagt, daß diese Substanz, die
man als ein Element ansähe, sich bei einer Menge chemischer
Operationen, und vorzüglich bei der weinichten Gährung,
zerlegte: damals setzte ich voraus, das Wasser befände sich ganz
gebildet, in dem Zucker, dahingegen ich jetzt überzeugt bin,
daß er nur die Stoffe enthält, die geschickt sind, es zu erzeugen;
man begreift, daß es mich Ueberwindung gekostet haben
muß, meine ersten Ideen aufzugeben; auch habe ich mich erst
nach einem Nachdenken von mehreren Jahren, und nach einer langen Reihe von Versuchen und Beobachtungen über die
Pflanzen, dazu entschlossen. Ich beschließe das, was ich über
die weinichte Gährung zu sagen habe, mit der Bemerkung,
daß sie ein Mittel zur Analyse des Zuckers, und überhaupt
aller gährungsfähigen Pflanzensubstanzen geben kann. In der
That kann ich, wie ich es zu Anfang dieses Artikels angezeigt
habe, die Stoffe die in Gährung gesetzt worden sind, und die
Resultate die man nach der Gährung erhalten hat, als eine
algebraische Gleichung ansehen; und indem ich nach und
nach eines von den Elementen dieser Gleichung als unbekannt
voraussetzte, kann ich einen Werth daraus ziehen; und also
den Versuch durch die Berechnung, und die Berechnung
durch den Versuch berichtigen.

Diese Methode habe ich oft benutzt, um die ersten Erfolge
meiner Versuche zu verbessern, und mich bei ihrer Wiederholung mit nöthiger Vorsicht zu leiten; allein hier ist nicht der
Ort, dieses auseinander zu setzen, welches ich überdies in einem Aufsatze, den ich der Akademie über die weinichte Gährung überreicht habe, und der nächstens gedruckt werden
wird, mit vieler Weitläuftigkeit gethan habe.

Siebenzehnter Abschnitt.

Fortsetzung der Beobachtungen über die salzfähigen Grundstoffe,
und die Erzeugung der Neutralsalze.

Unter den salzfähigen Grundstoffen verstehen wir also solche
Substanzen, die mit Säuren verbunden, Neutralsalze erzeugen
können. Allein man muß bemerken, daß die Alkalien, und die
Erden, die Neutralsalze geradehin erzeugen können, ohne irgend ein Zwischenmittel zu ihrer Vereinigung nöthig zu haben; dahingegen die Metalle sich nicht mit den Säuren verbinden können, als nur in sofern, wenn sie vorher mehr oder
weniger oxigenesirt worden sind. Im strengsten Verstande
kann man also sagen, daß die Metalle sich in den Säuren nicht
auflösen, wohl aber die oxidirten Metalle. Thut man also eine
metallische Substanz in eine Säure, so ist die erste Bedingung
um sich darin auflösen zu können, daß sie sich darin oxidiren
könne, und sie kann es nur alsdenn, wenn sie der Säure oder
dem Wasser, womit die Säure verdünnt ist, den säurezeugenden Stoff raubt: oder mit andern Worten, keine metallische
Substanz, kann sich in einer Säure auflösen, als nur, in sofern
der säurezeugende Stoff, der sich in dem Wasser oder in der
Säure befindet, mehr Verwandtschaft mit dem Metall, als mit
dem Wasserstoff, oder dem salzfähigen Grundstoff hat; oder,
welches wieder auf eins herausläuft: keine metallische Auflösung findet statt, als nur da, wo eine Zerlegung des Wassers
oder der Säure vorgeht.

Von dieser so einfachen Bemerkung, die sogar dem be-
rühmten Bergmann entwischt war, hängt die Erklärung der
vornehmsten Erscheinungen bei der metallischen Auflösung
ab. Die allererste und auffallendste, ist das Aufbrausen, oder
um auf eine weniger zweideutige Art zu reden, das Freiwerden
des Gases, welches während der Auflösung statt hat. Dieses
Gas ist, wenn die Auflösung durch Salpetersäure verrichtet
wird, nitröses Gas *(gaz nitreux)*, wenn die Auflösung durch

Schwefelsäure geschieht, so ist es entweder flüchtig schwefelsaures Gas *(gaz acide sulfureux)* oder gasförmiger Wasserstoff,
je nachdem sich das Metall entweder auf Kosten der Schwefelsäure, oder des Wassers oxidirt hat.

Es ist begreiflich, daß, da die Salpetersäure und das Wasser
beide aus Substanzen zusammengesetzt sind, die im getrenn-
ten Zustande nicht anders als gasförmig erscheinen können,
wenigstens in der Temperatur, in welcher wir leben, so muß,
sobald man ihnen den säurezeugenden Stoff raubt, die Basis
die mit ihm vereinigt war, sich sogleich ausdehnen, sie muß
die Gasgestalt annehmen; und eben dieser schnelle Uebergang
aus dem flüßigen in den gasförmigen Zustand, macht das Aufbrausen. Eben so ist es mit der Schwefelsäure. Die Metalle
insgemein, besonders auf dem nassen Wege, rauben dieser
Säure nicht allen säurezeugenden Stoff, sie führen sie nicht
ganz wieder in Schwefel zurück, sondern in unvollkommene
Schwefelsäure *(acide sulfureux)*, welche gleichfalls in der Temperatur und unter dem Druck, worunter wir leben, nur im
gasförmigen Zustande, existiren kann. Diese Säure muß sich
also in Gasform entwickeln, und durch diese Entwickelung
entstehet ebenfalls ein Aufbrausen.

Eine zweite Erscheinung ist die, daß sich alle metallischen
Substanzen, ohne Aufbrausen in den Säuren auflösen, wenn
sie vor der Auflösung oxidirt worden sind: es ist klar, daß, weil
alsdann das Metall nicht mehr nöthig hat sich zu oxidiren, es
auch nicht mehr, weder die Säure noch das Wasser zu zerlegen
trachtet; es kann also auch kein Aufbrausen mehr statt finden,
weil die Wirkung die es hervorbrachte, nicht mehr statt hat.

Eine dritte Erscheinung ist die, daß sich alle Metalle in der
oxigenesirten Meersalzsäure ohne Aufbrausen auflösen: was
bei dieser Operation vorgeht, verdient einige besondere Bemerkungen. Das Metall raubt in diesem Fall der oxigenesirten
Meersalzsäure, ihr Uebermaß des säurezeugenden Stoffs, auf
der einen Seite entsteht daher ein oxidirtes Metall, und auf der
andern eine gewöhnliche Meersalzsäure. Wenn in dergleichen
Auflösungsarten, kein Aufbrausen vorhanden ist, so kommt

das nicht daher, daß die Meersalzsäure in der Temperatur, worin wir leben, nicht als Gas vorhanden seyn könne: sondern dieses Gas findet in der oxigenesirten Meersalzsäure mehr Wasser als nöthig ist, es zurückzuhalten, und in den flüßigen Zustand zu versetzen, es wird also nicht frei, wie bei der unvollkommnen Schwefelsäure *(acide sulfureux)*; und nachdem es sich im ersten Augenblicke mit dem Wasser verbunden hat, so verbindet es sich nun auch ganz geruhig mit dem oxidirten Metall.

Eine vierte Erscheinung ist, daß die Metalle, welche wenig Verwandtschaft zum säurezeugenden Stoffe haben, und die keine hinlänglich starke Einwirkung auf diesen Bestandtheil ausüben, um die Säure oder das Wasser zu zerlegen, ganz und gar unauflößlich sind: aus diesem Grunde lassen sich Silber, Quecksilber und Blei in der Meersalzsäure nicht auflösen, wenn man sie in ihrem metallischen Zustande zu dieser Säure bringt; werden sie aber vorher oxidirt, es ist gleichviel auf welche Art, so werden sie augenblicklich sehr auflößbar, und die Auflösung erfolgt ohne Aufbrausen.

Der säurezeugende Stoff ist also das Vereinigungsmittel, zwischen den Metallen und den Säuren; und dieser Umstand, der bei allen Metallen, so wie bei allen Säuren statt findet, könnte uns auf die Vermuthung bringen, daß alle Substanzen, welche eine große Verwandtschaft mit den Säuren haben, säurezeugenden Stoff enthalten. Es ist also ziemlich wahrscheinlich, daß die vier salzfähigen Erden, die wir oben angeführt haben, säurezeugenden Stoff enthalten, und daß sie sich vermittelst dieses Stoffs mit der Säure vereinigen. Diese Betrachtung scheint dem, was ich im Vorhergehenden, in dem Artikel Erden, vorausgesetzt habe, mehr Gewicht zu geben, daß nemlich diese Substanzen vielleicht nichts anders, als oxidirte Metalle sind, mit denen der säurezeugende Stoff mehr Verwandtschaft hat, als mit der Kohle, und die aus diesem Grunde nicht reduzirt werden können. Uebrigens ist dieses weiter nichts als eine Vermuthung, welche weitere Versuche bestätigen, oder verneinen können.

Die bis jetzt bekannten Säuren sind folgende. Indem wir sie anzeigen, wollen wir die Namen ihrer Grundstoffe, oder säurefähigen Basen, woraus sie zusammengesetzt sind, zugleich angeben.

Namen der Säuren		Namen der säurefähigen Basis oder des Grundstoffs einer jeden Säure, nebst Bemerkungen darüber.
1. Unvollkommne Schwefelsäure,	*(acide sulfureux)*	
2. Vollkommne Schwefelsäure,	*(acide sulfurique)*	Schwefel *(Soufre)*
3. Unvollkommne Phosphorsäure,	*(acide phosphoreux)*	Phosphor *(Phosphore)*
4. Vollkommne Phosphorsäure,	*(acide phosphorique)*	
5. Meersalzsäure,	*(acide muriatique)*	Meersalzsäure Stoff *(Radical muriatique)*
6. Oxigenesirte Meersalzsäure,	*(acide muriatique oxygéné)*	
7. Unvollkommne Salpetersäure,	*(acide nitreux)*	
8. Vollkommne Salpetersäure,	*(acide nitrique)*	Azotischer Stoff *(Azote)*
9. Oxigenesirte Salpetersäure,	*(acide nitrique oxygéné)*	
10. Kohlensäure	*(acide carbonique)*	Kohlenstoff *(Carbone)*
11. Unvollkommne Essigsäure,	*(acide acéteux)*	Alle diese Säuren scheinen durch einen doppelten säurefähigen Grundstoff gebildet zu seyn. Der Kohlenstoff und der Wasserstoff sind bloß durch ein verschiedenes Verhältniß in ihnen verschieden, wodurch sie, so wie durch einen verschiednen Grad der Verbindung jener Stoffe mit dem säurezeugenden Stoff, untereinander selbst verschieden sind. Indessen mangeln darüber noch die nöthigen Versuche.
12. Vollkommne Essigsäure,	*(acide acétique)*	
13. Sauerkleesäure,	*(acide oxalique)*	
14. Weinsteinsäure,	*(acide tartareux)*	
15. Branstige Weinsteinsäure,	*(acide pyro-tartareux)*	
16. Citronsäure,	*(acide citrique)*	
17. Aepfelsäure,	*(acide malique)*	
18. Branstige Holzsäure,	*(acide pyro-ligneux)*	
19. Branstige Zuckersäure,	*(acide pyro-muqueux)*	

Namen der Säuren		Namen der säurefähigen Basis oder des Grundstoffs einer jeden Säure, nebst Bemerkungen darüber.

<table>
<tr><td>5</td><td>20. Gallussäure,
21. Berlinerblau-
säure,
22. Benzoesäure,
23. Börnsteinsäure,
24. Camphorsäure,
25. Milchsäure,
26. Milchzucker-
säure,</td><td>(acide gallique)
(acide prussique)

(acide benzoïque)
(acide succinique)
(acide camphorique)
(acide lactique)
(acide saccho-lactique)</td><td>Man hat bis jetzt nur noch sehr unvollkomme Kenntnisse, von der Natur der Grundbasen dieser Säuren. Man weiß nur allein, daß der Kohlenstoff, und der säurezeugende Stoff ihre vorzüglichsten Bestandtheile ausmachen, und daß die Berlinerblausäure, azotischen Stoff enthält.</td></tr>
</table>

5 20. Gallussäure, *(acide gallique)*
21. Berlinerblau- *(acide prussique)*
 säure,
22. Benzoesäure, *(acide benzoïque)*
23. Börnsteinsäure, *(acide succinique)*
10 24. Camphorsäure, *(acide camphorique)*
25. Milchsäure, *(acide lactique)*
26. Milchzucker- *(acide saccho-lactique)*
 säure,

15

27. Seidenwurm- *(acide bombique)*
 säure,
28. Ameisensäure, *(acide formique)*
29. Fettsäure, *(acide sébacique)*

20

30. Boraxsäure, *(acide boracique)*

31. Flußspathsäure, *(acide fluorique)*

30

32. Spiesglanzsäure, *(acide antimonique)*
33. Silbersäure, *(acide argentique)*
35 34. Arseniksäure, *(acide arsenique)*
35. Wißmuthsäure, *(acide bismuthique)*
36. Koboldsäure, *(acide cobaltique)*
37. Kupfersäure, *(acide cuprique)*
38. Zinnsäure, *(acide stannique)*
40 39. Eisensäure, *(acide ferrique)*
40. Braunsteinsäure, *(acide manganique)*
41. Quecksilbersäure, *(acide hydrargirique)*
42. Molybdänsäure, *(acide molybdique)*
43. Nickelsäure, *(acide nickelique)*
45 44. Goldsäure, *(acide aurique)*
45. Platinasäure, *(acide platinique)*
46. Bleisäure, *(acide plombique)*
47. Tungsteinsäure, *(acide tungstique)*
48. Zinksäure, *(acide zincique)*

Die Säuren, so wie alle diejenigen, welche man bei der Oxigenesation der animalischen Substanzen erhält, scheinen Kohlen-, Wasserstoff, Phosphor, und azotischen Stoff, zur säurefähigen Basis zu haben.

Boraxsäure Stoff, *(Radical boracique)* Flußspaths. Stoff, *(Radical fluorique.)* — Die Natur dieser beiden Grundstoffe ist noch gänzlich unbekannt.

Spiesglanz, *(Antimoine)*
Silber, *(Argent)*
Arsenik, *(Arsenic)*
Wißmuth, *(Bismut)*
Kobold, *(Cobold)*
Kupfer, *(Cuivre)*
Zinn, *(Etain)*
Eisen, *(Fer)*
Braunstein, *(Manganèle)*
Quecksilber, *(Mercure)*
Wasserblei, *(Molybdène)*
Nickel, *(Nickel)*
Gold, *(Or)*
Platina, *(Platine)*
Blei, *(Plomb)*
Tungstein, *(Tungstène)*
Zink, *(Zinc)*

Man sieht daß sich die Anzahl der Säuren auf 48 erstreckt,
wenn man die 17 metallischen Säuren, die noch wenig bekannt
sind, worüber aber Hr. Berthollet ein wichtiges Werk nächstens herausgeben wird, dazu zählt. Man darf sich ohne Zweifel noch nicht schmeicheln, sie alle entdeckt zu haben; dahin- 5
gegen aber ists wahrscheinlich, daß eine tiefere Untersuchung
zeigen wird, daß mehrere Pflanzensäuren, die man bisher als
verschieden angesehen, ineinander laufen, übrigens kann man
die Übersicht der Chemie, in keinem andern Zustande dar- ⇦
stellen, als worin sie gegenwärtig ist, und alles was man thun 10
kann, ist, Grundsätze anzugeben, um die Körper, die in der
Folge entdeckt werden können, dem System gemäß zu benennen.

Die Anzahl der salzfähigen Grundstoffe, nämlich derer, die
durch die Säuren in Mittelsalze verwandelt werden können, 15
beläuft sich auf vier und zwanzig, nämlich:

drei Alkalien,

vier Erden

und siebenzehn metallische Substanzen.

Die ganze Summe der Neutralsalze, die man nach dem 20
gegenwärtigen Zustande der Kenntnisse begreifen kann, beläuft sich also auf 1152. Dieses aber in der Voraussetzung, daß
die metallischen Säuren andre Metalle auflösen können; diese
Auflößbarkeit der Metalle, durch welche sie sich selbst untereinander oxigenesiren, ist eine neue Idee, die noch nicht be- 25
rührt worden ist, und von diesem Theile der Wissenschaft,
hängen oft die gasförmigen metallischen Verbindungen ab.
Indessen ist es kaum glaublich, daß die Anzahl der Salzverbin-
dungen, die wir uns vorstellen können, möglich ist, daher man
die Anzahl der Salze auf die, welche die Natur und Kunst 30
erzeugen kann, beträchtlich einschränken muß. Würde man
aber auch nur fünf bis sechshundert mögliche Salzarten an- ⇦
nehmen, so ist klar, daß wenn man diesen allen nach Art der
Alten willkührliche Namen geben wollte, wenn man sie entweder mit den Namen der ersten Erfinder, die sie entdeckten, 35
oder mit den Namen der Substanzen, woraus sie gezogen sind,

bezeichnen wollte, eine Verwirrung entstehen würde, woraus
auch das glücklichste Gedächtniß, sich nicht würde herausfin-
den können. Eine solche Methode, konnte man nur in dem
ersten Zeitalter der Chemie dulden; man konnte dieses auch
noch vor zwanzig Jahren, denn damals kannte man noch nicht
über dreißig Salzarten: aber heut zu Tage, da ihre Anzahl täglich anwächst, da jede Säure die man entdeckt, die Chemie oft
mit 24 bisweilen 48, nach Verhältniß der beiden Grade ihrer
Oxigenesation, von neuen Salzen bereichert, so wird nothwendig eine Methode erfordert, und diese Methode ist vermöge der Analogie gegeben worden, die wir bei der Nomenklatur der Säuren angenommen haben; und da die Natur
immer einen bestimmten Gang verfolgt, so wird sie sich auch
auf die Nomenklatur der Neutralsalze anwenden lassen.

Als wir die verschiedenen Arten der Säuren nannten, haben
wir bei diesen Substanzen, den einer jeden eignen säurefähigen
Grundstoff, und das sauermachende Principium, oder den
säurezeugenden Stoff der allen gemein ist, voneinander unterschieden. Wir haben die Eigenschaft, die allen Säuren gemein
ist, durch den Gattungsnamen Säure, ausgedrückt, und wir
haben nachher die Säuren selbst, durch den Namen des einer
jeden insbesondere eignen säurefähigen Grundstoffs unterschieden.

So haben wir dem durch säurezeugenden Stoff gesättigten
Schwefel, Phosphor, und Kohlenstoff, den Namen Schwefelsäure, Phosphorsäure und Kohlensäure gegeben; endlich haben wir geglaubt, wir müßten die verschiedenen Grade der
Sättigung mit dem säurezeugenden Stoffe, durch eine verschiedene Endigung des nämlichen Worts anzeigen. So haben
wir die unvollkommene Schwefelsäure *(acide sulfureux)* von
der vollkommnen Schwefelsäure *(acide sulfurique)*, und die
unvollkommne Phosphorsäure von der vollkommnen Phosphorsäure unterschieden.

Diese Grundsätze auf die Nomenklatur der Neutralsalze
angewandt, haben uns genöthigt, allen Salzen, bei deren Verbindung sich die nämliche Säure befindet, einen gemein-

schaftlichen Namen zu geben, und sie hernach durch den Namen ihres salzfähigen Grundstoffs zu unterscheiden. So haben
wir alle Salze, die die vollkommne Schwefelsäure zur Basis
haben, mit dem Namen vollkommen schwefelsaure *(sulfates)*;
alle die aber, die die vollkommne Phosphorsäure zur sauren
Basis haben, mit dem Namen vollkommen phosphorsaure
(phosphates), bezeichnet.

Wir werden also vollkommen schwefelsaures Pflanzenalkali
(sulfate de potasse), vollkommen schwefelsaure Sode *(sulfate de
soude)*, vollkommen schwefelsaures Ammoniak *(sulfate d'ammoniaque)*, vollkommen schwefelsauren Kalk *(sulfate de
chaux)*, vollkommen schwefelsaures Eisen *(sulfate de fer)*
u. s. w. unterscheiden; und da wir vier und zwanzig, sowohl
alkalische, als erdigte und metallische Grundstoffe kennen, so
haben wir vier und zwanzig Arten schwefelsaure, eben soviel
phosphorsaure Neutralsalze; und eben soviel mit allen übrigen
Säuren. Da aber der Schwefel zweier Grade der Säuerung fähig
ist, da der erste Grad der Verbindung mit dem säurezeugenden
Stoff, die unvollkommne Schwefelsäure, und der zweite Grad
die vollkommne Schwefelsäure ausmacht; da ferner die Neutralsalze, die durch diese beiden Säuren mit verschiedenen
Grundstoffen erzeugt werden, gar nicht einerlei sind, und ganz
verschiedene Eigenschaften haben; so hat man sie noch durch
eine besondere Endigung der Namen unterscheiden müssen:
wir haben also die durch die unvollkommnen Säuren erzeugten Neutralsalze, (unvollkommen schwefelsaure) *(sulfites)*,
und (unvollvollkommen phosphorsaure) *(phosphites)*, Neutralsalze u. s. w. genennt. So ist der Schwefel fähig 48 Neutralsalze, nämlich vier und zwanzig vollkommen schwefelsaure, und vier und zwanzig unvollkommen schwefelsaure, zu
erzeugen, und so alle die übrigen Substanzen, die zwei Grade
der Säurung fähig seyn können. Sehr langweilig würde es für
die Leser seyn, diesen Benennungen nach allen ihren Einzelheiten zu folgen: es ist genug, die Methode, sie zu benennen,
deutlich angegeben zu haben: wenn man sie gefaßt hat, so wird
man sie ohne Mühe auf alle nur möglichen Verbindungen

anwenden können: und ist der Name der brennbaren oder
säurefähigen Substanz bekannt, so wird man sich leicht an den
Namen der Säure, die sie erzeugen kann, wie auch an jenen der
Neutralsalze, die davon herkommen, erinnern.

⇨ 5   Ich will also bei diesen elementarischen Begriffen, oder
Kenntnissen stehen bleiben. Um aber zu gleicher Zeit denen,
welche noch umständlichere Beschreibungen nöthig haben,
ein Genüge zu thun, werde ich im zweiten Theil Tabellen
hinzufügen, welche eine allgemeine Uebersicht, nicht nur aller
10   Neutralsalze, sondern überhaupt aller chemischen Verbindungen darstellen; und ich werde sie mit einigen kurzen Erklärungen über die einfachste und sicherste Art, sich die verschiedenen Säuren zu verschaffen, so wie über die allgemeinen
Eigenschaften der Neutralsalze, die sie erzeugen, bereichern.

15   Ich verhele es mir nicht, daß, um dieses Werk vollständig zu
machen, es nöthig gewesen wäre, dasselbe mit besondern Anmerkungen, über jede Art Salz, so wie über ihre Auflößbarkeit
im Wasser und im Weingeist, über das Verhältniß der Säure
und der Basis, woraus sie erzeugt sind, und über die Menge
20   ihres Kristallisationswassers, über die verschiedenen Grade der
Sättigung, deren das Wasser fähig ist, endlich über die Größe
der Kraft, womit die Säure an ihrer Basis hängt, zu versehen.
Die Herren Bergmann, Morveau, Kirwan, und einige andere
berühmte Chemiker, haben dieses ungeheure Werk angefan-
25   gen, allein man ist noch nicht weit damit gekommen, und die
Grundpfeiler, auf denen es ruht, sind, streng genommen,
nicht einmal richtig. So viele Einzelheiten, hätten sich nicht
für ein Elementarwerk geschickt, und die Zeit, die Materien
zusammenzutragen, und die Versuche vollständig zu machen,
30   hätte die Herausgabe dieses Werks, noch auf mehrere Jahre
verzögert. Der Eifer und die Thätigkeit der jungen Chemiker
finden hier ein weites Feld offen; man erlaube mir aber, indem
ich hier meine mir vorgesetzte Arbeit endige, denen, welche
Muth zu einer solchen Unternehmung haben, zu empfehlen,
35   mehr auf Güte als auf Vielheit zu sehen; sich gleich Anfangs
genauer und oft wiederholter Versuche, über die Zerlegung

der Säuren, zu versichern, ehe sie sich mit jener der Neutralsalze beschäftigen. Jedes Gebäude das bestimmt ist, der
zerstöhrenden Zeit trotz zu bieten, muß auf festem Grunde
ruhen, und bei dem gegenwärtigem Zustande der Chemie,
würde man ihren Lauf hemmen, wenn man ihre Fortschritte
auf Versuche, die weder richtig, noch strenge genug sind,
gründen wollte.

Ende des ersten Theils.

Lavoisier's
System
der antiphlogistischen Chemie.

Zweiter Theil.

⇨　*Tabellarische Darstellung der einfachen Substanzen.*

	Neue Namen.	Alte Namen.
	Lichtstoff, *(Lumière)* . . .	Licht.
	Wärmestoff, *(Calorique)*	Wärme. Wärmestoff. Feuriges Fluidum. Feuer. Feuermaterie und Wärmematerie.
Einfache Substanzen, die zu den drei Naturreichen gehören, und die man als die Elemente der Körper betrachten kann.	Säurezeugender Stoff, *(Oxygène)*	Dephlogistisirte Luft. Reine Luft. Lebensluft. Basis der Lebensluft.
	Azotischer Stoff, *(Azote)*	Phlogistische Luft. Mephytische Luft. Mephytischer Stoff.
	Wasserstoff, *(Hydrogène)*.	Inflammables Gas. Grundstoff der inflammablen Luft.
Einfache nicht metallische Substanzen, welche aber oxidirbar und säurefähig sind.	Schwefel	Schwefel.
	Phosphor	Phosphor.
	Kohlenstoff, *(Carbone)* .	Reine Kohle.
	Meersalzsäure Stoff *(Radical muriatique)*	Unbekannt.
	Flußspathsäure Stoff, *(Radical fluorique)* .	Unbekannt.
	Boraxsäure Stoff, *(Radical boracique)* .	Unbekannt.
Einfache metallische Substanzen, welche oxidirbar und säurefähig sind.	Spiesglanz	Spiesglanz.
	Silber	Silber.
	Arsenik	Arsenik.
	Wißmuth	Wißmuth.
	Kobold	Kobold.
	Kupfer	Kupfer.
	Zinn	Zinn.
	Eisen	Eisen.
	Magnesium	Braunstein.
	Quecksilber	Quecksilber.
	Molybdän	Wasserblei.
	Nickel	Nickel.
	Gold	Gold.
	Platinum	Platina.
	Bley	Bley.
	Tungstein	Tungstein.
	Zink	Zink.
Einfache, salzfähige Substanzen.	Kalk	Kalkerde.
	Magnesie	Bittersalzerde.
	Schwererde	Schwererde.
	Thonerde	Alaunerde.
	Kiesel	Kieselerde oder Glaserde.

Bemerkungen

über die tabellarische Darstellung der einfachen Substanzen, oder
wenigstens derjenigen, deren wirklicher uns bekannter Zustand,
uns verpflichtet, sie als solche zu betrachten.

Wenn die Chemie die verschiedenen natürlichen Körper, Versuchen unterwirft, so hat sie die Absicht, sie zu zerlegen, und
sich in den Stand zu setzen, die verschiedenen Materien, welche darin vereinigt waren, einzeln zu untersuchen. Welche
Fortschritte diese Wissenschaft in unsern Tagen gemacht hat,
davon wird man sich leicht überzeugen können, wenn man die
verschiedenen Autoren nachschlägt, welche über die Chemie
geschrieben haben: man wird sehen, daß man in den ältern
Zeiten, Oel und Salz, als Elemente der Körper betrachtete; da
doch die neuern Erfahrungen und Beobachtungen bewiesen,
daß die Salze keine einfachen Substanzen sind, sondern daß sie
aus einer Säure und einer Basis zusammengesetzt bestehen;
und daß durch diese Verbindung, ihr neutraler Zustand, bewirkt wird. Die neuern Entdeckungen, haben die Grenzen der
Analyse, noch um einige Grade erweitert[4], sie haben uns die
Erzeugungsart der Säuren gelehrt, und bewiesen, daß sie aus
einem allgemeinen säurezeugenden Grundstoff, dem säurezeugenden Stoffe, und einem andern, jeder Säure eigenem
Grundstoffe, wodurch sie sich voneinander unterscheiden, zusammengesetzt werden. In diesem Werke bin ich aber noch
weiter gegangen, ich habe, was auch Hr. Hassenfratz schon
vorher gethan hat, bewiesen, daß die Grundbasen der Säuren
selbst, in dem Sinne, den wir damit verbinden, nicht einmal
immer, einfache Substanzen sind; sondern, daß sie, wie der
ölichte Grundstoff, aus Wasserstoff und Kohlenstoff zusammengesetzt sind. Endlich hat Hr. Berthollet bewiesen, daß die

---

4 Man sehe die *Mémoires de l'Académie*, für die Jahre 1776. S. 671, und
 1778. S. 535.

Salzbasen, (die alkalischen) eben so wenig einfach sind, als die
Säuren, und daß das Ammoniak, aus azotischem Stoff und
Wasserstoff zusammengesetzt ist.

Also schreitet die Chemie ihrem Ziele, und ihrer Vollkommenheit entgegen, indem sie die Körper zertheilt, das Zer-
theilte wieder zertheilt, und dieses noch einmal in Theile zerlegt; und wir sehen das Ende dieser glücklichen Fortschritte,
noch lange nicht ab. Wir können also nicht sicher seyn, daß
das, was wir heute für einfach halten, auch in der That einfach
sey: alles was wir sagen können, erstreckt sich nur so weit, daß
die chemische Analyse mit einer solchen Substanz soweit gekommen ist, und daß sich diese Substanz, nach dem gegenwärtigen Zustande unsrer Kenntnisse, nicht weiter zertheilen
läßt. Es ist zu vermuthen, daß man die Erden nicht lange mehr
unter die einfachen Substanzen zählen wird. Sie sind die einzigen Körper dieser ganzen Klasse, welche keinen Hang haben,
sich mit dem säurezeugenden Stoffe zu verbinden; und beinahe möchte man diese Gleichgültigkeit für den säurezeugenden Stoff davon ableiten, daß sie vielleicht schon damit gesättigt sind. In einem solchen Betracht würde man die Erden als
einfache Substanzen, vielleicht als oxidirte Metalle, die bis auf
einen gewissen Grad oxigenesirt sind, ansehen müssen; dies
sey aber bloß eine Vermuthung, die ich im Vorbeigehen hier
mittheile; und ich habe die Hoffnung, meine Leser werden
das, was ich als Wahrheiten und Thatsachen angegeben habe,
nicht mit dem verwechseln was nur hypothetisch ist.

Die feuerbeständigen Alkalien, wie das Pflanzenalkali, und
die Sode, habe ich in dem tabellarischen Abriß ausgelassen,
weil sie ohne Zweifel, noch zusammengesetzt sind, ob man
schon ihre Bestandtheile bis jetzt noch nicht kennt.

Tabellarischer Abriß

der zusammengesetzten, oxidirbaren und säurefähigen Grundstoffe
und Basen, welche eben so wie die einfachen Substanzen,
Verbindungen eingehen.

	Namen der Grundstoffe.	Anmerkungen.
Oxidirbare und säurefähige Grundstoffe aus dem Mineralreiche.	Nitrisirter Meersalzsäurestoff oder Grundstoff des Königswassers.	Dieses ist der Grundstoff des Königswassers der alten Chemiker, das durch seine goldauflösende Eigenschaft berühmt ist.
Hydrokarbonisirte Grundstoffe, oder karbonhydrosirte Grundstoffe des Pflanzenreichs, welche oxidirbar und säurefähig sind.	Weinsteinsäure-Basis. Aepfelsäure-Basis. Citronsäure-Basis. Branstige Holzsäure-Basis. Branstige Zuckersäure-Basis. Branstige Weinsteinsäure-Basis. Sauerkleesäure-Basis. Essigsäure-Basis. Börnsteinsäure-Basis. Benzoesäure-Basis. Camphorsäure-Basis. Gallussäure-Basis.	Den alten Chemikern waren die Zusammensetzungen der Säuren unbekannt. Sie vermutheten nicht, daß jede derselben, aus einem eigenen Grundstoffe, und dem allgemeinen säurezeugenden Stoff zusammen gesetzt sey; daher konnten sie diesen ihnen unbekannten Substanzen, auch keine Namen geben. Wir waren also genöthigt eine Nomenklatur für diesen Gegenstand zu erfinden, von der wir oben schon im Voraus gesagt haben, daß sie einer Abänderung fähig sey, je nachdem die Natur der zusammengesetzten Grundstoffe bekannt seyn wird. Man vergleiche damit dasjenige, was ich in dieser Absicht, im eilften Abschnitt gesagt habe.
Hydrokarbonisirte, oder karbonhydrosirte Animalstoffe, welche fast beständig azotischen Stoff, zuweilen auch Phosphor enthalten, und welche oxidirbar und säurefähig sind.	Milchsäure-Basis. Milchzuckersäure-Basis. Ameisensäure-Basis. Seidenwurmsäure-Basis. Fettsäure-Basis. Blasensteinsäure-Basis. Berlinerblausäure-Basis.	

Die Grundstoffe des Pflanzenreichs, geben durch den ersten Grad der Oxigenesation, die oxidirten Pflanzenstoffe: so wie den Zucker, Kraftmehl, Gummi, Schleim; die animalischen Grundstoffe, geben die oxidirten Animalstoffe, als z. B. die Lymphe etc.

Bemerkungen

über die tabellarische Darstellung, der durch die Vereinigung
mehrerer einfacher Substanzen, zusammengesetzten oxidirbaren
und säurefähigen Grundstoffe oder Basen.

5 Da die oxidirbaren und säurefähigen Grundstoffe des Pflanzen-
und Thierreichs, welche hier vorgestellt werden, noch nicht
mit Genauigkeit analysirt worden sind, so ist es auch noch
nicht möglich, eine regelmäßige Nomenklatur darüber zu geben. Die Erfahrungen darüber, wovon mir einige eigenthüm-
10 lich zugehören, andre aber von Hrn. Hassenfratz gemacht
worden sind, haben mich nur gelehrt, daß die Pflanzensäuren,
als Weinsteinsäure, Sauerkleesäure, Citronsäure, Aepfelsäure,
Essigsäure, Branstige Weinsteinsäure, Branstige Zuckersäure
etc., überhaupt Wasserstoff und Kohlenstoff, zu Grundstoffen
15 haben, die aber so wenig zusammen vereinigt sind, daß sie,
scheinbar, einen einfachen Grundstoff ausmachen; und sie
haben mich gelehrt, daß alle diese Säuren, nur durch ein ver-
schiedenes Verhältniß dieser beiden Substanzen, so wie durch
den verschiedenen Grad ihrer Oxidation, voneinander unter-
20 schieden sind. Ueber dieses zeigen uns die Versuche des Hrn.
Berthollet noch insbesondre, daß die Grundstoffe des Thierreichs, so wie einige des Pflanzenreichs, einen noch zusam-
mengesetztern Zustand besitzen, daß sie außer dem Wasserstoff und Kohlenstoff, auch noch azotischen Stoff, und
25 zuweilen Phosphor enthalten, von deren Quantitäten bis jetzt
aber noch keine genauen Berechnungen gemacht worden
sind. Wir waren also genöthiget, diesen verschiedenen Grundstoffen Namen zu geben, die wir nach Art der Alten, von den
Substanzen herleiteten, woraus sie gezogen worden sind. Ha-
30 ben unsre Kenntnisse dereinst mehr Gewißheit und Erweiterung erhalten, so werden diese Namen ohne Zweifel verschwinden, und höchstens nur noch als ein Denkmal des
Zustandes, in welchem sich die chemische Wissenschaft da-

mals befand, und auf uns gekommen ist, aufbewahrt werden;
sie werden, wie ich es im eilften Abschnitt erklärt habe, den
Namen vollkommen hydrokarbonisirte Stoffe *(radicaux hy-*
dro-carbonique) und unvollkommen hydrokarbonisirte Stoffe
(radicaux hydro-carboneux) etc. Platz machen müssen, und   5
man wird die Wahl dieser Namen, nach dem Verhältnisse, in
welchem sich ihre Bestandtheile zusammengesetzt befinden,
bestimmen.

   Da die Oele aus Wasserstoff und Kohlenstoff zusammengesetzt sind, so sieht man leicht, daß sie wirkliche karbon-   10
hydrosirte Stoffe, und hydro-karbonisirte Stoffe ausmachen.
Auch darf man in der That die Oele nur oxigenesiren, um sie
erst in oxidirte Stoffe, und nachher in wirkliche Pflanzensäuren zu verwandeln, und zwar dem Grade der Säuerung zufolge. Indessen ist es nicht möglich gradezu zu versichern, daß   15
die Oele ganz und gar in die oxidirten Stoffe und Pflanzensäuren, bei ihrer Entstehung übergehen, sondern es ist möglich, daß sie vorher einen Theil ihres Wasserstoffs oder Kohlenstoffs verlieren, und daß derjenige Theil, welcher von einer
oder der andern dieser Substanzen übrig bleibt, nicht mehr in   20
dem, zur Erzeugung des Oels nöthigen Verhältnisse, vorhanden ist, worüber fernere Versuche, mehr Erläuterungen verschaffen müssen.

   Im Mineralreiche, kennen wir eigentlich gar keinen andern
komponirten Grundstoff, als den nitrisirten Meersalzsäure-   25
stoff *(radical nitro-muriatique)*; der sich aus der Vereinigung
des azotischen Stoffs mit dem Meersalzsäurestoff, erzeugt. Die
übrigen zusammengesetzten Säuren, sind noch zu wenig untersucht worden, sie stellen uns aber auch keine besonders
auffallenden Phänomene dar.   30

Bemerkungen

über die Verbindungen des Lichtstoffs, und des Wärmestoffs,
mit verschiedenen Substanzen.

Ueber die Verbindungen des Lichtstoffes, und des Wärmestoffs, mit den einfachen und zusammengesetzten Substanzen,
haben wir bis jetzt noch sehr unvollkommene Begriffe; dies ist
die Ursache, warum ich gar keinen Abriß davon entworfen
habe. Wir wissen überhaupt nur, daß alle Körper in der Natur,
gleichsam in dem Wärmestoff eingetaucht sind, daß sie damit
umgeben, und von allen Seiten durchdrungen sind, und daß
er alle Pori zwischen ihren kleinsten Theilchen ausfüllet. Wir
wissen daß sich der Wärmestoff in manchen Fällen so sehr in
den Körpern fixirt, daß er ihre festen Theile bilden hilft; es ist
aber auch bekannt, daß er in den mehrsten Fällen, die kleinsten Theile der Körper voneinander treibt, und eine zurückstossende Kraft an ihnen ausübt, und daß der Uebergang eines
Körpers, aus dem festen in den flüßigen, und aus dem flüßigen
in den gasförmigen Zustand, von der größern oder geringern
Anhäufung des Wärmestoffs, abhängt. Endlich haben wir alle
diejenigen Substanzen, die durch einen zureichenden Zusatz
des Wärmestoffs, in einen gasförmigen Zustand versetzt worden sind, mit dem Gattungsnamen Gas belegt; so daß wir,
wenn wir die Meersalzsäure, die Kohlensäure, den Wasserstoff, das Wasser, den Alkohol etc. im luftförmigen Zustande
bezeichnen wollen, wir ihnen den Namen meersalzsaures Gas,
kohlensaures Gas, Wassergas, gasförmiger Wasserstoff, und
gasförmiger Alkohol, beilegen.

In Rücksicht des Lichtstoffs, so sind dessen Verbindungen,
und seine Art auf die Körper zu wirken, noch weit weniger
bekannt. Nach den Erfahrungen des Herrn Berthollet scheint
es aber, daß derselbe eine große Affinität zu dem säurezeugenden Stoffe besitzt, daß er sich mit ihm verbinden, und durch
den Beitritt des Wärmestoffs, ihn in einem gasförmigen Zu-

stand versetzen kann. Die Versuche welche über die Vegeta-
tion angestellet worden sind, lassen vermuthen, daß sich der
Lichtstoff, mit einigen Theilen der Pflanzen verbinden könne,
und daß sowohl die grünen Blätter, als auch die verschiedenen
Farben der Blumen, dieser Verbindung ihr Daseyn zu danken   5
haben. Ausgemacht ist es wenigstens, daß diejenigen Pflanzen,
welche im Schatten wachsen, schnell aufwachsen *(etiolées)*, daß
sie verbleichen, und sich in einem traurigen und leidenden
Zustande befinden, und um ihre Gesundheit und Farbe wieder zu erhalten, den unmittelbaren Einfluß des Lichts erfor-   10
dern.

Etwas Aehnliches bemerkt man selbst an den Thieren.
Männer, Weiber und Kinder, die in Manufakturen arbeiten,
ihre Arbeiten sitzend verrichten, enge zusammen, oder in engen Straßen wohnen, schießen gleichfalls bis auf einen gewis-   15
sen Punkt in die Höhe, ohne zu gedeyen. Wogegen alle diejenigen, die ländliche Beschäftigungen treiben, und in der
freien Luft arbeiten, sich mehr entwickeln, und mehr Kraft
und Leben bekommen.

Organisation, Empfindung, Leben und willkührliche Be-   20
wegung, finden nur auf der Oberfläche, und an solchen Orten
statt, die dem Tageslichte ausgesetzt sind. Man sollte daher
glauben, daß die Fabel von der Flamme des Prometheus, eine
philosophische Wahrheit bezeichne, die den Alten nicht entwischt war: ohne Licht wäre die Natur leblos, todt und unbe-   25
seelt; durch das Licht hat die wohlthätige Gottheit, Organisation, Empfindung, und Denkkraft auf der Erdfläche
verbreitet.

Hier ist indessen nicht der Ort, sich über die organisirten   ⇦
Körper auszulassen. Ich habe mich absichtlich enthalten, mich   30
in diesem Werke mit ihnen zu beschäftigen, und dieses hat
mich auch gehindert, von dem Phänomen der Respiration,
von der Bereitung des Bluts, und von der thierischen Wärme
zu reden; ich werde aber zu einer andern Zeit, auf diese Gegenstände zurückkommen.   35

Tabellarischer Abriß
der zweifachen Verbindungen, des säurezeugenden Stoffs,
mit den oxidirbaren und säurefähigen
metallischen und nichtmetallischen Stoffen.

	Erster Grad der Oxigenisirung.		Zweiter Grad der Oxigenisirung.	
	Neue Namen	Alte Namen	Neue Namen	Alte Namen
Wärmestoff …	Säurezeugendes Gas ……	{ Dephlogistisirte Luft oder Lebensluft.		
Wasserstoff ……	Es ist nur ein einziger Grad der Verbindung bekannt, und diese Vereinigung bildet Wasser.			
Azotischer Stoff …	{ Oxidirter Salpetersäure-Stoff, oder Basis der nitrösen Luft.	Nitröses Gas …………	Unvollkommene Salpetersäure …………	Rauchende Salpetersäure …
Kohlenstoff …	Oxidirter Kohlenstoff …	Unbekannt …………	Unvollkommene Kohlensäure …………	Unbekannt …………
Schwefel………	Oxidirter Schwefel ………	Weicher Schwefel …	Unvollkommene Schwefelsäure ………	Flüchtige Schwefelsäure …
Phosphor ……	Oxidirter Phosphor ………	{ Rückstand des Phosphors nach dem Brennen.	Unvollkommene Phosphorsäure ………	Flüchtige Phosphorsäure …
Meersalzsäurestoff ………	Oxidirter Meersalzsäurestoff …	Unbekannt …………	Unvollkommene Meersalzsäure ………	Unbekannt …………
Flußspathsäure Stoff ………	Oxidirter Flußspathsäure Stoff ………	Unbekannt …………	Unvollkommene Flußspathsäure ………	Unbekannt …………
Boraxsäure Stoff ………	Oxidirter Boraxsäure Stoff ………	Unbekannt …………	Unvollkommene Boraxsäure …………	Unbekannt …………

Verbindungen des säurezeugenden Stoffs, mit einfachen nichtmetallischen Substanzen, als dem

				Bemerkungen
Spiesglanz	Grauoxidirter Spiesglanz	Grauer Spiesglanzkalk	Weißoxidirter Spiesglanz	{ Weißer Spiesglanzkalk / Schweißtreibendes Spiesglanz
Silber	Oxidirtes Silber	Silberkalk		
Arsenik	Grauoxidirter Arsenik	Grauer Arsenikkalk	Weißoxidirter Arsenik	Weißer Arsenik
Wißmuth	Grauoxidirter Wißmuth	Grauer Wißmuthkalk	Weißoxidirter Wißmuth	{ Weißer Wißmuthkalk / spanisches Weiß
Kobold	Grauoxidirter Kobold	(Grauer Koboldkalk, Zaffra)		
Kupfer	Rothbraunoxidirtes Kupfer	Rothbrauner Kupferkalk	Grün und blauoxidirtes Kupfer	{ Grün und blauer Kupferkalk
Zinn	Grauoxidirtes Zinn	Grauer Zinnkalk	Weißoxidirtes Zinn	Weißer Zinnkalk, Zinnasche
Eisen	Schwarzoxidirtes Eisen	Eisenmohr	Gelb und rothoxidirtes Eisen	Eisenocher und Eisenrost
Magnesium	Schwarzoxidirtes Magnesium	Schwarzer Braunsteinkalk	Weißoxidirtes Magnesium	Weißer Braunsteinkalk
Quecksilber	Schwarzoxidirtes Quecksilber	Mineralischer Mohr	Gelb u. rothoxidirtes Quecksilber	{ Mineralturpit, roth. Quecksilberpräzipitat, für sich verkalktes Quecksilber
Molybdän	Oxidirtes Molybdän	Wasserbleikalk		
Nickel	Oxidirter Nickel	Nickelkalk		
Gold	Gelboxidirtes Gold	Gelber Goldkalk	Rothoxidirtes Gold	{ Rother Goldkalk, Cassius Goldpurpur
Platinum	Gelboxidirtes Platinum	Gelber Platinkalk		
Blei	Grauoxidirtes Blei	Grauer Bleikalk	Gelb und rothoxidirtes Blei	Mastikot und Minium
Tungstein	Oxidirter Tungstein	Tungsteinkalk		
Zink	Grauoxidirter Zink	(Grauer Zinkkalk, Tutia.)	Weißoxidirter Zink	{ Weißer Zinkkalk, Pompholix, Zinkblumen
Uranium?	Oxidirtes Uranium?	(Gelber und grüner Glimmer)		

Verbindungen des säurezeugenden Stoffs, mit einfachen metallischen Substanzen als dem

Tabellarischer Abriß
der zweifachen Verbindungen, des säurezeugenden Stoffs,
mit den oxidirbaren und säurefähigen
metallischen und nichtmetallischen Stoffen.
(Fortsetzung)

	Dritter Grad der Oxigenesirung.		Vierter Grad der Oxigenesirung.	
	Neue Namen	Alte Namen	Neue Namen	Alte Namen
Wärmestoff ...				
Wasserstoff ...				
Azotischer Stoff	Vollkommene Salpetersäure	Weiße Salpetersäure	Oxigenesirte Salpetersäure	Unbekannt ....
Kohlenstoff ...	Vollkommene Kohlensäure .	Fixe Luft	Oxigenesirte Kohlensäure	Unbekannt ....
Schwefel	Vollkommene Schwefelsäure	Vitriolsäure	Oxigenesirte Schwefelsäure	Unbekannt ....
Phosphor	Vollkommene Phosphorsäure	Phosphorsäure	Oxigenesirte Phosphorsäure	Unbekannt ....
Meersalzsäurestoff	Vollkommene Meersalzsäure	Kochsalzsäure	Oxigenesirte Meersalzsäure	Dephlogistisirte Salzsäure ..
Flußspathsäure Stoff	Vollkommene Flußspathsäure	{ War den ältesten Chemisten unbekannt. }	....	....
Boraxsäure Stoff	Vollkommene Boraxsäure ..	Sedativsalz	....	....

Verbindungen des säurezeugenden Stoffs, mit einfachen nichtmetallischen Substanzen, als dem

Spiesglanz	Spiesglanzsäure			
Silber	Silbersäure			Unbekannt.
Arsenik	Vollkommne Arseniksäure .	Arseniksäure	Oxigenesirte Arsenik-säure	
Wißmuth	Wißmuthsäure			
Kobold	Koboldsäure			
Kupfer	Kupfersäure			
Zinn	Zinnsäure			
Eisen	Eisensäure			
Magnesium ..	Magnesiumsäure			
Quecksilber ..	Quecksilbersäure			
Molybdän	Molybdänsäure	Wasserbleisäure	Oxigenesirte Molybdänsäure	Unbekannt.
Nickel	Nickelsäure			
Gold	Goldsäure			
Platinum	Platinumsäure			
Blei	Bleisäure			
Tungstein	Tungsteinsäure	Tungsteinsäure	Oxigenesirte Tungsteinsäure	Unbekannt.
Zink	Zinksäure			
Uranium?	Uransäure			

Verbindungen des säurezeugenden Stoffs, mit einfachen metallischen Substanzen als dem

Bemerkungen

über die zweifachen Verbindungen des säurezeugenden Stoffs, mit
den einfachen metallischen und nichtmetallischen Substanzen.

Der säurezeugende Stoff, ist eine von denjenigen Substanzen,
welche in der Natur am reichlichsten verbreitet sind, indem er
beinahe den dritten Theil unsrer Atmosphäre, und folglich
diejenige elastische Flüßigkeit ausmacht, die wir einathmen.
In diesem unermeßlich großen Behälter, leben die Thiere,
wachsen die Vegetabilien, und wir erhalten daraus vorzüglich
die große Menge des säurezeugenden Stoffs, die wir bei unsern
Arbeiten gebrauchen. Die wechselseitige Anziehung zwischen
diesem Stoffe, und den verschiedenen andern Substanzen, ist
so groß, daß es unmöglich ist, denselben allein, und frei von
allen Verbindungen zu erhalten. In unsrer Atmosphäre, ist er
mit dem Wärmestoff verbunden, der ihn im gasförmigen Zustande erhält; und außerdem ist er darin ohngefähr mit ⅔
azotischem Gas vermischt.

Soll sich irgend ein Körper mit dem säurezeugenden Stoffe
verbinden, so müssen eine gewisse Anzahl Umstände vereinigt
zusammen seyn. Der erste von diesen Umständen ist der, daß
die anziehende Kraft, welche die kleinsten Theile eines Körpers aufeinander ausüben, geringer sey, als ihre Anziehungskraft zum säurezeugendem Stoffe, denn es ist erweislich, daß
im entgegengesetzten Fall keine Verbindung statt finden
würde. In einem solchen Fall, kann aber die Kunst der Natur
zu Hülfe kommen, und man kann durchs Erwärmen, und
zwar fast nach Willkühr, indem man den Wärmestoff dazwischen führt, den Zusammenhang zwischen den kleinsten
Theilen eines Körpers vermindern.

Einen Körper erwärmen, heißt soviel, als seine kleinsten ihn
bildenden Bestandtheile, voneinander entfernen. Da aber
nach einem bestimmten Gesetz, das sich auf die Entfernung
der kleinsten Theilchen eines Körpers beziehet, ihre Anzie-

hungskraft gegeneinander geringer wird, so muß nothwendig ein Augenblick statt finden, in welchem die Anziehungskraft, welche jene kleine Theilchen auf den säurezeugenden Stoff ausüben, größer ist, als ihre Attraktion unter sich selbst; und denn muß die Oxigenesirung vor sich gehen.

Man wird sich leicht vorstellen, daß der Grad der Wärme, bei welchem jener Erfolg anfängt, für jede Substanz verschieden seyn muß. Uebrigens ist aber, um die mehrsten Körper, und alle einfachen Substanzen überhaupt, mit dem säurezeugenden Stoff zu verbinden, weiter nichts nöthig, als sie nur einer schicklichen Temperatur, der atmosphärischen Luft auszusetzen. Für das Blei, das Quecksilber, und für das Zinn, braucht diese Temperatur nicht viel höher, als diejenige zu seyn, bei welcher wir leben: wogegen um Eisen, Kupfer u. s. w. mit dem säurezeugenden Stoffe zu verbinden, wenigstens auf dem trockenen Wege, und wenn die Verbindung nicht durch Feuchtigkeit befördert wird, ein größerer Grad der Wärme erforderlich ist. Oftmals erfolgt die Verbindung eines Körpers mit dem säurezeugenden Stoffe, mit einer außerordentlichen Schnelligkeit, und denn ist sie mit Wärme und Licht, oder sogar mit Flamme begleitet; wie z.B. die Verbrennung des Phosphors in der atmosphärischen Luft, und des Eisens im säurezeugendem Gas. Nicht so schnell erfolgt die Oxigenesation des Schwefels; und am allerlangsamsten, und mit der geringsten Entwickelung von Wärme und Licht, erfolgt sie beim Blei und Zinn, so wie bei den mehrsten andern Metallen.

Einige Substanzen haben eine sehr große Affinität zum säurezeugenden Stoffe, und besitzen die Eigenschaft, sich bei einer sehr niedrigen Temperatur, damit zu verbinden, so daß wir sie in gar keinem andern Zustande, als mit säurezeugendem Stoff verbunden, erhalten. Ein Beispiel davon giebt uns die Meersalzsäure, welche vielleicht weder die Natur noch die Kunst jemals hat zerlegen können, daher sie sich uns auch beständig als eine wirkliche Säure zu erkennen giebt. Es ist wahrscheinlich, daß es im Mineralreiche mehrere andere Substanzen giebt, die, so wie die Meersalzsäure, bei dem Wär-

megrade in welchem wir leben, stets mit dem säurezeugenden
Stoffe verbunden, und damit gesättigt sind, und wahrscheinlich aus eben diesem Grunde, keine fernere Wirkung auf diesen Stoff äußern. Die Aussetzung der einfachen Substanzen an
die Luft, welche bis zu einem gewissen Grade erwärmt worden
ist, ist indessen nicht das einzige Mittel, sie mit dem säurezeugenden Stoff zu verbinden; anstatt daß man diesen Substanzen, den mit dem Wärmestoff vereinigten säurezeugenden
Stoff darbietet, kann man ihnen denselben mit einem Metall
verbunden, darreichen, mit welchem er eine geringe Affinität
besitzt. Das rothoxidirte Quecksilber (der *Mercur praecipit-
ruber*) ist eines der geschicktesten zu diesem Endzweck, besonders in der Verbindung mit solchen Körpern, die durch das
Quecksilber nicht angegriffen werden. Der säurezeugende
Stoff, ist mit diesem Metall nur schwach verbunden, so daß er
sich, wenn diese Substanz in einem Glase glühend gemacht
wird, daraus entwickelt. Wenn man daher die Körper mit dem
rothoxidirten Quecksilber verbindet, und diese Verbindung
erhitzt, so können alle Körper dadurch oxigenesirt werden.
Das schwarzoxidirte Magnesium, das rothoxidirte Blei, das
oxidirte Silber, und fast alle übrigen oxidirten Metalle, sind bis
auf einen gewissen Punkt, zu solchem Behuf ebenfalls geschickt; und es ist nöthig, solche vorzuziehen, in denen der
säurezeugende Stoff am reichlichsten vorhanden ist. Alle metallischen Reduktionen, oder Revivifikationen, sind Operationen dieser Art; sie sind nichts anders als Verbindungen des
säurezeugenden Stoffs, mit der Kohle, durch irgend eine oxidirte Metallsubstanz, wobei die Kohle mit dem säurezeugenden Stoff und dem Wärmestoff verbunden, als Kohlensäure
sich entwickelt, und das Metall rein, vom säurezeugenden
Stoff befreit, und als reduzirtes Metall zurückläßt.

Alle entzündlichen Substanzen, können oxigenesirt, oder
mit dem säurezeugenden Stoffe verbunden werden, wenn man
sie mit salpetersaurem Pflanzenalkali, salpetersaurer Sode,
oder oxigenesirt meersalzsaurem Pflanzenalkali, in Verbindung bringt. Bei einem gewissen Wärmegrade, verläßt der

säurezeugende Stoff jene Salze, um sich mit dem entzündlichen Körper, zu verbinden; eine solche Art von Säurezeugung, muß aber mit außerordentlicher Vorsicht, und mit ganz kleinen Quantitäten, unternommen werden. Denn die salpetersauren, und vorzüglich die oxigenesirt meersalzsauren Verbindungen, enthalten den säurezeugenden Stoff, mit einer gewissen Menge Wärmestoff verbunden, die derjenigen gleich ist, welche erfordert wird, um säurezeugendes Gas zu bilden. Diese ungeheure Menge des Wärmestoffs, wird aber bei ihrer Verbindung mit dem entzündlichen Körper, plötzlich frei, und es entstehen dadurch erschreckliche Detonationen, die nichts aufzuhalten vermögend ist.

Endlich kann ein Theil der entzündlichen Substanzen, auch auf dem nassen Wege, mit dem säurezeugenden Stoff verbunden, und die meisten oxidirten Stoffe, der drei Naturreiche, dadurch in Säuren verwandelt werden. Zu diesem Endzweck bedient man sich vorzüglich der Salpetersäure, die den säurezeugenden Stoff nur schwach gebunden enthält, und denselben, vermittelst einer geringen Wärme, an eine große Anzahl andrer Körper absetzt. Zu einigen, aber nicht zu allen Operationen dieser Art, kann auch die oxigenesirte Meersalzsäure gebraucht werden.

Ich nenne die Verbindungen der einfachsten Substanzen mit dem säurezeugenden Stoffe, zweifache Verbindungen, *(combinaisons binaires)* weil sie durch die Vereinigung von zwei Substanzen gebildet werden. Ich werde daher die, welche aus drei Substanzen bestehen, dreifache Verbindungen *(combinaisons ternaires)* und diejenigen, welche aus vier einfachen Substanzen zusammengesetzt sind, vierfache Verbindungen *(combinaisons quaternaires)* nennen.

Lavoisier's
System
der antiphlogistischen Chemie

Dritter Theil.

Einleitung.

Es geschah nicht ohne Absicht, daß ich mich in den beiden ersten Theilen dieses Werks nicht weiter über die chemischen Handgriffe ausgelassen habe. Ich wußte aus eigener Erfahrung, daß genaue Beschreibungen, umständliche Auseinandersetzungen der Verfahrungsarten, und Erklärungen der Kupfertafeln, sich in einem philosophischen Werke schlecht ausnehmen; daß sie den Ideengang unterbrechen, und die Lesung des Werks eckelhaft und schwer machen.

Hätte ich es auf der andern Seite bloß bei den bisher gegebenen kurzen und einfachen Beschreibungen bewenden lassen, so hätten die Anfänger nur sehr schwankende Begriffe der praktischen Chemie aus diesem Werke geschöpft. Operationen, die sie nicht nachzumachen vermocht hätten, würden ihnen weder Zutrauen noch Interesse eingeflößt haben, sie hätten nicht einmal aus andern Werken das, was hier fehlt, ersetzen können. Außerdem, daß kein Buch vorhanden ist, worin die neuern Versuche ausführlich genug beschrieben stehen, würden sie unmöglich zu Abhandlungen haben ihre Zuflucht nehmen können, worin die Begriffe nicht in derselben Ordnung vorgetragen sind, und worin eine ganz andere Sprache herrscht; daß also der nützliche Zweck, den ich mir vorgesetzt habe, verfehlt worden wäre.

Diese Gedanken brachten mich auf den Entschluß, für einen dritten Theil, die summarische Beschreibung aller Apparate und aller Handgriffe, die sich auf die Elementar-Chemie beziehen, aufzusparen. Ich habe diese besondere Abhandlung lieber an das Ende als zu Anfange dieses Werks gesetzt, weil ich nothwendig Kenntnisse darin voraussetzen mußte, welche Anfänger nicht haben, und welche sie nur durch die Lesung des Werks selbst erhalten können. Diesen ganzen dritten Theil

muß man in gewissem Betracht als die Erklärung der Figuren
ansehen, welche man an das Ende der Aufsätze zu bringen
pflegt, um den Text nicht durch allzu ausführliche Beschreibungen zu zerstücken.

So sehr ich mirs auch habe angelegen seyn lassen, Klarheit
und Methode in diesen Theil meiner Arbeit zu bringen, und
keine Beschreibung eines wesentlichen Apparats zu vergessen,
so will ich damit doch nicht behaupten, daß diejenigen, welche richtige Kenntnisse in der Chemie erhalten wollen, überhoben wären, Vorlesungen anzuhören, in die Laboratorien zu
gehen, und sich mit den dabei erforderlichen Instrumenten
bekannt zu machen. *Nihil est in intellectu quod non prius fuerit
in sensu!* Eine große und wichtige Wahrheit, welche sowohl
Lehrende als Lernende nie vergessen sollten, und welche der
berühmte Rouelle mit großen Buchstaben in seinem Labora-
torio an einen Ort hatte setzen lassen, welcher am meisten ins
Auge fiel.

Die chemischen Operationen theilen sich natürlicherweise
in verschiedene Klassen, nachdem der Zweck ist, den sie erreichen wollen: einige kann man als bloß mechanische ansehen; dergleichen sind die Bestimmung des Gewichts der Körper, das Maß ihres Volumens, das Reiben, die Porphyrisation,
das Sieben, Waschen und Durchseihen; andre sind wahrhaft
chemische Operationen, weil sie Kräfte und chemische Auflösungsmittel *(agens)* erfordern: als die Auflösung, das Schmelzen u. s. w. Endlich haben einige zum Zweck die Bestandtheile
(principes) der Körper zu scheiden, andre sie zu vereinigen; oft
haben sie diesen doppelten Zweck, und es ist nicht selten, daß
in einer und eben derselben Operation, wie z. B. in der Verbrennung, zugleich Zerlegung, und Wiederzusammensetzung
statt haben.

Ohne irgend eine von den Eintheilungen besonders anzunehmen, an die man sich schwer halten könnte, wenigstens im
strengen Sinne, werde ich die umständliche Beschreibung der
chemischen Operationen in einer Ordnung mittheilen, welche mir ihre Verständlichkeit zu erleichtern schien. Ich werde

besonders bei denjenigen Apparaten verweilen, die zur neuern Chemie gehören, weil sie noch wenig bekannt sind, sogar denen nicht, welche diese Wissenschaft besonders studiren; ja ich könnte fast sagen, vielen nicht, welche sie lehren.

Zweiter Abschnitt.

Von der Gasometrie, oder dem Maße des Gewichts und der Volumen der luftförmigen Substanzen.

§. 1.
Beschreibung der pneumatisch-chemischen Vorrichtung.

Die französischen Chemiker haben vor kurzem einem Apparate der zugleich sehr sinnreich und sehr einfach ist, den Hr. Priestley erfunden hat, und welcher in allen Laboratorien unentbehrlich ist, den Namen der pneumatisch-chemischen Vorrichtung gegeben. Er besteht aus einem hölzernen Kasten oder Wanne, die mehr oder weniger groß, Abb. 3, Fig. 1 u. 2, und mit Rollblei oder verzinnten Kupferplatten gefüttert ist. Die Fig. 1. stellt diese Wanne perspektivisch vor; in der 2. Fig. hat man das Vordertheil und eins von den Seitentheilen als fehlend vorgestellt, damit man ihre innere Bauart desto besser kennen lerne.

In einem solchen Apparate unterscheidet man, den Träger der Wanne A B C D Fig. 1 und 2 und den Boden der Wanne F G H I Fig. 2. Der Raum zwischen diesen beiden Flächen, ist die eigentliche Wanne. In dieser Höhlung füllt man die Glokken; man dreht sie nachher um und setzt sie auf den Träger A B C D, man sehe die Glocke F Abb. 4. Man kann noch die Ränder von der Wanne unterscheiden und unter diesem Namen versteht man alles was über der Fläche des Tablets oder Trägers ist.

Die Wanne muß hinreichend voll seyn, damit immer das

Tablet einen oder anderthalb Zoll unter Wasser steht, sie muß
breit und tief genug seyn, damit wenigstens nach allen Seiten
in der Wanne ein Fuß Raum sey. Diese Quantität ist zu den
gewöhnlichen Versuchen hinreichend; allein in sehr vielen
Vorfällen ist es bequem, ja sogar unentbehrlich, sich einen
größern Raum zu verschaffen. Ich rathe daher denen, welche
sich gewöhnlich und mit Nutzen mit den chemischen Versuchen beschäftigen wollen, ganz im Großen diese Vorrichtungen machen zu lassen, wenn es ihnen der Raum erlaubt.
Die Höle meiner größten Wanne enthält vier Cubikfuß Wasser, und die Oberfläche ihres Tablets ist vierzehn Quadratfuß.
Dieser Größe ohngeachtet, welche mir anfänglich übermäßig
zu seyn schien, trift es sich oft, daß ich nicht Platz genug habe.
    In einem Laboratorio wo man unabläßig gewohnt ist, Ver-
suche zu machen, ist eine solche Vorrichtung nicht hinreichend, sie sey so groß sie wolle: man muß außer dem allgemeinen Magazin noch kleinere und selbst tragbare haben, die
man hinsetzen kann, wo man ihrer nöthig hat und neben den
Ofen, wo man operirt. Nur auf diese Art kann man verschiedene Versuche zu gleicher Zeit anstellen. Ueberdieß giebt es
Operationen, wobei das Wasser in der Vorrichtung schmutzig
wird, und die man in einer besondern Wanne machen muß.
    Es ist unstreitig wirthschaftlicher, sich eher hölzerner Wan-
nen oder solcher Zuber zu bedienen, die eiserne Reifen haben
und ganz einfach aus Dauben bestehen, als dazu hölzerne Kasten zu nehmen, die mit Kupfer oder Blei gefüttert sind. Bei
meinen ersten Versuchen habe ich auch solche gebraucht; allein ich sah gleich die Unbequemlichkeit ein, die damit verknüpft ist. Hat man nicht immer gleichviel Wasser darin, so
ziehen sich die Dauben, welche trocken stehen; sie gehen auseinander, und gießt man nachher mehr Wasser hinzu, so läuft
es zwischen durch und überschwemmt den Fußboden.
    Die Gefäße, deren man sich bedient, um das Gas in diesem
Apparate aufzufangen und aufzubewahren, sind kristallene
Glocken Abb. 3, Fig. 9. A. Um sie von einem Apparate zum
andern zu tragen, oder auch um sie bei Seite zu setzen, wenn

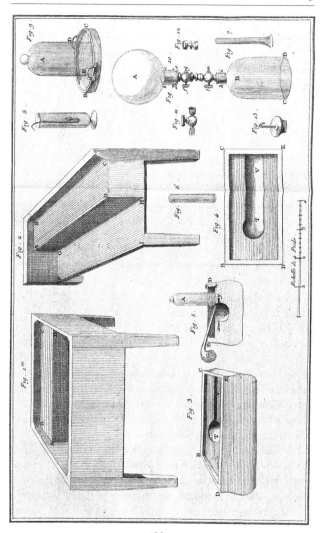

Abb. 3

die Wanne zu besetzt ist, bedient man sich flacher Schüsseln B
C, dieselbe Fig., die mit einem Rande und zweien Handgriffen
D E versehen sind, um sie wegzutragen.

In Ansehung der pneumatisch-chemischen Quecksilber-
vorrichtung, habe ich endlich, nachdem ich von verschiedenen Stoffen welche hatte machen lassen, den Marmor gewählt.
Durch diese Substanz kann durchaus kein Quecksilber dringen; man braucht nicht wie beim Holze besorgt sein, daß die
Fugen auseinander gehen, oder daß das Quecksilber durch die
Risse durchdringe: die Unruhe über das Zerbrechen, so wie
beim Glase, Fayence und Porzellan, fällt auch weg.

Man wählt also einen Marmorblock B C D E, Abb. 3, Fig. 3
und 4, der zwei Fuß lang, fünfzehn bis achtzehn Zoll breit und
zehn Zoll dick ist; man läßt ihn bis zur Tiefe m n, Fig. 5 vier
Zoll ohngefähr aushölen, um die Vertiefung zu machen, welche das Quecksilber enthalten soll: und damit man die Glokken oder Röhren desto besser füllen könne, läßt man außerdem noch eine tiefe Rinne Abb.3, Fig. 3, 4 und 5, auch
wenigstens von vier Zoll Tiefe, aushauen; endlich da diese
Rinne bei einigen Versuchen im Wege seyn könnte, so ist es
gut daß man sie nach Willkühr verstopfen kann, und diesen
Zweck erreicht man mit kleinen Brettern, die in eine Fuge x y
Fig. 5. einpassen. Ich habe mir zwei marmorne Wannen machen lassen, welche der beschriebenen ähnlich dick, aber von
verschiedner Größe sind; auf diese Art hab' ich immer eine
von beiden, die mir zum Behälter des Quecksilbers dient, und
dieser ist unter allen Behältern immer der sicherste und der
den wenigsten Unfällen ausgesetzt ist.

Mit diesem Apparate kann man im Quecksilberbade eben
so wie im Wasser operiren: man muß nur starke Glocken von
einem kleinen Diameter dazu brauchen, oder kristallene Röhren, welche unten breit sind, wie die, welche Fig. 7. vorgestellt
ist; die *Fayenciers* nennen sie Eudiometer. Eine dieser Glocken
sieht man aufgestellt A, Fig. 5. und eine sogenannte Röhre
Fig. 6.

Die pneumatisch-chemische Vorrichtung mit Quecksilber

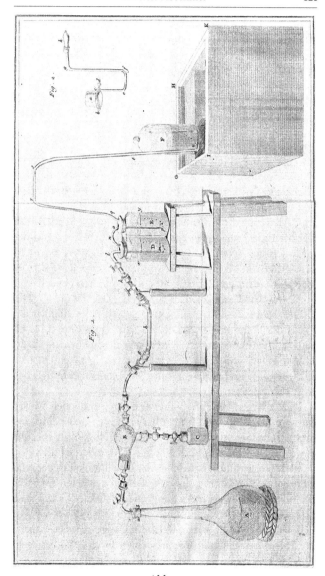

Abb. 4

hat man bei allen Operationen nöthig, wobei sich Gase entwickeln, die vom Wasser können verschluckt werden, und dieser Fall ist nicht selten, denn er findet bei allen Verbrennungen
statt, nur bei der Verbrennung der Metalle nicht.

§. 2.

Vom Gasometer.

Ich gabe den Namen Gasometer einem Instrumente, davon
ich die erste Idee gehabt habe, und das ich in der Absicht hatte
machen lassen, einen Blasebalg zu haben, der unaufhörlich
und gleichförmig einen Strom von säurezeugendem Gas zu
den Versuchen des Schmelzens liefern könnte. Seitdem hat
Hr. Meusnier mir diesen ersten Versuch verbessern und beträchtliche Zusätze anbringen helfen: so haben wir ihn zu einem gleichsam allgemeinen Instrumente gemacht, das man
schwerlich wird entbehren können, so oft man genaue Versuche wird machen wollen.

Der Name dieses Instruments zeigt allen hinlänglich an,
daß er das Volumen der Gasarten zu messen bestimmt ist. Es
besteht aus einem großen Wagbalken, der 3 Fuß lang D E,
Abb. 5, Fig. 1. und aus sehr starkem Eisen gemacht ist. An
seinen beiden Enden ist ein Stück Zirkelbogen befestigt, das
auch von Eisen ist.

Dieser Wagbalken ruht nicht wie bei gewöhnlichen Wagen
auf dem Wagegericht auf; man hat an dessen Stelle einen cy-
lindrischen Zapfen von Stahl angebracht F, Fig. 9, welcher auf
beweglichen Walzen ruht: dadurch hat man beträchtlich den
Widerstand gemindert, welcher die freie Bewegung der Maschine aufhalten konnte, denn das Reiben der ersten Art ist in
ein Reiben der zweiten Art umgeändert. Diese Walzen sind
von Messing, und groß im Diameter: man hat dabei die Vorsicht gebraucht, die Spitzen, welche die Wage oder den Zapfen
des Balkens tragen, mit bergkristallnen Streifen zu besetzen.
Dies alles ruht auf einer starken Holzsäule B C, Fig. 1.

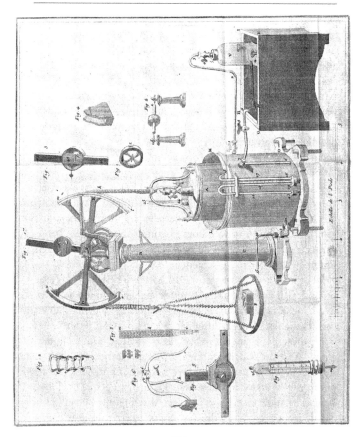

Abb. 5

An dem Ende D des einen Arms des Balkens hängt eine
hölzerne Wagschaale P, worauf die Gewichte gelegt werden.
Die flache Kette legt sich auf den Umfang des Bogens n D o, in
eine Fuge, die zu dem Ende da angebracht ist. An dem Ende E
des andern Arms des Hebels hängt eine gleichfalls flache Kette
i k m, welche vermöge ihrer Construction sich weder verlängern noch verkürzen läßt, wenn sie mehr oder weniger beladen
ist. An diese Kette ist bei i ein eiserner Steigbügel befestigt, der
drei Aerme hat, a i, c i, h i, und eine große Glocke A von
geschlagenem Kupfer trägt, welche im Diameter 18 und in der
Höhe ohngefähr 20 Zoll hat.

Ich habe diese ganze Maschine Abb. 5, Fig. 1. perspektivisch
vorgestellt; hingegen auf Abb. 6, Fig. 2 und 4 ist sie als in
vertikaler Richtung getheilt, vorgestellt, um ihr Inneres zu zeigen. Unten um die ganze Glocke herum, Abb. 6, Fig. 2. befindet sich ein nach außen zu erhabener Rand, welcher einen
Raum bildet, der in verschiedene Fächer 1, 2, 3, 4. usw. abgetheilt ist. Diese Fächer sind für Gewichte bestimmt, welche
besonders abgebildet sind 1, 2, 3. Sie dienen dazu die Schwere
der Glocke in solchen Fällen zu vermehren, wo man einen
beträchtlichen Druck nöthig hat, wie man in der Folge sehen
wird; diese Fälle sind übrigens äußerst selten. Die Cylinder-
glocke A ist am Boden d e, Abb. 6, Fig. 4., ganz offen; oben ist
sie mit einer kupfernen Haube a b c verschlossen, bei b f ist sie
offen, und wird vermittelst eines Hahns g zugemacht. Diese
Haube ist nicht ganz, wie man aus den Figuren sehen kann,
auf den obersten Theil des Cylinders gesetzt; sie liegt einige
Zoll tief hinein, damit die Glocke niemals ganz unter Wasser
getaucht und von demselben bedeckt werde. Sollte ich in den
Fall kommen, wieder einmal diese Maschine machen zu lassen, so würde ich die Haube noch mehr eindrücken lassen, so
daß sie beinahe nur eine Fläche bildete.

Diese Glocke oder das Luftbehältniß wird in ein cylinder-
sches Gefäß gethan, Abb. 5, Fig. 1. L M N O, das auch von
Kupfer und voll Wasser ist.

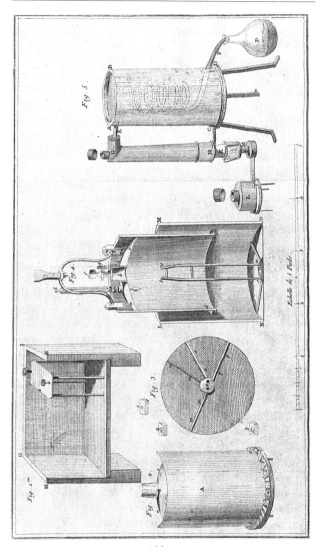

Abb. 6

In der Mitte dieses Cylindergefäßes L M N O Abb. 6,
Fig. 4. steigen zwei Röhren s t, x y, senkrecht in die Höhe, nur
mit ihren obern Enden t y nähern sie sich ein wenig. Diese
Röhren gehen ein wenig über die Fläche des obern Randes L
M des Gefäßes L M N O. Wenn die Glocke a b c d e den
Boden N O berührt, so treten sie um einen halben Zoll in den
konischen Raum b der zum Hahn g führt.

Die Fig. 3., Abb. 6, stellt den Boden des Gefäßes L M N O
vor. In der Mitte sieht man eine kugelförmige Haube, die
unten ausgehölt, und mit ihren Rändern auf dem Boden des
Gefäßes aufsitzt, und angeschweißt ist. Man kann sie als das
runde Dach *(pavillon)* eines kleinen umgekehrten Trichters
ansehen, an welchem bei s und x die Röhren s t, x y, Fig. 4.
sitzen. Dadurch kommen diese Röhren mit jenen m m, n n, o
o, p p in Verbindung, welche auf dem Boden der Maschine
horizontal aufliegen, Fig. 3. und welche sich alle viere in der
kugelförmigen Haube x x vereinigen.

Von diesen vier Röhren, gehen drei aus dem Gefäße L M N
O, die man auf der Abb. 5, Fig. 1. verfolgen kann. Die eine, die
mit den arabischen Zifern 1, 2, 3 bezeichnet ist, paßt bei 3 in
den obern Theil einer Glocke V, und das vermittelst eines
Hahns 4. Diese Glocke steht auf dem Tablet einer kleinen
Wanne G H I K, die mit Blei gefüttert ist, und deren Inneres
man Abb. 6, Fig. 1. sehen kann.

Die zweite Röhre liegt an dem Gefäße L M N O von 6 nach
7, an: dann geht sie fort von 7 nach 8, 9 und 10, und begiebt
sich bei 11 unter die Glocke V. Die erste dieser beiden Röhren
ist dazu bestimmt, das Gas in die Maschine zu leiten; die
zweite, Proben davon unter Glocken zu bringen. Durch den
Grad des Drucks, den man anbringt, nöthigt man das Gas
zum Eingehen oder Herausgehen. Den Druck selbst kann
man abändern, indem man mehr oder weniger die Wagschaale
P beschwert. Will man also Luft hineinbringen, so giebt man
keinen, bisweilen gar einen negativen Druck. Will man hingegen welche herausbringen, so vermehrt man den Druck bis
auf den erforderlichen Grad.

Die dritte Röhre 12, 13, 14, 15 ist bestimmt die Luft oder das Gas in eine beliebige Entfernung abzuleiten, um Verbrennungen, Verbindungen oder andre dergleichen Operationen damit vorzunehmen.

Um den Gebrauch der vierten Röhre zu begreifen muß ich einige Erklärungen vorausschicken. Ich nehme an, das Gefäß L M N O sey voll Wasser, und die Glocke A sey zum Theil mit Luft, zum Theil mit Wasser gefüllt: es ist einleuchtend, daß man dergestalt die in die Wagschaale P gelegten Gewichte einrichten kann, daß ein richtiges Gleichgewicht statt findet, und daß die Luft weder in die Glocke A noch aus derselben zu gehen sucht; in dieser Voraussetzung wird das Wasser in und außer der Glocke gleich hoch stehen. Dies wird nicht mehr geschehen, sobald als man das in die Wagschaale P gelegte Gewicht verringern wird, und ein Druck von Seiten der Glocke statt findet: denn wird das Wasser im Innern der Glocke niedriger als in dem Aeußern stehen, und die innere Luft wird mehr gedrückt seyn als die äußere, von einer Quantität, welche sich genau durch das Gewicht einer Wassersäule bestimmen läßt, welche eben so hoch als die Verschiedenheit beider Höhen ist.

Hr. Meusnier wußte, indem er von dieser Bemerkung ausgieng, ein Mittel daraus zu ziehen, zu allen Zeiten den Grad des Drucks zu erforschen, den die Luft erleidet, welche in dem Raume der Glocke A, Abb. 5, Fig. 1. enthalten ist. Er bediente sich zu dem Ende eines gläsernen Hebers mit zwei Aermen 19, 20, 21, 22 und 23, die bei 19 und bei 23 recht gut verküttet war. Das Ende 19 dieses Hebers steht in einer freien Verbindung mit dem Wasser der Wanne oder des äußern Gefäßes. Das Ende 23 hingegen steht mit der vierten Röhre in Verbindung, deren Nutzen zu erklären ich vor einem Augenblicke mir noch vorbehielte, und folglich mit der Luft, die im Innern der Glocke ist, vermittelst der Röhre s t, Abb. 6, Fig. 4. Endlich verküttete Herr Meusnier bei 16, Abb. 5, Fig. 1. eine andre grade gläserne Röhre, 16, 17, 18, welche mit ihrem Ende 16 mit dem Wasser des äußern Gefäßes in Verbindung steht; ihr oberes Ende 18 steht der freien Luft offen.

Aus diesen Vorrichtungen *(dispositions)* erhellet, daß das
Wasser in der Röhre 16, 17 und 18 beständig mit dem Wasser
der Wanne oder des äußern Gefässes gleiche Höhe haben muß;
daß hingegen das Wasser im Arme 19, 20 und 21 höher oder
niedriger stehen muß, je nachdem die Luft des Innern der
Glocke mehr oder weniger gedrückt wird als die äußere Luft,
und daß die Verschiedenheit der Höhe zwischen diesen beiden
Säulen, die in der Röhre 16, 17 und 18, und in der 19, 20 und 21
bemerkt ist, genau das Maß des verschiedenen Drucks angeben muß. Zu dem Ende hat man zwischen diese beide Röhren
ein kupfernes Lineal, das in Zolle und Linien abgetheilt ist,
angebracht, um diese Verschiedenheit zu messen.

Man sieht, da die Luft und überhaupt alle elastischen luftartigen Flüßigkeiten um so viel schwerer sind, je mehr sie zusammengedrückt werden, und so war es nöthig, ihren Zustand des
Drucks zu erforschen, um die Quantitäten zu schätzen, und
ihre Volumen in Gewichte umzuändern: diesen Zweck hat
man durch den soeben erklärten Mechanismus erreichen wollen.

Allein um die specifische Schwere der Luft oder der Gase zu
erforschen, und ihr Gewicht mit einer bekannten Masse zu
vergleichen, ist es noch nicht hinreichend den Grad des
Drucks zu kennen, den sie erleiden, sondern man muß auch
ihre Temperatur kennen, und diesen Zweck erreichen wir,
vermittelst eines kleinen Thermometers, das mit seiner Kugel
in die Glocke A taucht, und dessen Abtheilungen in Grade,
nach außen an die Höhe gehen: er ist gut eingeküttet in eine
kupferne Zwinge oder Ring, welche an die obere Haube der
Glocke A eingeschraubt wird: man sehe 24 und 25, Abb. 5,
Fig. 1, und Abb. 6, Fig. 4. Derselbe Thermometer ist auch besonders vorgestellt, Abb. 5, Fig. 10.

Der Gebrauch des Gasometers würde noch mit vielen Umständen und großen Schwierigkeiten verbunden gewesen seyn,
wenn wir es bei dieser Vorsicht allein hätten bewenden lassen.
Wenn die Glocke sich in das Wasser des äußern Gefäßes L M
N O senkt, so verliert sie von ihrem Gewichte, und dieser

Verlust des Gewichts ist gleich dem Gewichte des Wassers, das sie aus der Stelle treibt. Daraus folgt, daß der Druck, welcher die Luft oder das in der Glocke enthaltene Gas erleidet, immerfort abnimmt, so wie die Glocke sich einsenkt; daß das Gas, das sie den ersten Augenblick lieferte, nicht eben so dicht ist als das, welches sie zu Ende liefert; daß seine specifische Schwere in einem fort abnimmt; und daß man, obschon diese Verschiedenheiten durch Berechnung streng können bestimmt werden, mathematische Untersuchungen hätte anstellen müssen, die den Gebrauch dieses Apparats umständlich und schwierig gemacht haben würden. Um diesem Uebel abzuhelfen, ließ Hr. Meusnier nach seiner Erfindung auf der Mitte des Wagbalkens eine viereckige eiserne Stange 26, 27, Abb. 5, Fig. 1. senkrecht aufrichten, welche quer durch eine kupferne Linse 28 geht, die man öffnen und mit Blei füllen kann. Diese Linse gleitet an der Röhre 26 und 27 lang hin; sie bewegt sich vermittelst eines gezähnten Zapfens, der in einem Kammrad einen Hacken eingreift, und sie bleibt da stehen, wo man es für gut findet.

Es ist klar, daß wenn der Hebel D E horizontal ist, die Linse 28 auf keine Seite drückt; folglich vermehrt und verringert sie nicht das Gewicht. Dies ist aber nicht der Fall wenn die Glocke A sich tiefer einsenkt, und der Hebel sich seitwärts neigt, wie man es sieht Fig. 1, denn alsdenn drückt das Gewicht 28, das nicht mehr in der Vertikallinie steht, welche durch das Centrum der Wage *(suspension)* geht, seitwärts nach der Glocke, und vermehrt ihren Druck. Diese Wirkung ist um soviel größer, je höher die Linse 28 gegen 27 steigt, weil dasselbe Gewicht eine um soviel größere Gewalt ausübt, wenn es am Ende eines längern Hebels angebracht ist. Man sieht also, daß, wenn man das Gewicht 28 auf die Röhre 26 und 27, langhin bewegt, man die Wirkung der Verbesserung die man bewirkt, vermehren oder vermindern kann: sowohl Rechnung als Erfahrung lehren, daß man es dahin bringen kann, sehr genau den Verlust des Gewichts zu ersetzen, welchen die Glocke bei allen Graden des Drucks erleidet.

Ich habe noch nichts von der Art gesagt, die Quantitäten Luft oder Gase, welche die Maschine geliefert hat, auszumitteln, und dieser Artikel ist unter allen der wichtigste. Um mit strenger Genauigkeit bestimmen zu können, wie viel bei einem ganzen Versuche verbraucht worden ist, und umgekehrt, um zu erfahren, wie viel geliefert worden ist, haben wir auf dem Zirkelbogen welcher am Ende des Hebels ist D E, Fig. 1. eine kupferne Dille *(limbus)* l m angebracht, der in ganze und halbe Grade abgetheilt ist; dieser Bogen sitzt auf dem Hebel D E, und wird durch eine gemeinschaftliche Bewegung weggehoben. Man mißt die Quantitäten, die er herabsteigt, vermittelst eines festen Zeigers 29, 30, der sich bei 30 in einen Nonnius endigt, der die hunderttheil Grade angibt.

Auf Abb. 5 sieht man die einzelnen Stücke, welche wir beschrieben haben.

1) Fig. 2, die flache Kette welche die Wagschaale P trägt; es ist diese des Hrn. Vaucanson: allein da der üble Umstand dabei ist, daß sie sich verlängert und verkürzt, je nachdem sie mehr oder weniger beladen ist, so würde sie sich zum Aufhängen der Glocke A nicht gut geschickt haben.

2) Fig. 5, die Kette i k m, welche in der Fig. 1. die Glocke A trägt: sie besteht ganz aus gefeilten Eisenplatten, die in einander passen, und von eisernen Nägeln zusammengehalten werden. So groß auch die Last ist, die man daran hängt, so verlängert sie sich nicht merklich.

3) Fig. 6, der Steigbiegel mit drei Aermen, der die Glocke A trägt, mit ihren Schrauben, um ihr eine vertikale Richtung zu geben.

4) Fig. 3, der Stängel 26, 27, der auf dem Wagbalken senkrecht steht, und die Linse 28 trägt.

5) Fig. 7 und 8, die Walzen mit den Streifen z aus Bergkristall, auf welchen die Berührungspunkte stossen, um auch das Reiben zu verringern.

6) Fig. 4, das Stück, welches die Axe der Walzen trägt.

7) Fig. 9, die Mitte des Wagbalkens mit dem Dreher *(tourillon)* der ihn beweglich macht.

8) Fig. 10, das Thermometer, das den Wärmegrad der in der Glocke enthaltnen Luft angiebt.

Wenn man sich des Gasometers bedienen will, den ich eben beschrieben habe, so muß man zuerst das innere Gefäß L M N O, Abb. 5, Fig. 1. bis auf eine bestimmte Höhe, die in allen Versuchen immer dieselbe bleibt, mit Wasser füllen. Die Höhe des Wassers merkt man an, wenn der Balken der Maschine horizontal ist. Diese Höhe wird, wenn die Glocke auf dem Boden steht, durch die ganze Quantität Wasser vermehrt, das sie aus der Stelle getrieben hat; sie nimmt aber hingegen in dem Maße ab, als die Glocke sich dem höchsten Punkte ihres Steigens nähert. Nachher sucht man durch Probieren den Höhestand, wo die Linse 28 angebracht werden soll, damit der Druck in allen Lagen des Wagbalkens gleich sey. Ich sage beinahe, weil die Verbesserung nicht streng ist, und weil Abweichungen um eine viertel- und selbst um eine halbe Linie nicht in Betracht kommen. Die Höhe, zu der man die Linse erheben muß, ist nicht für alle Grade des Drucks einerlei, sie ist verschieden, je nachdem dieser Druck ein, zwei, drei und mehrere Zolle ist. Alle diese Bestimmungen müssen jedesmal in ein Register mit vieler Ordnung eingetragen werden.

Nach diesen ersten Vorrichtungen nimmt man eine Flasche von acht bis zehn Pinten, deren Raum man gehörig bestimmt, indem man genau die Quantitäten Wasser wiegt, welche sie enthalten kann. Diese volle Flasche stürzt man in der Wanne G H I K Fig. 1. um. Den Hals derselben stellt man auf den Träger an die Stelle der Glocke V, indem man das Ende 11 der Röhre 7, 8, 9, 10, 11 in ihren Hals steckt. Die Maschine wird auf Nulldruck gestellt, und man merkt genau den Grad an, der auf dem Limbus angezeigt wird: indem man nachher den Hahn 8 aufmacht, und ein wenig auf die Glocke A drückt, so läßt man soviel Luft übergehen, als zur Füllung der Flasche erfordert wird. Dann bemerkt man aufs Neue den Limbus und so ist man im Stande die Anzahl der Cubikzolle zu berechnen, welche jedem Grade entsprechen.

Nach dieser ersten Flasche füllt man damit eine zweite, eine

dritte u.s.w.; man wiederholt diese Operation verschiedene
Male, und selbst mit Flaschen von verschiedenem Gehalt; und
mit Zeit und bedenklicher Aufmerksamkeit gelingt es einem,
die Glocke A in allen ihren Theilen auszumessen. Am besten
ists, wenn sie recht gut gedreht und recht cylindrisch ist, um
der Evaluationen und Berechnungen überhoben zu seyn.

Das Instrument, das ich oben beschrieben und Gasometer
genannt habe, ist von Hrn. Meignié dem Jüngern, Ingenieur,
Verfertiger physikalischer Instrumente, Brevete des Königs,
gemacht worden. Er hat dabei eine seltne Sorgfalt, Genauigkeit und Einsicht gezeigt. Es ist ein Instrument, das wegen des
mannichfaltigen Gebrauchs und wegen der Versuche, die
beinahe ohne dasselbe unmöglich sind, vortreflich ist. Was es
theuer macht, ist, daß man an einem nicht genug hat, man
muß in den meisten Fällen zwei haben, als bei der Bildung des
Wassers und bei der der Salpetersäure u.s.w. Es ist eine un-
vermeidliche Folge des Zustandes der Vollkommenheit, welchem sich die Chemie zu nähern anfängt, daß kostbare und
komplicirte Instrumente und Apparate erfordert werden.
Ohne Zweifel muß man sie zu vereinfachen suchen, allein dies
darf nicht auf Kosten ihrer Bequemlichkeit und vorzüglich
ihrer Genauigkeit geschehen.

§. 3.
Von einigen andern Arten, das Volumen der Gase zu messen.

Der Gasometer, den ich im vorhergehenden Paragraphe beschrieben habe, ist ein zu verwickeltes und zu theures Instrument, als daß man es immer als Maß der Gase in den Laboratorien brauchen könnte; überdies fehlt noch viel daran, als
daß man es auf alle Fälle anwenden könnte. Hat man viele
Versuche zugleich im Gange, so muß man einfachere Mittel
haben, und die, wenn man sich des Ausdrucks bedienen darf,
mehr zur Hand sind. Ich will hier diejenigen genau angeben,
deren ich mich so lange bedient habe, bis ich einen Gasometer

hatte, und deren ich mich noch heute vorzugsweise bei gewöhnlichen Versuchen bediene.

Die pneumatisch-chemischen Wasser- und Quecksilber-
vorrichtungen, habe ich in dem ersten Paragraphe dieses Abschnitts beschrieben. Sie bestehen, wie man gesehen hat, aus
mehr oder wenig großen Wannen, auf deren Träger die Glokken stehen, die zur Aufnahme der Gase bestimmt sind. Ich
setze den Fall, man hätte zu Ende eines Versuchs in einem
solchen Apparate einen Rest von Gas, das weder vom Alkali
noch vom Wasser absorbirt wird, und das sich oben in der
Glocke A E F, Abb. 2, Fig. 3. aufhält, und dessen Volumen
man erforschen wollte; so fängt man damit an, daß man mit
großer Genauigkeit vermittelst der Papierstreifen, die Höhe E
F des Wassers oder des Quecksilbers anmerkt. Man muß sich
nicht damit begnügen, bloß auf der einen Seite der Glocke ein
Kennzeichen anzukleben, denn es könnte Ungewißheit über
das Niveau der Flüßigkeit bleiben; es müssen ihrer wenigstens
drei, auch wohl vier einander gegenüber stehen.

Sodann muß man, wenn man sich des Quecksilbers bedient, Wasser unter die Glocke bringen, um das Quecksilber
aus der Stelle zu treiben. Diese Operation bewerkstelligt man
leicht mit einer Flasche, die man mit Wasser gestrichen voll-
füllt: man hält die Oeffnung mit dem Finger zu, stürzt sie um,
und bringt ihren Hals unter die Glocke; indem man nachher
die Flasche wieder umwendet, so läuft das Wasser heraus, das
bis über die Quecksilbersäule steigt und sie wegtreibt. Wenn
alles Quecksilber aus der Stelle getrieben ist, so gießt man
Wasser auf die Wanne B C D, so daß das Quecksilber ohngefähr um einen halben Zoll damit bedeckt wird. Man bringt
einen Teller oder irgend ein flaches Gefäß unter die Glocke,
hebt sie auf, um sie auf eine Wasserwanne zu tragen, Abb. 3,
Fig. 1 und 2. Dann gießt man die Luft in eine Glocke, die auf
eine Art graduirt ist, wie ich sie gleich beschreiben werde, und
aus den Graduationen der Glocke schließt man auf die Quantität Gas.

Man kann an die Stelle dieser ersten Art das Volumen des

Gases zu bestimmen, eine andre bringen, die man gut als Ve-
rifikationsmittel brauchen kann. Ist die Luft oder das Gas einmal in ein andres Gefäß gegossen, so kehrt man die Glocke,
worin es war, um, und gießt bis zu den Zeichen E F Wasser
hinein; man wiegt dieses Wasser, und von seinem Gewichte
schließt man auf das Volumen, und zwar nach der Angabe, daß
ein Cubikfuß oder 1728 Cubikzoll Wasser 70 Pfund wiegen.
Am Ende dieses dritten Theils wird man eine Tafel finden, wo
diese Reduktionen gemacht sind.

Die Art die Glocken in Grade abzutheilen, ist außerordentlich leicht. Ich will das Verfahren dabei angeben, damit sich
ein jeder welche verschaffen kann. Es ist gut, welche von verschiedener Größe zu haben, und selbst eine gewisse Anzahl
von jeder Größe, um im Nothfalle Gebrauch davon zu machen.

Man nimmt eine etwas starke, lange und enge kristallene
Glocke; man füllt sie mit Wasser in der Wanne, die Abb. 3,
Fig. 1. vorgestellt ist, und setzt sie auf das Tablet A B C D. Man
muß einen bestimmten Platz haben, der immer zu solchen
Versuchen dient, damit der Niveau des Tablets, worauf die
Glocke ruht, immer derselbe bleibe; dadurch vermeidet man
den fast einzigen Irrthum, den eine solche Operation zuläßt.

Auf der andern Seite wählt man eine Flasche mit engem
Halse, die gestrichenvoll ist, in die gerade 6 Unzen, 3 Drachmen, 61 Gran Wasser gehen, welches einem Volumen von 10
Cubikzoll entspricht. Fände man keine Flasche, die genau eine
solche Capacität hätte, so würde man eine etwas größere nehmen, und ein wenig zusammengeschmolzenes Wachs und Harz
hineinfließen lassen, um den Gehalt zu verringern: diese Flasche dient zum Probemaß die Glocke auszumessen, und dabei
verfährt man auf folgende Weise: man bringt die in dieser
Flasche enthaltne Luft in die Glocke, welche man graduiren
will, hierauf macht man an der Höhe, zu der das Wasser her-
absank, ein Zeichen. Man gießt ein zweites Maß Luft hinzu,
und macht ein neues Zeichen; so fährt man fort bis alles Wasser aus der Glocke ist. So lange diese Operation währt, ist es

wichtig, daß die Flasche und die Glocke beständig in einerlei Temperatur erhalten werden, und daß diese Temperatur wenig von der des Wassers der Wanne verschieden sey. Man muß sich also hüten die Hände auf die Glocke zu legen, oder wenigstens darf man sie nicht lange darauf halten, um sie nicht zu erwärmen; besorgt man etwa, daß dies geschehen wäre, so müßte man Wasser aus der Wanne darauf gießen, um sie abzukühlen. Auf die Höhe des Barometers und des Thermometers kommt es hier nicht an, wenn sie nur während der Operation sich nicht ändert.

Wenn man nun auf der Flasche die Zeichen von 10 Cubikzoll zu 10 Cubikzoll gemacht hat, so ziehet man eine Graduation mit der Spitze eines Diamants, der in einem eisernen Stiele sitzt. Dergleichen eingefaßte Diamante findet man um einen mäßigen Preis beim Louvre bei Passement's Nachfolger. Man kann auf die nämliche Art kristallene Röhren für Quecksilber graduiren: man theilt sie in Zolle und auch zehntel Zolle ab. Die Flasche die zum Ausmessen dient, muß grade 8 Unzen, 6 Drachmen, 25 Gran Quecksilber enthalten; dies Gewicht ist einem Cubikzoll gleich.

Diese Art die Volumina der Luft, vermittelst einer graduirten Flasche zu bestimmen, wie oben angegeben wurde, hat den Vortheil, daß sie keine Correktion in Absicht der Höhe erheischt, welche zwischen dem Niveau des Wassers im Innern der Glocke und dem des Wassers der Wanne statt findet; aber darum ist man nicht der Correktionen überhoben, welche sich auf die Höhe des Barometers und Thermometers beziehen. Bestimmt man hingegen das Volumen der Luft durch das Gewicht des Wassers, das bis zu dem Zeichen E F geht, so hat man noch eine Verbesserung mehr in Ansehung der Niveaux der Flüßigkeit in- und außerhalb der Glocke vorzunehmen, wie ich das in dem §. 5. dieses Abschnitts erklären werde.

§. 4.
Von der Art die verschiedenen Gasarten
voneinander zu trennen.

In dem vorhergehenden Paragraphen wurde nur einer der einfachsten Fälle angegeben, nämlich der, wo man das Volumen
eines reinen Gases, das sich nicht vom Wasser absorbiren läßt,
bestimmen will: die Versuche führen gewöhnlich zu kompli-
cirtern Resultaten, und es geschieht nicht selten, daß man zu
gleicher Zeit drei oder vier verschiedene Gasarten erhält. Ich
will es jetzt versuchen eine Idee von der Art zu geben, wie man
sie voneinander scheiden kann.

Gesetzt man hätte unter der Glocke A, Abb. 2, Fig. 3. eine
Quantität A E F von verschiedenen Gasen, die miteinander
vermischt, und vom Quecksilber gehalten würden: so muß
man, wie ich das in dem vorhergehenden Paragraphen vorgeschrieben habe, zuerst die Höhe des Quecksilbers genau mit
Papierstreifen bezeichnen: darauf bringt man unter die Glocke
eine geringe Quantität Wasser, einen Cubikzoll, zum Beispiel:
enthält das Gasgemisch meersalzsaures Gas, oder unvollk.
schwefelsaures Gas, so wird auf der Stelle eine sehr beträchtliche Absorbtion geschehen, weil es eine Eigenschaft dieser
Gase ist, daß sie vom Wasser in großer Quantität absorbirt
werden, hauptsächlich das meersalzsaure Gas. Erzeugt der ein-
gelassene Cubikzoll Wasser nur eine sehr geringe Absorbtion
und die kaum seinem Volumen gleich ist, so wird man daraus
schließen, daß das Gemisch weder meersalzsaures Gas, noch
unvollkommen schwefelsaures Gas, auch nicht Ammoniakgas
enthält; allein dann wird man auf die Vermuthung kommen,
daß gasförmige Kohlensäure darunter ist, weil in der That das
Wasser von diesem Gas nur ein Volumen absorbirt, das beinahe dem seinigen gleich ist. Um diese Vermuthung zu bestätigen, wird man aufgelößtes ätzendes Alkali unter die
Glocke bringen: ist kohlensaures Gas vorhanden, so wird man
eine langsame Absorbtion wahrnehmen, die viele Stunden

lang dauern wird; die Kohlensäure wird sich mit dem ätzenden Alkali oder Pottasche verbinden, und der nachherige Rückstand wird davon nichts Merkliches enthalten.

Man wird in der Folge nicht vergessen, Papierstreifen auf die Glocke an dem Orte aufzukleben, wo die Oberfläche des Quecksilbers steht, und sie, sobald sie trocken sind, zu überfürnissen, damit man die Glocke ins Wasser tauchen kann, ohne besorgen zu dürfen, daß sie losgehen werden. Gleichfalls wird es nöthig seyn, die Verschiedenheit des Niveau zwischen dem Quecksilber der Glocke und dem der Wanne aufzuschreiben, so wie auch die Verschiedenheit der Höhe des Barometers und des Grades des Thermometers.

Hat man auf die Art alle Gase, bei denen es angeht, vom Wasser und Alkali absorbiren lassen, so wird man Wasser unter die Glocke bringen, um alles Quecksilber daraus zu treiben; man wird, wie ich es im vorhergehenden Paragraphen vorgeschrieben habe, das Quecksilber der Wanne mit ohngefähr zwei Zoll Wasser bedecken; indem man nachher unter die Glocke einen flachen Teller bringt, wird man sie auf die pneumatisch-chemische Wasserwanne tragen: und da die Quantität Luft oder übrigen Gases bestimmen, indem man es in eine graduirte Glocke bringt. Darauf wird man verschiedene Proben in kleinen cylinderschen Röhren auffangen, und durch vorläufige Versuche zu erforschen suchen, mit welchem Gase man etwa zu thun hat. Man wird so in eine kleine cylinderne Röhre, die mit diesem Gase gefüllt ist, ein brennendes Wachslicht bringen, wie man es Abb.3, Fig. 8. vorgestellt sieht. Löscht das Wachslicht darin nicht aus, so wird man daraus schließen, daß es säurezeugendes Gas enthält; und sogar, je nachdem die Flamme des Wachslichts mehr oder weniger hell ist, wird man schließen können, ob es mehr oder weniger als die atmosphärische Luft enthält. Löscht hingegen das Wachslicht darin aus, so hätte man einen starken Grund zur Vermuthung, daß dieser Rest größtentheils azotisches Gas ist. Entzündet sich das Gas, wenn man es der Flamme nähert, und brennt es ruhig auf der Oberfläche mit einer weißen Flamme

fort, so kann man daraus schließen, daß es reines wasserzeugendes Gas ist; ist die Flamme blau, so wird man daraus schließen können, daß dieses Gas karbonisirt *(gaz carbonisé)* ist:
brennt es endlich mit Flamme und Verpuffen, so ist es ein
5   Gemisch aus säurezeugendem Gas und wasserzeugendem Gas.

Man kann noch einen Theil desselben Gases mit säurezeugendem Gas versetzen; erheben sich darin rothe Dünste und
geschieht eine Absorbtion, so wird man daraus schließen, daß
nitröses Gas darunter ist.

10   Diese vorläufigen Kenntnisse geben zwar eine Vorstellung
von der Beschaffenheit des Gases und der Natur des Gemisches; allein sie reichen nicht zu, die Verhältnisse und Quantitäten zu bestimmen. Man muß dann zu allen Hülfsmitteln
der Analyse seine Zuflucht nehmen, und es ist viel, wenn man
15   ohngefähr weis, wohin man seine Bemühungen richten muß.
Ich setze den Fall, man hätte erforscht, daß der Rückstand
welchen man in der Arbeit hat, ein Gemisch von azotischem
und säurezeugendem Gas sey: so bringt man um das Verhältniß zu erfahren, eine bestimmte Quantität davon, z. B. 100
20   Theile in eine graduirte Röhre, die 10 bis 12 Linien im Diameter hat: man thut im Wasser aufgelößtes sulphurisirtes Alkali (Schwefelleber) hinein, und läßt das Gas mit dieser Flüßigkeit in Berührung; es absorbirt alles säurezeugende Gas,
und nach Verlauf einiger Tage ist nur azotisches Gas übrig.

25   Weis man hingegen, daß man mit wasserzeugendem Gas zu
thun hat, so bringt man eine bestimmte Quantität in einen
⇨   Eudiometer des Volta; fügt eine erste Portion säurezeugendes
Gas hinzu, das man zugleich mit elektrischen Funken ver-
pufft; man setzt eine zweite Portion von dem nämlichen säu-
30   rezeugenden Gas hinzu, läßt es von neuem verpuffen, und das
thut man so lange, bis man die größte mögliche Verringerung
des Volumens erhalten hat. Bei dem Verpuffen entsteht, wie
bekannt, Wasser, das augenblicklich absorbirt wird; enthält
aber das wasserzeugende Gas Kohlenstoff, so entsteht zu glei-
35   cher Zeit Kohlensäure *(acide carbonique)*, die nicht so schnell
absorbirt wird, deren Quantität man erfahren kann, wenn

man ihre Absorbtion durchs Schütteln des Wassers zu beför-
dern sucht.

Hat man endlich nitröses Gas, so kann man auch dessen
Quantität, wenigstens beinahe, durch einen Zusatz des säurezeugenden Gases und nach der daraus entstandenen Verringerung des Volumens, bestimmen.

Ich will es bei diesen allgemeinen Beispielen bewenden lassen, da sie hinlänglich eine Vorstellung von dergleichen Operationen geben. Ein ganzer Band würde nicht hinreichen,
wenn man alle Fälle voraussehen wollte. Die Analyse der Gase
ist eine Kunst, mit der man sich bekannt machen muß; aber da
sie meistens Verwandtschaft miteinander haben, so muß man
gestehen, daß man nicht immer gewiß ist, sie vollkommen
getrennt zu haben. Dann muß man einen andern Weg nehmen, andre Versuche unter einer andern Form vornehmen, ein
neues Agens in die Verbindung bringen, andre davon entfernen, bis man gewiß seyn kann, die Wahrheit gefunden zu
haben.

§. 5.

Von den Verbesserungen, die mit dem Volumen der Gase,
welche man bei den Versuchen erhalten hat, in Beziehung auf
den Druck der Atmosphäre vorzunehmen sind.

Es ist eine Wahrheit, die uns die Erfahrung giebt, daß die
elastischen Flüßigkeiten überhaupt im Verhältnisse der Gewichte, womit sie beschwert sind, sich zusammendrücken lassen. Es ist möglich, daß dieses Gesetz einige Abänderung lei-
det, bei der Annäherung eines Grades von Compression, der
hinreichend wäre, sie in den flüßigen Zustand zu versetzen,
und selbst bei einem Grade außerordentlicher Ausdehnung
und Zusammendrückung: allein bei den meisten Gasarten, die
wir den Versuchen unterwerfen, kommen wir diesen Grenzen
nicht sehr nahe.

Wenn ich sage, daß die elastischen Flüßigkeiten im Verhältnisse der Gewichte, womit sie beladen sind, können zusammengedrückt werden, so muß man diesen Satz auf folgende Weise verstehen.

Jedermann weis, was ein Barometer ist. Es ist eigendlich zu reden, ein Heber A B C D, Abb. 7, Fig. 16. der in dem Arme A B voll Quecksilber, und in dem Arme B C D voll Luft ist. Denkt man sich diesen Arm B C D unbestimmt bis an die Höhe unsrer Atmosphäre verlängert, so wird man deutlich sehen, daß der Barometer nichts anders, als eine Art Wage ist, ein Instrument, in welchem man eine Quecksilbersäule mit einer Luftsäule ins Gleichgewicht setzt. Allein es ist leicht einzusehen, daß um diese Wirkung hervorzubringen, es ganz und gar keiner solchen Verlängerung des Armes B C D bis zu einer so großen Höhe bedarf, und daß, wenn der Barometer in die Luft eingetaucht wird, ebenfalls die Quecksilbersäule A B mit einer Luftsäule der Atmosphäre von gleichem Diameter im Gleichgewicht seyn wird, auch wenn der Arm des Hebers B C D bei C abgeschnitten ist, und man den Abschnitt C D entfernt.

Die mittlere Höhe einer Quecksilbersäule, die vergleichbar ist mit dem Gewichte einer Luftsäule, die sich von der obersten Atmosphäre bis zur Oberfläche der Erde erstreckt, besteht aus 28 Zoll Quecksilber, wenigstens ist dies der Fall in Paris und selbst in den niedrigsten Gegenden der Stadt: das heißt in andern Ausdrücken, daß die Luft auf der Oberfläche der Erde in Paris, gemeiniglich durch ein Gewicht gedrückt wird, das dem Gewichte einer Quecksilbersäule von 28 Zoll Höhe gleich ist. Das wollte ich dadurch in diesem Werke ausdrücken, wenn ich sagte, indem ich von den verschiedenen Gasen, z. B. von dem säurezeugenden Gas sprach, daß ein Cubikfuß unter einem Drucke von 28 Zoll eine Unze und vier Drachmen wägte. Die Höhe dieser Quecksilbersäule nimmt in eben dem Maße ab, als man höher steigt, und sich von der Oberfläche der Erde, oder um genauer zu reden, von der Meeresfläche entfernt; weil nur die obere Luftsäule im Barometer das Gleichgewicht mit dem Quecksilber herstellt, und weil der Druck der ganzen

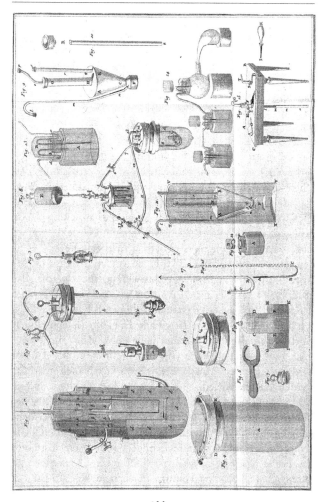

Abb. 7

Quantität Luft die unter dem Niveau ist, wo es steht, in Beziehung auf sie nichts ist.

Allein nach welchem Gesetz fällt der Barometer so wie man höher steigt; oder, welches eins ist, welches ist das Gesetz, nach welchem die verschiedenen Lagen der Atmosphäre an Dichtheit abnehmen? Dies hat den Scharfsinn der Physiker des letzten Jahrhunderts sehr geübt. Folgender Versuch hat über diesen Gegenstand bald viel Licht verbreitet.

Wenn man einen gläsernen Heber A B C D E, Abb. 7, Fig. 17. nimmt, der bei E zu, und bei A offen ist, und einige Tropfen Quecksilber hineinbringt, um die Verbindung zwischen dem Arme A B und dem Arme B E aufzuheben, so ist klar, daß die in dem Arme B C D E befindliche Luft einen eben so großen Druck erleiden wird, als die ganze umgebende Luft von einer Säule erleidet, welche dem Gewichte von 28 Zoll Quecksilber gleich ist. Gießt man aber Quecksilber in den Arm A B bis auf 28 Zoll Höhe, so ist klar, daß die Luft des Arms B C D E von einem Gewichte wird gedrückt werden, das 28 Zoll Quecksilber gleich ist; nun hat der Versuch gezeigt, daß sie alsdann, anstatt das totale Volumen B E einzunehmen, nur das Volumen C E, welches grade die Hälfte ist, einnehmen wird. Setzt man zu dieser ersten Säule von 28 Zoll Quecksilber noch zwei andre, ebenfalls von 28 Zoll, in die Röhre A C, so wird die Luft des Arms B C D E von vier Säulen gedrückt werden, davon eine jede 28 Zoll Quecksilber gleich ist, und sie wird nur noch den Raum D E, das heißt den vierten Theil des Volumens einnehmen, welchen sie zu Anfange des Versuchs einnahm. Aus diesen Resultaten, die sich bis ins Unendliche abändern lassen, hat man jenes allgemeine Gesetz abstrahirt, welches sich auf alle elastischen Flüßigkeiten anwenden zu lassen scheint, daß ihr Volumen nach dem Verhältnisse der Gewichte, die sie beschweren, abnimmt; welches man auch so ausdrücken kann: daß das Volumen jeder elastischen Flüßigkeit im umgekehrten Verhältnisse der Gewichte ist, womit sie zusammengedrückt wird. Die Versuche, die man zum Maße der hohen Berge angestellt hat, haben völlig die Richtigkeit

dieser Resultate bestätigt; und gesetzt sie entfernten sich von
der Wahrheit, so sind doch die Abweichungen so außerordentlich klein, daß sie bei chemischen Versuchen gradezu als
null angesehen werden können.

Versteht man erst recht das Gesetz der Compression der
elastischen Flüssigkeiten, so kann man es leicht auf die Correctionen der Gasarten anwenden, die man unumgänglich mit
den Volumen der Luft- oder Gasarten bei pneumatisch-chemischen Versuchen vornehmen muß. Diese Correktionen
sind zweierlei; einige beziehen sich auf die Varietäten des Barometers, andre auf die Wasser- oder Quecksilbersäule, die in
den Glocken befindlich ist. Ich will mich durch einige Beispiele verständlich zu machen suchen, und mit dem einfachsten Falle den Anfang machen.

Ich nehme an, man hätte bei einer Temperatur von 10 Graden, da der Barometer 28 Zoll 6 Linien zeigte, 100 Cubikzoll
säurezeugendes Gas erhalten. Man kann zweierlei fragen: erstens, was für ein Volumen würden 100 Cubikzoll unter einem
Drucke von 28 Zoll anstatt 28 Zoll 6 Linien, einnehmen;
zweytens, was beträgt das Gewicht von 100 Cubikzoll der erhaltenen Gasart?

Um die beiden Fragen zu beantworten, wird man die Anzahl der Cubikzolle, welche 100 Cubikzoll säurezeugendes Gas
bey einem Drucke von 28 Zoll einnehmen würden, X nennen;
und weil die Volumina im umgekehrten Verhältnisse der drük-
kenden Gewichte stehen, so wird man haben 100 Zoll : X : :
$\frac{1}{285}$: $\frac{1}{280}$; wovon man leicht schließt X = 101,786 Cubikzoll.
Das heißt, daß dieselbe Luft, die nur einen Raum von 100
Cubikzoll und unter einem Drucke von 28 Zoll 6 Linien
Quecksilber, einnahm, bei einem Drucke von 28, einen Raum
von 101,786 Cubikzoll einnehmen würde. Es fällt nicht schwerer das Gewicht dieser 100 Cubikzolle Luft unter einem
Drucke von 28 Zoll, 6 Linien zu finden: denn weil sie bei
einem Drucke von 28 Zoll 101,786 Cubikzoll gleich sind, und
weil bei diesem Drucke und bei 10 Graden des Thermometers
der Cubikzoll säurezeugendes Gas einen halben Gran wiegt, so

folgt daraus offenbar, daß die 100 Cubikzoll unter einem
Drucke von 28 Zoll 6 Linien 50,893 Gran wiegen. Man hätte
zu diesem Schlusse auf folgende Art unmittelbarer gelangen
können: weil die Volumina der Luft und überhaupt einer jeden elastischen Flüssigkeit, in umgekehrten Verhältnissen der
Gewichte stehen, welche sie drücken, so folgt daraus der noth-
wendige Schluß, daß die Schwere derselben Luft verhältnißmäßig mit dem drückenden Gewichte wachsen muß. Wenn
also hundert Cubiczoll säurezeugendes Gas 50 Gran wiegen,
wieviel werden sie bei einem Drucke von 28,5 Zoll wiegen,
man wird alsdenn das Verhältniß bekommen, 28 : 50 : : 28,5 :
X; woraus man gleichfalls schließen wird X = 50,893 Gran.

Ich gehe nun zu einem complicirtern Falle. Ich nehme an,
daß die Glocke A Abb. 7, Fig. 18 irgend ein Gas in ihrem obern
Theile A C D enthalte; daß der übrige Theil der nämlichen
Glocke mit Quecksilber unter C D angefüllt sey; und daß das
Ganze in ein Becken getaucht sey, welches das Quecksilber bis
bei E F enthält. Endlich nehme ich noch an; daß die Verschiedenheit C E der Höhe des Quecksilbers in der Glocke
und im Becken 6 Zoll, und die Höhe des Barometers 27 Zoll 6
Linien betrage. Es ist klar, daß nach diesen Sätzen, die in dem
Raume A C D befindliche Luft von einem Gewichte der Atmosphäre gedrückt wird, dem das Gewicht der Quecksilbersäule C E abgeht. Die Kraft, die es drückt, ist also gleich 27,5
Zoll – 6 Zoll = 21,5 Zoll. Diese Luft wird also weniger gedrückt
als die Luft der Atmosphäre bei der mittlern Höhe des Barometers: sie nimmt also mehr Raum ein, als sie einnehmen
sollte, und die Verschiedenheit ist grade der Verschiedenheit
der drückenden Gewichte angemessen. Wenn man also nach
Ausmessung des Raums A B C z. B. 120 Cubikzoll gefunden
hat, so muß man um das Volumen des Gases auf einen Raum
zurückzubringen, den es bei einem Drucke von 28 Zoll einnehmen würde, folgende Proportion machen: 120 Zoll ver-
halten sich zu dem gefundenen Volumen, das ich X nennen
will, wie $\frac{1}{21,5}$ zu $\frac{1}{28}$; daraus wird man folgern X = 92,143
Cubikzoll.

Man hat bei dergleichen Berechnungen die Wahl, entweder
die Höhe des Barometers, so wie die Verschiedenheit des Niveau des Quecksilbers in- und außerhalb der Glocke zu Linien
zu reduziren, oder sie in Decimalbrüchen von Zollen auszudrücken. Ich ziehe das letztere vor, wodurch die Berechnung
kürzer und leichter wird. Bei Operationen, die oft wiederholt
werden, darf man die Abkürzungsmethoden nicht vergessen:
ich habe zu dem Ende in der Folge dieses dritten Theils, unter
No. IV. eine Tabelle beigefügt, welche die Decimalbrüche von
Zollen angiebt, die den Linien und Linienbrüchen entsprechen. Mit dieser Tafel wird nichts leichter seyn, als die Höhen
des Quecksilbers, die man in Linien beobachtet hat, auf Decimalbrüche zu reduziren.

Wenn man in der pneumatisch-chemischen Wasser-Vor-
richtung in Wasser operirt, fallen ähnliche Correktionen vor.
So muß man ebenfalls, um genaue Resultate zu erhalten, die
Verschiedenheit der Höhe des Wassers in- und außerhalb der
Glocke in Anschlag bringen. Allein, da der Druck der Atmo-
sphäre durch Zolle und Linien des Barometers und folglich in
Zoll und Linien des Quecksilbers ausgedrückt wird, und da
man nur homogene Quantitäten zusammen addiren kann, so
muß man die Verschiedenheiten des Niveau, welche durch
Zolle und Linien Wasser ausgedrückt sind, zu einer gleichen
Höhe Quecksilber reduziren. Dies zu bewerkstelligen geht
man von dem Satze aus, daß das Quecksilber 13,5681 mal so
schwer als das Wasser ist. Am Ende dieses Werks steht eine
Tafel unter No. V., vermittelst welcher man schnell und leicht
diese Reductionen machen kann.

§. 6.

Von den Correktionen, die sich auf die verschiedenen Grade
des Thermometers beziehen.

So wie es nöthig ist, die Luft und Gasarten, deren Gewicht
man haben will auf einen beständigen Druck zu bringen, als

der von 28 Zoll Quecksilber ist, eben so nöthig ist es auch, sie
auf eine bestimmte Temperatur zu bringen: denn da die elastischen Flüssigkeiten sich durch die Wärme ausdehnen und
durch die Kälte dichter machen lassen, so folgt daraus nothwendig, daß sie ihre Dichtheit ändern, und daß ihre Schwere
unter einem gegebenen Volumen nicht mehr dieselbe ist. Da
die Temperatur von zehn Graden zwischen der Sommerhitze
und Winterkälte die mittlere ist, da diese Temperatur auch die
der Keller und Hölen, und dabei diejenige ist, deren man sich
in allen Jahreszeiten am leichtesten nähern kann, so habe ich
sie gewählt um die Luft- oder Gasarten darein zu versetzen.

Herr de Luc hat gefunden, daß die Luft der Atmosphäre bei
jedem Grade des Thermometers mit Quecksilber, das in 81
Grade vom Eis bis zum siedenden Wasser abgetheilt ist, um
$\frac{1}{215}$ an ihrem Volumen zunimmt, das giebt für einen Grad des
Thermometers mit Quecksilber, der in 80 Theile abgetheilt
ist, $\frac{1}{211}$. Die Versuche des Hrn. Monge scheinen anzudeuten,
daß das wasserzeugende Gas einer etwas stärkern Ausdehnung
fähig ist; er fand sie um $\frac{1}{180}$. In Ansehung der Ausdehnung
anderer Gase, haben wir noch nicht sehr genaue Versuche;
wenigstens sind die angestellten noch nicht bekannt gemacht
worden. Indessen scheint es, wenn man nach bekannten Versuchen urtheilt, daß ihre Ausdehnung sich wenig von der der
gemeinen Luft entfernet. Ich glaube also annehmen zu können, daß die Luft der Atmosphäre sich bei jedem Grade des
Thermometers um $\frac{1}{210}$ und das wasserzeugende Gas um $\frac{1}{190}$
ausdehnt: allein da über diese Bestimmungen noch einige Ungewißheit statt findet, so muß man so viel als möglich nur bei
einer Temperatur arbeiten, die sich wenig von 10 Graden entfernt. Die Fehler, die man alsdann bei den Verbesserungen, die
sich auf den Grad des Thermometers beziehen, machen kann,
sind von keiner Wichtigkeit.

Die Berechnung bei solchen Correktionen ist außerordentlich leicht; sie besteht darin, daß man das Volumen der erhaltenen Luft durch 210 dividirt, und die gefundne Zahl mit
der Zahl der Grade der Temperatur über oder unter 10 Graden

multiplicirt. Diese Correktion ist über 10 Graden vermindernd, und unter 10 Graden vermehrend. Das Resultat das man erhält ist bei der Temperatur von 10 Graden das wahre Volumen der Luft.

Alle diese Berechnungen werden kürzer und leichter, wenn man die Tafeln der Logarithmen dazu nimmt.

§. 7.
Modell der Berechnung für die Correktionen, in Beziehung auf den Grad des Drucks und der Temperatur.

Da ich jetzt die Art angegeben habe, wie man das Volumen der Luft und Gasarten bestimmen, und bei diesem Volumen die Correktionen, die sich auf Druck und Temperatur beziehen, vornehmen kann, so muß ich noch ein Beispiel von einem complicirten Falle geben, um die Tafeln, die am Ende dieses Werks stehen, recht begreiflich zu machen.

Beispiel.

Man schloß in eine Glocke A Abb. 2, Fig. 3 eine Quantität Luft A E F ein, welche ein Volumen von 353 Cubikzoll einnahm. Diese Luft wurde vom Wasser getragen, und die Höhe E L der Wassersäule im Innern der Glocke war 4½ Zoll über dem Niveau der Höhe der Wanne; endlich stand der Barometer auf 27 Zoll 9½ Linien und der Thermometer auf 15 Grad.

Man verbrannte in dieser Luft irgend eine Substanz, als Phosphor, dessen Resultat die Phosphorsäure ist, welche weit entfernt vom Gaszustand ist. Die nach der Verbrennung übrige Luft nahm ein Volumen von 295 Cubikzoll ein; die Höhe des Wassers im Innern der Glocke war um 7 Zoll über der Höhe der Wanne, der Barometer stand auf 27 Zoll 9¼ Linie, und der Thermometer auf 16 Grad.

Nach diesen Sätzen soll man bestimmen, welches das Volumen der Luft vor und nach der Verbrennung war, um daraus das Volumen des absorbirten Theils zu finden.

Berechnung vor der Verbrennung.

Die in der Glocke befindliche Luft nahm einen Raum von 353 Cubikzoll ein.

Allein sie wurde nun von einer Säule von 27 Zoll 9½ Linien gedrückt, oder in Decimalbrüchen von Zollen von

$$27{,}79167 \text{ Zoll.}$$

Hiervon muß noch die Verschiedenheit des Niveau von 4½ Zoll Wasser abgezogen werden, dies beträgt beim Quecksilber $\underline{\quad 0{,}33166 \quad -}$

Der wirkliche Druck, der auf dieser Luft lag betrug also nur $\underline{\quad 27{,}46001 \quad -}$

Da das Volumen elastischer Flüssigkeiten überhaupt genommen im umgekehrten Verhältnisse der Gewichte, die es drükken, abnimmt, so ist klar nach dem, was wir weiter oben gesagt haben, daß man um unter einem Drucke von 28 Zoll ein Volumen von 353 Cubikzoll zu haben, so sagen muß:

$$353 \text{ Cubikzoll} : X :: \frac{1}{27{,}46001} : \frac{1}{28}$$

Daraus wird man schließen:

$$X = \frac{353 \times 27{,}46001}{28} = 346{,}192 \text{ Cubikzoll.}$$ Dies ist das Volumen, welches dieselbe Luft bei einem Drucke von 28 Zoll hätte. $\frac{1}{211}$ dieses Volumens ist gleich 1,650 Cubikzoll; das giebt für die 5 obern Grade beym zehnten Grade des Thermometers, 8,255 Cubikzoll; und da diese Correktion abziehend ist; so wird man daraus schließen, daß das Volumen der Luft, nach geschehener Correktion, vor der Verbrennung 337,942 Cubikzoll betrug.

Berechnung nach der Verbrennung.

Stellt man die nämliche Berechnung über das Volumen der Luft nach der Verbrennung an, so wird man finden, daß der Druck 27,77083 Zoll – 0,51593 Zoll = 27,25490 Zoll betrug. Um also das Volumen der Luft auf einen Druck von 28 Zoll zu

bringen, wird man die 295 Cubikzoll, als das nach der Verbrennung gefundne Volumen, mit 27,25490 Zoll multipliziren
und es durch 28 dividiren müssen; dies wird für das verbesserte
Volumen geben, 287,150 Cubikzoll.

$^1/_{210}$ dieses Volumens ist 1,368 Cubikzoll, welches mit sechs
Graden multiplicirt, zur mindernden Correktion der Temperatur giebt, 8,208 Cubikzoll.

Daraus folgt, daß das Volumen der Luft, nach gehörig geschehenen Correctionen, nach der Verbrennung 278,942 Cubikzoll betrug.

Resultat.

Das Volumen betrug vor der Verbrennung nach geschehenen
Correktionen   337,942 Cubikzoll.

    Nach der Verbrennung betrug es   278,942   –

    Also war die Quantität absorbirte
Luft durch Verbrennung des Phosphors   59,000   –

§. 8.
Von der Art das absolute Gewicht der verschiedenen Gase
zu bestimmen.

In allem, was ich eben über die Art, das Volumen der Gase zu
messen, und dabei die Correctionen in Beziehung auf Druck
und Temperatur vorzunehmen, gesagt habe, setze ich vorraus,
daß man ihre specifische Schwere kannte, und daß man daraus
ihr absolutes Gewicht finden könnte: es bleibt mir nun noch
übrig eine Idee von den Mitteln zu geben, die uns zu dieser
Kenntniß zu verhelfen im Stande sind.

Man nimmt einen großen Ballon A, Abb. 3, Fig. 10, dessen
Capacität einen halben Cubikfuß betragen muß, das heißt, in
den wenigstens 17 bis 18 Pinten gehen, man kittet daran eine
kupferne Zwinge b c d e, an die bei d e die Schraube einer
Platte paßt, woran ein Hahn g ist. Endlich schraubt man das
Ganze, vermittelst einer doppelten Mutterschraube, Fig. 12

auf eine Glocke B C D, deren Capacität um einige Pinten
größer seyn muß als die des Ballons. Diese Glocke ist oben
offen, und ihre Tubulirung ist mit einer kupfernen Zwinge h i,
und mit einem Hahne l versehen; einer dieser Hähne ist besonders vorgestellt Fig. 11.

Die erste Operation die man vorzunehmen hat, ist die Capacität dieses Ballons zu bestimmen; das kann man, wenn man
ihn mit Wasser füllt, erforschen. Nachher gießt man das Wasser aus, und trocknet den Ballon mit einem leinenen Tuche,
das man durch die Oefnung d e hineinbringt; die letzten Spu-
ren von Feuchtigkeit verschwinden überdies, wenn man ein
oder zweimal den Ballon ausgepumpt (luftleer gemacht) hat.

Will man die Schwere eines Gases bestimmen, so schraubt
man den Ballon A auf die Platte der Luftpumpe unter dem
Hahne f g. Man öffnet denselben Hahn, und pumpt ihn so gut
als möglich aus, dabei man sehr sorgfältig die Höhe anmerkt,
zu welcher der Probe-Barometer herabsinkt. Ist er luftleer, so
dreht man den Hahn zu, und wägt den Ballon mit der höchsten Genauigkeit, hierauf schraubt man ihn wieder auf die
Glocke B C D, die auf dem Träger der Wanne A B C D,
dieselbe Abb. 7, Fig. 1. stehen soll. In diese Glocke bringt man
das Gas, welches man wägen will; indem man hernach den
Hahn f g und den Hahn l m aufzieht, so geht das in der Glocke
befindliche Gas in den Ballon A über: in derselben Zeit steigt
das Wasser in der Glocke B C D. Will man eine beschwerliche
Correktion vermeiden, so ist es nöthig, daß man die Glocke so
tief in die Wanne stößt, bis daß der Niveau des äußern Wassers, dem Niveau des im Innern der Glocke befindlichen Wassers gleich stehe. Dann dreht man die Hähne zu, schraubt den
Ballon ab, und wiegt ihn aufs neue. Das Gewicht giebt nach
Abzuge des Gewichts des leeren Ballons, die Schwere des Volumens der Luft oder des Gases, das in ihm ist. Multiplicirt
man dieses Gewicht mit 1728 Cubikzoll, und dividirt man das
Produkt mit einer Anzahl Cubikzolle, die der Capacität des
Ballon gleich kömmt, so hat man das Gewicht eines Cubikfußes des Gases, das man dem Versuche unterwarf.

Bei diesen Bestimmungen muß man nothwendig die Höhe des Barometers und den Grad des Thermometers in Anschlag bringen; nach diesem ist nichts leichter, als das gefundene Gewicht des Cubikfußes auf das Gewicht zurückzuführen, das dasselbe Gas bei einem Drucke von 28 Zoll und bei 10 Grade des Thermometers gehabt hätte. Ich habe im vorhergehenden Paragraphen die umständliche Berechnung, die diese Operation erfordert, angegeben.

Man darf auch nicht die kleine Portion Luft die in dem Ballon blieb, als man ihn auspumpte, aus der Rechnung lassen, welche Portion sich leicht nach der Höhe schätzen läßt, auf der der Probebarometer stehen blieb. Beträge diese Höhe, z. B. ein Hunderttheil der ganzen Höhe des Barometers, so müßte man daraus schließen, daß ein Hunderttheil Luft in dem Ballon geblieben ist, und so würde das Volumen des Gases, das man hineingethan hatte, nicht mehr als $^{99}/_{100}$ des ganzen Gewichts des Ballons betragen.

Dritter Abschnitt.

Von den Apparaten, die sich auf das Maß des Wärmestoffs beziehen.

Beschreibung des Calorimeters.

Der Apparat, davon ich eine Idee zu geben versuchen will, steht in einem Aufsatze beschrieben, den Herr de la Place und ich in dem *Receuil de l'Académie, année* 1780. pag. 355 bekannt gemacht haben. Aus diesem Aufsatze soll der gegenwärtige Artikel ausgezogen werden.

Wenn man irgend einen Körper bis auf Null des Thermometers abgekühlt hat, und ihn in eine Atmosphäre bringt, deren Temperatur 25 Grade über dem Gefrierpunkte ist, so wird er sich allmählich von seiner Oberfläche bis zu seinem Mittelpunkte erwärmen, und sich nach und nach der Tem-

peratur von 25 Graden nähern, so die Temperatur des ihn
umgebenden Fluidums ist.

Das wird nicht bei einem Klumpen Eis geschehen, den man
in dieselbe Atmosphäre versetzt hat; auf keine Weise wird er
der Temperatur der ihn umgebenden Luft nahe kommen, sondern wird immer auf Null Temperatur, das heißt als schmel-
zendes Eis bleiben, und das solange, bis das letzte Atom von
Eis geschmolzen ist.

Der Grund dieser Erscheinung ist leicht einzusehen: um Eis
zu schmelzen und es zu Wasser zu machen, muß sich damit
eine gewisse Menge Wärmestoff verbinden. Folglich bleibt
aller Wärmestoff der umgebenden Körper auf der Oberfläche
des Eises, wo er zum Schmelzen desselben verbraucht wird:
wenn diese Lage geschmolzen ist, so schmelzt die neu hinzu-
getretene Quantität eine zweite Lage, und verbindet sich ebenfalls mit ihr um sie in Wasser zu verwandeln, und so geht das
nach und nach von einer Lage zur andern fort, bis auf das letzte
Atom Eis, das noch auf Null des Thermometers seyn wird,
weil der Wärmestoff noch nicht wird haben eindringen können.

Nach diesem stelle man sich eine ausgehölte Eiskugel vor,
mit der Temperatur Null Grad des Thermometers; man
bringe diese Eiskugel in eine Atmosphäre, deren Temperatur,
z.B. 10 Grade über dem Gefrierpunkte sey, und man stelle in
ihr Innerstes einen bis auf beliebige Grade erhitzten Körper: so
folgt daraus nach dem bisher Gesagten zweierlei; 1) daß die
äußere Wärme nicht in das Innere der Kugel eindringen wird;
2) daß die Wärme eines in ihr Innerstes gestellten Körpers
nicht mehr auswärts verloren gehen wird; aber daß sie auf der
innern Fläche der Höle sich aufhalten wird, wo sie beständig
zum Schmelzen neuer Lagen Eis verbraucht wird, und das
solange, bis die Temperatur des Körpers auf Null des Thermometers gelangt sey.

Sammelt man sorgfältig das im Innern der Eiskugel entstandene Wasser, wenn die Temperatur des in ihr Inneres gestellten Körpers auf Null des Thermometers gelangt ist, so

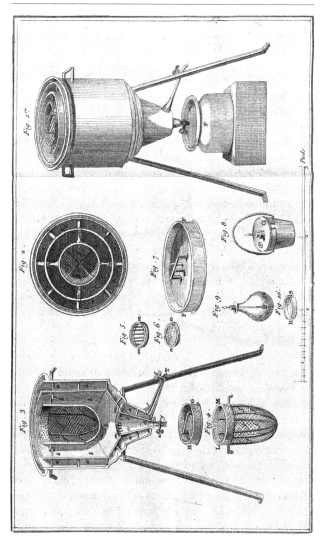

Abb. 8

wird sein Gewicht mit der Quantität Wärmestoff, den dieser
Körper verlor, als er von seiner anfänglichen Temperatur bis zu
der des geschmolzenen Eises übergieng, im vollkommnen Verhältnisse stehen; denn es ist klar, daß eine doppelte Quantität
Wärmestoff eine doppelte Quantität Eis schmelzen muß; so
daß die Quantität des geschmolznen Eises ein genaues Maß
der Quantität des zu diesem Zweck verbrauchten Wärmestoffs
ist.

Man zog das, was in einer Eiskugel vorgieng nur in Erwä-
gung, um die Methode begreiflicher zu machen, die wir bei
dergleichen Versuchen angewendet haben, wovon Hr. de la
Place die erste Idee hatte. Es würde schwer fallen sich solche
Kugeln zu verschaffen, und bei der Anwendung selbst würden
eine Menge Schwierigkeiten statt finden; allein wir haben das
durch folgenden Apparat ersetzt, den ich Calorimeter nennen
will. Ich gebe zu, daß ich mich dadurch, einer auf gewisse
Weise gegründeten Kritik aussetze, daß ich so zwei Benennungen vereinige, wovon die eine aus dem Lateinischen, die andre
aus dem Griechischen genommen ist; allein ich glaubte, daß
man im Wissenschaftlichen sich weniger Reinheit in der Sprache erlauben könnte, um mehr Klarheit in den Begriffen zu
erhalten; und in der That hätte ich kein zusammengesetztes
Wort, das ganz aus den Griechischen genommen wäre, brauchen können, ohne mich zu sehr den Namen andrer bekannten Instrumente zu nähern, die einen ganz verschiednen Gebrauch und Zweck haben.

Die erste Figur der Abb. 8 stellt einen Calorimeter perspektivisch vor. Die zweite Figur der nämlichen Abb. stellt
einen horizontalen Schnitt, und die dritte Figur einen verti-
kalen Schnitt vor, der sein ganzes Inneres zeigt. Seine Capacität hat drei Abtheilungen; um mich verständlicher zu
machen, werden ich sie mit den Namen, innere, mittlere und
äußere Capacität, belegen. Die innere Capacität f f f Fig. 3,
Abb. 8 besteht aus einem Gitter von Eisendraht, das durch
Stützen von dem nämlichen Metalle getragen wird; in diese
Capacität stellt man die zum Versuche bestimmten Körper;

ihr oberer Theil L M wird vermittelst eines Deckels G H
zugeschlossen, der besonders abgebildet ist, Fig. 4. Oben ist
er ganz offen, und das untere besteht aus einem Gitter von
Eisendrath.

Die mittlere Capacität b b b b, Fig. 2 und 3 ist bestimmt,
das Eis aufzunehmen, das die innere Capacität umgiebt, und
welches der Wärmestoffe des dem Versuch unterworfenen
Körpers schmelzen soll: dieses Eis wird von einem Gitter m m
getragen, unter welchem ein Haarsieb n n ist; beide sind besonders vorgestellt, Fig. 5 und 6. So wie der Wärmestoff, der
sich aus dem Körper entwickelt, der in der innern Capacität
steht, das Eis schmelzt, so fließt das Wasser durchs Gitter und
Haarsieb; nachher fällt es an den Kegel c c d, Fig. 3. und der
Röhre x y herunter, und sammelt sich in dem Gefäße F, Fig. 1,
das unter der Maschine steht; u ist ein Hahn, womit man nach
Belieben das Abfließen des innern Wassers verhindern kann.
Endlich ist die äußere Capacität a a a a, Fig. 2 und 3 bestimmt, das Eis aufzunehmen, das die Einwirkung der Wärme
der äußern Luft und der umstehenden Körper, hindern soll:
das Wasser das von diesem geschmolzenen Eise entsteht, fließt
in der Röhre s T herunter, die man vermittelst des Hahns r
öffnen oder zumachen kann. Die ganze Maschine wird mit
dem Deckel F F, Fig. 7, bedeckt; sie ist oben ganz offen und
unten zu; sie besteht aus Blech das mit Oel bestrichen ist, um
es vor dem Rosten zu schützen.

Um den Calorimeter zum Versuche zuzubereiten, füllt man
die mittlere Capacität b b b b b und den Deckel G H der
innern Capacität, die äußere Capacität a a a a und den Deckel
F F, Fig. 7. der ganzen Maschine mit zerstossenen Eis. Man
drückt es stark zusammen, damit keine leeren Stellen bleiben,
dann läßt man das innere Eis abtröpfeln; hierauf öffnet man
die Maschine, um den Körper hineinzustellen, welchen man
dem Versuche unterwirft, und macht sie gleich wieder zu. Man
wartet bis der Körper ganz kalt geworden, und das ge-
schmolzne Eis gehörig abgelaufen ist; hernach wägt man das
Wasser, das sich in dem Gefäße F, Fig. 1. gesammelt hat: sein

Gewicht ist ein genaues Maß der Quantität Wärmestoff, die sich aus dem Körper entwickelt hat, während seines Erkaltens; denn dieser Körper ist offenbar in derselben Lage als ein Mittelpunkt der Kugel, von der wir eben sprachen, weil aller Wärmestoff, der sich von ihm entwickelt, durch das innere Eis aufgehalten wird, und weil dieses Eis gegen das Einwirken jeder andern Wärme durch das in den Deckel und in die äußere Capacität eingeschlossene Eis geschützt wird.

Dergleichen Versuche dauern fünfzehn, achtzehn und zwanzig Stunden; um sie zu beschleunigen, legt man bisweilen gut abgetröpfeltes Eis in die innere Capacität und bedeckt damit den Körper, welchen man wieder abkühlen will.

Die Fig. 8. stellt einen Eimer von Eisenblech vor, der bestimmt ist, die Körper aufzunehmen, auf welche man wirken will; er ist mit einem Deckel versehen, der in der Mitte durchbohrt ist, und mit einem Korkpropf verstopft wird, durch welchen die Röhre eines kleinen Thermometers geht.

Die Fig. 9 der nämlichen Tafel stellt einen gläsernen Kolben (matras) vor, durch dessen Propf ebenfalls die Röhre eines kleinen Thermometers geht, dessen Kugel und ein Theil der Röhre in der Flüßigkeit steht; dergleichen Kolben muß man jedesmal brauchen, wenn man mit Säuren und überhaupt mit Substanzen zu thun hat, die einigermaßen auf die Metalle wirken können.

R S, Fig. 10. ist ein kleiner holer Cylinder, den man auf den Boden der innern Capacität stellt, um die Kolben zu tragen.

Es ist wesentlich, daß in dieser Maschine zwischen der mittlern und äußern Capacität keine Communikation statt finde; dies wird man leicht merken, wenn man die äußere Capacität mit Wasser füllt. Wäre eine Communikation zwischen diesen Capacitäten, so könnte das von der Atmosphäre geschmolzene Eis, dessen Wärme auf die Wand der äußern Capacität wirkt, in die mittlere Capacität treten, und dann würde das Wasser, welches aus dieser letzten Capacität flöße, nicht mehr das Maß des Wärmestoffs seyn, welches der dem Versuche ausgesetzte Körper verloren hat.

Wenn die Temperatur der Atmosphäre nur einige Grade
über Null ist, so kann ihre Wärme nur mit vieler Mühe in die
mittlere Capacität gelangen, weil sie vom Eise des Deckels und
der äußern Capacität aufgehalten wird; wäre aber die äußere
Temperatur unter Null, so könnte die Atmosphäre das innere
Eis wieder kalt machen; es ist also wesentlich, daß man in einer
Atmosphäre operirt, deren Temperatur nicht unter Null ist; so
muß man, wenn es friert, die Maschine in ein Zimmer bringen, das man von innen zu erwärmen suchen wird. So ist es
auch nöthig, daß das Eis, das man dazu nimmt, nicht unter
Null sey; wäre dies der Fall, so müßte man es zerstossen, in sehr
dünnen Lagen ausbreiten, und es so einige Zeit lang an einem
Orte lassen, dessen Temperatur über Null wäre.

Das innere Eis enthält immer eine kleine Quantität Wasser,
das an seiner Oberfläche hängt, und man könnte glauben, daß
dieses Wasser zu dem Resultate der Versuche gehöre: allein
man muß bedenken, daß zu Anfange eines jeden Versuchs, das
Eis schon alle Quantität Wasser eingesogen hat, die es aufnehmen kann; so daß wenn ein vom Körper geschmolznes Eis-
theilchen an dem innern Eise hangen bleibt, sich beinahe dieselbe Quantität Wasser, die anfänglich an der Oberfläche des
Eises hing, sich losmachen und ins Gefäß fließen muß: denn
die Oberfläche des innern Eises ändert sich beim Versuche
außerordentlich wenig.

Bei aller angewandten Vorsicht war es uns unmöglich, den
Eintritt der äußern Luft in die innere Capacität zu verhindern,
wenn die Temperatur 9 oder 10 Grade über dem Gefrierpunkte war. Da dann die in diese Capacität eingeschlossene
Luft specifisch schwerer als die äußere Luft war, so geht sie
durch die Röhre x y, Fig. 3. und wird durch die äußere Luft,
die in den Calorimeter dringt, wieder ersetzt, welche einen
Theil ihres Wärmestoffs auf das innere Eis absetzt: so entsteht
in der Maschine ein Luftstrom, der soviel schneller ist, je höher
die äußere Temperatur ist, und dieser schmelzt beständig eine
Portion des innern Eises; man kann größtentheils die Wirkung dieses Stromes hemmen, wenn man den Hahn zumacht;

allein es ist weit besser nur dann zu operiren, wenn die äussere Temperatur nicht 3 oder 4 Grade übersteigt; denn wir haben gemerkt, daß alsdann das Schmelzen des innern Eises, das durch die Atmosphäre bewirkt wurde, unmerklich ist, so daß wir bei dieser Temperatur für die Richtigkeit unsrer Versuche über die specifische Wärme der Körper bis auf ein Vierzigtheil gut seyn können.

Wir haben zwei Maschinen machen lassen, die der beschriebenen ähnlich sind; eine davon ist zu Versuchen bestimmt, bei denen man die innere Luft nicht zu erneuern braucht; die andre dient zu Versuchen, wobei die Erneuerung der Luft unvermeidlich ist, als die des Verbrennens und Athemholens: diese zweite Maschine ist von der ersten nur dadurch unterschieden, daß der Deckel zwei Löcher hat, durch welche zwei kleine Röhren gehen, die zur Communikation der innern und äußern Luft dienen; man kann vermittelst derselben atmosphärische Luft ins Innere des Calorimeters blasen, um darin Verbrennungen zu unterhalten.

Nichts ist mit diesem Instrumente leichter, als die Erscheinungen zu bestimmen, welche sich bei solchen Operationen ereignen, wo eine Entwickelung oder auch Absorbtion des Wärmestoffs vor sich geht. Will man z. B. wissen, wieviel Wärmestoff aus einem festen Körper entwickelt wird, wenn er um eine gewisse Zahl von Graden kalt wird? So erhöhet man seine Temperatur, z. B. bis auf 80 Grad, stellt ihn denn in die innere Capacität f f f f des Calorimeters, Fig. 2 und 3, Abb. 8, und läßt ihn lange genug darin, um sicher zu seyn, daß seine Temperatur bis auf Null des Thermometers gefallen ist: man sammelt das Wasser das aus dem Schmelzen des Eises während seiner Erkältung entstanden ist; diese Quantität Wasser, dividirt durch das Produkt der Masse des Körpers und der Anzahl Grade, die seine anfängliche Temperatur über Null hatte, wird mit dem, was die englischen Physiker specifische Wärme nennen, im gleichen Verhältnisse stehen.

Flüßigkeiten schließt man in Gefässe von beliebigen Stoffen, davon man zuvor die specifische Wärme bestimmt hat:

mit den festen Körpern verfährt man hernach auf die nämliche
Weise, nur vergißt man nicht von der ganzen Quantität des
abgeflossenen Wassers die Quantität abzuziehen, welche von
der Erkältung des Gefäßes, darin die Flüßigkeit war, herrührt.

Will man die Quantität des Wärmestoffs, der aus der Verbrennung mehrerer Substanzen entwickelt wird, kennen lernen; so wird man sie alle dadurch, daß man sie lange genug in
gestoßnes Eis steckt, in die Temperatur Null versetzen; hernach wird man in dem Innern des Calorimeters in einem Gefäße, das gleichfalls auf Null steht, die Vermischung machen,
und sie darin lassen bis sie auf die Temperatur Null gekommen
sind; die Quantität des gesammelten Wassers wird das Maß
des durch die Wirkung der Verbindung entwickelten Wärmestoffs seyn.

Die Bestimmung der Quantitäten Wärmestoff, welche bei
Verbrennungen und dem Athemholen der Thiere entwickelt
werden, ist nicht schwerer: man verbrennt die brennbaren
Körper in dem innern Raume des Calorimeters; läßt darin
Thiere athmen, z. B. Meerschweine, die ziemlich der Kälte
wiederstehen, und sammelt das abfließende Wasser: allein da
die Erneuerung der Luft bei dergleichen Versuchen unvermeidlich ist, so ist es nöthig, daß man beständig neue Luft in
das Innere des Calorimeters durch eine kleine Röhre leite, die
zu dem Zweck bestimmt ist, und sie durch eine andre Röhre
wieder herauslasse; damit nun aber das Einlassen dieser Luft
keinen Fehler in den Resultaten verursache, so läßt man die
Röhre, die sie hinbringen soll, durch gestossenes Eis quer-
durch gehen, damit die Luft in den Calorimeter bei der Temperatur Null, gelange. Die Röhre, durch welche die Luft her-
ausgeht, muß ebenfalls durch gestossenes Eis durchgehen,
diese letzte Portion Eis muß aber im Innern der Capacität f f f f
des Calorimeters enthalten seyn, und das davon abfließende
Wasser, muß einen Theil des Gesammelten ausmachen, weil
der Wärmestoff, den die Luft vor ihrem Ausgange enthält,
einen Theil des Produkts beim Versuche ausmacht.

Die Untersuchung der Quantität des specifischen Wär-

mestoffs, die in den verschiednen Gasen enthalten ist, wird
wegen ihrer wenigen Dichtheit etwas schwerer; denn schlösse
man sie bloß, wie andre Flüßigkeiten, in Gefäße ein, so würde
die Quantität geschmolznes Eis so wenig betragen, daß das
Resultat des Versuchs wenigstens sehr ungewiß seyn würde.
Wir haben zu dergleichen Versuchen zweierlei Serpentinen
oder spiralförmig gewundne metallne Röhren genommen.
Die erste, welche in einem mit siedendem Wasser gefüllten
Gefäße war, mußte die Luft erwärmen, ehe sie in den Calorimeter gelangte; die zweite war in der innern Capacität f f f f
dieses Instruments eingeschlossen. Ein Thermometer, der an
dem einen Ende der letzten Röhre angebracht ist, zeigte die
Wärme der Luft oder des Gases an, das in die Maschine trat;
ein an dem andern Ende derselben Röhre angebrachtes Thermometer zeigte an, wie warm die Luft oder das Gas beim
Ausgange ist. Auf diese Weise waren wir im Stande zu bestimmen, wieviel Eis eine beliebige Masse verschiedner Luft- oder
Gasarten, dadurch, daß sie um eine gewisse Anzahl Grade
kälter wurde, schmolz, und wie groß die Menge des specifischen Wärmestoffs war. Dasselbe Verfahren kann, mit einiger
Vorsicht, angewendet werden, wenn man die Quantität Wärmestoff wissen will, die sich bei der Verdichtung der Dünste
verschiedner Flüßigkeiten entwickelt.

Die verschiednen Versuche, welche man mit dem Calorimeter anstellen kann, führen zu keinen absoluten Resultaten;
sie geben bloß relative Quantitäten; es war also nöthig, eine
Einheit zu wählen, die den ersten Grad einer Scala ausmachte,
vermöge welcher man alle Resultate ausdrücken könnte. Die
zur Schmelzung eines Pfundes Eis erforderliche Quantität
Wärmestoff, hat uns diese Einheit verschafft: denn um ein
Pfund Eis zu schmelzen, muß man ein Pfund Wasser haben,
das auf 60 Grade des in 80 Grade vom Gefrierpunkte bis zum
siedenden Wassers abgetheilten Quecksilberthermometers,
gebracht ist; die Quantität Wärmestoff, die unsre Einheit ausdrückt, ist also diejenige, welche nöthig ist, um das Wasser von
Null auf 60 Grade zu bringen.

Ist diese Einheit bestimmt, so darf man nur die Quantitäten Wärmestoff, die aus den verschiedenen Körpern, indem sie um eine gewisse Anzahl Grade erkalten, entwickelt werden, durch analogische Gewichte *(valeurs)* ausdrücken, und dazu gelangt man durch folgende einfache Berechnung, die ich auf einen unsrer ersten Versuche anwende.

Wir nahmen Stücke Eisenblech, die in Streifen geschnitten und aufgerollt waren, und die zusammen 7 Pfund, 11 Unzen, 2 Drachmen, 36 Gran wogen, d. h. in Decimalbrüchen von Pfunden 7,7070319 lbs. Diese Masse erwärmten wir in einem Bade von siedendem Wasser, worin sie ohngefähr 78 Grade Wärme annahm; dann zogen wir sie hurtig heraus und brachten sie in die innere Capacität des Calorimeters. Nach Verlauf von eilf Stunden, als das durch das Schmelzen des innern Eises erzeugte Wasser hinlänglich abgelaufen war, betrug die Quantität 1 Pfund, 1 Unze, 5 Drachmen, 4 Gran = 1,109795 lbs. Nun kann ich sagen, wenn der aus Eisenblech durch eine Abkältung von 78 Grad entwickelte Wärmestoff 1,109795 lbs Eis schmolz, wieviel eine Abkält. v. 60 Grad erzeugt haben würde; das giebt 78:1,109795::60:X = 0,85369 lbs. Dividirt man endlich diese Quantität durch die Anzahl Pfunde angewandtes Eisenblech, das heißt durch 7,7070319 lbs, so wird man zur Quantität Eis, die von einem Pfunde Eisenblech durch eine Abkältung desselben von 60 Graden bis auf Null wird können geschmolzen werden, 0,110770 lbs erhalten. Dieselbe Berechnung ist auf alle feste Körper anwendbar.

Saure Flüßigkeiten als Schwefelsäure, Salpetersäure, u. s. w., thut man in einen Kolben, der Abb. 8, Fig. 9. vorgestellt ist. Er ist mit einem Korkpropf verstopft, durch welchen ein Thermometer geht, dessen Kugel in die Flüßigkeit taucht. Man bringt dieses Gefäß in ein Bad von siedendem Wasser; und wenn man an dem Thermometer sieht, daß die Flüßigkeit einen Grad zuträglicher Wärme angenommen hat, so zieht man den Kolben heraus, und stellt ihn in den Calorimeter. Die Berechnung macht man wie oben, doch zieht man dabei sorgfältig von der Quantität des erhaltnen Wassers, diejenige

ab, welche das gläserne Gefäß allein erzeugt haben würde, und
die man also nothwendig durch einen vorherigen Versuch bestimmt haben muß. Ich theile hier nicht die Übersicht der
Resultate mit, die wir erhalten haben, weil sie noch nicht vollständig genug sind, und weil verschiedne Umstände uns von
der Fortsetzung dieser Arbeit abgehalten haben. Indessen verlieren wir sie nicht aus dem Gesichte, und es geht kein Winter
vorbei, daß wir uns nicht mehr oder weniger damit beschäf-
tigten.

Sechster Abschnitt.

Von den pneumatisch-chemischen Destillationen, von den
metallischen Auflösungen und von einigen andern Operationen,
die sehr zusammengesetzte Apparate erfordern.

§. 1.
Von zusammengesetzten Destillationen, und
pneumatisch-chemischen Destillationen.

In dem §. 5. des vorigen Abschnitts habe ich die Destillation
nur als eine einfache Operation vorgestellt, die sich mit der
Scheidung zweier Substanzen von verschiedener Flüchtigkeit
beschäftigt: allein sehr oft thut die Destillation noch mehr; sie
bewirkt eine wahre Zerlegung des Körpers, der ihr unterworfen ist: dann geht sie aus der Klasse der einfachen Operationen, und tritt in die Ordnung derjenigen, welche man als die
verwickeltsten der Chemie ansehen kann. Ohnstreitig gehört
es zum Wesen der Destillation, daß die Substanz welche man
destillirt in dem Kolben durch ihre Verbindung mit dem Wärmestoff in Gaszustand versetzt werde; allein bei der einfachen
Destillation setzt sich derselbe Wärmestoff in dem Kühlge-
fässe oder in der Schlangenröhre ab, und dieselbe Substanz
nimmt ihren flüßigen Zustand wieder an. Dies geschieht nicht

bei der zusammengesetzten Destillation; in dieser Operation
findet absolute Zerlegung der Substanz statt, die der Destillation unterworfen ist: eine Portion als Kohle bleibt in der
Retorte sitzen, alles übrige wird in eine große Anzahl Arten
von Gas verwandelt. Einige lassen sich durch Abkältung verdichten, und erscheinen wieder unter fester und flüßiger Gestalt; andre bleiben beständig im luftartigen Zustande: diese
lassen sich vom Wasser verschlucken, jene vom Laugensalze;
endlich lassen sich einige von keiner Substanz verschlucken.
Ein gewöhnlicher Destillir-Apparat und ein solcher, als ich
welche im vorigen Abschnitte beschrieben habe, würde nicht
hinreichend seyn, so mannichfaltige Produkte zu fassen und
von einander zu scheiden: man muß also seine Zuflucht zu
verwickelten Mitteln nehmen.

Ich könnte hier historisch die Versuche aufstellen; welche
nach und nach sind gemacht worden, um die luftartigen Produkte, welche bei Destillationen entwickelt werden, aufzufassen; dies würde eine Gelegenheit seyn, Hales, Rouelle, Woulfe
und noch andre berühmte Chemiker anzuführen; allein da ich
mirs zum Gesetz gemacht habe, so bestimmt kurz als möglich
zu seyn, so hielt ich dafür daß es besser wäre, gleich den voll-
kommensten Apparat zu beschreiben, als die Leser durch eine
Aufzählung fruchtloser Versuche zu ermüden, welche zu einer
Zeit gemacht wurden, wo man erst nur sehr unvollkommne
Ideen über die Natur der Gase überhaupt hatte. Der Apparat,
den ich jetzt beschreiben werde, ist zu der verwickelsten aller
Destillationen bestimmt: man wird ihn nachher nach der Beschaffenheit der Operationen vereinfachen können.

A, Abb. 2, Fig. 1. stellt eine Retorte vor, die bei H tubulirt
ist, deren Hals B mit einem Ballon G C zusammengefügt ist.
Der Ballon hat zwei Oeffnungen. In die obere Oeffnung D,
paßt eine gläserne Röhre D E f g welche mit ihrem Ende g in
die Flüßigkeit taucht, die in der Flasche L enthalten ist. Neben
der Flasche L, welche bei x x x tubulirt ist, stehen drei andre
Flaschen L', L'', L''', welche ebenfalls drei Mündungen oder
Hälse haben x', x', x'; x'', x'', x''; x''', x''', x'''. Jede Flasche steht

durch eine Glasröhre x y z', x' y' z'', x'' y'' z''' in Verbindung;
endlich ist an der dritten Mündung der Flasche L''' eine Röhre
x''' R M angebracht, welche sich unter eine gläserne Glocke
endigt, die auf dem Träger der pneumatisch-chemischen Ge-
5   räthschaft steht. Gemeiniglich thut man in die erste Flasche
ein genau bekanntes Gewicht destillirtes Wasser, und in die
drei andern in Wasser verdünntes ätzendes Pflanzenalkali: die
⇨   Tara dieser Flaschen und das Gewicht der alkalinischen Flüßigkeit, welche sie enthalten, müssen sehr sorgfältig bestimmt
10 werden. Nach dieser getroffenen Einrichtung verküttet man
alle Fugen, nämlich die B der Retorte am Ballon; und die D
der obern Mündung des Ballons mit fettem Kütt *(lut gras)* und
schlägt ein Stück Leinwand, das mit Kalk und Eyweiß getränkt ist, darüber; die andern aber verküttet man mit einem
15 Kütt aus gekochtem Terpenthin, der mit Wachs zusammen-
geschmolzen ist.

Man sieht aus diesen Vorrichtungen, daß wenn man unter
der Retorte A Feuer gemacht, und wenn die in ihr enthaltene
Substanz sich zu zerlegen angefangen hat, die wenigen flüch-
⇨ 20 tigen Produkte sich verdichten und im Halse der Retorte sub-
limiren, und daß sich vorzüglich an dem Orte die verdichteten
Substanzen ansammeln müssen: daß flüchtige Stoffe so wie
leichte Oele, Ammoniak und viele andre Substanzen sich in
dem Kolben G C verdichten; daß die Gase hingegen, die
25 durch die Kälte nicht verdichtet werden können, durch die in
den Flaschen L L' L'' L''' enthaltenen Flüßigkeiten Blasen
schlagen müssen; daß alles, was vom Wasser verschluckt werden kann, in der Flasche L bleiben muß; daß alles, was sich
vom Laugensalze verschlucken läßt, in den Flaschen L' L'' L'''
30 bleiben muß; endlich daß die Gase, welche sich weder vom
Wasser, noch von Laugensalzen verschlucken lassen, durch die
Röhre R M durchgehen, die man am Ende derselben in gläsernen Glocken auffangen kann. Daß endlich das was sonst
⇨   *caput mortuum* genannt wurde, die Kohle und die Erde, als
35 durchaus feuerbeständig, in der Retorte bleiben müssen.

Bei dieser Art zu verfahren, hat man immer einen materi-

ellen Beweis von der Richtigkeit des Resultats; denn das Gewicht der Stoffe überhaupt muß vor und nach der Operation
einerlei seyn: hat man also z. B. acht Unzen arabisches Gummi
oder Kraftmehl in der Operation, so werden alle Gewichte,
nämlich das Gewicht des kohligten Rückstandes, der in der
Retorte A nach der Operation bleiben wird, ferner das Gewicht der im Kolben G C und dessen Halse angesammelten
Produkte, ferner das Gewicht des in der Glocke M angesammelten Gases, und endlich das durch die Flaschen L L' L" L'''
vermehrte Gewicht; alle diese Gewichte, sage ich, werden zusammen acht Unzen ausmachen. Hat man mehr oder weniger,
so ist ein Versehen dabei vorgegangen, und der Versuch muß
von Neuem angefangen werden, bis man ein Resultat erhält,
damit man zufrieden seyn kann, und welches kaum auf ein
Pfund Stoff, der zum Versuch genommen wurde, sechs oder
acht Gran abweicht.

Ich habe bei dergleichen Versuchen eine lange Zeit Schwie-
rigkeiten angetroffen, die fast unüberwindlich waren, und die
mich davon gänzlich abgehalten haben würden, wenn mirs
nicht endlich gelungen wäre sie mit einem sehr einfachen
Mittel aus dem Wege zu räumen, dazu mir Hr. Hassenfratz die
Idee gegeben hat. Die geringste Verminderung des Ofenfeuers
und viele andre von dergleichen Versuchen unzertrennliche
Umstände, verursachen oft Reabsorbtionen des Gases, das
Wasser im Zuber steigt schnell durch die Röhre x''' R M in die
Flasche L''': dasselbe geschieht von einer Flasche zur andern,
und oft steigt die Flüßigkeit bis in den Ballon C. Diesen Unfällen kann man zuvorkommen, wenn man Flaschen mit drei
Mündungen dazu nimmt, und an eine davon eine Haarröhre
macht s t, s' t', s" t", s''' t''', die mit ihrem Ende in die Flüßigkeit der Flaschen tauchen muß. Geschieht eine Absorbtion, es sey nun im Kolben oder in einigen Flaschen, so tritt
durch diese Röhren äußere Luft ein, die den entstandnen leeren Raum ausfüllt, und man hat weiter nichts als ein kleines
Gemisch gemeiner Luft in den Produkten; der Versuch aber
hat wenigstens nicht ganz fehlgeschlagen. Diese Röhren kön-

nen wohl äußere Luft zulassen, aber keine herauslassen, weil
sie beständig unter t t' t'' t''' durch die Flüßigkeit in den Flaschen zugestopft sind.

Man begreift, daß während des Verlaufs des Versuchs die
Flüßigkeit der Flaschen in einer jeden dieser Röhren bis auf
eine Höhe steigen muß, welche dem Drucke, den die Luft
oder das in der Flasche enthaltene Gas erleidet, angemessen ist;
dieser Druck wird aber durch die Höhe und durch das Gewicht der Säule Flüßigkeit bestimmt, welche in allen folgenden Flaschen enthalten ist. Nimmt man also an, daß drei Zoll
Flüßigkeiten in jeder Flasche ist, daß die Höhe des Wassers der
Wanne ebenfalls drei Zoll über die Mündung der Röhre R M
ist, endlich daß die specifische Schwere der in den Flaschen
enthaltenen Flüßigkeiten nicht merklich von der des Wassers
abweicht; so wird die Luft der Flasche L von einem Gewichte
gedrückt werden, das dem einer Wassersäule von 12 Zoll gleich
kommt. Das Wasser wird also 12 Zoll hoch in der Röhre s t
steigen, woraus folgt, daß man dieser Röhre mehr als 12 Zoll
Länge über dem Niveau der Flüßigkeit a b geben muß. Die
Röhre s' t' muß aus eben dem Grunde mehr als 9 Zoll, die
Röhre s'' t'' mehr als 6 Zoll und die Röhre s''' t''' mehr als 3
Zoll haben. Uebrigens muß man diesen Röhren eher mehr als
weniger Länge wegen der Schwingungen geben, die oft statt
haben. In einigen Fällen ist man genöthigt eine ähnliche
Röhre zwischen die Retorte und dem Ballon anzubringen; da
aber diese Röhre nicht in das Wasser taucht, da sie nicht von
der Flüßigkeit verstopft wird, wenigstens nicht eher als bis
welche durch den Fortgang der Destillation hineintritt, so
muß man die obere Oeffnung ein wenig verkütten, und sie nur
im Nothfall öffnen, oder wenn genug Flüßigkeit im Kolben C
ist, um das Ende der Röhre zuzumachen.

Der Apparat, den ich oben beschrieben habe, kann nicht zu
genauen Versuchen genommen werden, so oft als die Stoffe,
die man bearbeiten will, zu schnell aufeinander wirken, oder
wenn einer von beiden nur nach und nach und in kleinen
Theilen eingebracht werden soll, wie es bei den Mischungen

zu geschehen pflegt, die heftig aufbrausen. Man bedient sich
denn einer Tubulier-Retorte A, Abb. 1, Fig. 1. Man thut eine
von beiden Substanzen hinein, und vorzugsweise die trockne,
dann paßt und küttet man an die Mündung eine krumme
Röhre B C D A deren oberes Ende B in einen Trichter, und das
andre Ende A in eine Haarröhre ausgeht: durch den Trichter B
dieser Röhre gießt man die Flüßigkeit. Die Höhe B C muß
groß genug seyn, damit die Flüßigkeit welche man hineinlas-
sen will mit dem Wiederstande, welcher durch die in den
Flaschen L L' L" L'", Abb. 2, Fig. 1. enthaltne Flüßigkeit veranlaßt wurde, im Gleichgewicht stehe.

Die nicht gewohnt sind sich des eben beschriebenen De-
stillir-Apparats zu bedienen, werden gewiß über die große
Menge Oeffnungen erstaunen, die alle müssen verküttet werden, und über den Zeitaufwand, den die Vorrichtungen zu
dergleichen Versuchen erfordern; in der That dauern die Vor-
bereitungen weit länger, als die Versuche selbst, wenn das Ab-
wägen, das vor und nach dem Versuche geschehen muß, mit in
Rechnung kommt. Allein man ist auch für seine Mühe ent-
schädigt, wenn der Versuch gelingt, und man erlangt bei ei-
nemmale mehr Kenntnisse über die Natur der animalischen
oder vegetabilischen Substanz, die man der Destillation unterworfen hat, als durch eine mehrere Wochen lang emsig fort-
gesetzte Arbeit.

In Ermangelung dreifach tubulirter Flaschen nimmt man
welche mit zwei Hälsen: ja man kann auch drei Röhren in eine
und ebendieselbe Oeffnung stecken, und gewöhnliche Flaschen (à gouleaux renversés) mit umgeschlagener Mündung
dazu nehmen, in sofern nur die Oeffnung groß genug ist. Man
muß auf die Flasche Stöpsel besorgen, die man mit einer sehr
feinen Feile abstumpft, und in einer Mischung von Oel,
Wachs und Terpenthin kochen läßt. Durch diese Stöpsel stößt
man mit einer langen runden Feile (queue de rat) so viele Löcher als zum Durchgange der Röhren nöthig sind.

§. 2.
Von den metallischen Auflösungen.

Ich habe schon gezeigt wie groß der Unterschied zwischen der Lösung und der metallischen Auflösung war, als ich von dem Lösen *(solutio)* der Salze in Wasser, sprach. Man hat gesehen, daß das Lösen der Salze keinen besondern Apparat erforderte, und daß jedes Gefäß sich dazu schickt. Dies ist aber nicht der Fall bei der Auflösung der Metalle; um bei dieser letztern nichts zu verlieren, und um wahrhaft schlüssige Resultate zu erhalten, muß man sehr verwickelte Apparate dazu nehmen, deren Erfindung durchaus den Chemikern unsers Zeitalters gehört.

Die Metalle überhaupt lösen sich in Säuren mit Brausen auf; die Wirkung aber, der man den Namen Brausen beilegte, ist nichts anders als eine Bewegung die in der auflösenden Flüßigkeit durch die Entwickelung einer großen Anzahl Luftblasen oder luftartiger Flüßigkeiten erregt wird, die von der Oberfläche des Metalls abfahren, und im Herausgehen aus der auflösenden Flüßigkeit zerplatzen.

Herr Cavendish und Herr Priestley sind die ersten, welche sehr einfache Apparate zum Auffangen dieser elastischen Flüßigkeiten erfunden haben. Der des Herrn Priestley besteht aus einer Flasche die mit einem Korkpfropf zugestopft ist, der in seiner Mitte durchbohrt ist, und eine gläserne gekrümmte Röhre durchläßt, die unter Glocken geht, die mit Wasser ausgefüllt sind, und umgekehrt in einem vollen Wasserbecken stehen: erst thut man das Metall in die Flasche, gießt Säure darauf, und stopft sie mit dem Propfe zu, der mit seiner Röhre versehen ist.

Allein dieser Apparat ist nicht ganz ohne Fehler, wenigstens bei sehr genauen Versuchen. Erstlich, wenn die Säure sehr koncentrirt ist und das Metall sehr getheilt, so fängt das Brausen oft an, ehe man noch Zeit gehabt hat die Flasche zuzustopfen; es geht Gas verloren, und man kann nicht mehr die

Quantität mit Genauigkeit bestimmen. Zweitens destillirt in
allen Operationen, wobei man heitzen muß, ein Theil Säure
über und vermischt sich mit dem Wasser des Zubers; so daß
man sich in der Berechnung der zerlegten Quantitäten Säure
irrt. Endlich drittens verschluckt das Wasser des Zubers alle
Gase, die sich mit dem Wasser verbinden lassen, und man
kann sie unmöglich ohne Verlust sammeln.

Um diesen Uebeln abzuhelfen, verfiel ich anfänglich auf
den Gedanken, an eine Flasche mit zwei Hälsen A, Abb. 1,
Fig. 3. einen gläsernen Trichter B C zu machen, und ihn da so
zu verkütten, daß keine Luft herausgehen könnte. In diesen
Trichter geht ein kristallener Stab D E, der mit dem Trichter
bei D mit Schmirgel abgestumpft ist, so daß er ihn wie der
Pfropf eines Flacon zuschließt.

Wenn man operiren will, so thut man zuerst den aufzulösenden Stoff in die Flasche A: man verküttet den Trichter,
stopft ihn mit dem Stabe D E zu, denn gießt man Säure hinein, die man in die Flasche in so geringer Quantität einlassen
kann, als man will, indem man allgemach das Stäbchen in die
Höhe zieht: diese Operation wiederholt man von Zeit zu Zeit,
bis man zum Sättigungspunkte gekommen ist.

Seitdem hat man ein anderes Mittel gebraucht, das denselben Zweck erreicht, und in gewissen Fällen den Vorzug verdient: ich habe davon im vorigen Paragraphe schon eine Idee
gegeben. Es besteht darin, an eine von den Mündungen der
Flasche A, Abb. 1, Fig. 4. eine gekrümmte Röhre D E F G zu
bringen, die bei D eine haardünne Oeffnung, und bei G in
einen an die Röhre angeschweißten Trichter ausgeht; diesen
Trichter küttet man sorgfältig und fest in die Mündung C.
Gießt man einen kleinen Tropfen Flüßigkeit in die Röhre
durch den Trichter G, so fällt er in den Theil F; gießt man
noch etwas hinzu, so geht sie über die Krümmung E in die
Flasche A: das Fließen dauert solange fort, als man neue Flüßigkeit durch den Trichter G zugießt. Man sieht ein, daß sie
nie aus der Röhre E F G getrieben werden kann, und daß nie
Luft oder Gas aus der Flasche gehen kann; weil das Gewicht

der Flüßigkeit es verhindert, und die Stelle eines wahren
Pfropfs vertritt.

Um dem zweiten Uebel nämlich der Destillation der Säure
abzuhelfen, welche hauptsächlich bei solchen Auflösungen zu
geschehen pflegt, die von Wärme begleitet sind, macht man an
die Retorte A, Abb. 1, Fig. 1. einen kleinen tubulirten Kolben
M, welcher die Flüßigkeit aufnimmt, die sich verdichtet.

Um endlich die Gase zu scheiden, welche vom Wasser verschluckt werden, als z. B. kohlensaures Gas, fügt man noch
eine Flasche L mit zwei Hälsen hinzu, in welche man reines in
Wasser verdünntes Laugensalz thut; das Laugensalz verschluckt alles saure Kohlengas und es gehen gewöhnlich nicht
mehr als höchstens eine oder zwei Arten Gas durch die Röhre
N O unter die Glocke: in dem ersten Abschnitt dieses dritten
Theils hat man gesehen, wie man sie voneinander scheiden
konnte. Wenn eine Flasche Laugensalz nicht zureicht, so fügt
man noch drei bis vier andre hinzu.

§. 3.

Von den Apparaten, die zur weinichten und
faulen Gährung gehören.

Die weinnichte Gährung und die faule Gährung verlangen
besondere Apparate, und die einzig und allein zu solchen Versuchen bestimmt sind. Ich will gleich den beschreiben, den ich
meiner Einsicht nach vor allen andern behalten mußte, nachdem ich daran nach und nach eine große Menge Verbesserungen gemacht habe.

Man nimmt einen großen Kolben A, Abb. 4, in welchen
ohngefähr 12 Pinten gehen: man paßt daran eine kupferne
Zwinge a b die recht fest verküttet wird, und woran eine ge-
bogene Röhre c d geschraubt wird, welche mit einem Hahne e
versehen ist. An diese Röhre paßt eine Art Rezipient von Glas
der drei Pinten hält B, unter welchen eine Flasche C gesetzt ist,
womit er in Verbindung steht. Neben dem Rezipienten B ist

eine Glasröhre g h i, die bei g und bei i mit kupfernen Zwingen verküttet ist; sie ist bestimmt ein sehr leicht zerfließendes vermischtes Salz aufzunehmen, als salpetersauren oder meersalzsauren Kalk, essigsaures Pflanzenalkali u. s. w.

Auf diese Röhre folgen endlich zwei Flaschen D, E, die bis bei x y mit in Wasser aufgelößtem Laugensalze angefüllt sind, dem man die Kohlensäure gehörig geraubt hat.

Alle Theile dieses Apparats werden mit einander vermittelst in einander greifender Schrauben und Mutterschrauben vereinigt: die Berührungspunkte sind mit fettem Leder versehen, welches der Luft den Durchgang versagt: endlich hat jedes Stück zwei Hähne, so daß man es an beiden Enden verschließen, und so jedes zu allen Zeiten des Versuchs, so oft man es für gut befindet, wägen kann.

In den Ballon A thut man den gährungsfähigen Stoff, z. B. Zucker und Bierhefen, die in einer hinreichenden Quantität Wasser verdünnt worden, wovon das Gewicht genau bestimmt ist. Bisweilen, wenn die Gährung zu schnell ist, entsteht eine beträchtliche Quantität Schaum, der nicht bloß den Hals des Ballons ausfüllt, sondern in den Rezipienten B übergeht, und in die Flasche C fließt. Um diesen Gäsch (Schaum) zu sammeln, und zu verhindern, daß er nicht in die schmelzende Röhre übergeht, hat man den Rezipienten B, und der Flasche C eine ansehnliche Capacität gegeben.

In der Gährung des Zuckers, das heißt in der weinichten Gährung, wird nur Kohlensäure entwickelt, welche etwas Wasser mit sich nimmt, das von ihr in Auflösung gehalten wird. Sie setzt bei ihrem Durchgange durch die Röhre g b i, worin ein schmelzbares Salz in grobem Pulver ist, einen großen Theil davon ab, welche Quantität man durch die Vermehrung des Gewichts, die das Salz erhalten hat, erkennen kann. Eben diese Kohlensäure wallt in der laugensalzigen Flüßigkeit der Flasche D auf, worin sie durch die Röhre k l m geleitet wird. Die kleine Portion, welche von dem in dieser ersten Flasche befindlichen Laugensalze gar nicht verschluckt worden war, entgeht der zweiten E nicht, und gewöhnlich

kommt durchaus nichts unter die Glocke F, außer etwa gewöhnliche Luft, welche zu Anfang des Versuchs in den leeren
Gefässen enthalten war.

Derselbe Apparat kann auch zu den faulen Gährungen dienen; aber alsdann geht eine beträchtliche Quantität wasserzeugendes Gas durch die Röhre q r s t u, das in die Glocke F
aufgenommen wird; und da die Entwickelung schnell ist, vorzüglich im Sommer, so muß man sie oft wechseln. Diese Gährungen erfordern darum eine beständige Überwachung, da
hingegen die weinnichte Gährung keine erfordert.

Man sieht, daß man vermittelst dieses Apparats mit einer
großen Bestimmtheit das Gewicht der zur Gährung genommenen Stoffe, und das Gewicht aller flüßigen oder luftartigen
Produkte, die sich daraus entwickelt haben, erfahren kann.
Die Erläuterungen in die ich mich über das Resultat der wein-
nigten Gährung eingelassen habe, wird man in dem dreizehn-
ten Abschnitt des ersten Theils dieses Werks, Seite 74 bis 83,
finden.

§. 4.
Besondrer Apparat zur Zerlegung des Wassers.

Ich habe schon in dem ersten Theile dieses Werks, im achten
Abschnitt die Versuche erläutert, welche sich auf die Zerlegung des Wassers beziehen; ich werde also unnütze Wieder-
holungen vermeiden und mich bloß auf sehr kurzgefaßte Beobachtungen einschränken. Die Stoffe, welche die Eigenschaft
haben, das Wasser zu zerlegen, sind vorzüglich das Eisen und
die Kohle; allein sie müssen deshalb in Glühhitze versetzt werden: ohne diese Bedingung verwandelt sich das Wasser bloß in
Dünste und wird nachher durch die Abkältung wieder verdichtet, ohne die geringste Veränderung erlitten zu haben: bei
einer Glühhitze hingegen rauben das Eisen und die Kohle dem
Wasserstoffe den säurezeugenden Stoff; im ersten Falle entsteht schwarzoxidirtes Eisen, und der Wasserstoff wird frei und

rein, in Gasform entwickelt; im zweiten Falle entsteht kohlensaures Gas, welches sich gemischt mit gasförmigem Wasserstoff entwickelt, und dieser letztere ist gemeiniglich kohlen-
gesäuert.

Um das Wasser durch das Eisen zu zerlegen, bedient man
sich mit Vortheil eines Büchsenlaufs, von dem man die
Schwanzschraube wegnimmt. Solche Läufe findet man bei
Krämern, die mit altem Eisen handeln. Man muß die längsten
und stärksten auslesen; wenn sie zu kurz sind und man besorgt, die Kütte möchten zu stark erhitzt werden, so läßt man
ein Stück von einer kupfernen Röhre fest anlöten *(souder en*
soudure forte). Man legt diese eiserne Röhre in einen länglich-
ten Ofen C D E F, Abb. 1, Fig. 11., indem man ihr eine um
einige Grade schiefe Lage von E nach F giebt: diese schiefe
Lage muß etwas größer seyn als sie in der Fig. 11. vorgestellt ist.
Man macht an den obern Theil E dieser Röhre, eine gläserne
Retorte, worin Wasser ist und die auf einem Ofen V V X X
steht. Das unterste Ende F küttet man mit einer Schlangenröhre S S' zusammen, welche mit einem tubulirten Flacon H
in Verbindung steht, worin sich das Wasser sammelt, das der
Zerlegung entgangen ist. Das Gas endlich, das entwickelt
wird, wird in die Wanne geführt, wo es unter Glocken aufgefangen wird und zwar durch die Röhre K K die an der Mündung K der Flasche H angebracht ist. Statt der Retorte A kann
man einen Trichter dazu nehmen, der unten mit einem Hahne
geschlossen wird, und durch welchen man das Wasser trop-
fenweise durchläßt. Sobald das Wasser zu dem erhitzten Theile
der Röhre gelangt ist, verdunstet es, und der Versuch geht eben
so von statten, als wenn es vermittelst der Retorte A in Dunst-
form herbeigeführt worden wäre.

Bei dem Versuche, welchen Hr. Meusnier und ich, in Gegenwart der *Commissairs* der Akademie angestellt haben, ver-
säumten wir nichts, um die möglichst größte Bestimmtheit in
den Resultaten zu erhalten; ja wir trieben sogar die Bedenk-
lichkeit so weit, daß wir die Gefässe luftleer machten, ehe wir
den Versuch anfingen, damit das wasserzeugende Gas, das wir

erhalten würden, frei von aller Mischung mit azotischem Gas
wäre. Wir werden der Akademie in einer ausführlichen Abhandlung die erhaltenen Resultate vorlegen.

Bei einer großen Anzahl von Untersuchungen ist man genöthigt statt des Büchsenlaufs Röhren von Glas, Porzellan
oder Kupfer zu nehmen. Allein die erstern haben nur den
Nachteil, daß sie leicht schmelzen; denn sofern der Versuch
nur ein wenig nicht in Acht genommen wird, so fällt die Röhre
platt zusammen, und wird verunstaltet. Die Röhren von Porzellan aber sind meistentheils von einer unendlichen Menge
kleiner Löcher durchbohrt, die kaum bemerkt werden, wodurch das Gas verfliegt, besonders wenn es von einer Wassersäule zusammengedrückt wird. Darum habe ich mir eine
Röhre von reinem Kupfer angeschaft, welche Hr. von Brische
die Güte gehabt hat, unter seiner Aufsicht in Strasburg gießen
und bohren zu lassen. Diese Röhre ist sehr bequem um die
Zerlegung des Alkohols zu bewirken: denn man weiß in der
That, daß, wenn es der Glühhitze ausgesetzt wird, es sich in
Kohlenstoff, in kohlensaures Gas, und in wasserzeugendes Gas
auflößt. Dieselbe Röhre kann gleichfalls zur Zerlegung des
Wassers durch Kohlenstoff und zu einer großen Anzahl von
Versuchen dienen.

§. 5.
Von der Bereitung und Anwendung der Kütte.

Wenn man in einer Zeit, wo man einen großen Theil der
Produkte der Destillation verlor, wo man alles was sich unter
Gasform abschied, gar nicht in Rechnung brachte, mit einem
Worte, wo man keinen genauen und strengen Versuch machte
– schon die Nothwendigkeit einsah, die Versuche der Destillir-
Apparate recht gut zu verkleben; um wieviel wichtiger ist diese
Hand- und mechanische Operation nicht geworden, seitdem
man sich es nicht mehr gestattet, etwas bei Destillationen und
bei Auflösungen zu verlieren, seitdem man verlangt, daß eine

große Anzahl miteinander in Verbindung gesetzter Gefässe so
wirken, als wenn sie nur aus einem einzigen Stücke beständen,
und hermetisch verschlossen wären; seitdem man endlich
nicht mehr mit Versuchen zufrieden ist, als in sofern die Sum-
men des Gewichts der erhaltenen Produkte dem Gewichte der 5
zum Versuche genommenen Stoffe gleich ist.

Die erste Bedingung, die man von jedem Kütt verlangt, der
zum Verschließen der Fugen der Gefässe bestimmt ist, besteht
darin, daß er so undurchdringlich seyn muß, als das Glas
selbst, so daß kein Stoff, er sey so fein als er wolle, ausgenom- 10
men der Wärmestoff, ihn durchdringen könne. Ein Pfund
Wachs mit anderthalb oder zwei Unzen Terpenthin zusam-
mengeschmolzen, erfüllet sehr diesen ersten Zweck; es entsteht daraus ein Kütt, der sich recht gut behandeln läßt, der
sich fest an das Glas anhängt, und der sich nicht leicht durch- 15
dringen läßt: man kann ihm mehr Consistenz geben, und ihn
mehr oder weniger hart, mehr oder weniger trocken, mehr
oder weniger geschmeidig machen, wenn man verschiedne
Harze damit versetzt. Diese Klasse von Kütten hat das Gute,
daß sie durch die Hitze wieder weich werden; dies macht sie 20
bequem um sogleich die Fugen der Gefässe zu verschließen:
allein, so vollkommen sie auch sind, um die Gase und die
Dünste zurückzuhalten, so fehlt doch viel daran, daß sie allgemein gebraucht werden könnten. Fast in allen chemischen
Operationen werden die Kütte einer ansehnlichen Hitze aus- 25
gesetzt, die oft den Grad des siedenden Wassers übersteigt:
nun werden aber bei diesem Grade die Harze wieder weich, ja
fast flüßig, und die ausdehnenden Dünste die in den Gefässen
enthalten sind, schaffen sich bald einen Ausweg und quellen
durch. 30

Man hat also seine Zuflucht zu Stoffen nehmen müssen, die
der Hitze besser wiederstehen können, und dieser folgende
Kütt ist es, bei dem die Chemisten nach vielen Versuchen
stehen geblieben sind; nicht als wenn er keine Fehler hätte, wie
ich sie bald anzeigen werde, sondern weil es im Ganzen ge- 35
nommen derjenige ist, welcher das meiste Gute an sich hat.

Ich werde sogleich einige Erläuterungen über seine Bereitung und über seine Anwendung geben: eine lange Erfahrung dieser Art hat mich in den Stand gesetzt, andern eine große Anzahl Schwierigkeiten zu ersparen.

Die Art Kütt, von der ich gegenwärtig rede, ist allen Chemikern unter dem Namen *(lut gras)* fetter Kütt bekannt. Um ihn zu bereiten, nimmt man ungebrannten reinen und sehr trocknen Thon; macht ihn zu einem feinen Pulver, und siebt ihn durch das seidne Haarsieb. Dann thut man ihn in einen gegossenen Mörser und stößt ihn viele Stunden lang mit einem schweren eisernen Pistill, indem man ihn von Zeit zu Zeit mit gesottenem Leinöl anfeuchtet, das heißt mit Leinöl, das man durch zugesetzte wenige Bleiglätte gesäuert und in einen trocknenden Zustand versetzt hat. Dieser Kütt ist noch besser und zäher, er setzt sich noch besser ans Glas an, wenn man statt des gewöhnlichen fetten Oels, fetten Börnsteinfirniß dazu nimmt. Dieser Firniß ist nichts anders als eine Auflösung von Börnstein oder gelbem Amber in Leinöl; aber diese Auflösung hat nur in sofern statt, als der Börnstein vorläufig allein geschmolzen worden ist; bei dieser vorläufigen Operation verliert er ein wenig Börnsteinsäure und ein wenig Oel. Der aus fettem Firniß gemachte Kütt ist, wie ich gesagt habe, dem aus bloßem Leinöl gemachten, etwas vorzuziehen; allein er ist viel theurer, und was er an Güte gewinnt, steht nicht mit dem steigenden Preise im Verhältnisse: auch wird er selten gebraucht.

Der fette Kütt wiedersteht sehr gut einer ziemlich heftigen Hitze; Säuren und geistige Flüßigkeiten können ihn nicht durchdringen; er legt sich sehr gut auf Metalle, auf Töpfergut, auf Porzellan und auf Glas an, in sofern sie nur vorher wohl getrocknet sind. Wenn sich zum Unglück während einer Operation, z. B. die Flüßigkeit während der Destillation, einen Ausweg macht, und nur ein wenig Feuchtigkeit durchgedrungen ist, es sey nun zwischen dem Glase und dem Kütte, oder zwischen den verschiedenen Lagen des Küttes selbst, so fällt es außerordentlich schwer die entstandenen Oeffnungen wieder zu verstopfen; und dies ist eins von den vorzüglichsten Uebeln, vielleicht das einzige, das sich beim Gebrauche des fetten Küttes einfindet.

Die Wärme macht diesen Kütt wieder weich, und selbst bis zum Punkte des Fließens; folglich muß er gehalten werden. Das beste Mittel ist, ihn mit Blasenstreiffen zu bedecken, die man naß macht und darum wickelt. Dann macht man ein Band mit starkem Faden über und unter dem Kütte, hernach schlägt man über den Kütt selbst und folglich über die Blase, die ihn bedeckt, den Faden vielmal herum: ein mit solcher Behutsamkeit angelegter Kütt, ist vor allen Unfällen geschützt.

Sehr oft läßt die Gestalt der Fugen der Gefässe nicht zu, einen Band anzulegen, und dies ist der Fall bei den Hälsen der Flaschen mit drei Mündungen: überdies wird viele Geschicklichkeit erfordert, um den Faden hinlänglich anzuziehen, ohne den Apparat zu erschüttern; und bei Versuchen, wo es viel zu verkütten giebt, würde man oft viele zerstöhren, um einen einzigen gehörig anzulegen. Alsdann nimmt man statt der Blase und des Bandes, Streiffen von Leinwand, die mit Eiweiß getränkt sind, worin man Kalk verdünnt hat. Man legt auf den fetten Kütt die noch feuchten Leinwandstreifen; in kurzer Zeit trocknen sie und erlangen eine ziemlich große Härte. Dieselben Streiffen kann man auf Kütte von Wachs und Harz legen. In Wasser verdünnter Tischlerleim kann auch statt des Eiweißes dienen.

Die erste Aufmerksamkeit, die man haben muß, ehe man irgend einen Kütt auf die Fugen der Gefässe auflegt ist, sie gehörig zu verbinden, und festzustellen, so daß sie nicht die geringste Bewegung machen können. Will man den Hals einer Retorte an den Hals eines Rezipienten verkütten, so müssen sie fast ineinander passen; ist dazwischen nur ein wenig Raum, so müssen die beiden Gefässe festgestellt werden, indem man zwischen ihre Hälse kleine sehr kurze Schwefelhölzer oder Propfe steckt. Ist das Mißverhältniß der beiden Hälse zu groß, so wählt man einen Pfropf der gerade in den Hals des Kolben

oder Rezipienten paßt; in die Mitte dieses Pfropfes macht man
ein rundes Loch, das die nöthige Größe hat, um den Hals der
Retorte einzulassen.

Dieselbe Vorsicht ist in Ansehung der gekrümmten Röhren
5   nöthig, welche an die Mündungen der Flaschen geküttet werden sollen, wie auf der Abb. 2, Fig. 1. Erstlich wählt man einen
Pfropf der gerade in die Mündung paßt; dann stößt man mit
einer Feile von der Art genannt *queue de rat*, ein Loch durch.
Wenn eine Mündung zwei Röhren aufnehmen soll, welches
10   sehr oft der Fall ist, besonders wenn ein Mangel an Flaschen
mit zwei oder drei Mündungen ist, so stößt man durch den
Pfropf zwei oder drei Löcher, damit er zwei oder drei Röhren
aufnehmen kann.

Erst dann, wenn der Apparat so fest gestellt ist, daß kein
15   Theil wackeln kann, muß man mit den Verkütten anfangen.
Man macht sogleich zu diesem Ende den Kütt weich, indem
man ihn knetet; bisweilen, besonders im Winter, ist man sogar
genöthigt, ihn ein wenig zu erwärmen: nachher rollt man ihn
zwischen den Fingern, um kleine Cylinder daraus zu machen,
20   die man auf die Gefässe legt, welche man verkütten will, indem man sie sorgfältig auf das Glas auflegt und platt drückt,
damit sie daran hangen bleiben. Zu dem ersten kleinen Cylinder, fügt man einen zweiten, den man auch platt drückt, aber
so daß sein Rand auf dem vorhergehenden zu liegen kommt,
25   und so fort. So einfach auch diese Arbeit ist, so versteht sie
doch nicht ein Jeder gut zu machen, und man sieht nicht
selten viele Personen, die damit so wenig umzugehen wissen,
daß sie sehr oft ohne glücklichen Erfolg solche Verküttungen
wieder von vorne anfangen müssen, da hingegen andre sicher
30   und zum erstenmale damit fertig werden. Wenn der Kütt aufgelegt ist, so bedeckt man ihn, wie ich erwähnt habe, mit Blase,
die gut mit Zwirn umwunden und fest angezogen wird, oder
auch mit Leinwandstreiffen, die mit Eiweiß und Kalk getränkt
sind. Ich muß noch wiederholen, daß man beim Verkütten
35   und Verbinden sehr behutsam zu Werke gehen muß, damit
nicht alles andre erschüttert werde; sonst würde man sein ei-

genes Werk zerstöhren, und nie mit dem Verschließen der
Gefässe fertig werden.

Man muß nie einen Versuch anfangen, ohne vorläufig die
Verküttungen untersucht zu haben. Zu dem Ende ists genug,
entweder die Retorte A, Abb. 2, Fig. 1. sehr leicht zu erwär- 5
men, oder durch einige der Röhren s s' s" s''' Luft einzublasen;
die Veränderung des Drucks, die daraus entsteht, muß das
Niveau der Flüßigkeit in allen Röhren ändern; verliert aber der
Apparat irgendwo Luft, so steigt die Flüßigkeit bald auf ihr
Niveau zurück; im Gegentheile aber, wenn der Apparat gut 10
verschlossen ist, bleibt sie beständig, entweder darüber oder
darunter.

Man muß nicht vergessen, daß von der Art zu verkütten,
von der Geduld und von der Genauigkeit die man dabei zeigt,
alle glücklichen Fortschritte der neuern Chemie abhängen: es 15
giebt also keine Operation, die mehr Sorgfalt und Aufmerksamkeit erfordert.

Man könnte den Chemikern, und vorzüglich den pneumatischen Chemikern einen großen Dienst erzeigen, wenn
man sie in den Stand setzte, der Kütte zu entbehren, oder 20
wenigstens die Anzahl derselben beträchtlich zu verringern.
Anfänglich wollte ich Apparate machen lassen, deren Theile
sämmtlich mit eingeriebenen Stöpseln verschlossen würden,
so wie mit Bergkristall zugestopfte Flacons; allein die Ausführung war für mich mit zu großen Schwierigkeiten verbunden. 25
Meiner Meinung nach war es besser, statt der Kütte einige
Linien hohe Quecksilbersäulen dazu zu nehmen. Ich habe in
dieser Absicht mir einen Apparat machen lassen, davon ich
gleich die Beschreibung geben will, weil man ihn, wie es mir
scheint, in sehr vielen Fällen bequem und mit Nutzen wird 30
gebrauchen können.

Er besteht aus einer Flasche A, Abb. 7, Fig. 12. die eine doppelte Mündung hat; die innere b c steht mit dem Innern der
Flasche in Verbindung; die andere äußere d e, läßt zwischen
sich und der vorhergehenden einen Zwischenraum, der rund 35
herum eine tiefe Rinne d b, c e macht, worein das Quecksilber

gethan wird. In diese Rinne tritt und paßt der gläserne Deckel
B ein. Unten hat er Ausschnitte für den Durchgang der Röhren die zur Entwickelung der Gase bestimmt sind. Anstatt daß
diese Röhren gradezu in die Flasche A tauchen, wie bei gewöhnlichen Apparaten, so drehen sie sich vorher, wie man es
Fig. 13. sieht, um in die Rinne tief einzutreten, und um unter
die Ausschnitte des Deckels B zu kommen: sodann steigen sie
wieder in die Höhe, um in die Flasche zu kommen, indem sie
über den Rand des Innern weggehen.

Es ist leicht einzusehen, daß, wenn die Röhren an Ort und
Stelle gebracht sind, wenn der Deckel B fest aufgesetzt ist, und
wenn die Rinne d b, c e mit Quecksilber angefüllt worden ist,
die Flasche verschlossen und mit dem Äußern nur vermittelst
der Röhren in Verbindung steht.

Ein Apparat von der Art wird bei sehr vielen Versuchen sehr
bequem seyn; allein man wird ihn nur bei der Destillation
solcher Stoffe gebrauchen können, die auf das Quecksilber
nicht wirken. Hrn. Seguin, dessen thätige und verständige
Hülfsleistungen mir so oft nützlich gewesen sind, hat sogar
schon in den Glashütten Retorten bestellt, die hermetisch mit
Rezipienten verbunden sind; so daß es möglich seyn würde, es
dahin zu bringen, aller Kütte zu entbehren. Man sieht Abb. 7,
Fig. 14. einen Apparat, der nach den hier angegebenen Grundsätzen eingerichtet ist.

II.

Jan Frercks
Kommentar

J. Frercks und J. Jost, *Lavoisier*, Klassische Texte der Wissenschaft,
https://doi.org/10.1007/978-3-662-67257-0_2

Inhalt

1. Einleitung

Im Jahr 1789 publizierte der französische Chemiker Antoine Laurent Lavoisier (1743-1794) sein Hauptwerk, den *Traité élémentaire de chimie*. 1792 ließ Sigismund Friedrich Hermbstaedt (1760-1833) eine deutsche Übersetzung unter dem Titel *System der antiphlogistischen Chemie* erscheinen. Die vorliegende Ausgabe macht diese Übersetzung – gekürzt – erstmals seit 1802, dem Jahr der zweiten Auflage, wieder verfügbar.

In seinem *System der antiphlogistischen Chemie* faßte Lavoisier systematisch seine vielfältigen experimentellen, theoretischen und konzeptionellen Arbeiten der vorangegangenen 20 Jahre zusammen: die Sauerstofftheorie, zugleich eine Theorie der Verbrennung und eine Theorie der Säuren, die Theorie der Gase, die konsequente Verwendung quantitativer Analysen mit zum Teil sehr komplexen und teuren Apparaten und nicht zuletzt die reformierte Nomenklatur chemischer Stoffe.

Diese Errungenschaften sind für die weitere Entwicklung der Chemie von solch fundamentaler Bedeutung, daß man in bezug auf sie von der »Chemischen Revolution« spricht. Die Frage, inwieweit diese Neuerungen allein das Werk Lavoisiers sind und – wichtiger noch – ob sie eine wissenschaftliche Revolution innerhalb der Chemie oder gar den Beginn wissenschaftlicher Chemie überhaupt ausmachen, hat die Auseinandersetzung mit Lavoisier schon zu seinen Lebzeiten geprägt und ist bis heute eine der zentralen Fragen der Historiographie der Chemie. Diese Leitfrage wird auch diesen Kommentar strukturieren.

Selbstverständlich drängt sich auch die Frage nach dem Verhältnis zwischen wissenschaftlicher und politischer Revolution auf. Die zeitliche Nähe – der *Traité* erschien im Februar 1789, also nur fünf Monate vor dem Sturm auf die Bastille – ist gewiß Zufall, aber ansonsten gab es vielfältige Bezüge zwischen Chemie und Politik. Zahlreiche Chemiker hatten vor und während der Revolution politische Ämter inne. Mit der *Académie royale des sciences*, die 1793 geschlossen und 1795 als *Première classe* des *Institut national des sciences et des arts* wiedereröffnet wurde, hatte die französische Wissenschaft eine zentrale, staatlich kontrollierte Institution, die maßgeblich bestimmte, was in Frankreich als richtige Wissenschaft galt.

Lavoisier selbst wurde ein Opfer der Französischen Revolution. Seine Beteiligung an der *Ferme générale*, einem privaten Unternehmen, das die Lizenz besaß, für den Staat Zölle und Steuern auf Salz, Tabak und Alkohol einzutreiben, wurde ihm zum Verhängnis. Im November 1793 wurde er gemeinsam mit 27 anderen *Fermiers* in Arrest genommen und angeklagt. Auch wenn Lavoisier kein konkretes Verbrechen nachgewiesen werden konnte, stand die *Ferme générale* für das verhaßte *Ancien régime*, und Lavoisier wurde am 8. Mai 1794 auf der Guillotine hingerichtet.

1.1 Lavoisier und die Chemische Revolution

»Die Chemie ist eine französische Wissenschaft; sie wurde von Lavoisier unsterblichen Angedenkens begründet.« Mit diesem Satz läßt Charles Adolphe Wurtz (1817-1884) seine Chemiegeschichte beginnen.[1] Dieses Pathos ist offensichtlich zeitbe-

---

1 Charles Adolphe Wurtz, *Histoire des doctrines chimiques depuis Lavoisier jusqu'à nos jours*, Paris, London, Leipzig 1869, S. 1. Zitiert nach Bernadette Bensaude-Vincent, »Lavoisier. Eine wissenschaftliche Revolution«, in: Michel Serres (Hg.), *Elemente einer Geschichte der Wissenschaften*. Übersetzt von Horst Brühmann, 2. Aufl., Frankfurt/M. 2002, S. 644-685, hier S. 682. In Alphons Oppenheims deutscher Übersetzung, Charles Adolphe Wurtz, *Geschichte der chemischen Theorien seit Lavoisier bis auf unsere Zeit*, Berlin 1870, S. 1, sind hingegen Lavoisiers Arbeiten und nicht das Andenken der Person unsterblich, und der Verweis auf Frankreich fehlt ganz: »Die Chemie, als Wissenschaft, ist durch die unsterblichen Arbeiten Lavoisier's begründet worden.«

dingt. Es ging um nationales Selbstbewußtsein und um die Etablierung der Chemie als wissenschaftlicher Disziplin zugleich.[2] Seit Pierre Eugène Marcellin Berthelots (1827-1907) Buch *La révolution chimique: Lavoisier* hat sich der Ausdruck »Chemische Revolution« für die tiefgreifenden Veränderungen in der Chemie in der zweiten Hälfte des 18. Jahrhunderts bis heute erhalten.[3] Dies ist insofern gerechtfertigt, als sowohl Lavoisier selbst als auch schon seine Zeitgenossen von einer Revolution sprachen. Berühmt geworden ist eine Notiz Lavoisiers in seinem Labortagebuch vom 20. Februar 1773, in der er schreibt: »Die Wichtigkeit des Gegenstands hat mich ermuntert, die ganze Arbeit wieder aufzunehmen, die mir dazu geschaffen schien, eine Revolution in der Physik und in der Chemie ins Werk zu setzen.«[4]

Nach Maurice Daumas verlief die Chemische Revolution – was den Beitrag Lavoisiers angeht – in fünf Phasen.[5] In der ersten Phase (1772-1775) stehen die Experimente zur Verbrennung und zur Zusammensetzung der Luft im Mittelpunkt, teilweise in Zusammenarbeit mit Jean-Baptiste Michel Bucquet (1746-1780). In der zweiten Phase (1775-1778) baute Lavoisier diese Erkenntnisse zu einer kohärenten Theorie der Verbrennung, der Atmung und der Säurebildung aus. Die dritte Phase (1781-1785), geprägt durch die Zusammenarbeit mit Pierre Simon Marquis de Laplace (1749-1827) und Jean Baptiste Marie Charles Meusnier de la Place (1754-1793), ermöglichte die Ausweitung der Theorie auf die Rolle des Wärmestoffs für die Gase und auf die Zusammensetzung des Was-

---

2 Mi Gyung Kim, »Lavoisier, the Father of Modern Chemistry?«, in: Marco Beretta (Hg.), *Lavoisier in Perspective. Proceedings of the International Symposium*, München 2005, S. 167-191.

3 Pierre Eugène Marcellin Berthelot, *La révolution chimique: Lavoisier. Ouvrage suivi de notices et extraits des registres inédits de laboratoire de Lavoisier*, Paris 1890.

4 Übersetzt nach dem Zitat in Henry Guerlac, *Lavoisier – The Crucial Year. The Background and Origin of His First Experiments on Combustion in 1772*, Ithaca/N.Y. 1961, S. 230.

5 Maurice Daumas, *Lavoisier. Théoricien et expérimentateur*, Paris 1955.

sers. In der vierten Phase (1785-1789) bestand Lavoisiers vordringlichste Aufgabe darin, seine Fachkollegen von seiner Theorie zu überzeugen und öffentlich gegen die Phlogistontheorie Stellung zu beziehen. Die fünfte, durch die Hinrichtung Lavoisiers abrupt beendete Phase (1789-1794) war geprägt von einer neuerlichen Hinwendung zu grundlegenden Experimenten, vor allem zur Bilanzierung physiologischer Prozesse, die er gemeinsam mit Armand François Séguin (1765-1835) durchführte.

Die Chemische Revolution stellt einen steten Referenzpunkt sowohl für die Wissenschaftstheorie als auch für die Wissenschaftsgeschichte dar. Eine der grundlegenden Fragen der Wissenschaftstheorie betrifft die großräumige Dynamik der Wissenschaft. Eine wissenschaftliche Revolution kann einen einmaligen Vorgang bezeichnen, in dem aus einer vorwissenschaftlichen Praxis ein für allemal eine Wissenschaft wird, die dann einen kontinuierlichen Fortschritt der Erkenntnisse ermöglicht. Aus dieser – oft als »positivistisch« bezeichneten – Sicht ist die Chemische Revolution ein nachgeholter Bestandteil der wissenschaftlichen Revolution, deren entscheidende Phase in anderen Fächern, etwa in der Physik, spätestens auf das 17. Jahrhundert angesetzt wird.

Diesem Verständnis nach stellt die Chemische Revolution eine Revolution *zur* Chemie als Wissenschaft dar. Unter einer wissenschaftlichen Revolution kann man aber auch eine Revolution *innerhalb* einer schon etablierten Wissenschaft verstehen, die diese dann in verschiedene Phasen teilt und damit ein lineares Fortschrittsmodell des Wissenszuwachses in Frage stellt. Das meistdiskutierte derartige Modell, Thomas Kuhns *Struktur wissenschaftlicher Revolutionen*, basiert auf der Chemischen Revolution.[6]

---

6 Thomas S. Kuhn, *Die Struktur wissenschaftlicher Revolutionen*. Zweite revidierte und um das Postskriptum von 1969 ergänzte Ausgabe, Frankfurt/M. 1976 (Erstausgabe 1962). Zum Verhältnis zwischen Kuhns Wissenschaftstheorie und der Chemischen Revolution siehe Paul Hoyningen-Huene, »Kuhn and the Chemical Revolution«, in:

Nach Kuhn besteht eine wissenschaftliche Revolution in der Ablösung eines fundamentalen forschungsleitenden Paradigmas durch ein anderes. Ausgangspunkt ist eine Krise der Normalwissenschaft, die sich in dem Überhandnehmen von Anomalien äußert. Anomalien können neue empirische Erkenntnisse sein, die mit dem herrschenden Paradigma nicht zu vereinbaren sind, aber auch Umdeutungen lange bekannter Tatsachen. Wenn ein Kandidat für ein neues Paradigma vorgeschlagen wird, das diese Anomalien beseitigen kann, kommt es zu einem offenen Konflikt. In der Regel versuchen dann die Anhänger des alten Paradigmas, durch Zusatzannahmen die Anomalien zu integrieren, um so das Paradigma zu retten.

Ein neues Paradigma bedeutet nun nicht einfach eine Erweiterung des bisherigen Wissens, sondern eine grundlegend andere Sichtweise. Wenn ein Paradigma einen Sachverhalt einfach erklärt, der von einem anderen nicht erklärt werden kann, sind die beiden jeweils in sich konsistenten Systeme inkommensurabel. Aber auch das neue Paradigma hat gewöhnlich Anomalien, darunter auch solche, die mit dem alten leicht gelöst werden konnten. Es ist daher nicht aufgrund logischer oder empirischer Argumente allein entscheidbar, welches das bessere Paradigma ist. »Besser« heißt dann vor allem fruchtbar für weitere Forschung. Ein neues Paradigma soll alte Probleme lösen, vor allem aber soll es neue schaffen, die dann normalwissenschaftlich angegangen werden.

Eine dritte Auffassung zur historischen Entwicklung der Wissenschaft stellt Gaston Bachelards *angewandter Rationalismus* dar.[7] Dieser verbindet die Fortschrittsidee des Positivis-

---

V. M. Abrusci et al. (Hg.), *Prospettive della logica e della filosofia della scienza. Atti del Covegno Triennale della Società Italiana di Logica e Filosofia delle Science, Roma, 3-5 gennaio 1996*, Pisa 1998, S. 483-498. Die dort vertretene These, daß die historischen Ereignisse genau mit Kuhns Theorie übereinstimmen, kann angesichts neuerer Forschungen allerdings nicht aufrechterhalten werden.

7 Gaston Bachelard, *Le rationalisme appliqué*, Paris 1949, teilweise verfügbar in Gaston Bachelard, *Epistemologie. Ausgewählte Texte.* Über-

mus mit der (freilich erst nach Bachelard entstandenen) Vorstellung inkommensurabler Phasen. Der Fortschritt ist aber nach Bachelard alles andere als ein Selbstläufer, sondern er muß durch psychoanalytische Selbstreinigungen immer wieder errungen werden. Wissenschaftsgeschichte als Epistemologie ist bei Bachelard die Bewußtmachung von Residuen vorwissenschaftlicher Denkweisen in der jeweils aktuellen Wissenschaft und somit Teil der Wissenschaften selbst. Sie dient der Ausmerzung dessen, was sie gerade erst ans Tageslicht gebracht hat. Alles, was vor diesen »epistemologischen Brüchen« liegt, wird als vorwissenschaftlich abgetan und ist dann aus der Perspektive der erreichten Wissenschaft nicht mehr verstehbar.

Solche wissenschaftstheoretischen und letztlich geschichtsphilosophischen Prämissen prägen selbstverständlich auch die Historiographie der Wissenschaften und speziell der Chemischen Revolution.[8] Dabei spielt der Zweck der Darstellung eine Rolle.

Die Historiographie der Chemie entstand aus der Chemie selbst und diente zunächst der Etablierung der Chemie als wissenschaftlicher Disziplin. Mit dem Entstehen einer eigenständigen professionellen Historiographie der Wissenschaft im 20. Jahrhundert wurde ein distanzierter Blick möglich, wenngleich über die »richtige« Anbindung und Ausrichtung der Chemiegeschichte (als Teil der Chemie, der Geschichtswissenschaften, der Philosophie oder als etwas ganz anderes) bis heute keine Einigkeit besteht.

---

setzt von Henriette Beese, Frankfurt/M., Berlin, Wien 1974. Siehe außerdem Gaston Bachelard, *Die Philosophie des Nein. Versuch einer Philosophie des neuen wissenschaftlichen Geistes*. Übersetzt von Gerhard Schmidt und Manfred Tietz, Wiesbaden 1978, Frankfurt/M. 1980 (Erstausgabe 1940); Gaston Bachelard, *Die Bildung des wissenschaftlichen Geistes. Beitrag zu einer Psychoanalyse der objektiven Erkenntnis*. Übersetzt von Michael Bischoff, Frankfurt/M. 1987 (Erstausgabe 1938).

8 Siehe dazu John G. McEvoy, »In Search of the Chemical Revolution. Interpretive Strategies in the History of Chemistry«, in: *Foundations of Chemistry* 2 (2000), S. 47-73.

Entsprechend differenzierter, aber auch unübersichtlicher sind heute die Auffassungen zur Chemischen Revolution und zur Rolle Lavoisiers. Ein Konsens ist jedenfalls nicht in Sicht. Läßt sich gegenwärtig überhaupt eine generelle Tendenz des Umgangs mit der Chemischen Revolution ausmachen, so besteht diese in ihrer Historisierung, und zwar auf vier Ebenen.

Zunächst wird genauer untersucht, worin die Chemische Revolution überhaupt besteht. Die zeitgenössische Beschränkung der expliziten Auseinandersetzung auf die Theorie der Verbrennung und die Existenz des Sauerstoffs (die noch bei Kuhn den Kern der Chemischen Revolution ausmachte) ist sicherlich zu eng. Es finden sich in der Forschungsliteratur nicht weniger als zwölf Aspekte, die für ein Verständnis der Chemischen Revolution als unerläßlich angesehen werden: die Theorie der Verbrennung, die Berücksichtigung der Luft in der Chemie, die Theorie der Gase, die Bilanzmethode, das Postulat der Massenerhaltung, die neuen Instrumente, der Bezug zur Physik, die Theorie der Atmung, die Theorie der Säuren, die pragmatische Definition der chemischen Elemente, die neue Nomenklatur und die Erkenntnistheorie Étienne Bonnot de Condillacs (1714-1780). Deren Gewichtung und innerer Zusammenhang sind jedoch umstritten. Die meisten dieser Aspekte sind nicht so eindeutig Lavoisier zuzuschreiben wie die Sauerstofftheorie, so daß zunehmend dessen Einbettung in die Chemie seiner Zeit gesehen und betont wird.

Stellt sich somit die Chemische Revolution als komplexes Zusammenspiel von Theorien, Techniken und Konzepten dar, so ist dieses immer noch Teil der reinen Chemie. Die zweite Ebene der Historisierung stellt diese Abgrenzung in Frage, indem sie die engen Bezüge zwischen dem Theorienkomplex und der technischen, ökonomischen und militärischen Chemie aufzeigt. Die Unterscheidung zwischen der »reinen Chemie« und der »angewandten Chemie« ist als performative Abgrenzung seitens der »reinen Chemiker« zu sehen. Aus deren Sicht waren die verschiedenen Gebiete der technischen Chemie lediglich Anwendungen der einen, reinen Chemie, was diese unabhängig von den Praktikern, aber gleichzeitig – im Sinne der Aufklärung – nutzbringend machte. Die zweite Historisierung hinterfragt diese klare Trennung und sucht nach Einflüssen in beiden Richtungen, und dies nicht nur hinsichtlich institutioneller und finanzieller Rahmenbedingungen, sondern bis hinein in die Theorien, Konzepte und Begriffe.[9]

Die dritte Historisierung stellt eine weitere behauptete Trennung in Zweifel, nämlich diejenige zwischen der Gewinnung von Erkenntnissen und deren Vermittlung. In jüngster Zeit finden die Rezeption und die Lehre wissenschaftlichen Wissens zunehmendes Interesse. Die über verschiedene Medien erfolgende Rezeption und die systematische Verbreitung von Wissen in der Lehre werden dabei nicht als bloße Übermittlung des Wissens angesehen. Vielmehr sind diese Prozesse als Adaptionen und oftmals auch Transformationen auf der Basis lokaler Bedingungen anzusehen, und sie haben schon deshalb einen Einfluß auf den Gehalt des Wissens. Für die Historiographie bedeutet dies, daß man die Chemische Revolution nicht verstehen kann, wenn man den Blick auf Frankreich bis zum Tod Lavoisiers beschränkt.[10]

Die vierte Historisierung besteht in einer Historiographie der Chemischen Revolution *als* Chemischer Revolution. Sie untersucht, wann, wie und warum seit der Zeit des Gesche-

---

9 Die Überwindung der traditionellen Trennung zwischen einer an theoretischen, methodologischen und konzeptionellen Fortschritten interessierten Wissenschaftsgeschichte auf der einen Seite und einer die Wissenschaft nur als Produktionsfaktor begreifenden Allgemeingeschichte gibt es erst in Ansätzen, siehe zu Lavoisier vor allem Patrice Bret, *L'état, l'armée, la science. L'invention de la recherche publique en France (1763-1830)*, Rennes 2002.

10 Die Formen der Vermittlung der Chemischen Revolution sind bislang weit weniger untersucht als deren theoretische Aspekte. Wegweisend ist Anders Lundgren, Bernadette Bensaude-Vincent (Hg.), *Communicating Chemistry. Textbooks and Their Audiences, 1789-1939*, Canton/Mass. 2000.

hens selbst bis heute von der Chemischen Revolution gesprochen wurde. Damit wird deutlich, daß die auch heute noch an dem Konzept der Chemischen Revolution orientierte Chemiegeschichtsschreibung in einer Tradition steht, was allein freilich noch kein Grund ist, dieses Konzept aufzugeben.[11]

Für diese vier Historisierungen ist eine genaue Kenntnis von Lavoisiers *System* unerläßlich.

Zu der Frage nach dem Kern der Chemischen Revolution und dem Zusammenhang der einzelnen Aspekte ist das *System* aufschlußreich, weil Lavoisier hier den systematischen Zusammenhang aus seiner Sicht dargestellt hat, und zwar nachdem er zu der Auffassung gekommen war, die grundlegende Entwicklung seines Theorienkomplexes sei abgeschlossen.

Für die Verbindung zur technischen, ökonomischen und militärischen Chemie kann das *System* nur mittelbar Aufschluß geben, weil Lavoisier dieses, ungeachtet der engen Verflechtungen mit seiner eigenen Arbeit, ganz im erwähnten Sinne als Lehrbuch der reinen Chemie verfaßt hat.

Die Thematik der Vermittlung an Fachkollegen und angehende Chemiker stellt sich unmittelbar mit der ambivalenten Bezeichnung (und zum Teil auch Ausgestaltung) des *Systems* als Lehrbuch. Die damit von Lavoisier verfolgte Intention steht dabei ebenso in Frage wie die tatsächliche Nutzung als Lehrbuch, wenngleich über letztere kaum etwas bekannt ist.

Ganz entscheidend ist das *System* für die Historiographie des Konzepts (oder Konstrukts?) der Chemischen Revolution. Dabei ist zu bedenken, daß das eigentliche Werk eines Naturwissenschaftlers aus Experimenten, Theorien, Methoden, Geräten und Konzepten besteht. Deren Rezeption erfolgt entsprechend auf verschiedenen Wegen: durch Fachzeitschriften,

---

11 Siehe vor allem Bernadette Bensaude-Vincent, *Lavoisier. Mémoires d'une révolution*, Paris 1993; Bernadette Bensaude-Vincent, »Between History and Memory. Centennial and Bicentennial Images of Lavoisier«, in: *Isis* 87 (1996), S. 481-499.

durch Vorträge an der Pariser *Académie royale des sciences*, durch persönliche Kontakte und nicht zuletzt durch die entwickelten Geräte selbst. Das *System* als *Buch* ist *eines* dieser Mittel, das in verschiedenen Kontexten verschiedene Funktionen hatte.

In Deutschland wirkte es, auch wenn einige Arbeiten Lavoisiers bereits durch Übersetzungen und Zusammenfassungen bekannt waren, als Anstoß für eine intensive Auseinandersetzung mit dessen Sauerstofftheorie. Für Frankreich hingegen, wo zum Zeitpunkt des Erscheinens im Jahr 1789 die führenden Chemiker von Lavoisiers Chemie bereits überzeugt waren, hat das *System* den Charakter eines *nachträglichen Manifests* der Chemischen Revolution.[12] Die Frage stellt sich dann, warum Lavoisier überhaupt eine systematische, rekonstruierende Darstellung verfaßt hat. Und es wird zu erklären sein, warum Lavoisier ausgerechnet in diesem Werk nicht explizit von einer Revolution spricht.

Diesem Schema folgt auch der vorliegende Kommentar. In der *Historischen Einführung* werden die erwähnten zwölf Aspekte jeweils einzeln erläutert, wobei hier weniger Lavoisiers Leistungen als die Bezüge zur vorangegangenen und zeitgenössischen Chemie im Fokus stehen. Die Anordnung der Aspekte erfolgt so, wie sie nach heutigem Stand der Forschung sinnvoll erscheint. Daran anschließend sollen drei Beispiele

---

12 Als Manifest wird es u. a. bezeichnet in: Hélène Metzger, *La philosophie de la matière chez Lavoisier*, Paris 1935, S. 9; Trevor H. Levere, »Lavoisier. Language, Instruments, and the Chemical Revolution«, in: Trevor H. Levere, William R. Shea (Hg.), *Nature, Experiment, and the Sciences. Essays on Galileo and the History of Science in Honour of Stillman Drake*, Dordrecht 1990, S. 207-223, hier S. 215; Trevor Levere, »Lavoisier's Gasometer and Others. Research, Control, and Dissemination«, in: Marco Beretta (Hg.), *Lavoisier in Perspective. Proceedings of the International Symposium*, München 2005, S. 53-67, hier S. 53; René Taton, »Présentation du colloque«, in: Michelle Goupil (Hg.), *Lavoisier et la révolution chimique. Actes du colloque tenu à l'occasion du bicentenaire de la publication du »Traité élémentaire de chimie« 1789*. Palaiseau 1992, S. i-iv, hier S. iii.

(zur Ballonfahrt, zur Schwarzpulverproduktion und zur Bestimmung des Alkoholgehalts von Getränken) die engen Bezüge zwischen Lavoisiers theoretischen und technischen Arbeiten exemplarisch verdeutlichen.

In der *Präsentation des Textes* wird vor diesem Hintergrund
die Argumentation des Textes des *Systems* zusammengefaßt
und kommentiert. Hier folgt die Darstellung der Reihenfolge
der behandelten Themen des Textes selber, um das Begrün-
dungsverhältnis der einzelnen Aspekte aus Sicht Lavoisiers er-
kennbar werden zu lassen. Es schließt sich eine Einordnung
des Textes als Lehrbuch und als Manifest der Chemischen
Revolution an, die sich insbesondere aus einem Vergleich mit
früheren und späteren Konzepten für Lehrbücher ergibt.

In der *Rezeptionsgeschichte* liegt der Schwerpunkt auf der
Rezeption im deutschsprachigen Raum. Hermbstaedts Übersetzung von Lavoisiers *Traité* war immerhin der Auslöser für
heftige Auseinandersetzungen zwischen 1792 und 1794. Es
schließt sich eine überblicksartige Darstellung der wissen-
schaftshistorischen Positionen zur Chemischen Revolution im
19. und 20. Jahrhundert an. Strenggenommen betrifft dies
selbstverständlich die Rezeption nicht nur des *Systems*, sondern der Chemie Lavoisiers insgesamt.

In den *Positionen der Forschung* wird dann der gegenwärtige
Stand der Forschung referiert, wobei hier Arbeiten seit den
1980er Jahren berücksichtigt sind. Dies betrifft sowohl den
Inhalt der Chemischen Revolution, die Bezüge zur angewandten Chemie und zur Lehre als auch die Historiographie des
Konzepts der Chemischen Revolution. Eine Synthese kann
dieser Kommentar nicht leisten, die Uneinheitlichkeit der Positionen wurde dementsprechend absichtlich als solche belas-
sen.

1.2 Zur Textgestalt

Der Ausgabe liegt die zeitgenössische Übersetzung Sigismund Friedrich Hermbstaedts zugrunde, die 1792 unter dem Titel *Des Herrn Lavoisier System der antiphlogistischen Chemie. Aus dem Französischen übersetzt und mit Anmerkungen und Zusätzen versehen von D. Sigismund Friedrich Hermbstaedt* bei Nicolai in Berlin und Stettin erschien.

Die Wahl der zeitgenössischen Übersetzung anstelle einer Neuübersetzung erfolgte aus zwei Gründen. Erstens bietet Hermbstaedts Übersetzung einen unmittelbaren Zugang zu den zeitgenössischen Begriffen. Gerade hinsichtlich der von Lavoisier in spezifischer Weise verwendeten, oft ganz neu geprägten Begriffe bestand Skepsis und Klärungsbedarf, die in vielfältigen Modifikationen in den jeweiligen Landessprachen ihren Niederschlag fanden.[13] Zweitens war Hermbstaedts Übersetzung von Lavoisiers *Traité* ein wesentlicher Anlaß für die intensive Auseinandersetzung mit Lavoisiers Chemie in Deutschland, ein für eine deutschsprachige Ausgabe nicht unbedeutender Umstand.

Neben diesen inhaltlichen Gründen erlaubt auch die Tatsache, daß es sich bei Hermbstaedts Text – bis auf den Titel – um eine nüchterne, wortgetreue Übersetzung handelt, die Verwendung. Die Übersetzung selbst wurde jedoch geprüft und an einigen wenigen Stellen geändert, wobei jeweils die ursprüngliche Übersetzung Hermbstaedts sowie der entsprechende Ausdruck in Lavoisiers Original im *Stellenkommentar* vermerkt sind. Die heutigen Lesern ungeläufigen Ausdrücke, insbesondere die Fachausdrücke aus der Chemie, sind ebenfalls im *Stellenkommentar* erläutert, wobei einige Begriffskomplexe zusammenfassend im *Glossar* erklärt werden. Offensicht-

---

13 Einen Überblick gibt Bernadette Bensaude-Vincent, Ferdinando Abbri (Hg.), *Lavoisier in European Context. Negotiating a New Language for Chemistry*, Canton/Mass. 1995.

liche Druckfehler in der Übersetzung wurden stillschweigend
verbessert, die typische Orthographie der Zeit jedoch beibe-
halten. Innerhalb des Textes divergierende Schreibweisen wurden stillschweigend zugunsten der Variante angeglichen, die
der heutigen Schreibweise näher ist.

Hermbstaedts Übersetzung umfaßt 701 Seiten und zehn
Kupfertafeln. Die daher notwendige Textauswahl stellt bereits
eine Interpretation dessen dar, um was für einen Text es sich
handelt. Sieht man in ihm ein Kompendium der theoretischen
Errungenschaften Lavoisiers, insbesondere der Theorien der
Verbrennung, der Säurebildung, der Atmung und der Gase, so
könnte man sich auf den ersten Teil (die erste Hälfte des ersten
Bandes) beschränken. Sieht man jedoch in dem *System* eher
ein Lehrbuch, das die für Chemiker wichtigen Stoffe auflistet,
so darf der zweite Teil (die zweite Hälfte des ersten Bandes) zu
den Salzen nicht fehlen, zumal Lavoisier hier konsequent seine
auf der Philosophie Condillacs und auf einer pragmatischen
Konzeption chemischer Elemente beruhende binominale Nomenklatur verwendet. Sieht man hingegen seine methodologischen und instrumententechnischen Neuerungen als maßgeblich an, so wird der Schwerpunkt auf den (den zweiten
Band ausmachenden) dritten Teil gelegt werden müssen. Neben ganz traditionellen Geräten werden dort gerade die neu-
erfundenen Geräte und Verfahren ausführlich beschrieben
und mit Kupfertafeln illustriert. Diese Geräte sind typisch für
Lavoisiers Verfahren, Stoffanalysen quantitativ, unter Bilanzierung aller Ausgangs- und Endstoffe einschließlich der gasförmigen, durchzuführen. Die vorliegende Auswahl versucht
insofern einen Kompromiß, als die konzeptionell unentbehrlichen Abschnitte aus dem ersten Teil vollständig, die zu den
Stoffen und zu den Geräten hingegen nur exemplarisch aufgenommen wurden. Die damit einhergehende Schwerpunkt-
verschiebung zu den theoretischen und konzeptionellen An-
teilen ist bei der Lektüre zu bedenken.

Folgende Abschnitte finden sich in der vorliegenden Ausgabe:

Aus Band 1:

Einleitung, S. 3-20 (Seitenzählung der Ausgabe von 1792).

Aus dem *Ersten Theil* (»Von der Bildung der luftförmigen Flüßigkeiten, und von ihrer Zerlegung; von der Verbrennung der einfachen Körper, und von der Bildung der Säuren überhaupt«):

- *Erster Abschnitt*: »Von den Verbindungen des Wärmestoffes, und von der Bildung der elastischen luftförmigen Flüßigkeiten«, S. 21-46.
- *Zweiter Abschnitt*: »Allgemeine Uebersicht über die Bildung und die Zusammensetzung des Dunstkreises der Erde«, S. 47-51.
- *Dritter Abschnitt*: »Zerlegung der atmosphärischen Luft in zwei elastische Flüßigkeiten, wovon die eine respirabel, die andere aber nicht respirabel ist«, S. 52-66.
- *Vierter Abschnitt*: »Nomenklatur der verschiedenen Bestandtheile der atmosphärischen Luft«, S. 67-74.
- *Fünfter Abschnitt*: »Von der Zerlegung des säurezeugenden Gases, durch Schwefel, Phosphor und Kohle; und von der Bildung oder Entstehung der Säuren überhaupt«, S. 75-88.
- *Dreizehnter Abschnitt*: »Von der Zerlegung der oxidirten Pflanzenstoffe, vermittelst der weinichten Gährung«, S. 160-170.
- *Siebenzehnter Abschnitt*: »Fortsetzung der Beobachtungen über die salzfähigen Grundstoffe, und die Erzeugung der Neutralsalze«, S. 198-210.

Aus dem *Zweiten Theil* (»Von der Verbindung der Säuren mit den salzfähigen Grundbasen, und von der Erzeugung der Neutralsalze«):

- »*Tabellarische Darstellung* der einfachen Substanzen, oder wenigstens derjenigen, deren wirklicher uns bekannter Zustand, uns verpflichtet, sie als solche zu betrachten; nebst Bemerkungen darüber«, S. 221-223.
- »*Tabellarischer Abriß* der zusammengesetzten, oxidirbaren und säurefähigen Grundstoffe und Basen, welche eben so wie die einfachen Substanzen, Verbindungen eingehen; nebst Bemerkungen darüber«, S. 224-227.

- »*Bemerkungen* über die Verbindungen des Lichtstoffs, und des Wärmestoffs, mit verschiedenen Substanzen«, S. 228-230.
- »*Tabellarischer Abriß* der zweifachen Verbindungen, des säurezeugenden Stoffs, mit den oxidirbaren und säurefähigen metallischen und nichtmetallischen Stoffen; nebst Bemerkungen darüber«, S. 239-244.

Aus Band 2:
Aus dem *Dritten Theil* (»Beschreibung der verschiedenen Vorrichtungen, und der Handgriffe bey den chemischen Operationen«):
- *Einleitung*, S. 3-6.
- *Zweiter Abschnitt*: »Von der Gaßometrie, oder dem Maße des Gewichts und der Volumen der luftförmigen Substanzen«, S. 18-54.
- *Dritter Abschnitt*: »Von den Apparaten, die sich auf das Maß des Wärmestoffs beziehen«, S. 54-65.
- *Sechster Abschnitt*, »Von den pneumatisch-chemischen Destillationen, von den metallischen Auflösungen und von einigen andern Operationen, die sehr zusammengesetzte Apparate erfordern«, S. 100-121.

Nicht berücksichtigt wurden die von Hermbstaedt verfaßten Textteile (Widmung, Vorrede, Anmerkungen).

Weiterhin wurden diejenigen Tafeln aufgenommen, auf die in den ausgewählten Textteilen verwiesen wird, nämlich die Tafeln I bis VII und IX. Die Tafeln wurden bei der ersten Erwähnung in den Text eingefügt und entsprechend von Abb. 1 bis Abb. 8 neu numeriert.

Der Ausgabe liegt das Exemplar der *Thüringer Universitäts- und Landesbibliothek Jena* (Signatur: 8 Chem. II, 112) zugrunde. Für den Nachdruck der Tafeln wurde wegen der besseren Qualität das französische Original verwendet (Signatur: 8 MS 24832). Für die großzügige Bereitstellung des Textes in materieller und elektronischer Form sowie für die Reproduktion der Tafeln sei der *Thüringer Universitäts- und Landesbibliothek Jena* hiermit gedankt.

Soweit bislang keine deutschen Übersetzungen der herangezogenen Literatur vorlagen, wurden Zitate in französischer und englischer Sprache ins Deutsche übersetzt.

Alle Seitenangaben im Text beziehen sich auf die vorliegende Ausgabe.

2. Historische Einführung

2.1 Die Theorie der Verbrennung

Lavoisiers Theorie der Verbrennung stand im Zentrum der zeitgenössischen Diskussion und wird auch heute noch als derjenige Bestandteil der Arbeiten Lavoisiers angesehen, der ohne Zweifel etwas grundlegend Neues hervorbrachte.

Das irritierende Moment und der Anlaß für die Entwicklung einer neuen Theorie der Verbrennung war die nicht erst von Lavoisier gemachte Beobachtung, daß bei der Verkalkung von Metallen die Kalke schwerer sind als die Metalle. Die Gewichtszunahme war nach der vorherrschenden Phlogistontheorie der Verbrennung nicht ohne weiteres zu erklären.

Die von Georg Ernst Stahl (ca. 1659-1734) am Anfang des 18. Jahrhunderts entwickelte Theorie der Verbrennung beruht auf einem als materiell angesehenen Prinzip, dem Phlogiston. Wenn dieses ein Bestandteil eines Körpers ist, so verleiht es ihm bestimmte Eigenschaften, den Metallen etwa den Glanz und die Formbarkeit, vor allem aber die Brennbarkeit. Stahls Einsicht, daß die Verkalkung der Metalle eine Form der Verbrennung darstellt, war wegweisend für die Theorieentwicklung.

Unter der Verkalkung der Metalle verstand man zunächst ein praktisches Verfahren, nämlich die Erhitzung eines Metalls an der Luft. Bei diesem Prozeß blieb ein meist farbiges Pulver, der Metallkalk, übrig. Der Begriff hat also in diesem Zusammenhang nichts mit dem heutigen Kalk zu tun, auch wenn man gebrannten Kalk (Calciumoxid, CaO) ebenfalls durch Brennen, nämlich von Kalkstein (Calciumcarbonat, $CaCO_3$), gewann. Stahl erklärte diese gravierende Veränderung der Eigenschaften dadurch, daß das Phlogiston das Metall verlassen habe. Das Phlogiston verbindet sich demnach mit der Luft und »phlogistisiert« diese. Anders als bei gewöhnlichen Verbrennungen (etwa von Holz) kann man die Verkalkung der Metalle rückgängig machen (man sprach hier von einer »Reduktion«, also einer Rückführung), indem der Kalk in Gegenwart eines phlogistonhaltigen Stoffs, zum Beispiel Kohle oder Öl, erhitzt wird. Durch die Zufuhr von Phlogiston wird aus dem Kalk wieder ein Metall.

Wie ist es dann aber zu verstehen, daß der Kalk schwerer ist als das Metall, wenn das Metall doch etwas abgegeben hat? Man mag geneigt sein, schon in dieser Beobachtung allein eine Widerlegung der ganzen Phlogistontheorie zu sehen, freilich ohne daß aus dieser Widerlegung schon eine neue, bessere Theorie der Verbrennung folgen würde. Die Gewichtszunahme bei der Verkalkung war schon lange vor Lavoisier beobachtet worden. Warum wurde diese dann nicht als Widerlegung angesehen? Dafür gab es mehrere Gründe. Erst als sämtliche dieser Faktoren keine Gültigkeit mehr hatten, konnte oder mußte in der Gewichtszunahme eine gravierende Anomalie gesehen werden.

Erstens trat die Gewichtsvermehrung bei der Verbrennung nur bei Metallen und bei Schwefel und Phosphor auf. Bei den meisten Verbrennungen aber ist das Produkt – die Asche – weit leichter als der verbrannte Stoff selber. Dies konnte als Gegenargument so lange gelten, bis man auch die »luftförmigen« Stoffe in der Chemie berücksichtigte (siehe 2.2 *Die Berücksichtigung der Luft in der Chemie*).

Zweitens konnte man berechtigt vermuten, daß ein Kalk, wenn er schwerer ist als das verkalkte Metall, Wasser aus der Luft aufgenommen hat, wie man dies von allen trockenen, pulverigen Stoffen kannte. In der Tat gab es keine ausreichend beherrschte und standardisierte Experimentierpraxis, die es erlaubt hätte, zwischen Fehlern im Experiment und tatsächlichen Gewichtsveränderungen sicher zu unterscheiden. Ein Experiment, bei dem ein Metall zuerst verkalkt, dann wieder reduziert wird und bei dem dazu noch jedesmal das Gewicht der Ausgangs- und Endstoffe bestimmt wird, wäre für die angewandte Chemie (etwa in einer Apotheke) unsinnig gewesen und bedeutete für die reine Chemie als Wissenschaft etwas Neues. Erst Louis Bernard Guyton de Morveau (1737-1816) untersuchte 1772 systematisch die Gewichtsvermehrung bei der Verkalkung.

Drittens sah man in der Gewichtszunahme bei der Verkalkung eine zwar unerklärliche Anomalie, die es aber nicht wert schien, eine ansonsten funktionierende Theorie aufzugeben. Hier ist Kuhns Modell durchaus zutreffend.[1] Die Wahl zwischen konkurrierenden Theorien ist also im wesentlichen eine Entscheidung darüber, welche unerklärten Phänomene und welche Anomalien man in Kauf nehmen will und welche nicht. Erst recht wird man keine Theorie aufgeben, wenn noch keine alternative Theorie zur Verfügung steht.

Das Problem der Gewichtsvermehrung wurde durch Lavoisiers Theorie der Verbrennung gelöst. Demnach verbindet sich bei der Verbrennung ein materieller Bestandteil der Luft mit dem verbrennenden Körper, so daß dieser offensichtlich schwerer wird. Auch Lavoisiers Theorie enthält aber Lücken und Anomalien. Eine Lücke der neuen Theorie (im Gegensatz zur Phlogistontheorie) stellt zum Beispiel dar, daß sie die Ähnlichkeit der Metalle in bezug auf Glanz, Formbarkeit und elektrische Leitfähigkeit nicht erklären kann. Und sie kann auch nicht erklären, unter welchen Bedingungen sich Stoffe entzünden oder nicht entzünden. Dies konnte die Phlogistontheorie allerdings ebensowenig. In diesem Sinne sind beides Theorien der bei Verbrennungen erfolgenden Stoffumlagerungen, nicht Theorien des Verbrennungsvorgangs selbst. Auch erklärt Lavoisiers Theorie nicht, warum bei verschiedenen Verbrennungen unterschiedlich viel Wärmestoff freigesetzt wird, wo doch jedesmal der Wärmestoff vom Sauerstoff der Luft getrennt wird. Die Anomalien entstehen vor allem bei der Ausweitung der Sauerstofftheorie von einer Theorie der

---

1 Kuhn, *Die Struktur wissenschaftlicher Revolutionen.*

Verbrennung zu einer Theorie der Säuren (siehe 2.9 *Die Theorie der Säuren*).

Die Frage, ob es sich lohnt, wegen der Gewichtsvermehrung bei der Verkalkung die Phlogistontheorie aufzugeben, stellt sich erst unter der Voraussetzung, daß Mengenänderungen überhaupt relevant sind. Dies versteht sich nicht von selbst, denn – viertens – Mengenverhältnisse spielten so lange keine Rolle, wie es in der Chemie um die Erklärung *qualitativer* Veränderungen in chemischen Reaktionen ging. Es mußte erst allgemein akzeptiert sein, daß Messungen und Mathematik für die Naturerkenntnis überhaupt eine Rolle spielen, was im 18. Jahrhundert keineswegs selbstverständlich war (siehe 2.7 *Der Bezug zur Physik*).

Gerade für die britischen »Luftartenforscher«, für die die pneumatische Chemie ein Teil der *natural philosophy* (also der Naturlehre oder Physik im Sinne des 18. Jahrhunderts) darstellte, war das Postulat der Wägbarkeit kein Argument gegen das Phlogiston. So schrieb Richard Watson (1737-1816) im Jahr 1782: »Man sollte sicherlich nicht erwarten, daß die Chemie in der Lage sein sollte, einem eine Handvoll Phlogiston, abgetrennt von einem brennbaren Körper, zu präsentieren. Man könnte mit gleichem Recht verlangen, eine Handvoll Magnetismus, Schwere oder Elektrizität aus einem magnetischen, schweren oder elektrischen Körper zu extrahieren; es gibt Kräfte der Natur, die nicht anders Gegenstand der Wahrnehmung werden können als durch die Effekte, die sie hervorrufen, und von dieser Art ist das Phlogiston.«[2]

Den meisten deutschen Naturforschern war diese *reductio ad absurdum* aber nicht plausibel, weil sie ohnehin die physikalischen Phänomene auf Stoffe zurückführten. Spätestens

---

[2] Richard Watson, *Chemical Essays*, 2. Aufl., Bd. 1, London u. a. 1782, S. 167, zitiert nach Maurice Crosland, »›Slippery Substances‹. Some Practical and Conceptual Problems in the Understanding of Gases in the Pre-Lavoisier Era«, in: Frederic L. Holmes, Trevor H. Levere (Hg.), *Instruments and Experimentation in the History of Chemistry*, Cambridge/Mass., London 2000, S. 79-104, hier S. 89.

seit 1790 spielte der Äther – der in Deutschland im 18. Jahrhundert eine zwar hypothetische, aber für verschiedene Phänomene erklärungsmächtige Entität war – keine Rolle mehr. Erst wieder nach 1820, ausgehend von der französischen Wellentheorie des Lichts, erlebte der Äther eine Renaissance. Zwischen 1790 und 1820 erklärten die Physiker (mit Ausnahme der naturphilosophisch denkenden Minderheit) jedes einzelne Phänomen mit einer oder mehreren *verschiedenen* Entitäten: dem Lichtstoff, dem Wärmestoff, magnetischen und elektrischen Materien usw. Von diesen Stoffen nahm man zwar in der Regel an, daß sie kein Gewicht besäßen, doch man hielt sie durchaus für materielle Stoffe, die dementsprechend chemische Verbindungen eingehen können. Ob die Chemie regelrecht Vorbild für diese Metaphysik war, sei dahingestellt. In jedem Fall ist die Orientierung der Physik an Stoffen Ausdruck der Überlegenheit der Chemie im ausgehenden 18. Jahrhundert.

Als Kriterium für die reale Existenz solcher Stoffe genügte die reine Darstellbarkeit, die ja zumindest für den Lichtstoff als Licht und für den Wärmestoff als Wärme gegeben war. Und diese Metaphysik der Stoffe erklärt auch, daß die Ersetzung des Phlogistons durch den Sauerstoff allein keinesfalls als wissenschaftliche Revolution gelten kann. Sie stellt höchstens einen Theorienwechsel dar, wenn nicht sogar nur die Ersetzung eines einzelnen Stoffs durch einen anderen. Eine Diskussion um einzelne Stoffe mußte aber keineswegs mit einer grundlegenden Krise einhergehen. So war zum Beispiel mehrere Jahrzehnte lang die Annahme *einer* elektrischen Materie etwa gleichstark vertreten wie diejenige *zweier* elektrischer Materien, ohne daß es irgendein Anzeichen einer Krise oder auch nur einer fokussierten Diskussion gegeben hätte.

Viel gewichtiger sind grundlegende Veränderungen in denjenigen Voraussetzungen und Praktiken der Chemie, die eine randständige Beobachtung (der Gewichtszunahme bei der Verkalkung) zu einer nicht mehr ignorierbaren Anomalie werden ließen. Die folgenden Aspekte betreffen genau diese Voraussetzungen.

2.2 Die Berücksichtigung der Luft in der Chemie

Die Berücksichtigung der Luft in der Chemie begann lange
vor Lavoisier.[3] Stephen Hales' (1677-1761) Experimente von
1727 können hierfür als Ursprung angesehen werden, weil sich
in ihnen eine konzeptionelle mit einer apparativen Neuerung
verband. Hales hatte gezeigt, daß Luft chemisch gebunden,
das heißt fixiert werden kann. Entsprechend nannte er diese
Luft *fixed air*.

Dies war durchaus etwas Neues für die Chemie. Neben
praktischen Problemen gab es auch konzeptionelle Hindernisse zu überwinden. Als materielle Substanzen galten lange
Zeit nur solche, die fest oder flüssig waren. Mit den Luftarten
begab man sich in das Gebiet der Geister *(spirits)* und damit in
den Bereich der Metaphysik. Die luftförmigen Körper als materiell *und* als chemisch relevant, mithin als chemische *Stoffe*
anzuerkennen, erweiterte somit den Bereich der Chemie.

Das Gerät, mit dem die Luft als Bestandteil von festen
Stoffen nachgewiesen wurde, war eine sogenannte pneumatische Apparatur. Anfangs war sie nur eine Gerätschaft zum
Waschen luftförmiger Stoffe.[4] In den folgenden Jahrzehnten
wurde sie aber weiterentwickelt und wurde zum Standardgerät
der pneumatischen Chemie.

Eine pneumatische Apparatur besteht aus einer Wanne, die
mit Wasser (oder bei bestimmten Experimenten auch mit
Quecksilber) gefüllt ist. Auf einem Podest knapp unter der
Wasser- bzw. Quecksilberoberfläche steht eine nur unten offene Glasglocke, die zu Beginn eines Versuches in der Regel
ebenfalls mit Wasser bzw. Quecksilber gefüllt ist. Leitet man

---

3 Siehe zu diesem Abschnitt vor allem Crosland, »Slippery Substances««; Trevor H. Levere, »Measuring Gases and Measuring Goodness«,
in: Frederic L. Holmes, Trevor H. Levere (Hg.), *Instruments and Experimentation in the History of Chemistry*, Cambridge/Mass., London
2000, S. 105-135.
4 Levere, »Lavoisier's Gasometer and Others«, S. 55.

nun einen gasförmigen – oder in damaliger Sprechweise: »luft-förmigen« – Stoff von unten in die Glocke, so sammelt sich dieser im oberen Bereich der Glocke und kann später gemessen oder qualitativ analysiert werden.

Auch vor Hales hatte man in der Chemie mit luftförmigen Stoffen zu tun gehabt, die aufgefangen werden mußten, vor allem bei Destillationen. Bei manchen Versuchen begegneten den Praktikern dabei unbekannte »Luftarten«, von denen einige sogar explosiv waren. Damit sich in der Apparatur kein Überdruck aufbaute oder gar die ganze Apparatur explodierte, versah man gewöhnlich die Auffanggefäße mit einem Loch, durch das diese Luftarten entweichen konnten.

Für das Verständnis der pneumatischen Chemie ist zu beachten, daß sehr lange zwischen solchen »Luftarten« und *der* Luft prinzipiell unterschieden wurde. Folgerichtig unternahm Hales keinen Versuch, die fixierte Luft qualitativ zu untersuchen. Für ihn handelte es sich einfach um *die* Luft.

In der Folgezeit wurden zahlreiche Luftarten dargestellt und benannt: Joseph Black (1728-1799) entwickelte »fixe Luft« *(fixed air)* 1753 aus *magnesia alba* (heute: Magnesium-carbonat, $MgCO_3$). Henry Cavendish (1731-1810) gewann 1766 »brennbare Luft« (auch »inflammable Luft«: Wasserstoff-gas, H_2). Die meisten neuen Luftarten wurden jedoch von Joseph Priestley (1733-1804) dargestellt. In heutiger Terminologie waren dies Ammoniak (NH_3), Chlorwasserstoff (HCl), Stickstoffmonoxid (NO), Distickstoffmonoxid (N_2O), Stickstoffdioxid (NO_2), Kohlenmonoxid (CO), Schwefeldioxid (SO_2) und Sauerstoffgas (O_2). Carl Wilhelm Scheele (1742-1786) entdeckte 1777, unabhängig von Priestley, den Sauerstoff, von ihm »Feuerluft« genannt.[5]

---

5 Die leichtfertige Rede von »Entdeckung« sowie die vermeintlich ein-deutige Identifikation des Entdeckten durch die moderne Summen-formel sollen nicht darüber hinwegtäuschen, daß das Konzept einer wissenschaftlichen Entdeckung sowohl wissenschaftshistorisch als auch wissenschaftstheoretisch komplex ist. Die wissenschaftstheore-tischen Probleme betreffen die Annahme einer dem Erkenntnispro-

Dies waren »bleibend elastische Luftarten«, also keine Dämpfe zugehöriger Flüssigkeiten. Dennoch galten sie als in der Luft gelöst. Daß die Luft selbst aus solchen Luftarten *besteht*, war dabei keineswegs mitgedacht. Die unterschiedliche Luftgüte (nach heutigem Verständnis: der Anteil an Sauer-

---

zeß vorgängigen Identität chemischer Stoffe. Einfacher ausgedrückt: Gibt es *den* Sauerstoff in der Natur, oder handelt es sich dabei um ein theoretisches Konzept, das auf bestimmte äußere Begebenheiten angewandt wird? Angesichts der im historischen Verlauf sich grundlegend wandelnden Auffassungen, worum es sich bei dem Sauerstoff handelt, ist zu fragen, welches die Kerneigenschaften sein sollen, die dessen Identität gewährleisten. Wäre dies etwa die Eigenschaft, Bestandteil der Metallkalke zu sein, so wäre unser heutiger Sauerstoff derselbe wie derjenige Lavoisiers. Wäre dies aber die Eigenschaft, als einziger Stoff Säuren zu bilden (siehe 2.9 *Die Theorie der Säuren*), so wäre Lavoisiers Sauerstoff mit unserem unvereinbar. Das aus wissenschaftshistorischer Perspektive hinzukommende Problem ist die Frage, ob für eine Entdeckung der Stoff nur materiell isoliert worden sein muß oder ob der Experimentator diesen auch *als solchen* wahrgenommen haben muß. Da offensichtlich ein Experimentator einen Stoff nicht in seiner Gesamtheit wahrnehmen kann (z. B. nicht die erst später entdeckten Eigenschaften), so fragt sich, *wie viele* und *welche* Eigenschaften bewußt erkannt worden sein müssen, um von einer Entdeckung zu sprechen. Kuhn hat versucht, das Konzept der wissenschaftlichen Entdeckung am Beispiel des Sauerstoffs zu problematisieren, ohne freilich den radikalen Schritt zu wagen, die Zuschreibung einer Entdeckung als Teil der wissenschaftlichen Praxis selbst anzusehen, wie dies Brannigan und Caneva getan haben, siehe Augustine Brannigan, *The Social Basis of Scientific Discoveries*, Cambridge u. a. 1981; Kenneth L. Caneva, *The Form and Function of Scientific Discoveries*. Washington D.C. 2001. Obwohl Kuhn das naive Modell einer bloßen Ent-Deckung des Immer-schon-Daseienden zugunsten einer theoriegeprägten, mithin historischen Bewußtwerdung ausdehnt, bleibt er letztlich einer essentialistischen Auffassung (»*der* Sauerstoff ist der Sauerstoff, wie wir ihn kennen«) verhaftet. Eine im strengen Sinn historische Analyse darf sich hingegen auf dieses Spiel selbst gar nicht einlassen, sondern kann höchstens den Gang der Zuschreibungen von damals bis heute rekonstruieren. Siehe dazu Theodore Arabatzis, »On the Inextricability of the Context of Discovery and the Context of Justification«, in: Jutta Schickore, Friedrich Steinle (Hg.), *Revisiting Discovery and Justification. Historical and Philosophical Perspectives on the Context Distinction*, Dordrecht 2006, S. 215-230.

stoff) war zwar bekannt und wurde auf vielfache Weise sogar
gemessen (Eudiometrie). Aber selbst für Priestley, der als einer
der ersten Sauerstoffgas herstellte und beschrieb, handelte es
sich bei diesem einfach um sehr reine Luft. Sie war für Verbrennungen und für die Atmung deshalb so gut geeignet, weil
sie kein Phlogiston enthielt, weswegen Priestley sie dephlogistisierte Luft *(dephlogisticated air)* nannte. Erst Lavoisiers Erkenntnis, daß die atmosphärische Luft aus zwei *verschiedenen*
Luftarten besteht, die chemisch völlig unabhängige Stoffe
sind, stellte den Elementstatus der Luft in Frage.

Es waren also drei fundamentale konzeptionelle Neuerungen, die aus der Luft einen selbstverständlichen Stoff für die
Chemie machten: erstens die Möglichkeit der Fixierung in
Flüssigkeiten und Feststoffen, zweitens die Existenz verschiedener Luftarten und drittens die Erkenntnis, daß die Luftarten
nicht an sich luftförmig sind, sondern daß die Luftförmigkeit –
jetzt auch Gasförmigkeit genannt – einen für im Prinzip jeden
chemischen Stoff möglichen *Zustand* darstellt und nicht etwa
eine integrale Eigenschaft bestimmter chemischer Stoffe. Nur
die letzte der drei Neuerungen stammt von Lavoisier.

2.3 Die Theorie der Gase

Wie ist es zu erklären, daß derselbe Sauerstoff als Bestandteil
der Luft sehr viel Raum einnimmt, als Bestandteil der Metallkalke aber auf sehr kleinem Raum komprimiert ist? Lavoisier
war bei weitem nicht der einzige, der sich die Frage nach der
Ursache der Ausdehnung der luftförmigen Stoffe stellte. Die
Frage nach der Ursache einer Repulsionskraft, die der Anziehungskraft im Sinne Isaac Newtons (1642-1727) entgegenwirkt, war eine das ganze 18. Jahrhundert und weit darüber
hinaus gestellte Frage, die auf vielfältige Weise beantwortet
wurde.[6]

---

6 Zum Bezug der Chemie auf das Kräftemodell Newtons siehe Isabelle

Lavoisier tat dies auf eine sehr klare Weise, die für den Zusammenhalt des gesamten Projekts von entscheidender Bedeutung war. Dies gilt ungeachtet dessen, daß er sich dafür Konzepte bediente, die zu den übrigen Annahmen, insbesondere zu der Methode von Gewichtsbilanzen, nicht zu passen scheinen und die nach heutigem Verständnis schlicht unzutreffend sind.

Die zentrale Idee Lavoisiers besteht darin, daß die Stoffe nicht an sich fest, flüssig oder luftförmig sind, sondern in jedem dieser Zustände existieren können. In welchem Zustand sie sich befinden, hängt von der Menge an Wärmestoff *(calorique)* ab, mit dem sie verbunden sind.

Die Idee, daß im Prinzip alle ponderablen Stoffe je nach ihrem Gehalt an Wärmestoff (oder Feuerstoff) in verschiedenen Aggregatzuständen vorkommen können, findet sich jedoch schon in Anne Robert Jacques Turgots (1727-1781) Artikel »Expansibilité« in der *Encyclopédie*.[7] Lavoisier machte dieses Prinzip zu einem integralen Bestandteil *chemischer* Theorie.

Der Wärmestoff ist also ein Prinzip, das erwärmt, das aber auch – modern gesprochen – Phasenübergänge bewirkt. Stoffe in luftförmigem Zustand nennt Lavoisier fortan Gase.[8] Gase sind demnach keine besonderen Stoffe, sondern Stoffe in einer

Stengers, »Die doppelsinnige Affinität. Der newtonsche Traum der Chemie im achtzehnten Jahrhundert«, in: Michel Serres (Hg.), *Elemente einer Geschichte der Wissenschaften*. Übersetzt von Horst Brühmann, 2. Aufl., Frankfurt/M. 2002, S. 526-567.

7 Denis Didérot, Jean-Baptiste Le Rond d'Alembert (Hg.), *Encyclopédie, ou dictionnaire raisonné des sciences, des arts et des métiers*, 28 Bde., Paris 1751-1772, Bd. 6, 1756, S. 274-285. Auf diesen Ursprung hat Seymour H. Mauskopf, »Gunpowder and the Chemical Revolution«, in: Arthur Donovan (Hg.), *The Chemical Revolution. Essays in Reinterpretation* (= *Osiris* (2) 4 (1988)), S. 93-118, hier S. 93-94, hingewiesen.

8 Der Begriff »Gas« wurde jedoch schon von Pierre Joseph Macquer (1718-1784) in dessen *Dictionaire de chimie*, 2 Bde., 1. Aufl., Paris 1766, 2. Aufl., Paris 1778, bekanntgemacht, siehe Crosland, »›Slippery Substances‹«, S. 99.

Verbindung mit einer bestimmten Menge an Wärmestoff. Allgemein gab es keinen Grund mehr, warum die Luftarten nicht als chemische Stoffe betrachtet werden sollten. Und speziell ließ sich damit sehr einfach erklären, warum bei der Verbrennung Hitze frei wird und gleichzeitig der Sauerstoff sein großes Volumen verliert. Denn gasförmiger Sauerstoff wird von Lavoisier als eine chemische Verbindung von Sauerstoff und Wärmestoff aufgefaßt. Bei der Verbindung des Sauerstoffs mit dem zu verbrennenden Körper wird dieser Wärmestoff dann als fühl- und meßbare Wärme frei.

Die Theorie der Gase stellt also eine wichtige Vorbedingung dafür dar, zu erklären, warum ein und derselbe Stoff je nach Verbindung so unterschiedlich großen Raum einnehmen kann. Die Theorie geht aber weit über diese Hilfsfunktion für die Theorie der Sauerstoffbindung bei der Verkalkung hinaus, indem sie diesen Mechanismus für alle Stoffe reklamiert. Und die Theorie ist relevant für den umgekehrten Vorgang der Volumenvergrößerung, insbesondere zum Verständnis der Vorgänge bei Sprengstoffexplosionen.[9] Auf der einen Seite werden somit physikalische Eigenschaften chemisch, nämlich durch den Wärmestoff, erklärt. Auf der anderen Seite macht die Theorie deutlich, daß fest, flüssig und gasförmig tatsächlich physikalische und keine chemischen Eigenschaften sind, weil sie eben nur von dem Gehalt an Wärmestoff, nicht aber von der sonstigen chemischen Zusammensetzung abhängen.[10]

Diese Theorie rekurriert allerdings gleich mehrfach auf traditionelle Konzepte. An der Rezeption im deutschsprachigen Raum wird sich zeigen, daß diese Rückgriffe auf dort schon als überwunden angesehene Konzepte wesentliche Gründe dafür

---

9 Zu den theoretischen Schwierigkeiten, die Phänomene der Explosion von Schießpulver mit seiner Theorie in Einklang zu bringen, siehe Mauskopf, »Gunpowder and the Chemical Revolution«.

10 Jerry B. Gough, »Lavoisier and the Fulfillment of the Stahlian Revolution«, in: Arthur Donovan (Hg.), *The Chemical Revolution. Essays in Reinterpretation* (= *Osiris* (2) 4 (1988)), S. 15-33.

waren, entweder die Theorie ganz abzulehnen oder ihr den Status des grundlegend Neuen abzusprechen.

Erstens handelt es sich bei dem Wärmestoff wieder um ein *Prinzip*, das bestimmte Eigenschaften verleiht: Veränderung der Festigkeit und des eingenommenen Volumens.[11] Zweitens ist der Wärmestoff imponderabel, hat also kein Gewicht. Dies stellt für die Bilanzmethode (siehe 2.4 *Die Bilanzmethode*) ein Problem dar. Drittens bedeutet dies, daß der Sauerstoff selbst nicht dargestellt werden kann. Er ist entweder mit Metallen (oder anderen Stoffen) verbunden oder mit dem Wärmestoff. Ausgerechnet das bei Lavoisier zentrale Element ist also ein hypothetisches Element, das nicht unverbunden dargestellt werden kann. Fehlende Darstellbarkeit (Sauerstoff), Verdinglichung von Eigenschaften zu einem Prinzip (Sauerstoff und Wärmestoff) und Gewichtslosigkeit (Wärmestoff): genau diese drei Argumente waren es aber, die gegen das Phlogiston vorgebracht wurden.[12] So gesehen stellt die Sauerstoff/Wärmestoff-Theorie der Verbrennung eine *Alternative* zur Phlogistontheorie der Verbrennung dar, nicht jedoch eine fundamentale *Neuerung*.

In einer Hinsicht unterscheiden sich die beiden Theorien jedoch grundlegend. Sauerstoff und Wärmestoff lassen sich messen, Phlogiston nicht. Es ist die Bilanzmethode chemischer Umsetzungen, die das Hauptargument für die Existenz des Sauerstoffs lieferte. Lavoisier unternahm gehörige Anstrengungen, diese Methode auch für den Wärmestoff praktikabel zu machen, wenngleich hier die Mengenmessung keine Wägung sein konnte. Mit dem Eiskalorimeter (siehe 3. *Prä-*

---

11 Unten wird dargestellt, daß auch der Sauerstoff selbst ein solches Prinzip ist.

12 Hier dargestellt ist die gängige Sicht zur Stellung der Theorie der Gase innerhalb von Lavoisiers Chemie. Evan Melhado argumentiert hingegen genau umgekehrt, daß es Lavoisier primär um eine physikalische Theorie der Gase ging, für die er Anleihen bei der Chemie machte, siehe Evan M. Melhado, »Chemistry, Physics, and the Chemical Revolution«, in: *Isis* 76 (1985), S. 195-211.

sentation des Textes) gelang ihm dies. Für das Phlogiston gab es eine solche Meßmethode nicht.[13]

2.4 Die Bilanzmethode

Quantitatives Arbeiten war in der Chemie nichts Neues. Dies gilt allerdings mehr für die Chemie als Kunst denn für die Chemie als Wissenschaft. Im Bergbau, im Hüttenwesen, in der Porzellanherstellung und vor allem in den Apotheken waren Messungen schon aus ökonomischen Gründen selbstverständlich. Neu an Lavoisiers quantitativer Chemie war zweierlei.

Zum einen war dies die Ausweitung der Messung auf gasförmige Stoffe. Dies erforderte teilweise neue, aufwendige Geräte zur Messung von Volumen und Gewicht. Die Schwierigkeit besteht dabei sowohl in der Flüchtigkeit der Gase als auch in der Temperatur- und Druckabhängigkeit des Volumens.

---

13 Jedenfalls gab es keine *absolute* Meßmethode, wohl aber eine *relative*. Tobern Olof Bergmans (1735-1784) Methode, den Phlogistongehalt verschiedener Metalle zu messen, beruhte darauf, daß Metalle ihr Phlogiston verlieren, wenn sie in Säuren gelöst werden. Löst man nun eine bestimmte Menge eines Metalls in einer Säure und gibt dann nach und nach ein anderes Metall, das eine höhere Affinität zur Säure hat, hinzu, bis die gesamte Menge des ersten Metalls wieder in metallischer Form ausgefallen ist, so läßt sich der *relative* Gehalt an Phlogiston pro Gewicht ermitteln. Siehe dazu Anders Lundgren, »The Changing Role of Numbers in 18th-Century Chemistry«, in: Tore Frängsmyr, J. L. Heilbron, Robin E. Rider (Hg.), *The Quantifying Spirit in the 18th Century*, Berkeley, Los Angeles, Oxford 1990, S. 245-266. Auch für Lavoisiers Wärmestoff gab es keine Meßmethode für absolute Messungen, aber immerhin konnten *Differenzen* im Gehalt des Wärmestoffs (ausgedrückt in der Menge geschmolzenen Eises) bestimmt werden, was mit Bergmans Methode für das Phlogiston nicht ging. Dennoch zeigt sich hier ein grundlegendes wissenschaftstheoretisches Problem: Wie können nichtexistente Dinge meßbar sein? Die im 18. Jahrhundert noch gängige Skepsis gegenüber der Eignung quantitativer Methoden zur Naturerkenntnis ist also nicht von vornherein von der Hand zu weisen.

Die andere entscheidende Neuerung war die vollständige Erfassung der Ausgangs- und Endstoffe einer Reaktion. Diese Buchhaltung der Stoffe wird in der Sekundärliteratur als *balance-sheet method* (Bilanzmethode) bezeichnet. Vielfach ist auf den Zusammenhang mit Lavoisiers Tätigkeit in der *Ferme générale*, aber auch mit seiner ökonomischen Theorie, die von einer Erhaltung des Werts ausgeht, hingewiesen worden.[14] Doch wie ist das Verhältnis zwischen diesen »außer«wissenschaftlichen Tätigkeiten und seiner chemischen Methode zu charakterisieren? Zweifellos kann man für chemische Experimente nicht dieselben Formulare benutzen, wie sie in der *Ferme générale* verwendet wurden, und ebensowenig taugt eine chemische Waage zum Abgleich von Assignaten und Goldreserven.[15] Aber die Gemeinsamkeit des Wiegens und Bilanzierens ist mehr als eine bloße Metapher.

Norton Wise hat für diese zwischen verschiedenen Praxisfeldern vermittelnden Techniken den Begriff *mediating machines* geprägt.[16] Das treffendste Beispiel für dieses Konzept sind die von Lavoisier und Laplace gemeinsam durchgeführten Versuche zur Messung der bei physiologischen und chemischen Prozessen umgesetzten Wärmemengen. Die *mediating machine* ist hier das verwendete Eiskalorimeter. Statt in der Zusammenarbeit mit dem Physiker einen weiteren Beleg für die Physikalisierung der Chemie zu sehen (siehe 2.7 *Der Bezug zur Physik*), zeigt Wise, daß die Zusammenarbeit an diesem

---

14 Jean-Pierre Poirier, »Lavoisier's Balance Sheet Method. Sources, Early Signs and Late Developments«, in: Marco Beretta (Hg.), *Lavoisier in Perspective. Proceedings of the International Symposium*, München 2005, S. 69-77.

15 Assignaten sind Besitzscheine auf enteignetes Land, die von 1789 bis 1797 vom französischen Staat ausgegeben wurden, faktisch als Papiergeld fungierten und zu Inflation und wirtschaftlicher Zerrüttung führten.

16 Norton Wise, »Mediations. Enlightenment Balancing Acts, or Technologies of Rationalism«, in: Paul Horwich (Hg.), *World Changes. Thomas Kuhn and the Nature of Science*, Cambridge/Mass. 1993, S. 207-256.

komplizierten Gerät nur funktionierte, weil es für jeden der beiden etwas anderes darstellte.

Für Laplace mißt man mit dem Eiskalorimeter Kräfte zwischen Atomen im Sinne der rationalen Mechanik, für Lavoisier hingegen mißt (das heißt im abstrakteren Sinne: wiegt) man den Wärmestoff. Der Wärmestoff ist für Lavoisier ein chemisches Element (siehe 2.10 *Die pragmatische Definition der chemischen Elemente*), noch dazu ein für die Theorie der Gase und die Theorie der Verbrennung zentrales Element. Allerdings ist es eines von nur zwei Elementen, die kein Gewicht besitzen. Die Entwicklung einer Meßmethode für diesen chemischen Stoff stellt also gerade keine Ausweitung der chemischen Methode auf die Physik oder eine Anleihe aus der Physik dar, sondern die Vervollständigung des Programms der quantitativen Chemie. Das Eiskalorimeter ermöglicht es, den Wärmestoff als chemischen Stoff *kalorimetrisch* zu messen, so wie man Gase *volumetrisch* und Feststoffe *gravimetrisch* messen kann.[17]

Lavoisiers Liste der Elemente enthält als weiteren gewichtslosen Stoff den Lichtstoff *(lumière)*, für den es eine entsprechende Meßmethode jedoch nicht gab. Dies scheint der Grund dafür zu sein, daß der Lichtstoff in Lavoisiers Theorie überhaupt keine Rolle spielt.

2.5 Das Postulat der Massenerhaltung

Die Bilanzmethode Lavoisiers beruht darauf, daß in chemischen Reaktionen keine Materie entsteht oder verlorengeht. Dies war keine Erkenntnis Lavoisiers, sie wurde für Lavoisiers

---

17 Lissa Roberts sieht hingegen Lavoisiers Wärmestofftheorie in das Gerät eingebaut, da die Messung der Wärmemenge über die Menge des geschmolzenen Eises schon voraussetzt, daß der Wärmestoff die Zustandsänderung *bewirkt*, was zum Beispiel in der Wärmetheorie Adair Crawfords (1748-1795) nicht der Fall ist, siehe Lissa Roberts, »A Word and the World. The Significance of Naming the Calorimeter«, in: *Isis* 82 (1991), S. 199-222.

Umgang mit chemischen Umsetzungen allerdings zu einem
unentbehrlichen Postulat. Nicht in allen Reaktionen können
alle Stoffe gemessen werden, doch dieses Postulat erlaubte es,
wenigstens *eine* der benötigten Größen zu berechnen.

Auch die qualitativ arbeitenden Chemiker gingen von der
Erhaltung der Masse aus, ohne daß das quantitative Nullsummenspiel für sie wichtig gewesen wäre. Genaugenommen vertraten sie ein viel weiter gehendes Postulat als die Erhaltung
der *Masse* (also der *Menge* der Materie), nämlich das der Erhaltung der *Stoffe* (also der *Arten* der Materie)[18]: Man ging
davon aus, daß in einer chemischen Verbindung die Ausgangsstoffe noch enthalten sind. Dies ist ein starkes Postulat, wenn
man bedenkt, daß ja die Verbindungen in der Regel ganz andere Eigenschaften haben als die einzelnen Bestandteile. Ein
Beispiel zur Veranschaulichung: Chlor ist ein grüngelbes, ste-
chend riechendes Gas, und Natrium ist ein aggressives, silber-
weißes, in Wasser aufbrausendes Leichtmetall. Zusammen bilden beide hingegen Kochsalz, das nicht nur ganz andere
äußere Eigenschaften besitzt, sondern für Menschen auch völlig ungiftig ist.

Für dieses Verständnis chemischer Verbindungen mußte
man das Konzept der Prinzipien, die bestimmte Eigenschaften
verleihen, aufgeben. Statt dessen ging es nun um mögliche
Reaktionen zwischen Stoffen. Die Aufgabe der (analytischen)
Chemie lag darin, herauszufinden, aus welchen einfacheren
Stoffen ein zusammengesetzter Stoff besteht und von welchen
anderen Stoffen ein Bestandteil herausgelöst und ersetzt werden kann. Gerade das Konzept der Wahlverwandtschaft, das es
erlaubt, einen Bestandteil wieder in seiner ursprünglichen Gestalt aus einer Verbindung zu lösen, wenn der andere Bestandteil eine höhere Affinität zu einem dritten, hinzugefügten Stoff
hat, zeigt, daß man davon ausging, daß sich die Stoffe auch in
Verbindungen letztlich erhalten. Erst dieses »Bausteinmo-

---

18 Prajit K. Basu, »Similarities and Dissimilarities Between Joseph
   Priestley's and Antoine Lavoisier's Chemical Beliefs«, in: *Studies in
   History and Philosophy of Science* 23 (1992), S. 445-469.

dell«[19] erlaubte die für die Chemie des 18. Jahrhunderts typische Systematik der zusammengesetzten Salze.

Lavoisier schließt hieran an, indem er dieses Prinzip in seine
Nomenklatur einbaut (siehe 2.11 *Die neue Nomenklatur*). Der
Verbindung selbst sieht man ihre Bestandteile (und deren
quantitatives Verhältnis) unmittelbar, das heißt ohne eine
Analysereaktion, nicht an, wohl aber – in der reformierten
Nomenklatur – ihrem Namen. Wie gezeigt, bezog sich die
Erhaltung der Stoffe nicht nur auf die wägbaren Stoffe, son-
dern auch auf die zwar materiellen, aber gewichtslosen Stoffe,
das heißt insbesondere auf den Wärmestoff.

2.6 Die neuen Instrumente

Es war vor allem die Bilanzmethode, die spezielle neue Instrumente erforderte, sobald man gasförmige Stoffe berücksichtigen wollte. Damit stellt sich die Frage des Zusammenhangs mit der Theorie: Ist die neue Theorie so in die
Instrumente inkorporiert, daß man mit deren Gebrauch auch
die Theorie akzeptieren muß? Oder erlauben umgekehrt erst
die passenden Instrumente die Akzeptanz der Theorie? Hat
Lavoisier gar absichtlich komplizierte und teure Instrumente
bauen lassen, damit seine experimentellen Ergebnisse nicht
durch Experimente anderer angezweifelt werden konnten? Für
Priestley jedenfalls war die Komplexität der Geräte und die
schon aus Kostengründen ausgeschlossene Wiederholung der
mit diesen durchgeführten Experimente Grund genug, den so
erzielten Ergebnissen nicht zu trauen.[20]

Ein solcher Argwohn läßt sich hinter der häufigen Klage

---

19 Der Begriff stammt von Ursula Klein. Siehe u. a. Ursula Klein, »Origin of the Concept of Chemical Compound«, in: *Science in Context* 7
(1994), S. 163-204.

20 Jan Golinski, »Precision Instruments and the Demonstrative Order
of Proof in Lavoisier's Chemistry«, in: *Osiris* (2) 9 (1994), S. 30-47,
hier S. 44.

vermuten, daß man mit Paris technisch und finanziell nicht mithalten könne. In Deutschland fehlten häufig die Möglichkeiten, die entscheidenden Experimente zu überprüfen (siehe *4. Rezeptionsgeschichte*). Wie soll man eine ganze neue Chemie übernehmen, wenn man nicht einmal einzelne Experimente überprüfen kann? Wohlgemerkt ging es hier um die *Wiederholung* mehr als 15 Jahre alter Experimente, nicht etwa um die *Fortführung* des Experimentierstils Lavoisiers auf gleichem Niveau.

In der Tat waren einige von Lavoisiers Instrumenten exorbitant teuer und vor allem ingenieurtechnische Meisterleistungen. Das berühmteste dieser Instrumente, der 1787 von Pierre Bernard Mégnié (geb. 1758) gebaute Gasometer, kostete 636 *livres*. Für die meisten der Experimente benötigte man jedoch *zwei* Gasometer, also 1272 *livres*.[21] Für Lavoisier, dem die Einlage in der *Ferme générale* in Höhe von 1.560.000 *livres* eine Rendite von 52.000 *livres* pro Jahr sicherte, waren solche Experimente ein erschwingliches Hobby.[22] Für andere waren derartige Ausgaben unvorstellbar.[23]

---

21 Levere, »Lavoisier's Gasometer and Others«, S. 62.
22 Dies ist die eigene Angabe Lavoisiers, andere schätzen die Rendite auf bis zu 200.000 *livres* pro Jahr, siehe Jean-Pierre Poirier, »Lavoisier fermier général, banquier et commissaire de la Trésorerie nationale«, in: Christiane Demeulenaere-Douyère (Hg.), *Il y a 200 ans Lavoisier. Actes du colloque organisé à l'occasion du bicentenaire de la mort d'Antoine Laurent Lavoisier, le 8 mai 1794, sous le patronage de l'Académie des sciences et de l'Académie d'agriculture de France, Paris et Blois, 3-6 mai 1994*, Paris 1995, S. 111-133, hier S. 112. Bei aller Vorsicht der Umrechnung gibt Poirier für 1993 als Äquvalent 1 *livre* ≈ 200 FF an, heute also 1 *livre* ≈ 40 Euro.
23 Bei der Verhaftung Lavoisiers im Jahr 1793 wurde dessen Laboreinrichtung konfisziert und ein Inventar der Instrumente erstellt. Aufgelistet wurden nicht weniger als 8000 chemische und 250 physikalische Instrumente, von denen allein vier große Instrumente auf einen Wert von 11.000 *livres* geschätzt wurden, siehe Marco Beretta, »Lavoisier's Collection of Instruments. A Checkered History«, in: Marco Beretta, Paolo Galuzzi, Carlo Triarico (Hg.), *Musa Musaei. Studies on Scientific Instruments and Collections in Honour of Mara Miniati*, Florenz 2003, S. 313-334, hier S. 316.

Martinus van Marum (1750-1837) konstruierte deshalb für ein Sechstel des Geldes eine vereinfachte Version des Gasometers, die europaweit als Forschungsgerät eine gewisse Verbreitung fand.[24] Und er konstruierte eine noch einfachere Version als Demonstrationsgerät für Vorlesungen. Dabei war van Marum nicht gerade arm. Immerhin hatte er selbst eine viel beachtete »ungemein große Elektrisiermaschine« für 3250 Gulden bauen lassen, eher ein Prestigeobjekt als ein Forschungsinstrument, dessen mediale Verbreitung in Form aufwendiger Kupferstiche sogar 3344 Gulden kostete.[25]

Bei diesen Einschätzungen ist jedoch zu beachten, daß in der Regel die späten Instrumente aus der Phase der *Durchsetzung* der Sauerstofftheorie beachtet werden. Marco Beretta hat zu Recht darauf hingewiesen, daß von über 500 Instrumenten, die heute noch im Besitz des Pariser *Musée des arts et métiers* sind, nur vier Typen, nämlich die Gasometer, die Eiskalorimeter, das Gerät zur Verbrennung von Öl und die große, 1788 von Nicolas Fortin (1750-1831) gebaute Waage, Interesse gefunden haben.[26] Typisch für die Phase der *Genese* der Theorie sind diese Instrumente nicht.

Betrachtet man etwa die pneumatische Wanne, mit der Lavoisier die Verbrennung des Phosphors auch quantitativ untersuchte (Abb. 2, Fig. 3, S. 51), so handelt es sich im Prinzip um ein Standardgerät. Vielleicht war auch ein solches Gerät – immerhin aus Marmor gefertigt und mit einer großen Menge Quecksilber gefüllt – für durchschnittliche Chemiker etwa in

---

24 Levere, »Measuring Gases and Measuring Goodness«; Levere, »Lavoisier's Gasometer and Others«.

25 Siehe dazu Gerhard Wiesenfeldt, »Politische Ikonographie von Wissenschaft. Die Abbildung von Teylers ›ungemein großer‹ Elektrisiermaschine, 1785/87«, in: *NTM. Zeitschrift für Geschichte der Wissenschaften, Technik und Medizin* 10 (2002), S. 222-233.

26 Marco Beretta, Andrea Scotti, »Panopticon Lavoisier. A Presentation«, in: Marco Beretta (Hg.), *Lavoisier in Perspective. Proceedings of the International Symposium*, München 2005, S. 193-207, hier S. 200. Von dem Eiskalorimeter wurden zwei leicht verschiedene Varianten gebaut.

Deutschland zu teuer. Von einer gezielten Verkomplizierung oder Verteuerung kann hier jedenfalls nicht die Rede sein. Auch kann man nicht sagen, daß das Gerät die Theorie inkorporierte. Mit im Prinzip ähnlichen Geräten arbeiteten die pneumatischen Naturforscher diesseits und jenseits des Kanals seit langem.

Der Teil zu den chemischen Instrumenten in Lavoisiers *System* beginnt gar mit noch einfacheren, eindeutig der handwerklichen Praxis entstammenden Gefäßen und Werkzeugen, die so gängig waren, daß Hermbstaedt die entsprechenden Kupfertafeln in seiner Übersetzung nicht einmal mit abdrukken ließ. Lavoisier hat, wie andere Chemiker in der Regel auch, zunächst mit einfachen Geräten begonnen, und erst wenn sich im Laufe der Forschung die Notwendigkeit ergab, kompliziertere und speziell angefertigte Instrumente benutzt.[27]

Es existiert eine undatierte, handschriftliche Liste mit den Lavoisiers Meinung nach erforderlichen Geräten für ein funktionierendes chemisches Labor.[28] Die Liste enthält nicht Lavoisiers Spezialgeräte, sondern vor allem Apparate, wie sie auch in Apotheken üblich waren: Öfen, Waagen und vor allem eine große Anzahl an Glasgefäßen in vielfältigsten Formen, dazu das Equipment für pneumatische Versuche, unter anderem 150 Pfund Quecksilber. Insgesamt setzt Lavoisier die Kosten für die Einrichtung eines solchen Labors auf 3600 *livres* an. Dieses Standardlabor wird sehr viel billiger und nüchterner gewesen sein als Lavoisiers eigenes, aber trotzdem für die meisten Chemiker unerreichbar teuer (von dem dafür benötigten Laborgebäude einmal ganz abgesehen).

---

27 Frederic L. Holmes, »The Evolution of Lavoisier's Chemical Apparatus«, in: Frederic L. Holmes, Trevor H. Levere (Hg.), *Instruments and Experimentation in the History of Chemistry*, Cambridge/Mass., London 2000, S. 137-152.

28 Antoine Laurent Lavoisier, »État des vaisseaux et ustensiles nécessaires pour monter un laboratoire de chimie«, in: Antoine Laurent Lavoisier, *Œuvres de Lavoisier*, Bd. 5, S. 335-339.

Die aufwendigen Geräte aus den 1780er Jahren lassen sich vielleicht am besten als *Symbole* der Chemie Lavoisiers verstehen. Die Waage symbolisiert die Bilanzmethode, die Gasometer die quantitative Chemie der Luftarten, das Eiskalorimeter die zentrale Stellung des *calorique* als meßbaren chemischen Stoffs und die Geräte zur Analyse und Synthese des Wassers die experimentierpraktische Definition chemischer Elemente (siehe 2.10 *Die pragmatische Definition der chemischen Elemente*).[29]

Wenn diese Instrumente als Symbole aufzufassen sind, so soll damit nicht gesagt sein, daß sie nicht wirkmächtig gewesen wären. Für die Veranschaulichung, Vorführung und letztlich Durchsetzung von Lavoisiers Theoriekomplex waren sie sehr wohl bedeutsam. Wie ein solches Instrument als eine Technik der Überzeugung genutzt wurde, soll hier anhand der Synthese des Wassers dargestellt werden. Immerhin stellte dieses Experiment – zumindest in Paris – einen Wendepunkt in der Rezeption von Lavoisiers Theorie dar.[30]

Cavendish hatte 1781 eine Mischung aus »brennbarer Luft« und »dephlogistisierter Luft« mittels eines elektrischen Funkens zur Reaktion gebracht. Das einzige Reaktionsprodukt war Wasser. Dies war nicht verwunderlich, da Cavendish die dephlogistisierte Luft als Wasser ohne Phlogiston und die

29 Was die Waage als Symbol betrifft, so geht deren Symbolkraft weit über experimentalwissenschaftliche Methodik hinaus; sie findet sich auch in Lavoisiers ökonomischer Theorie und Praxis (u. a. als Landbesitzer), siehe Bernadette Bensaude-Vincent, »The Balance. Between Chemistry and Politics«, in: *The Eighteenth Century* 33 (1992), S. 217-237.

30 Siehe zu diesem Experiment Maurice Daumas, Denis Duveen, »Lavoisier's Relatively Unknown Large-Scale Decomposition and Synthesis of Water, February 27 and 28, 1785«, in: *Chymia. Annual Studies in the History of Chemistry* 5 (1959), S. 113-129; Golinski, »Precision Instruments and the Demonstrative Order of Proof in Lavoisier's Chemistry«; Jan Golinski, »›The Nicety of Experiment‹. Precision of Measurement and Precision of Reasoning in Late Eigtheenth-Century Chemistry«, in: M. Norton Wise (Hg.), *The Values of Precision*, Princeton/N.J. 1995, S. 72-91.

brennbare Luft als Phlogiston mit etwas Wasser verbunden
ansah.

Lavoisier wiederholte das Experiment, gemeinsam mit Laplace, am 24. Juni 1783 vor Zeugen der *Académie royale des
sciences* und kam zu demselben Ergebnis. Er konnte zudem
zeigen, daß die Menge des erhaltenen Wassers der Gesamt-
menge der eingesetzten Gase entsprach.

Lavoisier interpretierte dieses Experiment jedoch ganz anders als Cavendish. Für Lavoisier zeigte es, daß Wasser kein
einfacher Stoff ist, sondern aus *oxygène* (Sauerstoff) und der
Basis der brennbaren Luft, die Lavoisier *hydrogène* (»Wasser-
bildner«, Wasserstoff) nannte, zusammengesetzt ist. Phlogiston kommt in dieser Erklärung gar nicht vor.

Doch in den 1780er Jahren ging es Lavoisier nicht mehr nur
darum, die Existenz des Phlogistons anzuzweifeln, sondern
darum, die seiner Theorie vermeintlich widersprechenden
Tatsachen in seine Theorie zu integrieren. Die Zusammensetzung des Wassers erlaubte dies für zwei vorher schwer mit
Lavoisiers Theorie in Einklang zu bringende Phänomene.

Erstens erklärte das Experiment, warum bei der Auflösung
von Metallen in Säuren brennbare Luft frei wird: Sie bleibt
übrig, wenn sich das Metall mit dem Sauerstoff des Wassers
verbindet. Anders wäre dies schwer zu erklären, da an einer
solchen Auflösung ja nur vier Stoffe beteiligt sind: das Wasser,
das Metall, die Basis der Säure und der Sauerstoff der Säure.
Woher soll also die brennbare Luft kommen, wenn man sie
nicht, wie von einigen Phlogistikern angenommen, als das
Phlogiston selbst (verbunden mit etwas Wasser und Wärmestoff) ansehen will?

Zweitens erklärte das Experiment, warum man mittels
brennbarer Luft Kalke zu ihren Metallen reduzieren kann: Die
brennbare Luft verbindet sich mit dem Sauerstoff der Kalke zu
Wasser. Andernfalls wäre es rätselhaft, wo der Sauerstoff geblieben ist, denn die bei Reduktionen mit Kohle oder Öl frei-
gesetzte »fixe Luft« (heute: Kohlendioxid, CO_2) entsteht ja
nicht.

Angesichts dieser weitreichenden Konsequenzen war es für
Lavoisier um so ärgerlicher, als man zwar sein Experiment der
Wasser»synthese« überzeugend fand, nicht aber dessen theoretische Interpretation. James Watt (1736-1819) etwa erklärte
das Experiment – ähnlich wie Cavendish selbst – so: Dephlogistisierte Luft besteht aus Wasser ohne Phlogiston, aber
verbunden mit Wärmestoff. Brennbare Luft ist hauptsächlich
Phlogiston, mit etwas Wasser und Wärmestoff verbunden. Bei
der Verbindung der beiden wird der Wärmestoff freigesetzt,
und das Wasser (einschließlich des Phlogistons) bleibt übrig.

Genaugenommen ist in dieser Theorie Wasser schon kein
einfacher Stoff mehr, denn es besteht ja aus dephlogistisierter
Luft und Phlogiston. Und entsprechend kann man auch hier
von einer Synthese des Wassers sprechen. Aber die Erklärung
beruht eben ganz auf dem nicht meßbaren Phlogiston. Allein
die Tatsache, daß dasselbe Experiment sich mit zwei verschiedenen Theorien erklären läßt, warf Zweifel auf, ob man überhaupt aus einem Experiment eine Theorie im strengen Sinne
folgern kann.

Wie also vermochte Lavoisier derartige Dissidenten zu
überzeugen? Wie war es möglich, die von den Engländern
verteidigte Trennung zwischen Experiment und theoretischer
Interpretation unmöglich zu machen? Lavoisier konzipierte
ein Experiment, das unmittelbar evident sein sollte. Es sollte
viel genauer als das Experiment von 1783 die Stoffe quantitativ
bilanzieren können. Der Charakter einer Präzisionsmessung
allein konnte jedoch kaum entscheidend sein, da ja die Erhaltung der Masse gar nicht angezweifelt wurde.[31] Und in der Tat
bediente sich Lavoisier anderer Techniken als nur präziser Instrumente.

Die Apparatur zur *Analyse* des Wassers entsprach auch an-
derswo verwendeten Apparaturen (Abb. 1, Fig. 11, S. 35). Heißen Wasserdampf durch ein glühendes Eisenrohr zu leiten

---

31 Natürlich gilt dies nur, weil sowohl das Phlogiston als auch der Wärmestoff als gewichtslos angenommen wurden.

stellte schließlich eine Möglichkeit der Herstellung brennbarer Luft dar, und dies nicht nur für Gasballons (siehe 2.13
Chemie als technische Wissenschaft). Lavoisiers Apparatur zur
Synthese des Wassers hingegen war einzigartig. Es handelte sich
um das Gerät, das später unter dem Namen *gasomètre* zur
Ikone von Lavoisiers Chemie wurde (Abb. 5 und 6, S. 123 bzw.
125).

Konstruiert wurde das Gerät von Meusnier de la Place und
gebaut von dem Instrumentenmacher Mégnié.[32] Die zentrale
Idee des Apparats besteht darin, einen kontinuierlichen und
außerdem meßbaren Zustrom von Gasen zu ermöglichen. Da
dieses Gerät in Lavoisiers *System* ausführlich erläutert wird
und unten (in 3.11) noch erklärt werden wird, sei hier zunächst
auf eine Funktionsbeschreibung verzichtet.[33] Aber wie war es
möglich, daß das mit diesem Gerät durchgeführte Experiment
in Frankreich (nicht aber etwa in England) zum Wendepunkt
bezüglich der Haltung zu Lavoisiers Chemie insgesamt wurde?

Der kontinuierliche Zustrom der beiden Gase erlaubte eine
kontinuierliche Verbrennung. Es konnten so größere Mengen
von Wasser synthetisiert werden, wodurch es möglich wurde,

---

32 Die Dominanz von Lavoisier in der Historiographie der Chemie
   führt dazu, bei Kooperationen den Partner in der Regel als mehr oder
   weniger wichtigen Mitarbeiter Lavoisiers zu sehen. Wechselt man
   jedoch die Perspektive, so kann dies ein anderes Bild ergeben. In
   diesem Fall ging offensichtlich die Initiative für das Experiment von
   Meusnier de la Place aus, wie Pierre Belin, »Un collaborateur d'Antoine-Laurent Lavoisier à l'Hôtel de l'Arsenal. Jean-Baptiste Meusnier (1754-1793)«, in: Michelle Goupil (Hg.), *Lavoisier et la révolution chimique. Actes du colloque tenu à l'occasion du bicentenaire de la
   publication du »Traité élémentaire de chimie« 1789*. Palaiseau 1992,
   S. 263-293, gezeigt hat. Und auch die Tatsache, daß die Versuchsprotokolle nach Abschluß der Experimente bei Meusnier de la Place
   blieben, wirft ein anderes Licht auf die Form der Zusammenarbeit.
33 Die in Lavoisiers *System* beschriebene und heute im *Musée des arts et
   métiers* zu besichtigende Apparatur mit zwei Gasometern ist allerdings nicht die in den Versuchen von 1785 verwendete, sondern die
   weiter perfektionierte, ebenfalls von Mégnié angefertigte Version von
   1787. Das Prinzip ist jedoch das gleiche.

den relativen Meßfehler entsprechend zu verringern. Diese Prozedur war allerdings sehr aufwendig. Allein das Kalibrieren der beiden Gasometer (es gab je einen für das Wasserstoffgas und für das Sauerstoffgas) dauerte mehrere Tage. Lavoisier hatte dies mit seinen Helfern schon erledigt, als er für den 27. Februar 1785 mehr als 30 Wissenschaftler, darunter zahlreiche, die von der *Académie royale des sciences* als offizielle Zeugen nominiert worden waren, zu dem »eigentlichen« Experiment in sein Labor im Pulvermagazin einlud.

Zunächst wurden am Morgen des 27. Februar große Mengen Wasserstoffgas und Sauerstoffgas produziert und gewogen. Diese wurden für das Syntheseexperiment am Abend eingesetzt. Nach anfänglichen Problemen zündete das Gasgemisch durch den elektrischen Funken einer Elektrisiermaschine, und die Verbrennung dauerte mehr als drei Stunden. Am folgenden Tag wurde die Verbrennung mit einer noch größeren Menge Wasserstoffgas wiederholt. Anschließend wurden die Gefäße und die eingesetzten und erhaltenen Stoffe genau gewogen, und die Bilanz der Reaktion wurde aufgestellt.

Spätestens mit der Gründung der *Royal Society* ist Zeugenschaft bei Experimenten ein wichtiges epistemisches Kriterium. Die dazu passende, im wesentlichen auf Robert Boyle (1627-1691) zurückgehende Rhetorik ausführlicher, detailgetreuer, bewußt ungekünstelter und auch Fehlschläge berücksichtigender sprachlicher Darstellung erlaubte es, dieses Prinzip über die lokale Situation hinaus wirksam werden zu lassen. Leser derartiger Darstellungen wurden so zu virtuellen Zeugen.[34]

Für einen neutralen und objektiven Zeugenbericht über die Experimente Lavoisiers an die *Académie royale des sciences* wäre nun die mehrtägige Teilnahme eines großen Teils der Pariser

---

34 Maßgeblich hierzu ist Steven Shapin, Simon Schaffer, *Leviathan and the Air-Pump. Hobbes, Boyle, and the Experimental Life*, Princeton/N.J. 1985.

scientific community kaum vonnöten gewesen. Die Funktion der Zeugen war deshalb auch hier eine andere. Zu unterscheiden ist hier zwischen Zeugen und denjenigen, die überzeugt werden sollen. Wichtiger als die korrekte und kritische *Mitteilung* des Versuchsablaufs war in diesem Falle, daß die Anwesenden *selbst* von dem Experiment überzeugt werden sollten.[35]

Man kann sich vorstellen, was dafür eine Rolle spielt. Angesehene und vielbeschäftigte Personen hören nicht einfach ein *Mémoire* an der *Académie royale des sciences*, sondern begeben sich für einen oder mehrere Tage in das Pulvermagazin. Schon am 21. Februar hatte Lavoisier sie zu einem Abendessen eingeladen, um ihnen die Apparatur zu zeigen und ihr Interesse zu wecken. Die Apparatur ist komplex, die Randbedingungen – Luftdruck, Temperatur – müssen permanent gemessen werden, bei aller Dramatik der Inszenierung gibt es also auch viel Routine. Man wird die Teilnehmenden eingebunden haben, die tatsächliche Berührung mag die Skepsis gegenüber der Apparatur verflüchtigt haben. Die lange Zeit erlaubt es, das Experiment wirklich zu durchschauen. Die Teilnehmer dürfen durch ihre Unterschrift einzelne Versuchsprotokolle verbürgen. Der Erfolg am Ende – auch wenn er, wie bei jedem Experiment, nur *technisch* definiert ist, in diesem Falle also in der Produktion des Wassers besteht – wird zu einem Gemeinschaftserlebnis, das die Aufrechterhaltung einer radikalen *theoretischen* Distanz bei der *Interpretation* des Experiments zu einer immer weniger selbstverständlichen Haltung werden läßt. Insbesondere die »Konversion« Claude

---

35 Genaugenommen sind auch die tatsächlich anwesenden Zeugen und die virtuellen Zeugen im Sinne Shapins und Schaffers Personen, die überzeugt werden sollen. Zu Zeugen im Sinne eines relevanten Informations-Inputs durch die Aussage Dritter werden die tatsächlich Anwesenden erst in der Erwähnung im Text. Eine solche Erwähnung gab es in der Tat häufig, wobei nicht einfach zu entscheiden ist, ob die Überzeugungskraft dieser Erwähnung in ihrem Zeugnis oder in ihrem Bekenntnis, überzeugt worden zu sein, liegt.

Louis Berthollets (1748-1822) im Anschluß an diese Versuche sollte für die Durchsetzung von Lavoisiers Theorie in Frankreich erhebliche Bedeutung haben.

Es läßt sich nicht anhand expliziter Quellen belegen, daß diese Wirkungsweise für das Umschlagen der Mehrheitsmeinung zugunsten von Lavoisiers Chemie maßgeblich war. Erst recht läßt sich nicht klären, ob genau dies durch die Inszenierung einer halböffentlichen und die Grenzen zwischen kritischer Beobachtung und Teilnahme überschreitenden Veranstaltung von Lavoisier beabsichtigt war.[36] In jedem Fall wird damit deutlich, daß Instrumente allein nicht entscheidend sind. Weder erzwingen sie durch inhärente Schlüssigkeit und Präzision die Akzeptanz der mit ihnen erzielten Ergebnisse, noch verhindern sie von vornherein durch ihre Komplexität eine Identifikation mit Lavoisiers Form der Chemie. Die Instrumente müssen in eine soziale Form eingebunden sein, um ihre epistemische Wirksamkeit zu entfalten.[37] Daraus erklärt sich auch, daß viele englische Wissenschaftler, die ja nicht vor Ort waren, skeptisch blieben. Ungeachtet theoretischer, methodologischer und epistemologischer Differenzen[38] konnte man sich schon über die richtigen Versuchsergebnisse über den Kanal hinweg nicht einigen.

Ohne die unmittelbare Evidenz und die Möglichkeit einer gezielten, begründeten Kritik am Objekt war die tatsächliche

36 Alfred Nordmann hat jedenfalls präzise herausgearbeitet, daß für Lavoisier Momente der unmittelbar sinnlichen Präsenz sowie der exemplarischen, wenn nicht gar symbolischen Inszenierung unverzichtbar waren, siehe dazu Alfred Nordmann, »The Passion for Truth. Lavoisier's and Lichtenberg's Enlightenments«, in: Marco Beretta (Hg.), *Lavoisier in Perspective. Proceedings of the International Symposium*, München 2005, S. 109-128.

37 Golinski spricht für den Gesamtkomplex des Experiments von einer »social technology«, Golinski, »Precision Instruments and the Demonstrative Order of Proof in Lavoisier's Chemistry«, S. 41.

38 Siehe dazu am Beispiel Priestleys John G. McEvoy, »Continuity and Discontinuity in the Chemical Revolution«, in: Arthur Donovan (Hg.), *The Chemical Revolution. Essays in Reinterpretation* (= Osiris (2) 4 (1988)), S. 195-213.

oder vermeintliche Präzision von Lavoisiers Messungen jedenfalls kein selbstverständliches epistemisches Kriterium.[39] In
England blieb man zurückhaltend. William Nicholson (1753-
1815) etwa hielt die von Lavoisier angegebene Präzision für
übertrieben. Und Richard Kirwan (ca. 1733-1812) hielt ein ein-
zelnes Experiment, gleichgültig wie genau es durchgeführt
worden sein mochte, für nicht geeignet, die Grundlagen jahr-
zehntelangen Experimentierens umzustoßen.

Die Ergebnisse von Lavoisiers Experiment wurden so in der
Rezeption von der theoretischen Interpretation getrennt. Die
Apparatur und das Meßverfahren waren so kompliziert, daß
man mit einem solchen Experiment eine Einsicht nicht unmittelbar *demonstrieren* konnte, da man nie sicher sein konnte,
daß man nichts Wesentliches übersehen hatte. Nur eine unmittelbar einleuchtende Demonstration galt den englischen
Naturforschern aber als Beweis einer wissenschaftlichen Tatsache. Weder für die englischen noch für die französischen
Chemiker waren somit die Instrumente allein überzeugend.

Dennoch ist festzustellen, daß Lavoisiers Instrumente nur
in direktem Bezug zu seiner Theorie und später als Symbole
wirksam wurden. Die Instrumente selbst setzten sich in der
Chemie nicht durch.[40]

2.7 Der Bezug zur Physik

Der umstrittenste Aspekt der Chemischen Revolution ist das
Verhältnis der Chemie zur Physik (siehe auch 5. *Positionen der*

---

39 Zumal das vorgesehene *Mémoire* zu diesem Versuch, das Details der
   Apparatur und des Verfahrens überregional verfügbar gemacht hätte,
   nach dem Weggang von Meusnier de la Place aus Paris nie publiziert
   wurde.

40 Der Einfluß Lavoisiers auf die Laborpraxis im 19. Jahrhundert ist
   jedoch noch nicht untersucht. Vermutlich hat es eine Chemische
   Revolution bezogen auf das Instrumentarium nicht gegeben, wenngleich abstrakte *Prämissen* von Lavoisiers Apparaturen (Wägung,
   Präzision, Bilanzierung, Berücksichtigung physikalischer Randbedingungen) in *anderen* Geräten Berücksichtigung fanden.

Forschung). Die konsequente Verwendung quantitativer Verfahren und physikalischer Instrumente in der Chemie hat einige Chemiehistoriker dazu veranlaßt, die tiefgreifendste Errungenschaft der Chemischen Revolution in der Physikalisierung der Chemie zu sehen. Physik habe dabei auf der einen Seite der Chemie als Modell einer wissenschaftlichen Disziplin gedient, während auf der anderen Seite die mit der wissenschaftlichen Chemie gewonnenen Erkenntnisse relevant für die Physik geworden seien.

Einiges deutet darauf hin, daß Lavoisier selbst dies so sah. In der oben zitierten Passage aus seinem Labortagebuch spricht er von einer »Revolution in der Physik und in der Chemie«,[41] der Titel seiner ersten, die frühen Experimente zusammenfassenden Monographie lautet *Opuscules physiques et chymiques*, und schließlich schreibt er in einer von ihm selbst verfaßten Rezension dieses Buchs: »Dies sind die wichtigsten Versuche, die in dem Werk des Hrn. Lavoisier enthalten sind. Er wendet dort auf die Chemie nicht nur die Apparate und Methoden der Experimentalphysik an, sondern auch den Geist der Genauigkeit und Berechnung, der diese Wissenschaft auszeichnet.«[42]

Eine solche Einschätzung hängt jedoch entscheidend davon ab, was man im Hinblick auf das 18. Jahrhundert unter »Physik« versteht. Wenn heute Physik auf Messungen und mathematischen Berechnungen beruht, darf diese Bedeutung ja nicht einfach auf die Zeit Lavoisiers übertragen werden.[43]

Im weiteren Sinne bedeutete Physik im 18. Jahrhundert erklärende Naturerkenntnis. Ihr Anspruch war die Rückführung der Phänomene auf materielle Ursachen. Wenn die Chemie zu diesem Projekt – mit welcher Methodik auch immer – beitragen konnte, war ihre Nähe zur Physik offensichtlich.

---

41 Siehe Kap. 1, Anm. 4.
42 *Œuvres de Lavoisier*, Bd. 2, S. 95-96. Das Zitat findet sich auch in Levere, »Lavoisier. Language, Instruments, and the Chemical Revolution«, S. 210; Poirier, »Lavoisier's Balance Sheet Method«, S. 69.
43 Darauf weist auch Golinski, »›The Nicety of Experiment‹«, S. 73, hin.

Chemie wäre dann ein *Teil* der Physik. Ob aber diese Form der Physik etwas mit Messung zu tun hatte, ist damit noch nicht gesagt.

Charles Augustin Coulombs (1736-1806) paradigmatische Messung des Kraft-Abstand-Gesetzes der Elektrizität verzichtete dezidiert auf die Erklärung der elektrischen Anziehung und Abstoßung und begnügte sich mit der Klärung des quantitativen Zusammenhangs. Coulomb sah seine Experimente ganz in der Tradition Newtons. In dessen Mechanik und Optik spielten Messung und Mathematik eine zentrale Rolle. Dies betrifft sowohl die Formulierung der Gesetze in Form von Größenverhältnissen als auch die an die klassische Geometrie angelehnte Argumentationsweise.

Die französischen Mathematiker des 18. Jahrhunderts wandten ihre mathematischen Techniken durchaus auf Naturgegenstände an. Es fragt sich jedoch, ob diese Formen mathematischer Naturbeschreibung seinerzeit als Physik betrachtet wurden. Immerhin gehörten die Gebiete Mechanik, Optik, Astronomie, Akustik und Hydrostatik damals zur angewandten Mathematik. Zwar wurden Messungen und Mathematik gegen Ende des Jahrhunderts nicht mehr schon allein deshalb als ungeeignet für die Naturerkenntnis angesehen, weil sie sich nur mit den Größenverhältnissen statt mit dem inneren Wesen befaßten. Eine wirkliche Mathematisierung der Physik entstand aber erst im 19. Jahrhundert.

Lavoisiers Bilanzmethode ist jedenfalls kaum als mathematisch zu bezeichnen. Man braucht für diese Methode genausoviel oder sowenig Mathematik wie ein Gemüsehändler auf dem Markt: die Beherrschung des Dreisatzes und die Fähigkeit, Gewichte in unterschiedlichen Maßeinheiten auszudrücken.

Physik im engeren Sinne bezeichnete die experimentelle Philosophie, die sich vorwiegend mit Wärme, Magnetismus und vor allem Elektrizität befaßte, also gerade nicht mit den Gebieten der angewandten Mathematik. Messungen wie diejenigen Coulombs waren in der Elektrizitätslehre die Ausnahme. Nicht zufällig waren Coulombs Experimente auf dem Gebiet der Elektrizität Teil eines Forschungsprogramms zur *Mechanik*, nämlich zur Torsion von Drähten. Wenn also in *diesem* Sinne von einer Physikalisierung der Chemie gesprochen wird, kann damit nur eine phänomenorientierte Experimentalisierung gemeint sein. Genau diese war aber in der Chemie ohnehin längst etabliert.

In der expliziten Diskussion um die *Physikalisierung* der Chemie bei Lavoisier scheint es implizit um die *Verwissenschaftlichung* der Chemie zu gehen. Physik, die im 19. und 20. Jahrhundert angesehenste wissenschaftliche Disziplin, wird so zu einem Gradmesser eines wissenschaftlichen Standards an sich[44] – und zwar bei Befürwortern wie Kritikern der These einer physikalisierten Chemie gleichermaßen. Wichtiger ist aber zu fragen, ob sich die quantitative Experimentierweise und der Gebrauch von Thermometer und Barometer in der Chemie selbst durchgesetzt haben und ob (und wenn ja, wie) dies mit einer Verwissenschaftlichung der Chemie selbst im Zusammenhang steht. Dies betrifft insbesondere die in der ersten Hälfte des 19. Jahrhunderts entstehende analytische organische Chemie.

Experimentalphysik stellte eine Alternative zu metaphysischen, mechanistischen und mathematischen Programmen der Naturerklärung dar.[45] Lavoisiers Chemie ist eine offensichtlich auf Experimente gegründete Naturwissenschaft, doch das trifft eben auch schon auf die Chemie seit Beginn des 18. Jahrhunderts zu. Die Gemeinsamkeit mit der Experimentalphysik besteht darin, daß bei Lavoisier chemische Verfahren gezielt als Experimente zur Naturerkenntnis eingesetzt wurden, wohingegen bei den professionellen Chemikern, insbesondere den Apothekern, neues Naturwissen in der Regel ein

---

44 Kim, »Lavoisier, the Father of Modern Chemistry?«
45 Arthur Donovan, »Lavoisier and the Origins of Modern Chemistry«, in: Arthur Donovan (Hg.), *The Chemical Revolution. Essays in Reinterpretation* (= *Osiris* (2) 4 (1988)) S. 214-231.

Nebeneffekt der eigentlichen Tätigkeit war. Physikalisch war Lavoisiers Chemie in dem Sinne, daß sie auf allgemeine Naturerkenntnisse, das heißt auf Theorien, abzielte. Die bei Lavoisier zentralen Messungen und erst recht die Bilanzierung von Stoffumsetzungen spielten allerdings in der Experimentalphysik des 18. Jahrhunderts gerade keine besondere Rolle.[46]

2.8 Die Theorie der Atmung

Faßt man die Atmung als eine langsame Verbrennung auf, so scheint die Theorie der Atmung – jedenfalls was den Sauerstoffumsatz angeht – nichts weiter zu sein als eine Anwendung der Theorie der Verbrennung. Frederic Holmes, der diesen Aspekt am gründlichsten untersucht hat, konnte aber darauf hinweisen, daß die Atmung an einer bestimmten Stelle in der Genese von Lavoisiers Theorienkomplex eine wesentliche heuristische Funktion besaß.[47]

Ein zentraler Teil von Lavoisiers Theorie besteht in der Aussage, daß bei einer Verkalkung oder Verbrennung die Luft eine Rolle spielt, und zwar indem sie sich mit dem verkalkten

---

46 Zur Physik im ausgehenden 18. Jahrhundert siehe Thomas S. Kuhn, *Die Entstehung des Neuen. Studien zur Struktur der Wissenschaftsgeschichte.* Übersetzt von Hermann Vetter, Frankfurt/M. 1977; Fritz Krafft, »Der Weg von den Physiken zur Physik an den deutschen Universitäten«, in: *Berichte zur Wissenschaftsgeschichte* 1 (1978), S. 123-162; Rudolf Stichweh, *Zur Entstehung des modernen Systems wissenschaftlicher Disziplinen. Physik in Deutschland 1740-1890,* Frankfurt/M. 1984; John L. Heilbron, *Weighing Imponderables and Other Quantitative Science Around 1800* (*Historical Studies in the Physical and Biological Sciences,* Supplement to Vol. 24, Part 1), Berkeley 1993; Jan Frercks, »Rezeption und Selbstverständnis. Naturlehre/Physik um 1800«, in: *Jahrbuch für Europäische Wissenschaftskultur* 1 (2005), S. 153-184.

47 Frederic L. Holmes, »Lavoisier's Conceptual Passage«, in: Arthur Donovan (Hg.), *The Chemical Revolution. Essays in Reinterpretation* (= *Osiris* (2) 4 (1988)), S. 82-92.

Metall bzw. mit der Basis des verbrannten Stoffs verbindet und nicht etwa nur als Ablagerungsstätte des Phlogistons dient. Aber diese Aussage ist zunächst unabhängig von der Frage nach der Zusammensetzung der Luft. Lavoisiers Behauptung, daß die Luft kein einfacher Stoff, sondern aus verschiedenen Stoffen zusammengesetzt sei, ergibt sich erst aus der Beobachtung, daß nur ein *Teil* der Luft, nämlich ungefähr ein Viertel, zur Verkalkung oder Verbrennung taugt. Und hier greift Lavoisier auf die Theorie Priestleys zurück, die aus einem ganz anderen Kontext, nämlich dem der Luftgüteuntersuchungen stammt. Priestley geht von *einer* Luft aus, die zu einem Teil, nämlich zu etwa drei Vierteln, phlogistisiert und damit für das Atmen nicht geeignet ist, wohingegen der andere, der dephlogistisierte Teil, die Atmung erlaubt.

Für Lavoisiers Hypothese zweier verschiedener Luftarten kam es aber zunächst einmal darauf an, die beiden Teile experimentell und phänomenologisch zu unterscheiden. Dies gelang mit einem brennenden Holzspan, der in dem einen Teil der Luft heller brannte als in atmosphärischer Luft, in dem anderen hingegen gar nicht. Besser quantifizierbar war jedoch ein anderer Test, nämlich die Messung der Lebensdauer kleiner Tiere unter einer Glocke, die mit der entsprechenden Luftart gefüllt war. Je nach dem Anteil der Lebensluft lebten die Tiere länger oder kürzer.

Offensichtlich kann dieser Lebensdauertest an sich nicht zwischen den theoretischen Hypothesen Lavoisiers und Priestleys entscheiden. Es ist jedoch bezeichnend, daß Lavoisier, obwohl es ihm ja zunächst um eine Theorie der Verbrennung ging, den für die Verbrennung geeigneten Anteil der Atmosphäre »vorzüglichst respirable Luft« *(air éminemment respirable)* und später »Lebensluft« *(air vital)* nannte. Auch der oft als neutraler Begriff statt »dephlogistisierte Luft« oder »Sauerstoffluft« von beiden Parteien verwendete Begriff »reine Luft« rekurriert auf den Aspekt der Atembarkeit. Das gleiche gilt für die Benennung des anderen Teils der Luft, der als »azotisches«, also lebensfeindliches Gas *(azote)* bezeichnet wird. Noch in dem heutigen Ausdruck »Stickstoff« findet sich dieser Gesichtspunkt.

Die Theorie der Atmung war also keineswegs eine Anwendung einer chemischen Theorie auf die Lebenswissenschaften. Vielmehr diente hier eine allgemeine naturwissenschaftliche – im obigen Sinne: physikalische – Fragestellung, die ihrerseits an eine medizinische Praxis angebunden war, als Heuristik für die Weiterentwicklung der chemischen Theorie.

2.9 Die Theorie der Säuren

Lavoisiers Sauerstofftheorie ist mehr als eine Theorie der Verbrennung.[48] Sie muß dies sein, weil zum Beispiel einige Kalke auch anders als durch eine Verkalkung in der Hitze hergestellt werden können. Roten Quecksilberkalk (heute: Quecksilberoxid, HgO) enthält man zum Beispiel nicht nur durch langes Erhitzen von Quecksilber an der Luft, sondern auch durch Auflösung von Quecksilber in Salpetersäure mit nachfolgender Trocknung. Die Salpetersäure muß also auch denjenigen Stoff enthalten, der sich mit dem Quecksilber verbindet. Damit ist die Herstellung von rotem Quecksilberkalk mittels Salpetersäure eine Verkalkung »auf dem nassen Wege«, im Gegensatz zur Herstellung mittels Wärme »auf dem trockenen Wege«.

Dies allein schafft aber noch keinen notwendigen Zusammenhang, denn warum sollte Salpetersäure nicht den Grundstoff der reinen Luft beinhalten? Auffallend ist jedoch, daß bei einem solchen Verfahren die Säuren den Charakter des Sauren mehr oder weniger verlieren. Gleichzeitig verwandeln sich einige Stoffe, etwa Phosphor oder Schwefel, bei der Verbindung mit dem Grundstoff der reinen Luft in Säuren. Dies veranlaßte Lavoisier, genau in diesem Stoff, der bei der Verkalkung übertragen wird, das sauermachende Prinzip zu sehen.

---

48 Zu Lavoisiers Theorie der Säuren siehe vor allem Maurice Crosland, »Lavoisier's Theory of Acidity«, in: *Isis* 64 (1973), S. 306-325.

Hier entspricht die Oxidationstheorie ganz der Prinzipienlehre. Während die Kalke durchaus verschiedenartig sind, ähneln sich die Säuren eben genau in der Eigenschaft, sauer zu sein. Verantwortlich dafür ist dasselbe Prinzip, das die Metalle verkalkt. Das gräzisierende Kunstwort *oxygène* drückt diese »säurebildende« Eigenschaft aus.[49]

Damit hatte Lavoisier quasi nebenbei eine Theorie der Säurebildung geschaffen. Dies ist von daher wichtig, weil die Analyse der Salze in Säuren und Basen, anders als die Verbrennung, im 18. Jahrhundert ein zentrales Feld der chemischen Wissenschaft war. Mit der durch den Sauerstoff bewirkten Verknüpfung beider Theorien ist Lavoisiers Theorie nicht nur für ein spezielles Phänomen relevant, sondern für die Chemie insgesamt.

Allerdings kam die Chemie bis dahin ganz gut ohne eine Theorie der Säuren aus. Mechanistische Erklärungen, die makroskopische Eigenschaften durch die mikroskopische *Form* der Materie erklärten, wurden als spekulativ abgelehnt. Dies gilt etwa für Nicolas Lémerys (1645-1715) Theorie, nach der Säuren deshalb auf der Zunge brennen, weil sie aus spitzen Molekülen bestehen. Aber auch die Rückführung der zunehmenden Anzahl der bekannten Säuren auf eine Ursäure im Sinne eines säuernden Prinzips spielte keine Rolle mehr.

Lavoisiers Theorie der Säuren wurde weit weniger kontrovers diskutiert als die Theorie der Verbrennung. Vor allem drei Aspekte wurden an Lavoisiers Erklärung der Säurebildung kritisiert. Zunächst ist es fraglich, inwieweit es sich methodologisch um eine grundsätzlich verbesserte Art von Theorie handelt. Stahls Phlogistontheorie hatte man ihre Tautologie

---

49 Spätere Puristen wiesen jedoch darauf hin, daß der Ausdruck »oxygène«, wörtlich verstanden, nicht »Säurebildner« heißt, sondern »durch Säure gebildet«, was offensichtlich nicht auf den Sauerstoff paßt, siehe dazu Geoffrey Winthrop-Young, »Terminology and Terror. Lichtenberg, Lavoisier and the Revolution of Signs in France and in Chemistry«, in: *Recherches Sémiotiques* 17 (1997), S. 19-39, hier S. 25.

vorgeworfen: Brennbarkeit wird durch den Zutritt des Prinzips der Brennbarkeit erklärt. In Lavoisiers Säuretheorie wird
nun Säure durch den Hinzutritt des Prinzips der Säuerung
erklärt. Der einzige (aber vielleicht entscheidende) Unterschied ist, daß man den Sauerstoff, anders als das Phlogiston,
wiegen kann.[50]

Weiterhin gibt es – und das war Lavoisier natürlich bekannt
– Oxide (also Verbindungen mit Sauerstoff), die nicht sauer
sind. Lavoisier erklärte dies damit, daß es einer bestimmten
Menge an Sauerstoff bedürfe, damit eine Substanz sauer
schmecke und Lackmus rot färbe. Die Theorie der Säurebildung ist demnach die konsequente Erweiterung der Oxidationstheorie. Verbrennung und Säurebildung sind im Prinzip
derselbe Prozeß und unterscheiden sich nur im Grad der Oxidation (siehe dazu die Tabelle der verschiedenen Oxidations-
stufen, S. 104-107).

Das dritte Problem – eine wirkliche Anomalie im Sinne
Kuhns – besteht darin, daß es Säuren gibt, aus denen man
keinen Sauerstoff extrahieren kann. Das bekannteste Beispiel
dafür ist die Salzsäure (die nach heutigem Wissen nur aus
Chlor und Wasserstoff besteht, HCl aq). Selbstverständlich
impliziert Lavoisiers pragmatische Definition chemischer Elemente (siehe 2.10 *Die pragmatische Definition der chemischen
Elemente*), daß es Säuren geben *kann*, die sich mit den verfügbaren physischen und chemischen Mitteln nicht zerlegen lassen. Es war also im Prinzip denkbar, daß die Salzsäure Sauerstoff enthält, daß man aber noch nicht das richtige
Reduktionsmittel gefunden hatte. Daß dies aber ausgerechnet
für eine der am besten bekannten und am häufigsten verwendeten Säuren gelten sollte, war ein hinzunehmendes Ärgernis.

In jedem Falle mußte man nach Lavoisiers Sauerstofftheorie die Salzsäure als Verbindung einer unbekannten Basis mit
Sauerstoff ansehen. Als Humphry Davy (1778-1829) ab 1810
vermutete, daß die Salzsäure gar keinen Sauerstoff enthält,

---

50 Zur Meßbarkeit als Existenzkriterium vgl. Kap. 2, Anm. 13.

sondern ihre Basis, das *chlorine*, nur mit Wasserstoff verbunden ist, stellte dies eine so gravierende Anomalie dar, daß die Theorie der Säurebildung grundlegend modifiziert werden mußte.

Die Bindung an das traditionelle Konzept chemischer Prinzipien, Ad-hoc-Erklärungen und nomenklatorische Kunstgriffe bei nicht-sauren Sauerstoffverbindungen sowie die Hinnahme von Anomalien in Gestalt von Säuren ohne (nachweisbaren) Sauerstoff: Das war offensichtlich der Preis für die Verknüpfung der Theorien der Verbrennung und der Säurebildung mittels eines einzigen Stoffs. Zwei weitere Probleme konnten hingegen durch empirische Befunde behoben werden. Für beide spielten Experimente Cavendishs eine besondere Rolle.[51]

Das eine Problem war die Verbrennung der brennbaren Luft, deren Resultat bislang unbekannt war, weil man Wasserstoff immer in der Gegenwart von Wasser verbrannt oder den entstehenden Wasserdampf nicht als Reaktionsprodukt bemerkt hatte. Als Cavendish – wie erwähnt – zeigen konnte, daß bei der Verbrennung von Wasserstoff tatsächlich Wasser entsteht, war das Problem der Erhaltung der Masse gelöst. Auch bei der Verbrennung der brennbaren Luft wurde also das Gewicht durch den Zutritt von Sauerstoff erhöht. Dafür mußte Lavoisier allerdings voraussetzen, daß Wasser aus brennbarer Luft und Sauerstoff *besteht*. Dies wiederum ermöglichte es ihm, zu erklären, warum bei der Auflösung von Metallen in Säuren brennbare Luft frei wird: Sie stammt weder aus dem Metall noch aus der Säure, sondern aus dem Wasser. Allerdings handelte sich Lavoisier mit dieser Theorie eine neue Anomalie ein, die darin besteht, daß Wasser, obwohl zum größten Teil aus Sauerstoff bestehend (nach Lavoisiers eigenen Messungen: zu 7/8), nicht sauer ist.

---

51 Siehe zu diesen beiden Experimenten Robert Siegfried, »Lavoisier's Table of Simple Substances. Its Origin and Interpretation«, in: *Ambix. The Journal of the Society for the History of Alchemy and Chemistry* 29 (1982), S. 29-48.

Ebenfalls problematisch war der Status des ehemals als »phlogistisierte Luft« bezeichneten Hauptbestandteils der Atmosphäre. Die »phlogistisierte Luft« hatte ja mit der Trennung von der für die Verbrennung und Atmung relevanten »Lebensluft« keine chemische Funktion mehr, ein seltsamer Umstand angesichts des Programms, die Luft als chemisch wirksamen Stoff zu betrachten. Cavendishs 1785 publizierte Synthese der Salpetersäure aus Stickstoff und Sauerstoff (phlogistisierter und dephlogistisierter Luft im Verständnis Cavendishs) mittels eines elektrischen Funkens zeigte nun, daß auch dieser Teil der Atmosphäre chemisch reagiert. Noch dazu handelte es sich bei dem Hauptbestandteil der Atmosphäre um einen zentralen Stoff, nämlich die Basis einer der wichtigsten Säuren.

2.10 Die pragmatische Definition der chemischen Elemente

Luft ist also kein Element mehr, sondern besteht aus Sauerstoffgas und Stickstoffgas. Wasser ist auch kein Element mehr, sondern besteht aus Sauerstoff und Wasserstoff. Die verschiedenen Erden sind oftmals Verbindungen verschiedener Grundstoffe mit Sauerstoff. Damit sind drei der vier traditionellen Elemente als gar nicht elementar, sondern zusammengesetzt erwiesen. Stoffe, die vor kurzem noch als homogen, einfach, also nicht aus anderen Stoffen zusammengesetzt galten, lassen sich nun durch eine neue Experimentiertechnik in ihre Bestandteile zerlegen (jedenfalls wenn man Lavoisiers theoretische Interpretation der Verfahren akzeptiert).

Besser gesagt: Sie lassen sich in Bestandteile zerlegen, nicht unbedingt in *ihre* tatsächlich *letzten* Bestandteile. Nichts garantiert, daß die verbesserte Analyse an ihr Ende gekommen ist. Der technische Fortschritt impliziert immer seine eigene Unzulänglichkeit. Genau aus dieser Ambivalenz der sich fortentwickelnden, aber nie abzuschließenden Experimentiertechnik gewann Lavoisier seine berühmt gewordene Definition chemischer Elemente: »Verbinden wir im Gegentheil mit dem Ausdruck Element oder Grundstoff der Körper den Begriff des höchsten Ziels, das die Analyse erreicht, so sind alle Substanzen, die wir noch durch keinen Weg haben zerlegen können, für uns Elemente; nicht als könnten wir versichern, daß diese Körper, die wir für einfach halten, nicht aus zwei, oder sogar aus einer größern Anzahl von Stoffen zusammengesetzt wären; sondern weil diese Grundstoffe sich nie trennen, oder vielmehr weil wir kein Mittel haben sie zu trennen; sie wirken vor unsern Augen als einfache Körper, und wir dürfen sie nicht eher für zusammengesetzt halten, als in dem Augenblick, wo Erfahrungen und Beobachtungen, uns davon Beweise gegeben haben.«[52]

Die Definition ist pragmatisch, nicht metaphysisch. Sie verzichtet auf eine spekulative Grundlegung der Chemie in Form einer Theorie der Materie und der Verschiedenheit der Stoffe. Statt dessen nimmt sie den jeweils aktuellen Stand der chemischen Analysekunst als Maßstab. Diese Definition ist eine Voraussetzung dafür, die Nomenklatur auf den chemischen Elementen aufzubauen.

Dieser Schritt ist jedoch weniger revolutionär als häufig dargestellt. Lavoisier spricht in seiner Definition explizit aus, was in der Chemie seiner Zeit implizit vorausgesetzt wurde.

Das mechanistische Programm des 17. Jahrhunderts der Zurückführung aller Stoffeigenschaften auf die Form der einen Materie blieb spekulativ und konnte der Vielfalt der chemischen Substanzen mit ihren Eigenschaften nicht gerecht werden. Die Chemiker verzichteten daher absichtlich auf derartige Erklärungen und gingen schlicht davon aus, daß es verschiedene Stoffe gibt.

Die Eigenschaften dieser Stoffe erklärten sie durch ihre Zusammensetzung aus chemischen Elementen, auch Prinzipien genannt. Die klassische Elementvorstellung war Mitte des Jahrhunderts noch – oder wieder – präsent. In der auf den vier

---

52 S. 19.

aristotelischen Elementen Erde, Wasser, Luft und Feuer beruhenden Metaphysik bestimmten die Elemente die Eigenschaften. Die alltägliche, sinnlich erfahrbare Luft etwa war deshalb leicht und flüchtig, weil sie viel von dem Element Luft enthielt. Um der Vielfalt der Stoffe und Eigenschaften gerecht zu werden, wurden verschiedene Systeme mit neuen, zum Teil ganz anderen Elementen (Schwefel, Salz, Quecksilber, Öl, verschiedene Erden) vorgeschlagen. Da die Elemente jedoch niemals rein dargestellt werden konnten, waren auch die im Labor als Endprodukte einer Analyse erhaltenen einfachen Stoffe noch aus diesen Elementen zusammengesetzt, weshalb sie als »Mischungen« bezeichnet wurden. Das Ziel einer Analyse konnte also nicht die Zerlegung in die Elemente sein, sondern nur in die sogenannten *Grundmischungen*. Das Konzept der Grundmischung entspricht damit Lavoisiers Konzept des Elements.

Die Vorstellung solcher Elemente (oder *Uranfänge*), aus denen die Grundmischungen zusammengesetzt sind, war zur Zeit Lavoisiers kaum noch verbreitet – zumindest spielte sie in der chemischen Praxis keine Rolle mehr. Für die chemische Praxis war das parallel verwendete Konzept der »einfachen Stoffe« viel geeigneter. Ein einfacher Stoff war ein Stoff, von dem man Grund hatte anzunehmen, daß er unzerlegbar war, aber auch ein Stoff, der noch nicht zerlegt werden konnte.

Weniger klar vollzogen war hingegen die Abkehr von der Vorstellung chemischer Prinzipien. Als Prinzipien wurden Stoffe aufgefaßt, die durch ihre Verbindung mit anderen Stoffen diesen bestimmte Eigenschaften verleihen, wie etwa das Phlogiston die Eigenschaft der Brennbarkeit. In der im 18. Jahrhundert vorherrschenden Form der Chemie, nämlich der Analyse der Salze, konnte dieses Konzept keine Rolle spielen, weil ein Salz offensichtlich weder die Eigenschaft der Säure noch der Base hat, aus der es gebildet ist. Man interpretierte daher die Prinzipien zunehmend als gewöhnliche Stoffe. Diese materialistische Sichtweise stellt, wie gesehen, eine Voraussetzung für Lavoisiers Bilanzmethode dar.

Das pragmatische Konzept der chemischen Elemente war also nicht neu, aber Lavoisier hat gewissermaßen die Blickrichtung auf das Konzept umgekehrt: Galt zuvor ein Stoff so lange nicht als Element, wie man nicht nachgewiesen hatte, daß er unzusammengesetzt war, nahm Lavoisier von allen Stoffen zunächst einmal an, daß sie einfach waren, sofern sie noch nicht als zusammengesetzt erwiesen waren.

Wenn man die chemisch nicht weiter zerlegbaren Stoffe heute »Elemente« nennt und dabei auf Lavoisier verweist, so ist festzuhalten, daß er selbst die Stoffe in seiner Liste (S. 96) als »einfache Substanzen« *(substances simples)* bezeichnet. Obwohl die traditionelle Elementvorstellung bei ihm und bei den meisten seiner Zeitgenossen keine Rolle mehr spielt, vermeidet er es, die unzerlegten Stoffe »Elemente« zu nennen. Als Elemente *(élémens)* bezeichnet er hingegen Lichtstoff, Wärmestoff, Sauerstoff, Stickstoff und Wasserstoff. Diese von ihm eingeführten Elemente nennt Lavoisier auch Prinzipien *(principes)*. Hier ist Lavoisier traditioneller als seine Zeitgenossen, denn er meint damit nicht nur einfache Stoffe, sondern Stoffe, die bestimmte Eigenschaft verleihen.

Es ist mehrfach behauptet worden, Lavoisier sei der erste gewesen, der eine Liste der bekannten Elemente zusammengestellt hat.[53] Dies trifft nicht zu. Zumindest von dem Jenaer Chemiker August Johann Georg Carl Batsch (1761-1802) gibt es eine kurz vor Lavoisiers *Traité* entstandene, durchnumerierte Tabelle mit 35 »einfachen Naturkörpern«.[54] Nun war Batsch keineswegs ein früher Anhänger Lavoisiers. Obwohl sich die meisten der von Batsch genannten Stoffe mit denjenigen Lavoisiers identifizieren lassen, so zeigen die Bezeichnungen bei Batsch zweifelsfrei dessen Bindung an die Phlo-

---

53 Alister M. Duncan, »The Functions of Affinity Tables and Lavoisier's List of Elements«, in: *Ambix. The Journal of the Society for the History of Alchemy and Chemistry* 17 (1970), S. 28-42, hier S. 36; Siegfried, »Lavoisier's Table of Simple Substances«, S. 29 und S. 42.

54 August Johann Georg Carl Batsch, *Erste Gründe der systematischen Chemie*, Jena 1789, S. 72-75.

gistontheorie. So führt Batsch nicht die Metalle auf, sondern die »Metallerden«, die nach phlogistischer Theorie ja erst durch die Verbindung mit Phlogiston ihren metallischen Charakter erhalten. Ebenso ist zum Beispiel statt des Schwefels die Schwefelsäure aufgeführt – nach Lavoisier zusammengesetzt aus Schwefel und Sauerstoff, nach Batsch aber ein einfacher Körper, der durch Phlogiston seinen sauren Charakter verliert. Und schließlich endet die Liste mit dem Wasser, von dem man in Deutschland zu dieser Zeit zumindest *wußte* (wenngleich kaum *akzeptierte*), daß Lavoisier dieses für zusammengesetzt hielt. Dieses Beispiel zeigt also, daß die Suche nach einer Grundmenge elementarer Stoffe und die Sauerstofftheorie in keinem inneren Zusammenhang standen.

2.11 Die neue Nomenklatur

Die pragmatische Definition chemischer Elemente wurde zur Grundlage einer reformierten Nomenklatur der Chemie. Das Projekt einer tiefgreifenden Reform der Nomenklatur begann jedoch unabhängig von Lavoisier. 1782 hatte Guyton de Morveau die Initiative dazu ergriffen und einen Vorschlag einer systematischen Nomenklatur publiziert.[55] Dies hatte ursprünglich nichts mit Lavoisier oder seiner Sauerstofftheorie zu tun, sondern sollte lediglich dazu dienen, die für die Chemie wichtigsten Stoffe, die Neutralsalze, Säuren und Basen, zu ordnen.[56] Nachdem Antoine François de Fourcroy (1755-1809), Berthollet und Guyton de Morveau Mitte der 1780er

---

55 Louis Bernard Guyton de Morveau: »Mémoire sur les dénominations chymiques, la nécessité d'en perfectionner le système, et les règles pour y parvenir«, in: *Observations sur la physique, sur l'histoire naturelle et sur les arts* 19 (1782), S. 370-382.
56 Frederic L. Holmes, »Beyond the Boundaries. Concluding Remarks on the Workshop«, in: Bernadette Bensaude-Vincent, Ferdinando Abbri (Hg.), *Lavoisier in European Context. Negotiating a New Language for Chemistry*, Canton/Mass. 1995, S. 267-278.

Jahre von Lavoisiers Theorie überzeugt worden waren, tat sich diese Elite der französischen Chemiker zusammen und entwarf eine grundlegend neue Benennung der chemischen Substanzen. Diese erschien mit Genehmigung der *Académie royale des sciences* im Jahr 1787 unter dem Titel *Méthode de nomenclature chimique*.[57]

Bis dahin wurden die Substanzen entweder nach ihrer Herkunft (wie die Berlinerblausäure, *Acide prussique*; heute: Cyanwasserstoffsäure, HCN), ihrem Entdecker (wie das Glaubersalz, *Sulfate de soude*; heute: Natriumsulfat, Na_2SO_4, nach Johann Rudolph Glauber, 1604-1670), nach ihren äußeren Eigenschaften (wie der Grünspan, *Oxide de cuivre vert*; heute: Kupferacetat, $Cu(CH_3COO)_2$) oder nach der Gewinnung (wie die Ameisensäure, *Acide formique*; heute: Ameisensäure, HCOOH) benannt. Zudem existierten vielfache Synonyme. Für die Praktiker, insbesondere die Apotheker, waren dies vertraute Namen; für Außenstehende war jedoch kein systematischer Zusammenhang zu erkennen. Einen solchen stellte die neue Nomenklatur her.

Die Grundidee besteht in der binominalen (zweigliedrigen) Benennung der Substanzen nach dem Vorbild der Benennung der Naturdinge durch Carl von Linné (1707-1778). Die Bildung der Klassen ist dabei künstlich, beansprucht also nicht deren Existenz in der Natur, sondern erfolgt vielmehr nach pragmatischen Gesichtspunkten, in der Naturgeschichte Linnés etwa im Hinblick auf einfache Bestimmbarkeit. In der französischen Nomenklatur beruhen die Klassen auf dem Grad der Oxidation der Säuren. Dies erlaubt die eindeutige Benennung der für die Chemie des 18. Jahrhunderts wichtigen Gruppe der Salze (nach damaligem Sprachgebrauch: der

---

57 Louis Bernard Guyton de Morveau, Antoine Laurent Lavoisier, Claude Louis Berthollet, Antoine François de Fourcroy, *Méthode de nomenclature chimique, proposée par MM. de Morveau, Lavoisier, Berthol[l]et, & de Fourcroy. On y a joint un nouveau systême de caractères chimiques, adaptés à cette nomenclature, par MM. Hassenfratz & Adet,* Paris 1787.

»Neutralsalze« oder »Mittelsalze«). Die schwefelhaltigen Salze
etwa wurden klassifiziert in »Sulfide« (Schwefelverbindungen
ohne Sauerstoff), »Sulfite« (Verbindungen mit etwas Sauerstoff, nach heutigem Verständnis Salze der schwefligen Säure)
und »Sulfate« (Verbindungen mit mehr Sauerstoff, nach heutigem Verständnis Salze der Schwefelsäure).

Die halbquantitative Nomenklatur hat also den Grundstoff
der Säure und den Anteil an Sauerstoff als Kriterien für die
Bildung der Klassen. Genaue Gewichtsanteile (Stöchiometrie), kompliziertere, insbesondere organische Verbindungen
oder gar deren geometrische Struktur können mit dieser Nomenklatur allerdings nicht ausgedrückt werden.

Im Kern ist dies die bis heute – zumindest für die anorga-
nischen Verbindungen – noch verwendete Nomenklatur. Ihre
Durchsetzung geschah innerhalb von nur etwa zehn Jahren. In
den einzelnen Ländern wurden die griechisch- und lateinisch-
stämmigen Begriffe zum Teil in die Landessprachen übersetzt
oder nur phonetisch angepaßt. Die alten Bezeichnungen wurden jedoch vielfach parallel weiter verwendet. Lavoisier selbst
hat in praktischen Anleitungen die im Handel üblichen Bezeichnungen benutzt (siehe 3.13 *Destillationen*).

Ein Vorteil der neuen Nomenklatur, der auch von Lavoisier
betont wurde, besteht darin, daß es sich dabei eher um eine
Methode der Benennung als um eine *Nomenklatur* handelt, sie
also zukünftigen Entdeckungen gegenüber gleichzeitig offen
und bestimmend ist. Verbindungen der Elemente können so
zweifelsfrei nach ihren Bestandteilen benannt werden.

Dieser Vorteil der Nomenklatur steht jedoch in einer Spannung zu dem pragmatischen Elementbegriff. Problematisch
wird es dann, wenn sich an der Grundstruktur der Elemente
etwas ändert, was ja mit Lavoisiers Elementkonzept durchaus
möglich ist. Die Neuentdeckung von Elementen war ebenso
an der Tagesordnung wie die Zerlegung vermeintlicher Elemente, wie zum Beispiel des »flüchtigen Laugensalzes« (heute:
Ammoniak, NH_3) in Stickstoff und Wasserstoff.

Vergleicht man die im Abstand von nur zwei Jahren publizierten Listen der chemischen Elemente in der *Methode* und in dem *System*, so finden sich in der ersten 55, in der zweiten hingegen nur 33, als »unzersetzte Substanzen« klassifiziert.[58] Der Grund dafür ist nicht etwa, daß sich innerhalb von zwei Jahren 20 vermeintlich einfache Stoffe als zusammengesetzt herausgestellt hätten. Vielmehr resultiert die Differenz aus einer Spannung zwischen der Nomenklatur und dem Konzept der einfachen Stoffe, mit der in beiden Texten grundlegend anders verfahren wird.

Die Spannung besteht darin, daß die Nomenklatur vom Ansatz her nur binominale Bezeichnungen vorsieht. Für die Mittelsalze heißt dies, daß jeweils ein Begriffsteil für die Base und der andere für die Säure zur Verfügung steht. Daß jede Säure (nach Lavoisier) Sauerstoff enthält, mithin gar kein einfacher Stoff sein kann, wird durch die unterschiedlichen Suffixe noch in das Benennungsschema integriert. Was ist aber mit den komplizierteren, vor allem den organischen Säuren? Und was ist mit den Erden, von denen Lavoisier annimmt, sie bestünden aus einem noch nicht in reiner Form dargestellten Metall und Sauerstoff? Und sind möglicherweise auch die beiden anderen Alkalien (Pottasche und Soda) zusammengesetzt, wie Berthollet es 1784 für das Ammoniak gezeigt hat?

Anders als in Lavoisiers *System* werden in der *Methode* die Alkalien und die organischen Säuren in die Liste mit aufgenommen, auch wenn von jenen vermutet wird und von diesen völlig klar ist, daß es sich nicht um unzerlegbare Stoffe handelt. Sie müssen dort aufgenommen werden, da man ansonsten viele Mittelsalze nicht mit einem binominalen Begriff bezeichnen könnte. Dies verdeutlicht, daß die *Methode* mit dem Problem der Festlegung der Menge der Grundstoffe noch

---

58 Louis Bernard Guyton de Morveau, Antoine Laurent Lavoisier, Claude Louis Berthollet, Antoine François de Fourcroy, *Methode der chemischen Nomenklatur für das antiphlogistische System. Nebst einem neuen Systeme der dieser Nomenklatur angemessenen chemischen Zeichen, von Herrn Hassenfratz und Adet*, hg. von Karl Freyherrn von Meidinger, Wien 1793, Tafel.

pragmatischer umgeht als Lavoisiers *System* mit der Definition der Elemente.

Es stellt sich nun die Frage, ob es einen inneren Zusammenhang zwischen der Nomenklatur und Lavoisiers Sauerstofftheorie gibt. Für die Zeitgenossen scheint ein solcher Zusammenhang nur faktisch, nicht aber notwendig bestanden zu haben, denn man kritisierte gerade Lavoisiers Verknüpfung beider.[59] Mit der Zentralität des Sauerstoffs als Klassifikationskriterium, so die Kritik, habe Lavoisier seine Theorie auf eine Weise in die Nomenklatur eingebaut, die dazu zwinge, mit der Nomenklatur auch die Theorie zu übernehmen. Berühmt geworden ist Georg Christoph Lichtenbergs (1742-1799) Bemerkung »Hypothesen gehören dem Verfasser, aber die Sprache gehört der Nation«.[60]

In der Tat spricht viel dafür, daß Lavoisier die neue Nomenklatur als Vehikel für die Durchsetzung seiner Theorie nutzte. Anders als im Hinblick auf seine Theorie betonte er hinsichtlich der Nomenklatur, daß es sich um ein Gemeinschaftswerk handele, das zudem noch durch die Druckgenehmigung durch die *Académie royale des sciences* quasi staatlich sanktioniert sei. Er verwendete Guyton de Morveaus *Struktur* der Nomenklatur, füllte sie aber durch die zentrale Stellung des Sauerstoffs mit seinem eigenen *Inhalt*. Tatsächlich ist es für Gegner und Skeptiker der Sauerstofftheorie eine Zumutung, von *Oxide de mercure* (Quecksilberoxid) statt phänomenologisch von »rotem Quecksilberkalk« zu sprechen und gleichzeitig die Existenz des Sauerstoffs zu bezweifeln. Dabei liegt in der Struktur einer binominalen Nomenklatur nach Linnéschem Vorbild ja noch keine Festlegung auf Lavoisiers Sauerstofftheorie. Denkbar wäre zum Beispiel (wenn auch zeitgenössisch nicht vorgeschlagen), den Grad der Brennbarkeit als

---

59 Man beachte, daß Meidinger in seiner Übersetzung des Titels der *Méthode* »für das antiphlogistische System« hinzugefügt hat.

60 In: Johann Christian Polykarp Erxleben, *Anfangsgründe der Naturlehre*. 6. Aufl., hg. von Georg Christoph Lichtenberg, Göttingen 1794, S. xxxviii.

leitendes Klassifikationskriterium zu wählen und dann in »Phlogide«, »Phlogite« und »Phlogate« zu unterteilen. Der Struktur nach ist die französische Nomenklatur also nicht an die Sauerstofftheorie gebunden.

Die Notwendigkeit der Reform der Nomenklatur resultierte aus dem rapiden Anwachsen der Anzahl der bekannten und möglichen Verbindungen im Bereich der Salze, und hier brachte die neue Nomenklatur auch den wesentlichen Nutzen. Auch wenn die Luftarten und Lavoisiers Begriffe *oxygène*, *hydrogène*, *azote* und *calorique* in dieses System eingefügt wurden, gibt es keine zwingende Verbindung zwischen der Nomenklatur der Salze und der Sauerstofftheorie.[61]

Daß es sich um eine Methode der Benennung und nicht um eine bloße Angabe von Stoffnamen handelt, sieht man auch daran, daß das der *Methode* angefügte Stoffregister 1055 Substanzen enthält, von denen nur 361 alte Synonyme besitzen.[62] Mit anderen Worten: Das Register enthält Stoffe – in eindeutiger Benennung! –, die es geben *kann*, die aber noch gar nicht bekannt sind. Die Nomenklatur erlaubt die Deduktion neuer Substanzen aus der Logik der Konstruktion ihrer Namen. Gleichzeitig verbietet es den Chemikern, eigene Namen zu erfinden. Kollektive Verständigung war wichtiger als individuelle Autorschaft.[63]

Gleichzeitig mit der Nomenklatur entwickelten Jean Henri Hassenfratz (1755-1827) und Pierre Auguste Adet (1763-1834) neue chemische Symbole. Die Logik dieses Systems entspricht zunächst genau dem der Nomenklatur. Indem jedem einfachen Stoff ein Zeichen zugeordnet wird, werden Verbindungen aus diesen einfach als Verbindungen der entsprechenden

---

61 Darauf weist auch Holmes, »Beyond the Boundaries«, hin.
62 Die Zahlenangaben entstammen Marco Beretta, *The Enlightenment of Matter. The Definition of Chemistry from Agricola to Lavoisier*, Canton/Mass. 1993, S. 214.
63 Siehe dazu Wilda C. Anderson, *Between the Library and the Laboratory. The Language of Chemistry in Eighteenth-Century France*, Baltimore, London 1984.

Zeichen dargestellt. Dies reduziert die Anzahl der benötigten
Zeichen, da Verbindungen keine eigenen Zeichen benötigen.
Umgekehrt erlaubt es, neue, noch nicht bekannte Verbindungen eindeutig darzustellen. Theoretisch sind aus den 54 Symbolen 24.804 Substanzen aus drei Elementen herstell- und dar-
stellbar. Auch das Symbolsystem ist also eher eine Methode
der Darstellung als eine bloße Liste der Symbole.

Das Symbolsystem geht aber in zweierlei Hinsicht über die
Nomenklatur hinaus. Erstens enthält es von vornherein Symbole für noch gar nicht entdeckte Elemente. Sie dienen als Leer-
stellen, so daß, wenn man ein neues Element entdeckt (oder
wenn ein bislang als zusammengesetzt angenommener Stoff
sich als elementar herausstellt), diesem ein schon vorher ent-
worfenes Zeichen zugeordnet werden kann. Eine solche Krea-
tion noch offener Begriffe gibt es in der Nomenklatur nicht.[64]

Der andere Vorteil liegt darin, daß es sich um eine nicht-
sprachliche Darstellungsform handelt. Das Problem der Übersetzung in die jeweiligen Nationalsprachen stellt sich hier
nicht. Um so erstaunlicher ist es, daß sich die Nomenklatur
nach intensiver Diskussion weitgehend in der ursprünglichen
Form von 1787 durchgesetzt hat, das Symbolsystem hingegen
überhaupt nicht rezipiert wurde. Die Gründe für diese fehlende Rezeption sind noch nicht genau untersucht.

Beretta gibt an, daß Lavoisier selbst dieses Symbolsystem
gar nicht verwendet habe, was natürlich selbst eine erklärungs-
bedürftige Tatsache darstellt. Möglicherweise sah man auch
nicht ein, ein ganz neues System von Symbolen zu erlernen,
wo schon die Verwendung der Nomenklatur tiefgreifende
Umstellungen erforderte. Zudem haftete Zeichensystemen an

---

64 Vielleicht liegt das an dem an Condillac orientierten Begriffsrealis-
mus (siehe 2.12 *Die Erkenntnistheorie Condillacs*). Leider wird in der
gründlichsten aktuellen Studie zur chemischen Nomenklatur, Beretta, *The Enlightenment of Matter*, nicht diskutiert, ob es bei Condillac selbst oder bei Lavoisier einen ähnlichen erkenntnistheoreti-
schen Hintergrund für schriftliche Symbole wie für sprachliche
Begriffe gibt.

sich immer noch der Ruf an, im Sinne der Alchemie Wissen
eher zu verschleiern als zu verdeutlichen. Um 1800 jedenfalls
empfanden es viele Chemiker immer noch als notwendig, sich
explizit von der Alchemie zu distanzieren.

Vielleicht spielten aber auch ganz praktische Gründe eine
Rolle. So hätte man für die neuen Zeichen ja neue Lettern
gebraucht, was für die sich beschleunigende Textproduktion
zum Problem hätte werden können, zumal Chemie ja zunehmend in den entstehenden Fachzeitschriften und sogar in all-
gemeinbildenden Zeitschriften behandelt wurde. Für das später von Jöns Jacob Berzelius (1779-1848) eingeführte, auf
Buchstaben beruhende Symbolsystem stellte sich dieses Problem jedenfalls nicht.

Anders als das Symbolsystem wurden die Nomenklatur
und die Sauerstofftheorie intensiv diskutiert – aber eben getrennt voneinander. Für Lavoisier hingegen ist die Ver-
schmelzung der neuen Nomenklatur mit der Sauerstofftheorie
kein Willkürakt, sondern eine Notwendigkeit. Für ihn bestand ein unauflöslicher Zusammenhang zwischen Begriffen,
dem Denken und den Dingen, der auf der Philosophie Condillacs beruht.

2.12 Die Erkenntnistheorie Condillacs

Condillacs Erkenntnistheorie ist ein anthropologisch begründeter Sensualismus.[65] Einzige Quelle der Erkenntnis sind die

---

[65] Étienne Bonnot de Condillac, *La logique ou les premiers développemens de l'art de penser. Ouvrage élémentaire*, Paris 1780; deutsche
Ausgabe: Étienne Bonnot de Condillac, *Die Logik. Oder die Anfänge
der Kunst des Denkens*, Berlin 1959. Siehe Beretta, *The Enlightenment
of Matter*; William Randall Albury, »The Order of Ideas. Condillac's
Method of Analysis as a Political Instrument in the French Revolution«, in: John A. Schuster, Richard R. Yeo (Hg.), *The Politics and
Rhetoric of Scientific Method. Historical Studies*, Dordrecht u. a. 1986,
S. 203-225; Lissa Roberts, »Condillac, Lavoisier, and the Instrumentalization of Science«, in: *The Eighteenth Century* 33 (1992), S. 252-
271.

Empfindungen *(sensations)*, die durch Eindrücke auf die Sinnesorgane hervorgerufen werden. Die Empfindungen sind in der Seele. Sie stellen die einzige Form dar, in der Menschen von der Natur etwas erfahren können.

Der Begriff der Natur ist bei Condillac allerdings ambivalent. Mit »Natur« ist zunächst einmal die Natur der Sinnesorgane und damit die Form der möglichen Empfindungen gemeint, letztlich also die Natur des Menschen. Die Natur der Sinnesorgane bestimmt, was Menschen an der äußeren Natur erkennen können und was nicht.

Innerhalb des durch die Spezifik der fünf menschlichen Sinnesorgane vorgegebenen Erkenntnisbereichs gibt es auf der Ebene der Gattung Mensch eine Übereinstimmung zwischen beiden Naturen, da Gott die Welt und den Menschen so eingerichtet hat, daß der Mensch genau das an der Welt erkennen kann, was er zu seiner Erhaltung und zu seinem Wohlbefinden erkennen muß.[66] Aufgrund der Spezifik der Organe kann er allerdings auch nicht mehr als dieses erkennen.

Auf der Ebene des Individuums vollzieht sich die Erkenntnis durch Probieren. Ursprünglicher Antrieb der Naturerkenntnis ist das Streben nach Wohlbefinden. Das Kriterium für richtige Naturerkenntnis ist nach Condillac, ob bestimmte Handlungen oder Einschätzungen zu diesem Wohlbefinden beitragen oder nicht. Dies mag als ein Kategorienfehler bei Condillac erscheinen, aber seine Erkenntnistheorie ist insofern konsequent anthropozentrisch (oder pragmatistisch), als es dem einzelnen genügen kann, dasjenige zu wissen, das für sein Wohlbefinden relevant ist.

In der Auseinandersetzung mit der Natur zur Befriedigung ursprünglicher Bedürfnisse stellt die Erfahrung von Leid oder Mißlingen ein unmittelbares Korrektiv dar. Für abstraktes Wissen gibt es ein solches nicht. Kinder sind demnach gegenüber Gelehrten im Vorteil, weil sie nicht durch falsches Vor-

---

66 Diese Übereinstimmung läßt sich allerdings selbst nicht zeigen, so daß man in Condillacs Erkenntnistheorie strenggenommen auf Gott verzichten könnte.

wissen verbildet sind. Für die philosophischen Systeme, die – abgelöst von Sinnesempfindungen – Welterkenntnis beanspruchen, hat Condillac nur Spott übrig. Eine Sicherung theoretischen Wissens kann nur erreicht werden, wenn durch *Analyse* komplexe Begriffe und Theorien auf ihre ursprünglichen Empfindungen zurückgeführt werden.

Die Analyse besteht darin, auf verschiedene Teile des zu Erkennenden nacheinander seine Aufmerksamkeit zu richten. Anschließend müssen diese Teile wieder zu einem Ganzen zusammengesetzt werden. Am Beispiel der Pflanzenklassifikation macht Condillac jedoch unmißverständlich deutlich, daß die dabei entstehenden Ordnungen nicht in der Natur sind, sondern – und zwar vollkommen berechtigterweise – nach unseren eigenen Bedürfnissen gebildet sind.

Für die Analyse bedarf es einer Sprache. Anders als die Empfindungen (und die auf diesen beruhenden Ideen) hält Condillac die Sprache für angeboren. Während die Gebärdensprache ein unmittelbarer Ausdruck der Empfindungen ist, muß man bei der Lautsprache sorgfältig darauf achten, daß sie mit den Dingen in Übereinstimmung steht. Auch die Sprachphilosophie Condillacs nimmt Bezug auf einen anthropologischen Idealzustand des Menschen, in dem es keine Mißverständnisse geben konnte, weil sich die Begriffe auf konkrete, das heißt sinnlich erfahrbare Dinge bezogen. Auf solche Begriffe mit unmittelbar sinnlicher Referenz muß die Sprache wieder zurückgeführt werden, so daß daraus das abstrakte Wissen abgeleitet werden kann. Man muß immer vom Bekannten zum Unbekannten gehen. Dies schließt die Bildung von Hypothesen und jede Form metaphysischer Spekulation aus.

Damit unterscheidet sich Condillacs Sensualismus von demjenigen John Lockes (1632-1704). Während für Locke Ideen mit den Dingen zusammenhängen, Begriffe aber nur Konventionen sind, stehen bei Condillac die Dinge mit den Begriffen in einem direkten Zusammenhang und ermöglichen erst die Bildung von Ideen.[67] Analyse heißt also nicht zuletzt

---

67 Jonathan Simon, »Authority and Authorship in the Method of

Analyse der Sprache. Mit den richtigen elementaren Begriffen führt das Denken dann (wegen der Korrespondenz der menschlichen mit der äußeren Natur) automatisch zu den richtigen Ideen.

Die analytische Methodik läßt sich an einem Beispiel verdeutlichen. Bewegungen lassen sich sinnlich wahrnehmen. Wir müssen eine Ursache für Bewegungen annehmen. Diese Ursache nennen wir »Kraft«. Nach Condillac wäre es nun verfehlt zu versuchen, Eigenschaften von »Kraft« ermitteln zu wollen. Ebenso aussichtslos wäre es, die Kraft selbst auf etwas Dahinterliegendes zurückführen zu wollen. Allerdings kann man, wenn man die Ursache von Bewegung mittels des Begriffs »Kraft« verdinglicht hat, per Analogieschluß aus dieser Kraft wieder Bewegungen herleiten.[68]

Das Ideal einer solchen Analytik sieht Condillac in der Algebra realisiert. Mathematische Begriffe sind für ihn weder Ausdruck von Ideen noch bloße Konventionen, sondern aus der menschlichen Erfahrung gewonnene Operatoren. Diesem Ideal zufolge geht es auch in nichtmathematischen Wissensbereichen darum, eine Formelsprache zu finden, mit der man auf die gleiche Weise Neues generiert, wie man in der Mathematik eine Gleichung löst.

Die Verbindung zwischen Natur und Wissen verläuft also so: Natur – Sprachelemente – Empfindungen – Ideen – Wissen.[69] Ein Sprung zwischen Wissen und Natur besteht nach Condillac immer, er kann aber entschärft werden, wenn man sich von sinn-losen, nämlich ohne konkrete Referenz gebildeten Begriffen freimacht. Da die menschliche Seele selbst

---

Chemical Nomenclature«, in: *Ambix. The Journal of the Society for the History of Alchemy and Chemistry* 49 (2002), S. 206-226, hier S. 221.

68 Weil hier Begriffe dazu dienen, mit ihnen etwas zu tun, ohne den Anspruch, daß sie (oder die bezeichneten unbeobachtbaren Entitäten) selber verstanden werden, bezeichnet Roberts diese Epistemologie als »Instrumentalismus«. Siehe Roberts, »Condillac, Lavoisier, and the Instrumentalization of Science«, S. 252.

69 Beretta, *The Enlightenment of Matter*, S. 200.

Teil der Natur ist, kann sie sich selbst – mit derselben Methode! – studieren. Condillac weist jedoch darauf hin, daß sich das richtige Denken nicht allein durch Einsicht, sondern nur durch intensives Üben einstellt.

Mit der Ersetzung von Gott durch die Natur als Grenze menschlicher Erkenntnis, mit dem Ausgehen von den menschlichen Bedürfnissen, mit der Annahme, daß jeder Mensch erkenntnisfähig sei, mit der hohen Wertschätzung des Handwerks gegenüber der Gelehrsamkeit und mit der Forderung steter Selbstkritik der Intellektuellen steht die Philosophie Condillacs ganz im Zentrum der Aufklärung. Nicht zuletzt Jean Le Rond d'Alemberts (1717-1783) berühmter *Discours préliminaire* der *Encyclopédie* folgt der Philosophie Condillacs.

Inwieweit Lavoisiers Chemie in ihrer Genese und ihrer Geltung von Condillacs Philosophie abhängt, ist allerdings umstritten. Für einige Autoren beruhen zentrale Elemente von Lavoisiers Chemie auf Condillacs Philosophie. Für Beretta wäre die neue Nomenklatur ohne Condillacs sprachphilosophische Begründung nicht möglich,[70] Levere hält dessen Begriff der Analyse für unabdingbar für Lavoisiers quantitative Analyse von Stoffen,[71] und Albury betont den mathematischen Charakter derartiger Analysen, wenn er Lavoisiers Reaktionsgleichungen als »qualitative Algebra« bezeichnet.[72] Für Roberts geht es nicht um einen möglichen Einfluß Condillacs auf Lavoisier, vielmehr teilten beide einen das ausgehende 18. Jahrhundert prägenden Instrumentalismus.[73]

Für Daumas hingegen hat die Philosophie Condillacs nur eine Bedeutung für die textliche Darstellung der Forschungen in seinem *System*, nicht aber für die Forschungen selbst.[74] Ähn-

---

70 Beretta, *The Enlightenment of Matter.*
71 Levere, »Lavoisier. Language, Instruments, and the Chemical Revolution«.
72 Albury, »The Order of Ideas«, S. 209.
73 Roberts, »Condillac, Lavoisier, and the Instrumentalization of Science«.

lich betont Bensaude-Vincent den Nutzen von Condillacs Philosophie für Lavoisiers retrospektive Präsentation seiner Theorie – unter anderem in seinem *System* – als einer voraussetzungslosen, unmittelbaren Naturerkenntnis.[75]

2.13 *Chemie als technische Wissenschaft*

Was in der Liste der zwölf Rahmenbedingungen der Chemischen Revolution fehlt, ist der am Anfang betonte Bezug zu Technik und Industrie. In der Wissenschaftsgeschichte wird die Chemische Revolution bislang weitgehend als Phänomen der reinen Chemie behandelt. Umgekehrt verstehen Archibald und Nan Clow unter Chemischer Revolution ausschließlich die rein wirtschaftliche und technische Entwicklung der Chemie, vor allem in England, ohne jeden Bezug auf Lavoisier.[76] Es mag sein, daß ein tatsächlicher Nutzen der Wissenschaft für die Industrie insgesamt im 18. Jahrhundert kaum bestand, wie Marco Beretta mit Blick auf den Bergbau argumentiert,[77] aber dies muß für Lavoisiers Chemie vorerst als offen betrachtet werden.

Chemie war in der zweiten Hälfte des 18. Jahrhunderts die theoretisch faszinierendste und die praktisch am weitesten in den politischen und wirtschaftlichen Alltag eingreifende Naturwissenschaft. Es mag wohl sein, daß sich die Chemie, was das Kriterium der Wissenschaftlichkeit angeht, an der Physik orientiert hat, doch ihre gesellschaftliche Bedeutung war viel größer als die der Physik. Während letztere – abgesehen von

---

74 Daumas, *Lavoisier*, S. 4

75 Bernadette Bensaude-Vincent, »A View of the Chemical Revolution through Contemporary Textbooks. Lavoisier, Fourcroy and Chaptal«, in: *British Journal for the History of Science* 23 (1990), S. 435-460.

76 Archibald Clow, Nan L. Clow, *The Chemical Revolution. A Contribution to Social Technolgy*, Philadephia 1992 (Erstausgabe London 1952).

77 Marco Beretta, »Lavoisier Revisited«, in: *Nuncius. Journal of the History of Science* 6 (1991), S. 191-203.

der akademischen Lehre und dem Privatinteresse einiger Gelehrter – überhaupt kein Praxisfeld hatte, reichte die Relevanz
der Chemie von der Landwirtschaft über den Bergbau, die
Medizin und die Pharmazie, die Produktion von Glas, Porzellan, Seife und Farben bis hin zum Militär. Im Sinne der
Disziplinbildung ging es der Chemie darum, aus diesen vielfältigen Praxisfeldern ein kohärentes Lehrgebäude zu extrahieren.[78]

Diese enge Verbindung findet sich insbesondere bei Lavoisier. Er war nicht nur mehrere Jahrzehnte lang für die Theorieentwicklung die zweifellos wichtigste Figur, sondern er war
auch an zahlreichen praktischen Anwendungen der Chemie
beteiligt. Drei Beispiele sollen den engen Zusammenhang zwischen der technischen und militärischen Bedeutung der Chemie und den theoretischen und konzeptionellen Entwicklungen bei Lavoisier verdeutlichen.

Das erste Beispiel ist der Zusammenhang zwischen der Ballonfahrt und dem Status des Wassers als eines chemischen
Elements. Der erste öffentliche Aufstieg eines Ballons gelang
am 4. Juni 1783 in Annonay bei Lyon den Brüdern Michel
Joseph de Montgolfier (1740-1810) und Étienne Jacques de
Montgolfier (1745-1799). Dieser sensationelle Erfolg wurde
nicht nur zum Medienereignis in ganz Europa, sondern for-
derte auch das wissenschaftliche Establishment in Paris heraus.[79] Die Brüder Montgolfier wußten, daß warme Luft spe-

---

78 Siehe dazu Christoph Meinel, »Reine und angewandte Chemie. Die
  Entstehung einer neuen Wissenschaftskonzeption in der Chemie der
  Aufklärung«, in: *Berichte zur Wissenschaftsgeschichte* 8 (1985), S. 25-
  45; Jan Frercks, »Techniken der Vermittlung. Chemie als Verbindung
  von Arbeit, Lehre und Forschung am Beispiel von J. F. A. Göttling«,
  *NTM. Zeitschrift für Geschichte der Wissenschaften, Technik und Me-
  dizin* (im Druck).

79 Die Darstellung folgt hier Janis Langins, »Hydrogen Production for
  Ballooning during the French Revolution. An Early Example of
  Chemical Process Development«, in: *Annals of Science* 40 (1983),
  S. 531-558; Peter J. Austerfield, »From Hot Air to Hydrogen. Filling
  and Flying the Early Gas Balloons« in: *Endeavour: Review of the
  Progress of Science* 14 (1990), S. 194-200.

zifisch leichter ist als kalte. Sie wußten auch, daß »brennbare
Luft«, die entsteht, wenn man Eisen oder Zink in Schwefelsäure auflöst, noch leichter ist, doch dieses Verfahren war für
die beiden zu teuer. Sie wußten ferner, daß bei der Verbrennung verschiedener Körper unterschiedliche »Luftarten« entstehen, von denen sie – wie auch vom Wasserdampf – annahmen, sie seien spezifisch leichter als Luft. Entsprechend
fütterten sie das Feuer unter ihrem Ballon mit Wolle und Stroh
und sprenkelten anfangs auch Wasser darauf.

Der Ballon stieg auf, aber das Gas war kein wissenschaftli-
ches Gas. So jedenfalls sah man es in der *Académie royale des
sciences*. Die Autodidakten aus der Provinz wurden zu einer
Vorführung, unter anderem vor den Augen König Lud-
wigs XVI., nach Paris geladen, und die *Académie royale des
sciences* bildete eine Kommission zur wissenschaftlichen Untersuchung und technischen Verbesserung des Ballons und seiner Befüllung.[80] Initiator dieser Kommission war Lavoisier,
der nur wenige Wochen nach dem Erfolg der Brüder Montgolfier, am 24. Juni 1783, Wasser aus gasförmigem Wasserstoff
und Sauerstoff synthetisiert hatte.

Mit der brennbaren Luft war also eine Alternative zu der
Mischung der Brüder Montgolfier im Gespräch. Der erste
Aufstieg eines mit brennbarer Luft gefüllten Ballons gelang
einer privaten Gruppe von Pariser Wissenschaftlern und
Technikern am 27. August 1783. Dies war schon ein wissen-
schaftlicheres Verfahren als die Entzündung eines Feuers unter
Zusatz obskurer Substanzen. Die Herstellung von brennbarer
Luft war ein klares, im Labor vielfach beherrschtes Verfahren,
und das spezifische Gewicht war bekannt, so daß man die
benötigte Menge genau berechnen konnte. Die großtechni-
sche Produktion war jedoch eine aufwendige und keineswegs
saubere Angelegenheit. Von einem vergleichbaren Versuch aus

---

80 Der Bericht dieser Kommission vom 23. 12. 1783 ist: Académie royale
des sciences (Hg.), *Rapport fait à l'Académie des sciences sur la machine
aérostatique, inventée par MM. de Montgolfier*, Paris 1784.

dem Jahr 1784 ist bekannt, daß dafür 2 t Eisen, 3 t Schwefelsäure und 14 t Wasser benötigt wurden.[81] Die mit Schwefelsäure gefüllten Holzfässer erwärmten sich stark, und die mit der brennbaren Luft aufsteigenden Schwefelverbindungen zersetzten die Ballonhülle aus gummiertem Taft. Dennoch gelang am 1. Dezember 1783 der erste Aufstieg von zwei Menschen mit einem wasserstoffgefüllten Ballon – wenngleich wiederum erst nach dem ersten bemannten Aufstieg mit der Heißluftmethode am 21. November 1783.

Eine grundlegend andere, das heißt sauberere und billigere Art der Gewinnung von brennbarer Luft bestand darin, Wasser durch ein glühendes Eisenrohr zu leiten (siehe Abb. 1, Fig. 11, S. 35).[82] Wie erwähnt, hatte Cavendish Wasser aus der Verbrennung von »brennbarer Luft« mit »reiner Luft« erhalten. Für Lavoisier war der Versuch zunächst nur deshalb interessant, weil er – seiner Auffassung nach – bewies, daß Wasser aus brennbarer Luft und reiner Luft besteht, also nicht, wie von allen Chemikern bis dahin angenommen, ein einfacher Stoff ist. Nun ergab sich aus diesem Versuch aus der reinen Chemie eine ganz neue Methode zur Gewinnung von Wasserstoff, indem man Wasser in seine Bestandteile zerlegte.

Zunächst wenig benutzt, stellte dieses Verfahren zur Herstellung von brennbarer Luft eine Alternative zu dem Schwefelsäureverfahren dar. Einerseits wollte man Ballons jetzt – in den Revolutionskriegen – militärisch einsetzen, andererseits brauchte man die Schwefelsäure für die Schießpulverproduktion. Insbesondere Guyton de Morveau, selbst erfolgreicher Ballonfahrer aus Dijon und seit 1793 Mitglied des *Comité de salut public* während der *Convention nationale*, war dafür verantwortlich, daß 1793 in Meudon eine geheime militärische Pilotanlage für die Großproduktion von Wasserstoff nach La

---

81 Die Reaktionsgleichung lautet in heutiger Schreibweise: $Fe + H_2SO_4 \rightarrow FeSO_4 + H_2\uparrow$.
82 Die Reaktionsgleichung lautet in heutiger Schreibweise: $3\,Fe + 4\,H_2O \rightarrow Fe_3O_4 + 4\,H_2\uparrow$.

voisiers Verfahren errichtet wurde. Lavoisier war auch Mitglied der dafür eingesetzten Planungskommission. Im Herbst 1793, wenige Wochen vor Lavoisiers Verhaftung, hatte man die technischen Probleme mit der Erhitzung der Eisenrohre so weit im Griff, daß die 150fache Menge des in dem großen Experiment von 1785 (siehe 2.6 *Die neuen Instrumente*) eingesetzten Wasserstoffs produziert werden konnte. 1794 wurde von der Armee erstmals ein Ballon für die Geländeüberwachung eingesetzt. Der tatsächliche militärische Nutzen der Wasserstoffballons war allerdings umstritten, und ab 1797 wurden Ballons nicht mehr eingesetzt. Das Wasserzersetzungsverfahren hingegen war bis in das 20. Jahrhundert hinein das vorherrschende Verfahren zur Produktion von Wasserstoff.

Weniger öffentlichkeitswirksam, aber durchaus folgenreicher waren zwei andere Projekte, an denen Lavoisier beteiligt war. Auch sie zeigen die enge Verbindung zwischen technischem Nutzen und theoretischen Entwicklungen in der Chemie.

Von größerer militärischer Bedeutung als die Gasballons war die Salpeterproduktion, da Salpeter (heute: Kaliumnitrat, KNO_3) neben Holzkohle und Schwefel der Hauptbestandteil des Schießpulvers ist.[83] Bis 1775 lag die Produktion des gesam-

---

83 Die Darstellung folgt hier Robert P. Multhauf, »The French Crash Program for Saltpeter Production, 1776-94«, in: *Technology and Culture* 12 (1971), S. 163-181; Jean-Paul Konrat, »S.N.P.E. Héritière de la ›Régie royale des poudres‹ de Lavoisier«, in: Michelle Goupil (Hg.), *Lavoisier et la révolution chimique. Actes du colloque tenu à l'occasion du bicentenaire de la publication du »Traité élémentaire de chimie« 1789*, Palaiseau 1992, S. 171-194; René Amiable, »Lavoisier administrateur et financier de la Régie des poudres et salpêtres (1775-1792)«, in: Christiane Demeulenaere-Douyère (Hg.), *Il y a 200 ans Lavoisier. Actes du Colloque organisé à l'occasion du bicentenaire de la mort d'Antoine Laurent Lavoisier, le 8 mai 1794, sous le patronage de l'Académie des sciences et de l'Académie d'agriculture de France, Paris et Blois, 3-6 mai 1994*, Paris 1995, S. 135-140; Konrad Mengel, »Lavoisier, le salpêtre et l'azote«, in: Christiane Demeulenaere-Douyère (Hg.), *Il y a 200 ans Lavoisier. Actes du colloque organisé à l'occasion du bicentenaire*

ten Salpeters in der Hand der *Ferme des poudres*, eines staatlich privilegierten Privatunternehmens, das die traditionelle Form der Salpetergewinnung, die sogenannte *fouille* (wörtlich: »Absuche«), praktizierte. Sie bestand darin, den sich an feuchten Mauern und auf dem Erdboden bildenden Salpeter zu sammeln. Dafür hatten die Salpetersammler das Recht, auch Privatgebäude zu nutzen. Um dem Rückgang der Produktion, den überhöhten Preisen, dem Devisenverlust durch Importe aus Indien und Härten für die Bevölkerung durch die weitreichenden Befugnisse der *Ferme des poudres* zu begegnen, wurde die Salpeterproduktion 1775 unter staatliche Regie gestellt.

Die dazu geschaffene *Régie des poudres et salpêtres* war einerseits eine Aufsichtsbehörde, der ein *Commissaire* aus jeder Provinz angehörte. Diese *Commissaires* wurden von vier *Régisseurs* in Paris dirigiert. Das Budget der *Régie des poudres et salpêtres* stand unter staatlicher Aufsicht. Auf der anderen Seite war die *Régie des poudres et salpêtres* immer noch halb privatwirtschaftlich organisiert, da jeder *Régisseur* je nach Höhe seiner Kapitaleinlage eine Rendite aus den erzielten Gewinnen erhielt.

Durch die Ernennung von Lavoisier zum *Régisseur* wurde die Intention der *Régie des poudres et salpêtres* deutlich gemacht: Es ging um die Verwissenschaftlichung der Salpeterproduktion. Umgekehrt förderte Lavoisiers Ernennung wesentlich die reine Chemie. Lavoisier zog 1776 ins *Arsenal* um, wo sich unter anderem eine Raffinerie für Salpeter befand. Im *Arsenal* hatte Lavoisier ein großes Labor zur Verfügung, das im Laufe der Jahre zum bestausgestatteten seiner Zeit und zum Mittelpunkt der experimentellen Chemie in Paris wurde.[84]

---

de la mort d'Antoine Laurent Lavoisier, le 8 mai 1794, sous le patronage de l'Académie des sciences et de l'Académie d'agriculture de France, Paris et Blois, 3-6 mai 1994, Paris 1995, S. 79-85; Seymour H. Mauskopf, »Lavoisier and the Improvement of Gunpowder Production«, in: *Revue d'Histoire des Sciences* 48 (1995), S. 95-121; Bret, *L'état, l'armée, la science.*

84 Siehe Claude Viel, »Le salon et le laboratoire de Lavoisier à l'Arsenal,

Für die Verbesserung der Salpeterproduktion bediente sich die *Régie des poudres et salpêtres* des damals gängigsten Instruments zur Technologieforschung, nämlich einer Preisaufgabe der *Académie royale des sciences*. Gefragt war nach Vorschlägen für ein neues oder grundlegend verbessertes Verfahren zu einer effektiveren Salpeterproduktion. Lavoisier war auch Mitglied der zur Prüfung der eingesandten Vorschläge gebildeten Kommission. Deren erste Maßnahme bestand darin, sich auf vielfältige Weise einen Überblick über die Theorie und Praxis der Salpetergewinnung und -weiterverarbeitung zu verschaffen. Die Literatur der letzten Jahrhunderte wurde gesichtet, es wurden Fragebögen an die *Commissaires* der Provinzen verschickt, und man informierte sich über die Produktion in anderen Ländern. Daraus resultierte ein Wissenskorpus, das als Grundlage für mögliche Teilnehmer an dem Wettbewerb publiziert wurde.[85] Im Zuge dieses Verfahrens verfaßte Lavoisier zwei eigene Beiträge.

In seinem ersten Beitrag, der am 20. April 1776 an der *Académie royale des sciences* verlesen wurde, klärte Lavoisier die Zusammensetzung der Salpetersäure. Sie bestehe zu etwa gleichen Teilen aus *air nitreux* (wörtlich: Salpeterluft, heute: Stickstoffmonoxid, NO) und *air le plus pur* (wörtlich: »reinste Luft«, gleichbedeutend mit »reine Luft«, heute gasförmiger Sauerstoff, O_2).[86] Damit war im Prinzip eine Möglichkeit eröffnet, Salpetersäure *synthetisch* zu produzieren.

Die Zusammensetzung der Salpetersäure war für Lavoisiers Theorie der Säuren von erheblicher Bedeutung. Denn unter den häufig verwendeten Säuren hatte Lavoisier einzig die

cénacle où s'élabora la nouvelle chimie«, in: *Revue d'Histoire de la Pharmacie* 42 (1995), S. 255-266.

85 Commissaires nommés par l'Académie royale des sciences pour le jugement du prix du salpêtre, *Recueil de mémoires et d'observations sur la formation et sur la fabrication du salpêtre,* Paris 1776.

86 Antoine Laurent Lavoisier, »Mémoire sur l'existence de l'air dans l'acide nitreux et sur les moyens de décomposer et de recomposer cette acide«, in: *Œuvres de Lavoisier*, Bd. 2, S. 129-138.

Schwefelsäure direkt durch Verbrennung von Schwefel syn-
thetisieren können (die Phosphorsäure war wenig gebräuchlich). Um auf experimenteller Basis eine Theorie aller Säuren
zu rechtfertigen, sollte zumindest für die Salpetersäure und die
Salzsäure nachgewiesen werden, daß sie tatsächlich Sauerstoff
enthalten.

In Lavoisiers zweitem Beitrag, einem zunächst unpublizier-
ten Manuskript, faßte er die Kenntnisse zur Salpeterproduktion zusammen und äußerte seine eigene Auffassung, wie diese
zu verbessern sei.[87] Er schlug vor, nach dem Vorbild Schwe-
dens die *künstliche* Produktion systematisch zu fördern. Mit
künstlich ist nicht die synthetische Erzeugung gemeint, sondern die gezielte Anlage von Gewölben oder überdachten
Mauern und Gruben, an denen sich Salpeter auf natürliche
Weise bildet. Weil diese Form der Produktion nur langfristig
funktioniert und zudem am Anfang teurer ist als die *fouille*,
kann sie – nach Lavoisier – nur unter staatlicher Regie erfolgen. Finanziell war die neue Organisationsform für den Staat
ohnehin lukrativ, weil von der enormen Gewinnspanne bislang nur die *Ferme* profitiert hatte. Diese Umstrukturierung
nennt Lavoisier eine »Revolution«.

Die Einsendungen zu der Preisaufgabe waren enttäu-
schend. Die meisten Vorschläge zur Förderung der Produktion bestanden darin, die gängigen Verfahren abzuändern. Der
sachliche Grund für den Mangel an grundlegend neuen Ideen
war der, daß man kaum etwas über die chemische Zusammensetzung des Salpeters wußte. Der strukturelle Grund war
wohl eher die Form der Wissenschafts- und Technologiepo-
litik. Preisaufgaben konnten zwar bestehendes und verstreutes
Wissen verfügbar machen, nicht aber neues Wissen hervorbringen. Sowohl der technische als auch der wissenschaftliche

---

87 Antoine Laurent Lavoisier, *Observations impartiales sur la récolte du
salpêtre en France et sur la fabrication de la poudre* (Manuscrit en partie
autographe. Ce manuscrit est de 1776), in: *Œuvres de Lavoisier*, Bd. 5,
S. 680-692.

Fortschritt beruhten auf der Initiative und den Fähigkeiten einzelner Personen. Eine staatlich organisierte systematische Forschung gab es zunächst nicht. Erst später kamen punktuelle Forschungen zu den notwendigen Eigenschaften der Holzkohle, zu Pulver ohne Schwefel und zu Kaliumchlorat ($KClO_3$) als Alternative zu Salpeter als Sprengstoff in Gang.

Dementsprechend beruhte die Reform der Salpeterproduktion weniger auf technischen oder wissenschaftlichen als auf wirtschaftlichen und administrativen Neuerungen. Für die Massenproduktion waren weder die künstliche Erzeugung noch Lavoisiers synthetisches Verfahren geeignet. Beide waren für die benötigten Mengen viel zu aufwendig. Die Lösung bestand vielmehr darin, den gesamten Produktionsablauf statt nur die Erzeugung im engeren Sinne zu optimieren. Die Gewinnung von Rohsalpeter blieb in der Hand von Privatleuten; der Staat legte aber einen festen Abnahmepreis fest und organisierte außerdem die Weiterverarbeitung. Zudem gab es schriftliche Instruktionen, und 1783 wurde eine Spezialschule für Pulverproduktion, die *École des poudres*, gegründet. Die Reform betraf nicht das Salpeterverfahren im engeren Sinne, sondern die Salpeterindustrie insgesamt.

Auch die Experimente Lavoisiers zur Zusammensetzung der verwendeten Aschen und Mutterlaugen gingen auf seine persönliche Initiative zurück. Die Klärung der Zusammensetzung des Salpeters war für die Weiterverarbeitung unmittelbar relevant. Immer schon hatte man gewußt, daß man Salze beimengen muß, allerdings nicht, warum. Als die aus der Verbrennung von Holz gewonnene Asche zunehmend teurer wurde, versuchte man auf die Asche ganz zu verzichten. Lavoisier konnte nun zeigen, daß Rohsalpeter aus verschiedenen Nitraten besteht (in heutiger Terminologie: Calciumnitrat, $Ca(NO_3)_2$, Magnesiumnitrat, $Mg(NO_3)_2$, Ammoniumnitrat, NH_4NO_3, oder Kaliumnitrat, KNO_3), von denen nur das Kaliumnitrat für Schießpulver brauchbar ist. Um aus den anderen Nitraten Kaliumnitrat zu gewinnen, empfahl Lavoisier die Verwendung von Pottasche (Kaliumcarbonat, K_2CO_3), deren

gezielte Produktion zu einem zentralen Feld der Salpeterproduktion wurde.[88]

Mit dem Scheitern der künstlichen Produktion verlagerte
sich die Aufgabe der Wissenschaft zunehmend von der Klärung der Zusammensetzung und Entstehung von Salpeter auf
die Erarbeitung eines zuverlässigen Verfahrens, den Salpeter-
anteil in dem Rohprodukt zu messen, um den Preis festsetzen
zu können. Auch dafür setzte die *Académie royale des sciences*
eine Kommission ein. Im Auftrag der Nationalversammlung
verwandte Lavoisier im Sommer 1792 drei Monate auf dieses
Problem.

Auch das dritte Beispiel zeigt die enge Verflechtung theoretischer, meßtechnischer und ökonomischer Probleme.[89]
Ganz zu Beginn seiner wissenschaftlichen Karriere untersuchte Lavoisier auf seinen geologischen Forschungsreisen in
den Osten Frankreichs, die er als Begleiter Jean Étienne Guet-
tards (1715-1786) unternahm, zahlreiche Mineralwässer. Er tat
dies allerdings nicht auf die übliche chemische Weise, indem er
qualitative Farb- und Fällungsreaktionen prüfte, sondern be-
nutzte ein auf einem physikalischen Prinzip beruhendes Instrument: ein Aräometer, auch Hydrometer genannt.[90]

Ein Aräometer besteht aus einem länglichen Hohlkörper
aus Glas oder Metall, an dessen unterem Ende ein Gewicht
befestigt ist. Am oberen Ende des Hohlkörpers ist ein langer
Stab befestigt. Setzt man das Gerät in ein Gefäß mit Wasser, so

---

88 Die Reaktionsgleichung lautet am Beispiel des Caciumnitrats in heutiger Schreibweise: $Ca(NO_3)_2 + K_2CO_3 \rightarrow 2\ KNO_3 + CaCO_3$.

89 Dieser Abschnitt folgt Bernadette Bensaude-Vincent, »›The Chemist's Balance for Fluids‹. Hydrometers and Their Multiple Identities,
1770-1810«, in: Frederic L. Holmes, Trevor H. Levere (Hg.), *Instruments and Experimentation in the History of Chemistry*, Cam-
bridge/Mass., London 2000, S. 153-183.

90 Für die Wasseranalyse setzte sich dieses Verfahren allerdings nicht
durch. Vorherrschend war am Ende des 18. Jahrhunderts Torbern
Olof Bergmans (1735-1784) Methode, die aus einer Kombination
von unmittelbar sinnlichen Eindrücken, chemischen Nachweisre-
aktionen und Dichtemessungen bestand.

ist der Hohlkörper vollständig unter Wasser. Durch das Gegengewicht in vertikaler Ausrichtung gehalten, schwebt der Hauptteil des Gerätes unter Wasser, wobei aber ein Teil des Stabes aus dem Wasser ragt. Dafür müssen die Materialien und Abmessungen der drei Komponenten aufeinander abgestimmt sein.

Wie tief genau der Stab aus dem Wasser ragt, hängt von der Dichte (dem spezifischen Gewicht) des Wassers ab. Enthält es zum Beispiel Salz, so ist seine Dichte höher, und der Stab ragt weiter aus dem Wasser. Enthält das Wasser hingegen Alkohol, so ist seine Dichte geringer, und der Stab sinkt weiter ein.

In einem 1768 verfaßten *Mémoire* diskutiert Lavoisier zwei Varianten des Aräometers.[91] Bei der ersten ist oben auf dem Stab ein kleines Schälchen befestigt, in das man Zusatzgewichte legen kann, bis der Stab zu einer immer gleichen Markierung einsinkt. Aus der Menge der Zusatzgewichte kann man dann die Dichte der Flüssigkeit berechnen (Abb. 1, Fig. 6, S. 35). Bei der zweiten Variante ist hingegen auf dem Stab eine Skala angebracht, auf der man das unterschiedlich tiefe Eintauchen direkt ablesen kann (Fig. 18).

Lavoisier ordnet beide Varianten verschiedenen Anwendungsfeldern zu. Die erste ist demnach für wissenschaftliche Forschung geeignet. Das Auflegen der Gewichte ist zwar umständlich und damit für gewerbliche Routinemessungen nicht geeignet, dafür aber sehr präzise, weil es auf die genaue Geometrie des Stabes nicht ankommt. Die zweite Variante hingegen ist schnell und einfach und damit für praktische Anwendungen, zum Beispiel für die Bestimmung des Alkoholgehalts von Wein, gut geeignet. Allerdings erfordert gerade die einfache Anwendung, daß das Gerät sehr präzise gebaut und vor allem kalibriert wird. Präzision konnte also je nach Kontext etwas ganz anderes heißen.

---

91 Antoine Laurent Lavoisier, »Recherches sur les moyens, les plus sûrs, les plus exacts et les plus commodes de déterminer la pesanteur spécifique des fluides, soit pour la physique, soit pour le commerce«, *Œuvres de Lavoisier*, Bd. 3, S. 427-450.

Das grundlegende Problem der Aräometer besteht jedoch darin, daß man von der Dichte einer Flüssigkeit nicht unmittelbar auf deren quantitative Zusammensetzung schließen kann, auch wenn die Mischung nur aus zwei Stoffen besteht. Mischt man beispielsweise Wasser und Alkohol, so ist das Volumen der Mischung kleiner als die Summe der Volumina der einzelnen Flüssigkeiten. Und diese Verringerung hängt selbst noch von dem Mischungsverhältnis ab. Dieser Effekt hat theoretische und meßtechnische Aspekte.

Für Lavoisier stellte gerade dieser Effekt eine Möglichkeit dar, etwas über chemische Verbindungen auf mikroskopischer Ebene zu erfahren. Die Mikrodynamik chemischer Vorgänge, durch die Rede von mehr oder weniger großer *Affinität* eher verschleiert als erklärt, sollte so empirisch zugänglich werden. Durch sehr viele Mischungen reiner Stoffe mit nachfolgender Dichtemessung wollte Lavoisier etwas über die Durchdringung der Stoffe auf atomarer Ebene in einer Verbindung erfahren. Durchgeführt hat Lavoisier dieses Programm allerdings nie.

Für die tatsächliche Messung mußte aber genau dieses Programm durchgeführt werden. Insbesondere für die Bestimmung des Alkoholgehalts von Getränken kam es auf Präzision ebenso wie auf standardisierte Verfahren an, denn nach dem Alkoholgehalt bemaß sich nicht nur der Preis, sondern auch die zu entrichtende Steuer. Es mußte daher festgelegt werden, ob sich die »Menge« des Alkohols auf das Volumen oder auf das Gewicht beziehen sollte. Entsprechend intensiv wurde die Frage nach dem »richtigen« Aräometer zur Zeit Lavoisiers diskutiert. Tatsächlich erstellte Antoine Baumé (1728-1804) umfangreiche Tabellen für die Dichte verschiedener Mischungsverhältnisse von Wasser und Alkohol. Und Pierre Bories[92] erweiterte dieses Programm noch, indem er sämtliche Messungen bei unterschiedlichen Temperaturen durchführte. Dies ermöglichte es, die entsprechend kalibrierten Skalen direkt auf den Aräometern anzubringen.

---

92 Lebensdaten nicht bekannt.

Wenn Lavoisier zwischen dem wissenschaftlichen und dem gewerblichen Nutzen der verschiedenen Aräometer strikt unterschied, so ist zu bedenken, daß er selbst später in beiden Bereichen tätig war: als Mitglied der *Académie royale des sciences* in der Wissenschaft und als Mitglied der *Ferme générale* im Gewerbe.[93] Während bei seinen eigenen Forschungen Dichtemessungen gegenüber Gewichts- und Volumenmessungen zurücktraten, hatte er aufgrund seiner Funktion in der *Ferme générale* weiterhin mit der Dichtebestimmung zu tun. Diese war jetzt allerdings – ganz analog zum Salpeter – ein meßtechnisches, nicht mehr ein theoretisches Problem.

---

93 Siehe zu dieser Funktion und den finanziellen Verflechtungen zwischen Staat, Privatpersonen und Unternehmen Poirier, »Lavoisier fermier général, banquier et commissaire de la Trésorerie nationale«.

3. Präsentation des Textes

3.1 Zusammenfassung

In seinem *System der antiphlogistischen Chemie* faßt Lavoisier die Ergebnisse seiner theoretischen und experimentellen Forschungen der vorangegangenen 20 Jahre systematisch zusammen. Im *Discours préliminaire* stellt er sowohl seine Chemie selbst als auch das *System* ganz in den Rahmen der Philosophie Condillacs. Der erste Teil des Haupttextes beinhaltet den Theorienkomplex, bestehend aus der Theorie der Gasförmigkeit, der Theorie der Verbrennung und der Theorie der Säurebildung einschließlich einiger Experimente zur Bestätigung. Weiterhin wird die binominale Nomenklatur eingeführt. Der zweite Teil beginnt mit der Liste der chemischen Elemente und besteht aus zahlreichen Tabellen chemischer Verbindungen mit doppelter Benennung nach traditioneller und nach reformierter Nomenklatur. Im dritten Teil werden die Instrumente und Verfahren erläutert, wobei hier der Schwerpunkt auf den von Lavoisier neu eingeführten Instrumenten liegt.

3.2 Der Discours préliminaire (S. 13-27)

Dem eigentlichen Text ist ein *Discours préliminaire* vorangestellt. In üblichen Lehrbüchern der Chemie findet sich an dieser Stelle in der Regel eine Vorrede, in der der Autor sich dafür rechtfertigt, der großen Menge vorhandener Lehrbücher ein weiteres hinzuzufügen. Lavoisiers *Discours préliminaire* hingegen ist eine ausführliche Begründung dafür, zur Darstellung seiner Forschungsergebnisse überhaupt die Form eines Lehrbuchs gewählt zu haben.

In der Regel entstanden Lehrbücher im Zuge der eigenen
Lehrpraxis und dienten mehreren Zwecken zugleich. Sie er-
sparten das Diktieren der Lehrsätze und schufen so Raum für
Erläuterungen und Experimentalvorführungen; bei Verwendung eines eigenen Lehrbuchs konnte die Vorlesung mit den
eigenen Auffassungen in Übereinstimmung gebracht werden,
und nicht zuletzt war die Autorschaft möglichst vieler Lehrbücher ein wichtiges Berufungskriterium für bezahlte Profes-
suren.

Keine dieser Funktionen traf auf Lavoisier und sein *System*
zu, denn Lavoisier hat nie selbst gelehrt. Seine Rechtfertigung
des *Systems* ist dementsprechend keine lehrpraktische, sondern
eine philosophische. Es ist die *Logik* Condillacs, und es sind
insbesondere deren sprachphilosophische Aspekte, die für Lavoisier den Anlaß und den Leitgedanken für sein *System* darstellen. Der Grundgedanke dieser Philosophie ist: Lernen und
Forschen ist ein und dasselbe. Deshalb ist – Condillac folgend
– jeder gute wissenschaftliche *Traité* ein Lehrbuch, also ein
Traité élémentaire.

Daß Lavoisier beim Zusammenfassen der reformierten chemischen Fachsprache das Werk gleichsam unterderhand zu
einem Lehrbuch der Chemie insgesamt geraten ist, wie er
selbst es darstellt, trifft allerdings nicht zu. Von 1780, lange also
vor dem Projekt der Reform der chemischen Nomenklatur,
datiert eine detaillierte Skizze für ein Lehrbuch, das dem
schließlich realisierten hinsichtlich der Kapitelstruktur sehr
ähnlich ist. Wohl aber ist es plausibel, daß sich Lavoisier im
Zuge des Nachdenkens über ein rationales Benennungssystem
intensiv mit Condillac befaßt hat.

Im *Discours préliminaire* folgt Lavoisier jedenfalls sehr eng
Condillacs *Logik* und zitiert am Ende zwei längere Passagen
daraus. Die grundlegenden Gedanken der *Logik* werden erwähnt: die Forderung, jede Wissenschaft mit Erfahrungen zu
beginnen und nur auf diese zu gründen, die Problematik eines
fehlenden Korrektivs falscher Annahmen durch die Natur
selbst und der Nachteil für durch die Tradition verbildete Ge-

lehrte gegenüber Anfängern. Als Konsequenz wird die Forderung aufgestellt, das »Räsonnement« (S. 15) zu »simplificiren« (S. 16).

Folgerichtig kündigt Lavoisier an, nichts zu den Affinitäten
schreiben zu wollen. Hier fehlen schlicht ausreichende Tatsachen, um zu wirklichen »Begriffen« (S. 20) – im Gegensatz
zu »Hypothesen« (S. 18) und »Einbildungen« (S. 15) – zu gelangen. Und ebenso folgerichtig verzichtet er auf das traditionelle Konzept von vier (oder mehr) Elementen, aus denen
alle Stoffe in unterschiedlichem Verhältnis zusammengesetzt
gedacht worden waren. Schon theorieimmanent lassen sich
diese Stoffe ja prinzipiell nie rein sinnlich darstellen, weswegen
er auf diese »Hypothese« (S. 18) ganz verzichtet. Statt dessen
verwendet er seine berühmte pragmatische Definition chemischer Elemente: »Verbinden wir im Gegentheil mit dem
Ausdruck Element oder Grundstoff der Körper den Begriff des
höchsten Ziels, das die Analyse erreicht, so sind alle Substanzen, die wir noch durch keinen Weg haben zerlegen können,
für uns Elemente.« (S. 19)

Was aber hat dies mit der Sprache zu tun? Für Lavoisier
besteht die (chemische) Wissenschaft aus »Thatsachen« (S. 13),
»Vorstellungen« (S. 13) und »Worten« oder »Ausdrücken« (S. 13
bzw. 14). Die Worte bilden die Verbindung zwischen Tatsachen und Vorstellungen. Man beachte, daß hier »Tatsache«
nicht als schon sprachlich formulierte Aussage gemeint ist.
Tatsachen sind vielmehr als Regelmäßigkeiten in der Natur
selbst zu verstehen; man könnte vielleicht treffender von
»Sachverhalten« sprechen. Um diese in das Bewußtsein zu
bringen, braucht es die richtigen Ausdrücke: »Folglich, möchten auch die Thatsachen noch so gewiß, und die durch sie
erzeugten Vorstellungen, noch so richtig seyn, so würden sie
doch nur falsche Eindrücke machen, wenn wir nicht genaue
Ausdrücke hätten, um sie wieder darzustellen.« (S. 14)

Die durch Sinneseindrücke hervorgerufenen »Empfindungen« (S. 14) sind also nicht als Einprägungen auf eine *tabula
rasa* zu verstehen, sondern als schon durch ein sprachliches

Raster vermittelte Wahrnehmungen. Aber die Sprache vermittelt auch in die andere Richtung: Nur mittels der Sprache können die Empfindungen wieder auf die Natur zurückgeführt werden, was immerhin ja das Ziel jeder empirischen Naturwissenschaft ist.

Bemerkenswert ist, daß Lavoisier im Zweifel die Alltagssprache gegenüber tradierten Fachtermini präferiert. Einerseits ist dies eine Konsequenz des pseudo-naiven Sensualismus Condillacs. Andererseits stellt dies natürlich einen Affront gegenüber den professionellen Chemikern dar. In der Tat mag es einem Anfänger oder Außenseiter – und Lavoisier ist als Nicht-Apotheker und Nicht-Bergmann in dieser Hinsicht selbst ein Außenseiter – leichter fallen, neu geprägte, oft bewußt phänomenologisch generierte Begriffe anstelle der nur Eingeweihten verständlichen Ausdrücke zu verwenden. Süffisant merkt Lavoisier an: »Die Namen zerflossenes Weinsteinöl, Vitriolöl, Arsenikbutter, Spiesglanzbutter und Zinkblumen, sind weit unschicklicher, weil sie falsche Begriffe erwecken; denn eigentlich existiren im Mineral- und vorzüglich im Metallreiche, weder Butter, Oel, noch Blumen.« (S. 24)

Seine eigene Nomenklatur ist hingegen gleichzeitig eine Klassifikation der chemischen Substanzen, und – wenig verwunderlich – erläutert Lavoisier diese anhand der Oxide (Verbindungen mit Sauerstoff).

3.3 Die Theorie der Gase und Flüssigkeiten (S. 28-49)

In einem gewöhnlichen Lehrbuch folgt auf die Vorrede die Einleitung. Man findet in einer solchen Einleitung eine Definition der Chemie, ihre Untergliederung in Teilgebiete, das Verhältnis zu anderen Fächern, eine erste Erläuterung der grundlegenden Methoden, Konzepte und Begriffe, oftmals einen historischen Abriß und nicht zuletzt ein Literaturverzeichnis. Auf eine solche Einleitung verzichtet Lavoisier ganz (auch wenn Hermbstaedt den *Discours préliminaire* als »Einleitung« bezeichnet). Der Haupttext beginnt vielmehr mit einer zunächst sehr speziell erscheinenden Fragestellung, die zudem mehr mit Physik als mit Chemie zu tun zu haben scheint. Es geht um den Einfluß von Wärme und Druck auf materielle Körper.

Wärme wird als ein Agens präsentiert, das die kleinsten Teilchen eines Körpers auseinanderzutreiben sucht, während die Anziehung der Teilchen untereinander dem entgegenwirkt. Es hängt demnach von der Menge der zugeführten Wärme ab, welche der beiden Kräfte überwiegt. Lavoisier erwähnt Beispiele für Körper, die von dem festen in den »tropfbar flüssigen« oder von dem »tropfbar flüssigen« in den »luftförmigen« (S. 32) Zustand übergehen.

Dies stellt schon einen ersten, wichtigen Baustein der Theorie dar: Flüssigkeiten und Gase sind nicht verschiedene *Substanzen*, vielmehr kann ein und dieselbe Substanz im Prinzip in allen drei *Zuständen* vorkommen, je nachdem, mit wieviel Wärmestoff sie verbunden ist.[1]

Jetzt stellt sich allerdings die Frage, warum in dem Moment, in dem die Abstoßung durch die Wärme die interne Anziehung überwiegt, ein fester Stoff nicht sofort gasförmig wird, warum also zum Beispiel Eis bei der Erhitzung nicht direkt zu Wasserdampf, sondern zu flüssigem Wasser wird. Sobald die Wärme stärker ist als die nur über geringe Entfernungen wirkende Affinität, sollte der zuvor feste Körper platzen und sich ungehindert weiter ausdehnen.

Hier kommt der Luftdruck ins Spiel, der die Ausdehnung verhindert. Die Schwere der Atmosphäre lastet auf jedem Stoff auf der Erdoberfläche und stellt eine dritte Kraft dar. Für die Frage, in welchem Zustand ein Körper existiert, ist also nicht nur sein Gehalt an Wärme im Vergleich zu seiner (stoffspezi-

---

[1] Das heißt natürlich, daß man diese Substanzen unabhängig von ihrem Gehalt an Wärmestoff noch als chemisch dieselbe Substanz ansieht.

fischen) internen Anziehungskraft relevant, sondern auch der äußere Druck.

Lavoisiers Theorie der – wie man heute sagen würde – Aggregatzustände ist also mehr als nur die Berücksichtigung der Luft und der gasförmigen Stoffe in der Chemie. Sie ist eine Theorie der Gasförmigkeit an sich (und zugleich der Flüssigkeit), die die Unterscheidung zwischen Luftarten und anderen Stoffen untergräbt.

Implizit weist Lavoisier die Chemiker damit auf einen zweiten blinden Fleck hin. Nicht nur muß man *chemisch* mit der Luft rechnen, wenn man am Boden der Atmosphäre arbeitet. Man muß auch *mechanisch* mit ihr rechnen. Flüssigkeiten – für Chemiker viel selbstverständlicher als Gase – existieren überhaupt nur durch den Druck der Atmosphäre. Flüssigkeit ist damit ein Zwischenzustand, in dem chemische (mikroskopische) und mechanische (makroskopische) Kräfte eine Rolle spielen.

Daß Flüssigkeit eine komplizierte Form der Materie darstellt, zeigt Lavoisier in drei Experimenten. Die in seinem *System* geschilderten Versuche sind so ausgewählt, daß sie fast immer eine Serie ähnlicher, aber nach und nach weitere Aspekte verdeutlichender Experimente bilden.

Die in diesem Kapitel beschriebenen Experimente passen gut zu dem *System* als Lehrbuch. Keines von ihnen wird in dieser Form als *Forschungsexperiment* durchgeführt worden sein, und mit chemischen *Arbeiten* haben sie schon gar nichts gemein, wenngleich die verwendeten Geräte typische, sowohl in der Forschung als auch bei chemischen Arbeiten verwendete Apparate sind. Diese Experimente sind vielmehr typische *Demonstrationsexperimente*, die ein wie auch immer gewonnenes Wissen möglichst unmittelbar und anschaulich vermitteln. Lavoisier spricht allerdings von »bestätigen« (S. 33) oder sogar »beweisen« (S. 34), wo es um die Wissensvermittlung mittels solcher Demonstrationsversuche geht. Schließlich ist ja zu bedenken, daß es sich – Lehrbuch oder nicht – keineswegs um bereits generell anerkanntes Wissen handelt. Lavoi-

sier war also durchaus auf die Überzeugungskraft der geschilderten Experimente (oder genauer: auf die Überzeugungskraft
der *Schilderung* der Experimente) angewiesen. Die Form der
exemplarischen Darstellung, wie sie in der Lehre üblich ist,
erlaubte es Lavoisier immerhin, das grundlegende Problem
jeder induktiven Experimentalwissenschaft, nämlich die
Frage, wie man aus einer begrenzten Anzahl von Experimenten universelles Wissen gewinnen kann, zu umgehen.

In dem ersten Experiment (Abb. 1, Fig. 17, S. 35) geht es um
den Einfluß des Drucks. Ein zunächst mit einer Blase ver-
schlossenes, mit Äther gefülltes Gefäß unter einer evakuierten
Glasglocke wird von außen mittels einer Spitze geöffnet. Der
Äther entweicht nun nicht einfach, sondern fängt regelrecht
an zu sieden. Dies zeigt zunächst den Zusammenhang zwischen Druck und Wärmegehalt. Äther, der bei Zimmertem-
peratur »eigentlich« nicht siedet, tut dies, wenn man den
Druck der Atmosphäre ausschaltet.

Schon hier findet sich eine Charakteristik der pneumatischen Versuche Lavoisiers, nämlich die Messung von Druck
und Temperatur. Während jedoch Barometer und Thermometer in den späteren quantitativen Versuchen dazu dienen,
Volumina in Massen umzurechnen, haben diese Geräte hier
den Zweck, die Wirkungen des Siedens anzuzeigen: Es entsteht unter der Glocke ein durch den luftförmigen Äther erzeugter Druck, und die Temperatur sinkt.

In dem zweiten Experiment (Fig. 15) wird der Äther nicht
durch eine Verringerung des Drucks, sondern durch die Erhöhung der Temperatur gasförmig gemacht. Das Gefäß mit
dem flüssigen Äther wird in 35 bis 36° Réaumur (im folgenden:
°R), also etwa ca. 44° Celsius (°C), warmes Wasser getaucht
und fängt an zu sieden. Die dabei entstehende »elastische luftförmige Flüßigkeit« (S. 37) kann in umgestülpten, wasserge-
füllten Flaschen aufgefangen werden. Indirekt zeigt dieser
Versuch auch den erhöhten Druck, denn der entstehende gasförmige Äther verdrängt das Wasser aus den Flaschen. Das
dritte Experiment schließlich zeigt, daß dieser Effekt auch mit
Wasser selbst möglich ist (Fig. 5).

Bezogen auf die eingesetzten Geräte findet sich schon in dieser Experimentserie eine Verbindung von physikalischen und chemischen Apparaten. Die Luftpumpe, das wichtigste Gerät des ersten Experiments, war – neben der Elektrisiermaschine – das typische Instrument der Experimentalphysik. Auch wenn sich kaum jeder Physiker eine Luftpumpe leisten konnte, war ihr Gebrauch so bekannt, daß Lavoisier es nicht mehr für nötig hielt, sie auf der Kupfertafel abzubilden; lediglich das von dem Teller nach unten zur Luftpumpe führende Verbindungsrohr ist dargestellt.[2] Umgestülpte Flaschen in wasser- oder quecksilbergefüllten Bottichen sind hingegen typisch für die pneumatische Chemie, ein Gebiet, das selbst ein Hybrid zwischen chemischer Laborpraxis und allgemeiner, das heißt physikalischer Naturerkenntnis darstellt. Für das dritte Experiment hingegen benötigt man einen großen, feststehenden Ofen, wie er sich nur in chemischen Laboratorien, vor allem in Apotheken, fand.

Auch hinsichtlich der theoretischen Erklärung der Wechselwirkungen zwischen Wärme und Materie besteht die Ambivalenz zwischen Physik und Chemie. Die Erklärung der Wärmewirkung auf Körper ist zunächst ganz physikalisch – oder genauer gesagt: mechanisch. Die Wärme, der »am meisten elastische Stoff in der Natur« (S. 44), dringt in die Körper ein und treibt deren »kleinste Theile« (S. 29) auseinander.

Zunächst ist hier festzuhalten, daß Lavoisier damit einen Atomismus vertritt. Mit der Rede von »Theilchen« (S. 28 *et passim*), »kleinsten Theilen« (S. 29 *et passim*) oder »Atomen« (S. 32 *et passim*) (verschiedene Übersetzungen von *molécules*) ist nicht unbedingt gemeint, daß diese prinzipiell nicht teilbar sind. Wichtig ist vielmehr die Vorstellung, daß homogen er-

2 Die Existenz eines leeren Raums war zur Zeit Lavoisiers kein metaphysisches Problem mehr, der *horror vacui* galt nicht mehr als Argument gegen die Vakuumphysik. Mit dem Einsatz der Luftpumpe in der chemischen Laborpraxis wird nun der *leere* Raum der theoretisch *einfachste* Raum, wohingegen die Atmosphäre eine potentielle Störung der Reaktionsabläufe und deren Verständnisses darstellt.

scheinende Körper aus Teilchen aufgebaut sind, die sich nie berühren, sondern durch Attraktion makroskopisch zusammengehalten werden, durch Wärme aber mikroskopisch voneinander getrennt bleiben.

Die empirische Tatsache, daß verschiedene Stoffe unterschiedlich viel Wärme zur Ausdehnung benötigen (also unterschiedlichen »specifischen Wärmestoff« (S. 42) haben), führt Lavoisier auf die unterschiedliche Form der Atome zurück. Er beläßt es aber bei einigen Andeutungen, zu einer Zuordnung bestimmter Formen zu bestimmten chemischen Substanzen oder gar einem quantitativen Modell gelangt er nicht. Dies ist auch kein Wunder, war es doch das Scheitern genau solcher mechanistischer »Erklärungen«, das Anfang des 18. Jahrhunderts die Chemiker dazu veranlaßte, auf jede Erklärung der qualitativen Verschiedenheit der chemischen Stoffe generell zu verzichten.

So plausibel die Vorstellung einer in die Poren eindringenden, elastischen Flüssigkeit auch sein mag und sosehr Lavoisier diese durch alltägliche Beispiele (Sand zwischen Bleikügelchen, wasseraufsaugendes Holz sowie ein sich im Wasser ausdehnender Schwamm) weiter an die Erfahrungswelt anzuschließen sucht, so läßt sich doch nicht verleugnen, daß Lavoisier hier schon über das reine Schließen aus Tatsachen im Sinne Condillacs hinausgeht.

Eine ähnliche Ambivalenz zwischen empiristisch-induktivistischem Ethos auf der einen Seite und der Versuchung ontologischer Erklärungen auf der anderen findet sich auch in bezug auf die Wärme selbst. Die Wärme wird letztlich als *Stoff* angesehen. Auch wenn Lavoisier warnend betont, daß man über die Natur der Wärme noch nichts Genaues wisse und der Ausdruck »Wärmestoff« *(calorique)* nur als Platzhalter zu verstehen sei, wird genau dieser Wärmestoff später in der Liste der chemischen Elemente auftauchen. Der Wärmestoff, auch wenn er vielleicht keine Schwere haben sollte, ist demnach ein chemischer Stoff wie jeder andere. Er verbindet sich mit anderen Stoffen und kann je nach Wahlverwandtschaft mit Hilfe anderer Stoffe aus Verbindungen wieder herausgelöst werden, wie die Versuche zur Zerlegung der Luft (siehe 3.4 *Die Zerlegung der Luft*) zeigen. Sowohl die Verwendung einer chemischen Ontologie in Form von Stoffen zur Erklärung physikalischer Phänomene als auch die Ambivalenz zwischen epistemologisch begründeter Vorsicht und der forschen Rede von »Wärmestoff« (und gegebenenfalls »Lichtstoff«, »elektrischer Materie« usw.) ist keineswegs eine Besonderheit Lavoisiers, sondern war in der Physik im letzten Viertel des 18. Jahrhunderts gängig.

Aus der Sicht von Lavoisiers Theorie der Gase ist die atmosphärische Luft für den Chemiker *mechanisch* bedeutsam, weil sie Flüssigkeiten ermöglicht. Die Theorie hat zudem zur Folge, daß die Luft auch *chemisch* in neuer Weise zu betrachten ist. Ungeachtet der zahlreichen inzwischen entdeckten oder synthetisierten Luftarten unterschied man diese in der Regel von *der* Luft. Die Luft war zum einen ein chemisches *Element*, das im Sinne der tradierten Elementvorstellung Bestandteil von Stoffen sein konnte. Zum anderen war sie ein chemisches *Instrument*, das – ähnlich wie die Elemente Wasser und Feuer – als Auflösungsmittel diente. Mit Lavoisiers Auffassung von Gasen als gewöhnlichen Stoffen in gasförmigem Zustand ist nun hingegen die Luft selbst ein Stoff in luftförmigem Zustand – oder genauer: eine Mischung all derjenigen chemischen Stoffe, die bei normalen Druck- und Temperaturbedingungen am Boden der Atmosphäre luftförmig sind. Für den Chemiker stellt sich demnach die Aufgabe, die Luft in ihre Bestandteile zu zerlegen.

3.4 Die Zerlegung der Luft (S. 49-65)

Die Analyse und Synthese der Luft (Lavoisier ist der Ansicht, erst die Kombination beider liefere sichere Ergebnisse) erfolgen in einem aus drei Teilen bestehenden Experiment. Das Experiment basiert auf dem traditionellen Verfahren der Verkalkung des Quecksilbers, wandelt dieses jedoch im Sinne der Fragestellung um. Die Verkalkung geschieht durch das Erhitzen von Quecksilber in einer langen, offenen Phiole. Dieses Verfahren war in Apotheken gängig. Es dauerte mehrere Tage, und die Hitze des Ofens durfte weder zu niedrig noch zu hoch sein, so daß man dies vermutlich einen Gehilfen machen ließ. Aus diesem Grund werden in der Regel nur Apotheken in der Lage gewesen sein, den dabei entstehenden roten Quecksilberkalk in ausreichenden Mengen herzustellen.

Lavoisier machte aus diesem Verfahren ein pneumatisches Experiment, indem er das Ende der Phiole in dem luftgefüllten Raum oberhalb der Wasseroberfläche in einer Glasglocke enden ließ (Abb. 2, Fig. 2, S. 51). Er hatte es also mit einem geschlossenen System zu tun. Was auch immer in bezug auf die Luft bei der Verkalkung geschah, konnte auf diese Weise beobachtet werden. Lavoisier sah nach einigen Tagen roten Quecksilberkalk auf der Quecksilberoberfläche schwimmen und stellte nach insgesamt zwölf Tagen fest, daß kein weiterer Quecksilberkalk gebildet worden war. Dabei stellte er fest, daß das Volumen der Luft unter der Glocke sich um etwa ein Viertel verringert hatte. Der verbleibende Teil der Luft wurde den Standardtests für neue Luftarten unterzogen. Das Gas zeigte sich als »mephitisch« (S. 54): Es löschte Lichter aus, und Tiere, die das Gas atmen mußten, starben. Dies ist der erste Teil des Versuchs.

In dem zweiten Teil des Versuchs wurde das entstandene rote Pulver in der Phiole stark erhitzt, wobei diesmal der Hals der Phiole unter einer ganz mit Wasser gefüllten Glocke endete. Das rote Pulver wurde dabei wieder zu Quecksilber. Zudem sammelte sich in der Glocke ein Gas, das ganz im Gegensatz zu dem ersten sehr gut atembar war und Flammen hell aufleuchten ließ.

Der dritte Teil des Versuches bestand darin, die beiden entstandenen Gasarten in dem Mengenverhältnis, in dem man sie erhalten hatte, wieder zu verbinden, und in der Tat zeigte die Mischung die Eigenschaften atmosphärischer Luft.

Lavoisiers theoretische Interpretation lautet, daß sich das Quecksilber in dem ersten Teil des Versuchs mit dem einen Bestandteil der Luft verbunden hat, so daß der andere Bestandteil zurückblieb. In dem zweiten Versuchsteil wurde dieser erste Bestandteil wieder freigesetzt. Beide erneut zusammengebracht ergaben wieder atmosphärische Luft.

Interessant ist nun, wie Lavoisier diese beiden Bestandteile charakterisiert: Er nennt den ersten »eine Art mephitischer Luft *(mofète)*, welche zur Respiration untauglich ist« (S. 54). Den anderen Teil nennt er »vorzüglichst respirable Luft« (S. 53). An diesen Bezeichnungen ist folgendes bemerkenswert. Erstens folgt sie der Phänomenologie des *Tests* der Gasarten, nicht etwa der ihrer *Genese*. Denkbar wäre ja auch, die erste »quecksilberfeindliche Luft« und die zweite »quecksilberfreundliche Luft« zu nennen. Zweitens ist »zur Respiration untauglich« eine offensichtlich zu breite Definition, denn eine ganze Reihe der Luftarten war nicht atembar, manche darunter nachgerade giftig. Es wird deutlich, daß diese Luftart für Lavoisier nur den Rest darstellt, sein Interesse gilt dem atembaren Bestandteil. Doch drittens folgt aus dem Versuch gar nicht notwendig, daß dieser Anteil der Luft, der sich mit dem Quecksilber verbindet, nur aus *einem* Stoff besteht (und gleiches gilt für den mephitischen Rest). Hier wird die pragmatische Definition von Elementen als bislang noch nicht zerlegte Stoffe tatsächlich ernst genommen. Im Vorgriff auf die Theorie der Säuren nennt Lavoisier das zweite Gas *gaz oxygène*, von Hermbstaedt mit »säurezeugendes Gas« (S. 64) übersetzt, wofür sich im Deutschen bald der Ausdruck »Sauerstoffgas« einbürgert. Das erste Gas, von Lavoisier als *gaz azotique* bezeichnet, behält seine phänomenologische Definition und wird »azotisches Gas« (S. 64) (wörtlich: lebensfeindliches Gas) genannt, für das im Deutschen der Ausdruck »Stickstoffgas« gängig wird.

Doch die Frage der Benennung greift insofern vor, als daß das Experiment zunächst nur als Argument dafür dienen soll, daß sich bei Verkalkungen *überhaupt* etwas aus der Luft mit dem Metall verbindet. Dies war nach der seit Beginn des Jahrhunderts zwar modifizierten, aber in ihren Grundzügen akzeptierten Phlogistontheorie Stahls nicht der Fall. Es entspricht genau der geschichtslosen Konzeption von Lavoisiers Lehrbuch, an dieser Stelle gerade *nicht* die Unzulänglichkeiten von Stahls Theorie zu diskutieren. In dem Entwurf von 1780 hingegen hatte Lavoisier noch eine explizite Auseinandersetzung mit den Varianten der Phlogistontheorie vorgesehen. Hier läßt Lavoisier allein Tatsachen sprechen, indem er zunächst die Beobachtungen notiert und daraus Schlüsse zieht.

Doch die Trennung von reinen Beobachtungen und theoretischen Schlüssen birgt auch Risiken, denn zumindest zwei der drei Teile des Experiments lassen sich mit der Phlogistontheorie schlüssig erklären: In dem *ersten* Teil des Experiments gibt das Quecksilber sein Phlogiston ab und verbindet sich mit der atmosphärischen Luft unter der Glocke. Der Prozeß endet genau dann, wenn die gesamte Luft phlogistisiert ist. Das Phlogiston, das immerhin den Metallen Glanz und Formbarkeit verleihen kann, sorgt zudem für eine nicht sehr erhebliche Verringerung des Volumens (nicht der Masse!) der Luft um etwa ein Viertel. Der *dritte* Teil des Versuchs ist ohnehin kein Problem, denn wenn man dephlogistisierte Luft mit phlogistisierter Luft im richtigen Verhältnis mischt, erhält man natürlich atmosphärische Luft.

Ganz zu Recht machten daher die kritischen Chemiker in Deutschland den *zweiten* Teil des Experiments zum *experimentum crucis* für die Existenz eines Bestandteils der Luft in dem Quecksilberkalk. Denn wenn nach der Stahlschen Theorie Quecksilberkalk Quecksilber ohne Phlogiston ist, ist es in der Tat schwer zu erklären, wieso aus diesem Stoff bei starker Erhitzung überhaupt irgend etwas entweichen soll.

Lavoisier – zur Zeit des Verfassens dieses Kapitels längst von seiner Theorie überzeugt – scheint dies nicht gesehen zu haben. Nur so ist es zu erklären, daß er ausgerechnet zu diesem zweiten Teil des Experiments keine Abbildung anfertigen ließ. Die Unklarheiten über die richtige Durchführung der Freisetzung von »respirabler Luft« aus rotem Quecksilberkalk stellten dann auch eine große Schwierigkeit der Debatte in Deutschland dar, wie in 4.3 *Rezeption und Transformation in Deutschland* erläutert wird.

Man beachte, daß sich nach Lavoisiers Theorie das Quecksilber nicht mit dem Sauerstoffgas verbindet, sondern nur mit dessen Basis. Das heißt, das Quecksilber bewirkt eine Trennung des Sauerstoffs von dem Wärmestoff. Dies ist bei einem langsamen Prozeß auf einem Ofen nicht zu bemerken, wohl aber bei der folgenden Verkalkung.

Auch die Verkalkung von Eisen basierte auf einem bekannten Versuch, wurde von Lavoisier hingegen erweitert. In dem Versuch von Jan Ingen-Housz (1730-1799) wurde die verbrennungsfördernde Wirkung von reiner Luft gezeigt, indem ein Eisendraht in reiner Luft funkensprühend verbrannte (Abb. 2, Fig. 17, S. 51). Lavoisier verlegte die Verbrennung unter eine Glocke einer mit Quecksilber gesperrten pneumatischen Apparatur (Fig. 3). Ähnlich wie bei dem Experiment mit Quecksilber wurde auch hier eine Volumenverringerung bemerkt.

Die Erwähnung labortechnischer Details gibt ein Bild von der Experimentalpraxis der pneumatischen Chemie. Aber gerade auch das, was Lavoisier in diesem Zusammenhang *nicht* erwähnt, ist aufschlußreich für die Einschätzung von Selbstverständlichkeiten des immerhin schon einige Jahrzehnte praktizierten Umgangs mit pneumatischen Apparaturen. So erklärt Lavoisier zum Beispiel nicht, warum er in diesem Versuch Quecksilber statt Wasser als Sperrflüssigkeit verwendete. Vermutlich hatte dies nur den Grund, daß man durch Quecksilber ein glühendes Eisen führen konnte, ohne daß dieses zu sehr abgekühlt wird, um den Phosphor, der dem Eisen als Zünder beigegeben wurde, anzuzünden. Auch erwähnt Lavoisier nicht, warum er vor dem Versuch durch Aussaugen eines Teils der reinen Luft den Pegelstand des Quecksilbers anhob. Ein möglicher Grund ist der, zu verhindern, daß bei der anfänglichen Ausdehnung des Sauerstoffgases unter der Glocke aufgrund der Wärmeentwicklung Sauerstoffgas aus der Glocke entweicht.

Die Verfahren selbst hingegen werden von Lavoisier beschrieben: das Einfüllen der reinen Luft unter die Glocke über Wasser, das Transferieren in die Quecksilberwanne, das Absaugen der reinen Luft mit einem Mundrohr und mit Hilfe einer speziellen Körpertechnik, das Einbringen des Schälchens mit dem Eisen und dem Phosphor und schließlich das Entzünden mit einem glühenden Eisen (Fig. 3). Zum einen erweist dies Lavoisier als geschickten Experimentator. Zum anderen ermöglicht die knappe, aber alle Schritte umfassende Schilderung Chemikern, die mit pneumatischen Experimenten vertraut sind, die Wiederholung des Experiments.

Bei diesem Experiment zeigt sich auch, daß quantitatives Experimentieren auch sicherheitsrelevant ist. Lavoisier fordert seine Leser eindringlich auf, die Menge des zu verbrennenden Eisens genau zu berechnen, da ansonsten das gesamte Sauerstoffgas aufgebraucht würde, folglich das Quecksilber mit dem darauf schwimmenden Schälchen die Kuppel der Glocke erreichte, so daß diese zerspringen könne und acht Pinten (etwa vier Liter) Quecksilber das Labor überfluten würden.

Die eigentliche Messung erforderte die Markierung des Anstiegs des Quecksilberpegels und die sorgfältige Wägung des entstandenen Eisenoxids. Dessen Gewichtszunahme von 100 Gran auf 135 Gran ging mit einer Volumenverringerung von 70 Kubikzoll reiner Luft einher, wobei Lavoisier hinzufügt, daß 1 Kubikzoll Sauerstoffgas 1/2 Gran wiegt. Die exakte Übereinstimmung deutet darauf hin, daß Lavoisier hier das zu erwartende Ergebnis und nicht tatsächliche Meßwerte anführt. Der Versuch hat also schon nicht mehr den Charakter einer theorieunabhängigen Evidenz. Dies gilt im übrigen auch, was die Zerlegung der Luft angeht: Der Versuch setzt diese voraus, denn Eisen brennt nur in reiner Luft. Auch alle weiteren Verkalkungen erfolgen mit reiner Luft statt mit atmosphärischer Luft, ohne daß Lavoisier angeben würde, wie man diese am besten herstellt.

3.5 Die Theorie der Säurebildung (S. 66-74)

Auf den ersten Blick sind die Verbrennungen von Schwefel, Phosphor und Kohle lediglich weitere Beispiele für Oxidationen. Doch die aus diesen Experimenten gezogenen Folgerungen gehen über die Bestätigung des quantitativen Transfers des Sauerstoffs der Luft auf den verbrennenden Körper hinaus. In diesem Abschnitt geht es darum, wie der Sauerstoff diese verändert. Aus Schwefel, Phosphor und Kohle werden Schwefelsäure, Phosphorsäure und Kohlensäure. Damit liegt der Schluß nahe, daß die Verbindung mit der Basis der Lebensluft etwas mit der Säurebildung zu tun hat und diese Basis also ihren Namen zu Recht trägt. Die Reihenfolge der oxidierten Substanzen ist dabei geschickt gewählt, denn dadurch, daß Lavoisier das Thema »Säure« erst behandelt, *nachdem* er die Verkalkungen von Quecksilber und Eisen bereits beschrieben hat, übergeht er die Frage, warum nun gerade Quecksilber und Eisen durch die Oxidation gar nicht sauer werden.

Der einzige der Versuche, der einigermaßen dem Ideal der Bilanzmethode entspricht, ist die Verbrennung von Phosphor (Abb. 2, Fig. 3, S. 51). Lavoisier gibt an, daß bei der Verbrennung von 45 Gran Phosphor 69,375 Gran Sauerstoff verbraucht worden sind (nach heutigen Werten müßten dies 58,1 Gran sein). Daraus entstanden 114,375 Gran »feste Phosphorsäure«, aber die Masse wurde *berechnet*, nicht *gemessen*. Für die Messung verwendete er dann einen großen, evakuierten Gasballon (Fig. 4). Vermutlich war die Messung aber auch nicht genauer, denn Lavoisier gibt hier gar keine Zahlenwerte an.

Aber auf die Massenerhaltung und den *quantitativen* Transfer des Sauerstoffs kommt es hier ja auch schon nicht mehr an. Vielmehr geht es um den *qualitativen* Transfer der Eigenschaft »Säure« auf die verbrennenden Stoffe. Zunächst ist dabei keineswegs davon die Rede, daß alle Säuren Sauerstoff enthalten und daß alle Stoffe durch Oxidation zu Säuren

werden. Eingeführt wird das Konzept der »Säure« als eine lern-
ökonomische Klassifikation: »Diese Umänderung einer
brennbaren Substanz, in eine Säure, durch Zusetzung des säurezeugenden Stoffs, ist eine Eigenschaft, die sehr viele Körper
miteinander gemein haben. Nun kann man aber nach einer
guten Logik nicht umhin, alle Operationen, die ähnliche Resultate darstellen, unter einen gemeinschaftlichen Namen zu
bringen: denn dies ist ja das einzige Mittel, das Studium der
Wissenschaften zu simplificiren; und man könnte auch unmöglich alle besonderen Umstände im Gedächtnisse behalten,
wenn man sie nicht in Klassen zu bringen suchte.« (S. 71)

»Säurezeugung« ist fortan die Bezeichnung von Verfahren,
bei denen Stoffe mit Sauerstoff verbunden werden. Aus der
Ordnung von Operationen wird dann eine generelle Hypothese gezogen: »Ich könnte noch eine sehr große Menge solcher Beispiele anführen, und durch eine Folge zahlreicher
Thatsachen darthun, daß die Bildung der Säuren, allemal
durch die Säuerung *(oxygénation)* irgend einer Substanz bewerkstelligt wird. [...] Ueberdies sind die drei angeführten
Beispiele hinlänglich, um einen klaren und bestimmten Begriff von der Entstehungsart der Säuren zu geben. Man sieht,
daß der säurezeugende Stoff allen gemein ist, daß er ihr eigentlich saures Wesen ausmacht.« (S. 73f.)

Alle Säuren enthalten also Sauerstoff, aber die Umkehrung
gilt nicht: Es gibt durchaus Stoffe, die Sauerstoff enthalten,
aber nicht sauer sind. Es sind genau diese Substanzen, nämlich
vor allem die heute als »organisch« bezeichneten Stoffe, bei
denen die Bilanzmethode vor allem zum Tragen kommt.

3.6 Die Gärung als Elementaranalyse (S. 74-83)

Erst in dem Kapitel zur Gärung findet sich das Postulat der
Massenerhaltung: »... denn nichts wird weder in den Operationen der Kunst, noch in jenen der Natur erschaffen, und
man kann als Grundsatz annehmen, daß in jeder Operation

eine gleiche Menge Stoff vor und nach derselben da sey; daß die Eigenschaft und die Menge der Bestandtheile, eben dieselbe bleibe, und daß nur Abänderungen und Modifikationen entstehen.« (S. 75)

Hier, bei den organischen Stoffen und Reaktionen, ist dieses Postulat auch dringend erforderlich, ermöglicht es doch, *entweder* die Ausgangsstoffe *oder* die Reaktionsprodukte zu analysieren und die anderen (jedenfalls summarisch) zu berechnen. Für das Beispiel der alkoholischen Gärung heißt dies: »Da nun der Traubenmost kohlensaures Gas und Alkohol gibt, so kann ich sagen, daß der Traubenmost = der Kohlensäure + Alkohol ist.« (S. 76)

Treffender kann man die Methode nicht verdeutlichen. Erstens wird durch die mathematischen Zeichen die Reaktionsgleichung in eine arithmetische Gleichung transformiert. Die Umwandlung von Traubenmost in Kohlensäure und Alkohol ist also als Nullsummenspiel zu verstehen. Zweitens ignoriert diese Formulierung völlig die qualitativen Veränderungen. Traubensaft *ist* ja natürlich *nicht* Kohlensäure und Alkohol. Vor der Reaktion nicht, weil weder Kohlensäure noch Alkohol existieren, und nach der Reaktion auch nicht, weil man aus Kohlensäure und Alkohol niemals mehr Traubensaft herstellen kann. Jede starke Methode in den Naturwissenschaften beruht auf einer radikalen Reduktion von Komplexität. Was Lavoisier hier tut, ist nichts weniger, als dem Chemiker zu sagen, auf die *qualitativen*, das heißt letzten Endes: auf die *chemischen* Eigenschaften der Stoffe komme es gar nicht an.

Nur so ist es möglich, Zucker als »8 Theile Wasserstoff, 64 Theile säureerzeugenden Stoff und 28 Theile Kohlenstoff« (S. 77) zu charakterisieren.[3] Von den sinnlich erfahrbaren Eigenschaften (außer dem Gewicht) wird hier ganz abstrahiert.

---

3 Handelt es sich um Glucose, Fructose oder Saccharose, so wären die Gewichtsanteile nach heutigen Werten: 7 %, 53 %, bzw. 40 %; möglicherweise hat sich irgendwo Wasser eingeschlichen.

Aber auch die Frage, wie aus den drei Grundstoffen in den
angegebenen Proportionen Zucker gebildet wird, liegt außerhalb des Paradigmas der Bilanzmethode. Erst ab Mitte des
19. Jahrhunderts wird man untersuchen, wie die »kleinsten
Theilchen« der einzelnen Stoffe angeordnet sein müssen, um
Zucker zu geben. Die von Lavoisier angegebenen »Theile« sind
in diesem Abschnitt also, ganz anders als bei seinen metaphysischen Überlegungen im *Discours préliminaire*, als Massenanteile und nicht als Moleküle oder ähnliches zu verstehen.

Bemerkenswert sind die vier Tabellen, in denen die Stoff-
mengen aufgelistet sind. Die erste schlüsselt die Bestandteile
der Ausgangsstoffe auf und die dritte diejenigen der Endprodukte. Die zweite und die vierte hingegen sind umgekehrt
aufgebaut. Hier werden die Bestandteile selbst aufgelistet, auf-
geschlüsselt nach der Herkunft aus den verschiedenen Aus-
gangsstoffen bzw. der neuen Zusammenstellung in den End-
produkten. Wie die Reaktion tatsächlich abläuft, spielt
demnach für die Methode keine Rolle. Konzeptionell werden
hier vielmehr *zuerst* alle Ausgangsstoffe in ihre Bestandteile
zerlegt und *danach* aus diesen Bestandteilen die Endprodukte
zusammengestellt.

Bei allen angegebenen Werten ist zu beachten, daß Lavoisier nicht immer die tatsächlich verwendeten Mengen angibt,
sondern zum Beispiel die mit »etlichen Pfunden Zucker«
(S. 81) angestellten Versuche auf ganze Zentner umrechnet.
Die dabei entstehenden Brüche und Mengenangaben im
Gran-Bereich dürfen dementsprechend nicht so verstanden
werden, als hielte Lavoisier seine Versuche für auf das Gran
genau. Dennoch ist die auf das Gran genaue *Berechnung* bemerkenswert und stützt die *Idee* einer präzisen, vollständigen
Bilanzierung.

Und doch beschäftigt es Lavoisier, wie denn der Zucker
wirklich aufgebaut ist und wie die Reaktion im einzelnen verläuft, auch wenn man beides durch die Bilanzmethode schon
vom Ansatz her nicht erfahren kann. Entgegen seiner früheren
Ansicht nimmt er nun an, daß der Sauerstoff und der Was-

serstoff des Zuckers in diesem nicht zu Wasser verbunden vorliegen.

In diesem Zusammenhang macht Lavoisier eine der ganz wenigen persönlichen Bemerkungen: »Man begreift, daß es mich Ueberwindung gekostet haben muß, meine ersten Ideen aufzugeben; auch habe ich mich erst nach einem Nachdenken von mehreren Jahren, und nach einer langen Reihe von Versuchen und Beobachtungen über die Pflanzen, dazu entschlossen.« (S. 83) Eine lange Anhänglichkeit an vertraute, wenngleich unbegründete Vorstellungen: Genau dies war es ja, was Lavoisier – mit Condillac – den philosophischen Naturforschern vorgeworfen hatte. Ist dieses Eingeständnis ein Beispiel für ein solches Vorurteil bei ihm selbst, das aber immerhin durch Empirie überwunden werden kann? Die Ausdrücke »Überwindung« und »entschlossen« passen jedenfalls nicht so recht zu dem bloßen Folgern aus Beobachtungen, sondern erinnern eher an die postpositivistischen Wissenschaftsmodelle Bachelards und Kuhns.

3.7 Die Neutralsalze (S. 84-93)

Mit dem Thema der *Neutralsalze* (oder auch *Mittelsalze*), also den Verbindungen aus Säuren und Basen, erreicht Lavoisier nun das zentrale Gebiet der Chemie des 18. Jahrhunderts. Die Analyse und Synthese von Salzen, ihre Klassifikation und Anordnung nach Wahlverwandtschaft gehörten zum typischen Programm von Chemie als Wissenschaft.

Die Sauerstofftheorie erfährt hier insofern eine Ausweitung, als auch für die Basen der Sauerstoff eine entscheidende Rolle spielt. Wie schon bei der Theorie der Verbrennung, kommt hier den Metallen eine erkenntnisleitende Funktion zu. Nach Lavoisier verbinden sich diese nämlich nur dann mit Säuren, wenn sie zuvor oxidiert wurden. Das »Zuvor« ist jedoch hypothetisch, weil in dem tatsächlichen Verfahren keineswegs die Metalle zunächst verkalkt und dann mit der Säure zusammengebracht werden. Vielmehr geschieht die Oxidation in der Säure selbst, wobei die Metalle den Sauerstoff entweder aus dem Wasser oder aus der Säure bekommen. Entweder das Wasser oder die Säure muß also zerlegt werden. Welches von beiden dies ist, hängt von den spezifischen Stoffen ab, läßt sich aber empirisch feststellen: Wenn zum Beispiel »nitröses Gas« (NO) oder »schwefelsaures Gas« (SO_2) freigesetzt werden, stammen diese aus der Zerlegung von Salpetersäure bzw. Schwefelsäure, wenn hingegen »gasförmiger Wasserstoff« (H_2) entweicht, so stammt dieser aus der Zerlegung des Wassers.

Aufgrund der Notwendigkeit der Oxidation der Metalle für die Verbindung mit Säuren vermutet Lavoisier, daß auch die anderen als Basen für Neutralsalze dienenden Stofftypen, nämlich die Alkalien und die Erden, Sauerstoff enthalten. Das hieße also, daß diese keine einfachen Stoffe wären, sondern aus einem Grundstoff und Sauerstoff zusammengesetzt wären. Für das »flüchtige Laugensalz« (Ammoniak, NH_3) hatte Berthollet dies schon gezeigt. Für die anderen Alkalien und die Erden, die die Kunst bislang nicht zerlegen konnte, blieb dies zunächst eine Vermutung.

Bei dem Thema der Salze entfalten die Theorie der Säurebildung und die reformierte Nomenklatur, wenn man sie wie Lavoisier verbindet, ihr Potential. Zunächst erlaubt die Theorie der Säurebildung, in die Liste der Säuren auch solche mit aufzunehmen, die noch gar nicht entdeckt oder hergestellt wurden (darunter einige, die es nach heutigem Wissen gar nicht gibt). So wird zum Beispiel für jedes Metall angenommen, daß man es so weit oxidieren kann, daß es zu einer Säure wird. Bei anderen Säuren jedoch, insbesondere bei den organischen Säuren (Milchsäure, Ameisensäure, usw.), bleibt sowohl die Identität als auch die Benennung an die tatsächliche Gewinnung gebunden. Insgesamt enthält die von Lavoisier aufgestellte Liste (S. 87-88) 48 Säuren.

Mit den 24 möglichen Basen (den 3 Alkalien, 4 Erden und 17 Metallen) ergibt sich *rechnerisch* eine Zahl von 1152 mögli-

chen Salzen – gegenüber nur 30 bekannten Salzen 20 Jahre
zuvor. Lavoisier gesteht zu, daß es manche davon vielleicht
nicht gibt, aber dennoch macht diese Zahl deutlich, daß die
gängige Praxis, für jedes Salz einen eigenen Namen zu haben,
für eine derart große Zahl nicht praktikabel ist. Hier kommt
die zweigliedrige Nomenklatur ins Spiel, die es ermöglicht,
jedes Salz eindeutig zu benennen. Das heißt, auch solche Salze,
die praktisch noch gar nicht hergestellt wurden, und sogar
solche, die man vielleicht niemals herstellen kann, haben
schon einen Namen.

Die Säuren bilden die Gattungen, und deren Verbindungen mit verschiedenen Basen bilden deren einzelne Arten.
Zum Beispiel heißt ein Salz der Schwefelsäure *sulfate*, das mit
dem Pflanzenalkali gebildete Salz also *sulfate de potasse*. Auch
die Tatsache, daß es viele Säuren in zwei verschiedenen Säu-
regraden gibt, findet Berücksichtigung. Das Pflanzenlaugensalz der schwefligen Säure heißt *sulfite de potasse*. Die Begriffe
»Sulphat« und »Sulphit« wurden im Deutschen erst später gebräuchlich, und so behilft sich Hermbstaedt mit den Ausdrücken »vollkommen schwefelsaure« (S. 91) bzw. »unvollkommen schwefelsaure« (S. 91).

Einerseits entspricht das Forschungsprogramm ganz dem
der Klassifikation der Neutralsalze. Der gesamte zweite Teil
des *Systems* (von dem in der vorliegenden Ausgabe nur wenige
Abschnitte ausgewählt sind) besteht aus kommentierten Listen von Neutralsalzen (und weiteren binären Verbindungen).
Die Unterteilung in die verschiedenen Listen erfolgt nach den
Säuren und die Unterteilung innerhalb der Listen nach den
Basen, wobei das Anordnungskriterium der Grad der Verwandtschaft mit der Säure ist. Zu jedem Stoff wird die Bezeichnung nach traditioneller und nach reformierter Nomenklatur angegeben. Indem in Lavoisiers Klassifikation jedoch
durch die Nomenklatur generierte, hypothetische Verbindungen mit aufgenommen sind, geht diese über frühere Klassifi-
kationen, die sich auf tatsächlich herstellbare Stoffe beschränkten, hinaus.

3.8 Die chemischen Elemente (S. 95-111)

Am Anfang dieses Tabellenwerks steht die Tabelle der Elemente oder »die tabellarische Darstellung der einfachen Substanzen, oder wenigstens derjenigen, deren wirklicher uns bekannter Zustand, uns verpflichtet, sie als solche zu betrachten« (S. 97). In dieser umständlichen Definition findet sich noch einmal explizit die pragmatische Auffassung chemischer Elemente, wie sie schon in dem *Discours préliminaire* gegeben wurde.

Die Liste umfaßt 33 Stoffe, zusammengefaßt in vier Gruppen. Die erste Gruppe der »einfache[n] Substanzen, die zu den drei Naturreichen gehören, und die man als die Elemente der Körper betrachten kann« (S. 96), enthält sämtliche von Lavoisier eingeführte Stoffe. In den Bezeichnungen Hermbstaedts sind dies der *Wärmestoff*, der *säurezeugende Stoff*, der *azotische Stoff* und der *Wasserstoff*. Die Gemeinsamkeit der Elemente dieser Gruppe besteht darin, daß sie im Sinne Lavoisiers *Prinzipien* darstellen, das heißt Stoffe, die in Verbindungen diesen bestimmte Eigenschaften verleihen.

Als fünfter Stoff ist der *Lichtstoff* aufgenommen. Dieser bleibt jedoch ein Fremdkörper in dem gesamten System. Einzig für diesen folgt keine Liste mit chemischen Verbindungen. Bei der Erläuterung des Lichtstoffs schreibt Lavoisier vielmehr über dessen Wichtigkeit für das Gedeihen der Pflanzen, über die Notwendigkeit, daß Menschen in ausreichendem Licht leben und arbeiten, und über die Belebung der Natur durch das Licht überhaupt. Dieser Abschnitt – auch stilistisch ein Fremdkörper – überspielt kaum, daß Lavoisier keine Theorie des Lichts oder des Lichtstoffs hat.

Die Identität des Lichtstoffs und des Wärmestoffs war um 1800 ein vieldiskutiertes Thema. Im Sinne von Lavoisiers Bilanzmethode stand die Existenz des Wärmestoffs außer Frage, denn man konnte ihn mit dem Eiskalorimeter messen. Ein analoges Gerät hatte Lavoisier für den Lichtstoff nicht. Die

Aufnahme des Lichtstoffs in die Liste der Elemente ist daher schwer zu verstehen, da ansonsten nur Stoffe aufgenommen sind, von denen Verbindungen bekannt sind.

Die zweite Gruppe umfaßt die Gruppe der »nicht metallische[n] Substanzen, welche aber oxidirbar und säurefähig sind« (S. 96). Daß die Theorien der Verbrennung und der Säurebildung im Vordergrund des gesamten Projekts standen und nicht die Elementaranalyse möglichst vieler Substanzen, sieht man schon daran, daß Lavoisier den Kohlenstoff hier und nicht unter die in allen Naturreichen vertretenen Stoffe einordnet. Im Sinne der organischen Chemie gehört der Kohlenstoff eher zu der ersten Gruppe. Schwefel und Phosphor folgen als Paradebeispiele für den Übergang von Oxiden zu Säuren durch immer weiter gehende Verbrennung.

Kohlenstoff, Schwefel und Phosphor kann man rein darstellen. Die pragmatische Konzeption chemischer Elemente darf jedoch nicht insofern mißverstanden werden, als daß hier nur Stoffe aufgenommen wären, die man tatsächlich als Stoffe im reinen, das heißt ungebundenen Zustand erzeugt hätte. Dies trifft auf eine Reihe von Stoffen nicht zu, darunter auf den Sauerstoff selbst, der immer entweder mit dem Wärmestoff oder mit einem anderen Stoff verbunden ist. Einige der einfachen Stoffe kann man also nur *erschließen*, nicht *sehen*. Dies gilt für die Grundstoffe der Meersalzsäure, der Flußspathsäure und der Boraxsäure. Keine dieser Säuren konnte zur Zeit Lavoisiers zerlegt werden. Da Lavoisier aber davon überzeugt war, daß diese – wie alle Säuren – Sauerstoff enthalten, muß es zu jeder Säure einen entsprechenden Grundstoff geben. In diesem Sinne handelt es sich um aus der Theorie (der Säurebildung), nicht aus der Laborpraxis erschlossene Elemente.

Die dritte Gruppe bilden die Metalle, die ebenso durchweg für oxidierbar und damit säurefähig gehalten werden. Diese Gruppe der Elemente scheint uns heute die offensichtlichste zu sein, weil man die Metalle sämtlich rein darstellen kann. Dabei darf man aber nicht verkennen, daß vor Lavoisiers Sauerstofftheorie die Metall*kalke* die einfachen Stoffe waren, wohingegen die Metalle selbst als aus diesen Metallkalken und Phlogiston zusammengesetzt galten.

Wie flexibel das System war, zeigt sich schon daran, daß Hermbstaedt der Liste der Metalle – wenngleich mit einem Fragezeichen versehen – das inzwischen, nämlich 1789, von dem deutschen Chemiker Martin Heinrich Klaproth (1743-1817) entdeckte Uran hinzugefügt hat.

Die vierte Gruppe enthält weitere »einfache, salzfähige Substanzen« (S. 96), nämlich die Grundstoffe der Erden. Die Hypothese, daß die Erden selbst Oxide noch unbekannter Metalle sind, drückt sich darin aus, daß zum Beispiel zwischen dem »Kalk« und der »Kalkerde« (S. 96) unterschieden wird. Ersteres meint den Grundstoff (heute Calcium), letzteres dessen Oxid.

Eine fünfte Gruppe fehlt. Erwarten würde man nun die Alkalien, die neben den Metallen und den Erden die dritte Gruppe der Salzbasen bilden. Daß das flüchtige Laugensalz kein einfacher Stoff ist, sondern aus Stickstoff und Wasserstoff besteht (wie von Berthollet gezeigt wurde), veranlaßte Lavoisier jedoch dazu, anzunehmen, daß auch die beiden anderen Alkalien, das Pflanzenlaugensalz und das Minerallaugensalz, zusammengesetzt sind. Hier überschreitet Lavoisier also die strenge Vorgabe, Substanzen so lange als einfach anzunehmen, bis es erwiesen ist, daß sie es nicht sind.

Mit diesen drei letzten Gruppen bekommt der Sauerstoff eine noch weiter reichende Bedeutung. Wenn die Metalle erst oxidiert werden müssen, um als Basis für Neutralsalze zu dienen, wenn die Erden sowieso schon Sauerstoff enthalten und wenn man die Alkalien wegen ihrer unklaren Zusammensetzung vorerst außer acht läßt, so ist der Sauerstoff nicht nur der entscheidende Stoff für die *Säuren*, sondern auch für die *Basen* der Salze. Sauerstoff ist damit derjenige Stoff, der die Verbindung von Säuren und Basen zu Salzen erst möglich macht.

Dies wird von Lavoisier nicht konsequent weitergedacht. Wenn alle Stoffe erst oxidiert werden müssen, um Basen für

Salze zu werden, wäre der *säurezeugende Stoff* gleichzeitig der *basenzeugende Stoff*. Der säurezeugende Stoff wäre dann essentiell für *beide*, traditionell als antagonistisch geltende Stoffklassen. Zudem wäre er – mittelbar – für die Salzbildung essentiell, also zugleich der *salzbildende Stoff*, wenngleich nicht als ein die Eigenschaft »salzig« verleihendes Prinzip.

Auch auf die aus Symmetriegründen naheliegende Möglichkeit, den Stickstoff als alkalisches Prinzip zu verallgemeinern, verzichtet Lavoisier. Zu unklar ist die Funktion des Stickstoffs, der sich einerseits im alkalischen Ammoniak, andererseits aber auch in der Salpetersäure findet.

In der Liste der Elemente ist die Definition der Elemente als noch nicht zerlegter Stoffe nicht konsequent angewandt. Bei Stoffen unbekannter Zusammensetzung werden diese entweder nach der wörtlichen Auslegung als solche aufgenommen (wie bei den Erden), oder es wird eine hypothetische Basis angegeben (wie bei einigen Säuren), oder Stoffe werden gar nicht aufgenommen, da sie als zusammengesetzt vermutet werden (wie die Alkalien).

3.9 Instrumente und Verfahren (S. 115-117)

In einer kurzen Einleitung zu dem dritten Teil des *Systems* erläutert Lavoisier, warum er die chemischen Verfahren und Instrumente überhaupt und dann erst am Ende behandelt. Die Klage darüber, keinen »richtigen«, das heißt voraussetzungsfreien Anfang in der Lehre der Chemie finden zu können, da man für die Erläuterung der Instrumente die Stoffe kennen muß, deren Eigenschaften sich aber erst im Umgang mit den Instrumenten zeigen, ist ganz typisch für Lehrbücher der Zeit. Erst die theoretische und dann die praktische Chemie abzuhandeln ist zwar seltener als die umgekehrte Reihenfolge, aber durchaus keine Besonderheit Lavoisiers. Interessant ist jedoch Lavoisiers Begründung für diese Wahl, in der sich das ambivalente Verhältnis zwischen Theorie und Instrumen-

tarium zeigt. Auf der einen Seite mache die Lektüre detaillierter Beschreibungen von Instrumenten den Text zur Theorie
»eckelhaft und schwer« (S. 115). Auf der anderen Seite könne
man aber die Geräte, insbesondere die von Lavoisier erfundenen, nicht ohne die in dem theoretischen Teil entwickelte
Sprache darstellen. Etwas überspitzt heißt dies, die Instrumente sind *sprach*abhängig, aber nicht *theorie*abhängig – eine
für die aktuelle Diskussion über die wechselseitige Bedingung
von Theorie und Instrumenten bemerkenswerte These.

Lavoisier bezeichnet den Text des dritten Teils als eine »Erklärung der Figuren« (S. 116), stellt somit die von seiner Frau
gezeichneten und aufwendig gestochenen Kupfertafeln als das
Eigentliche dieses Teils dar. Mit Recht, denn vermutlich haben diese Tafeln mehr zur Verbreitung von Lavoisiers neuent-
wickelten Geräten (oder zumindest zu deren *Kenntnis*) beigetragen als Nachbauten der Geräte selbst.

3.10 Pneumatische Chemie (S. 117-122 und S. 132-151)

Auch wenn Lavoisier die pneumatische Apparatur Priestley
zuschreibt, ist sie schon vorher benutzt worden, und sie war
zur Zeit Lavoisiers das Standardgerät der mit Gasen arbeitenden Chemie. Im Prinzip besteht eine pneumatische Apparatur
aus einer Wanne, in die ein über einen Teil der Querschnittsfläche reichendes Podest eingebaut ist. Die Wanne wird dann
so weit mit einer Flüssigkeit gefüllt, bis das Podest (auch »Ta-
blett« oder »Brücke« genannt) reichlich überspült wird. In
dem tiefen Bereich füllt man nun eine Glasglocke, dreht sie
unter der Flüssigkeit um und stellt sie mit dem Rand auf das
Podest, ohne daß dabei der Rand über die Oberfläche käme.
Durch den äußeren Luftdruck bleibt die Flüssigkeit bis oben
hin in der Glasglocke. Leitet man nun von unten (durch ein
Loch in dem Podest oder durch den überstehenden Teil der
Glasglocke) ein Gas ein, so steigt dieses unter der Glasglocke
nach oben, verdrängt die Flüssigkeit und sammelt sich unter
der Kuppel.

Lavoisier stellt die beiden vorherrschenden Varianten vor. Die mit Wasser gefüllte Variante ist in der Regel größer. Lavoisier empfiehlt mit Blei oder Kupfer ausgeschlagene Holzwannen anstatt gewöhnlicher Fässer (Abb. 3, Fig. 1 und 2, S. 119). Die von Lavoisier vorgeschlagene Ausführung hat eine »Nutzfläche« des Podests von immerhin 14 Quadratfuß (= 1,47 m²). Für wasserlösliche Gase muß man hingegen mit Quecksilber statt mit Wasser als Sperrflüssigkeit arbeiten. Da Quecksilber viel schwerer und sehr viel teurer ist als Wasser, sind Quecksilberapparaturen in der Regel kleiner. Einzig Marmor (statt der billigeren Alternativen Holz, Glas, Fayence oder Porzellan) kommt nach Lavoisier als Material für eine Quecksilberwanne in Frage (Fig. 3 und 4).

Die *qualitative* Analyse der aufgefangenen Gase folgt gängigen Nachweismethoden, die im Ausschlußverfahren kombiniert werden. Hat man zum Beispiel über Quecksilber eine unbekannte Gasmischung, so bringt man zunächst Wasser in den gasgefüllten Raum. Verringert sich das Volumen (durch Lösung eines Gasanteils in Wasser) schnell, so kann man auf »meersalzsaures Gas« (HCl) (S. 136), »unvollkommen schwefelsaures Gas« (SO_2) (S. 136) oder »Ammoniakgas« (NH_3) (S. 136) schließen. Verringert sich das Volumen langsam, deutet dies auf »gasförmige Kohlensäure« (CO_2) (S. 136). Für andere qualitative Nachweise muß man das Gasgemisch in kleine, zylinderförmige Glasröhrchen umfüllen. Ein helles Aufleuchten eines Wachslichtes zeigt dann »säurezeugendes Gas« (O_2) (S. 137), das Auslöschen des Lichts ist ein Hinweis auf »azotisches Gas« (N_2) (S. 137). Läßt sich das Gas entzünden, so kann es sich um »wasserzeugendes Gas« (H_2) handeln, und steigen bei der Beimengung von säurezeugendem Gas rote Dämpfe auf, so kann man sicher sein, »nitröses Gas« (NO) (S. 139) unter der Glocke gehabt zu haben.

Ungewöhnlicher ist die *quantitative* Analyse, die entsprechend ausführlicher beschrieben wird. Es gibt zwei Methoden, die Menge eines aufgefangenen Gases zu messen. Die erste besteht darin, das Gas in ein zylindrisches Gefäß umzugießen

(indem man dieses zunächst mit Wasser füllt und dann unter
Wasser die Glocke unter der Öffnung des zylindrischen Gefäß
so umdreht, daß die aufsteigenden Gasblasen in letzterem aufgefangen werden. Das zylindrische Gefäß muß zuvor durch
mehrmaliges Eingießen eines bekannten Volumens geeicht
und mit einer Skala versehen worden sein.

Die zweite Methode besteht darin, die Höhe der Wasseroberfläche in der Glocke auf einem außen angeklebten Papierstreifen zu markieren, anschließend die Glocke bis zu dieser Markierung mit Wasser zu füllen und dieses Wasser später
zu wiegen. Mit der von Lavoisier angegebenen Umrechnung
von 70 Pfund pro Kubikfuß (hier müssen Markpfund, nicht
Apothekergewicht gemeint sein, dann stimmt der Wert exakt)
läßt sich auf diese Weise das Volumen bestimmen.

Volumen heißt allerdings nicht Menge. Dafür muß zunächst das Volumen in das »Gewicht« (in heutiger Terminologie: die Masse) umgerechnet werden, wofür Lavoisier die
entsprechenden Stoffkonstanten in Form von Tabellen (in
dieser Ausgabe nicht berücksichtigt) hinzugefügt hat. Allerdings muß dann noch der Luftdruck und die Temperatur berücksichtigt werden.

Wie ungewöhnlich solche »Reduktionen« (S. 134) (hier im
astronomischen, nicht im chemischen Sinne verstanden) waren, zeigt sich daran, daß Lavoisier das einfache, schon auf
Boyle zurückgehende Gesetz, daß bei gleicher Temperatur das
Volumen umgekehrt proportional zum Druck ist, ausführlich
herleitet. Hat man dieses Prinzip verstanden, ist die Umrechnung auf Lavoisiers Normdruck von 28 Zoll Quecksilber (in
heutigen Einheiten: 1010,6 Hektopascal) ein schlichter Drei-
satz. Allerdings muß man die unterschiedliche Höhe des Wassers bzw. Quecksilbers in der Wanne und unter der Glocke
berücksichtigen.

Für die Temperatur gibt es ein solches Gesetz wegen der zur
Zeit von Lavoisier völlig offenen Frage eines absoluten Null-
punktes der Temperatur hingegen nicht. Statt dessen stützt
sich Lavoisier hier auf Jean André Delucs (1727-1817) empi-

rische Regel, daß die Luft sich bei einer Temperaturerhöhung
um 1 °R (in heutigem Einheiten: 1,25 °C) um 1/211 ausdehnt.
Da es entsprechende Messungen für die einzelnen Gase noch
nicht gibt, empfiehlt Lavoisier, möglichst bei 10 °R zu experimentieren. Anschließend muß noch das auf Standardbedin-
gungen bezogene Volumen in das Gewicht umgerechnet werden, wofür Lavoisier das spezifische Gewicht verschiedener
Gase gemessen und in Form von Tabellen zu Verfügung gestellt hat.

Eine Beispielrechnung für eine Verbrennung von Phosphor
wird als Anleitung angefügt. Diese hat die Form eines in einzelnen Schritten abzuarbeitenden Rezeptes, wie man es auch
für die chemischen Arbeiten kennt. Formeln, in die man die
Meßwerte nur einsetzen müßte, finden sich nicht, wohl aber
summarische Tabellen der Ergebnisse, was einmal mehr darauf
hindeutet, daß Lavoisiers quantitative Methode viel mehr *ökonomisch* als im engeren Sinne *mathematisch* geprägt ist.

3.11 Der Gasometer (S. 122-132)

Der große, von Meusnier de la Place konstruierte und von
Mégnié in zweifacher Ausfertigung gebaute Gasometer wurde
zur Ikone Lavoisierscher Experimentiertechnik (Abb. 5 und 6,
S. 123 bzw. 125). Die Größe des Instruments und die hohe
handwerkliche Kunst, die sich in zahlreichen Details zeigt,
mögen dazu beigetragen haben. Vor allem aber wird in diesem
Gerätetyp die Verbindung der pneumatischen Chemie mit der
Bilanzmethode besonders deutlich. Der Gasometer erlaubt
nämlich die kontinuierliche und gleichförmige Zufuhr eines
Gases mit einstellbarem Durchfluß und gleichzeitig die Messung der insgesamt eingesetzten Gasmenge.

Lavoisiers Beschreibung des Geräts ist sehr klar und ausführlich, knapp hingegen sind seine Bemerkungen zum Umgang mit dem Gerät. Nicht einmal das für Versuche mit dem
Gasometer unabdingbare Wasser ist auf den Tafeln dargestellt.

Dies ist zunächst unverständlich, da die Bedienung weder selbstverständlich sein konnte noch so kompliziert war, daß man sie nicht wenigstens im Prinzip verstehen könnte. Möglicherweise ging es Lavoisier mehr um die Verbreitung des Geräts selbst oder der allgemeinen Kenntnis des Geräts und der darin verdinglichten Experimentiertechnik als um eine tatsächliche Anleitung für die wenigen Chemiker, die sich einen solchen Gasometer bauen ließen. Eine genaue Schilderung von Versuchsabläufen mit dem Apparat schien vielleicht insofern nicht notwendig, als die theorierelevanten Experimente ohnehin mit älteren Instrumenten durchgeführt worden waren. Dennoch lohnt es sich, gerade wegen der vorwiegend symbolischen Funktion des Gasometers dessen Funktionsweise zu verstehen.

Der Gasometer ist eine Waage, an deren einem Ende eine gewöhnliche Waagschale hängt, an deren anderem Ende hingegen ein Teil einer pneumatischen Apparatur (Abb. 5, Fig. 1). Mit deutlichem Stolz erwähnt Lavoisier einige technische Detaillösungen wie die reibungsarme Lagerung des Waagebalkens, die aus kleinen Messingplättchen bestehende dehnungsfreie Aufhängung der pneumatischen Glocke oder das verschiebbare Gewicht oben auf der Waage, das genau den Auftrieb durch das unterschiedliche Eintauchen der Glocke kompensiert. Diese ingenieurtechnischen Innovationen sind für den tatsächlichen Umgang relevant, kaum jedoch für das Verständnis des Prinzips.

Die wichtigste Komponente des Gasometers ist die Zylinderglocke aus Kupfer (Fig. 1 mit »A« bezeichnet, im Schnitt dargestellt in Abb. 6, Fig. 4). Anders als in der pneumatischen Wanne steht diese nicht fest auf einem Podest, sondern hängt an einem Ende des Waagebalkens. Diese unten offene Glocke taucht je nach Stellung des Waagebalkens mehr oder weniger weit in das ebenfalls aus Kupfer gefertigte Zylindergefäß, das immer bis zur gleichen Höhe mit Wasser gefüllt ist.

Am Boden des feststehenden Gefäßes befindet sich eine Haube (Fig. 3), in die insgesamt vier Leitungen münden. Alle

Leitungen vereinigen sich unter der Haube und haben über zwei senkrechte Röhren Verbindung mit dem gasgefüllten Teil der Glocke. Eine Leitung ist mit einer Glasglocke einer pneumatischen Apparatur verbunden. Sie dient der Zufuhr des dort zwischengelagerten Gases. Eine andere Leitung führt ebenfalls in diese Glasglocke, allerdings nicht wie die erste von oben, sondern von unten. Durch diese Glocke können Gase aus der Apparatur in die Glasglocke geleitet werden. Mittels einer dritten Leitung kann ebenfalls Gas nach außen abgeleitet werden, allerdings nicht unter die Glocke, sondern in andere Geräte.

Um die vierte Leitung, die der Druckmessung dient, zu verstehen, muß man das Kupfergefäß in Gedanken mit Wasser füllen. Man denke sich den Hahn »g« (Abb. 6, Fig. 4) geöffnet und ferner genau so viel Gewicht auf der Waagschale, daß die Waage im Gleichgewicht ist. Dann ist der Gasdruck innerhalb und außerhalb der Glocke gleich und der Wasserspiegel innen und außen auf einer Höhe. Wird jetzt der Hahn geschlossen und Gewicht von der Waagschale weggenommen, so sinkt die Glocke nach unten. Dies bewirkt zweierlei. Erstens wird das Gas unter der Glocke komprimiert: Das Volumen verringert sich und der Druck steigt. Zweitens wird durch den steigenden Druck das Wasser nach unten gedrückt, so daß der Wasserspiegel unter der Glocke niedriger ist als außerhalb. Es stellt sich ein Gleichgewicht ein, bei dem der Druckunterschied der Gase genau der Höhendifferenz des Wasserspiegels innerhalb und außerhalb entspricht. Diesen Druckunterschied kann man als Differenz der Pegel »17« und »20« (Abb. 5, Fig. 1) messen.

Doch wie ist ein typischer Versuchsablauf vorzustellen? Es sei hier erlaubt, über Lavoisiers Text hinausgehend, ein mögliches Prozedere zu verfolgen. Man denke sich die Glocke bis zur Decke (Abb. 6, Fig. 4, »a«, »c«) eingetaucht und ganz mit Wasser gefüllt. Weiterhin sei die Waage im Gleichgewicht. Legt man nun ein kleines Extragewicht auf die Waagschale, so hebt sich die Glocke ein Stück. Wenn alle Hähne geschlossen

sind, so hebt sich das Wasser in der Glocke aufgrund des äußeren Luftdrucks mit (ganz wie in einer Glocke einer pneumatischen Apparatur). Das Gewicht des Wassers oberhalb der
(äußeren) Wasseroberfläche entspricht genau dem Extragewicht. Öffnet man nun den Hahn »1« (Abb. 5, Fig. 1), so strömt
Gas über die senkrechten Zuleitungen in die Glocke. Da dies
mit Atmosphärendruck geschieht, sinkt der Wasserspiegel in
der Glocke. Aus diesem Grund verringert sich deren Gesamt-
gewicht, und die Waage neigt sich. Läßt man den Hahn »1«
geöffnet, steigt also die Glocke langsam nach oben und füllt
sich dabei mit Gas aus der Glasglocke. Ist genügend Gas in der
Glocke, so schließt man den Hahn und entfernt das Extragewicht, so daß der Wasserspiegel innen und außen wieder gleich
ist.

Für den eigentlichen Versuch wird jetzt weiteres Gewicht
von der Waagschale genommen. Die Glocke senkt sich, wie
oben beschrieben, bis zum Gleichgewicht. Den Überdruck des
Gases unter der Glocke gegenüber der Atmosphäre kann man
nun nutzen, indem man die dritte Leitung öffnet und das Gas
einem Versuch, zum Beispiel einer Verbrennung, zuführt. Je
nach Gewichtsdifferenz und nach Widerstand des Röhrensy-
stems strömt das Gas schneller oder langsamer aus, aber da der
Druck nur durch das Gewicht bestimmt ist und die Glocke
kontinuierlich nach unten sinkt, bleibt der Druck unter der
Glocke und damit die Ausströmgeschwindigkeit konstant.

Das Besondere an dem Gasometer ist nun, daß man die
insgesamt verbrauchte Gasmenge mit dem Gerät messen
kann. Wie bereits beschrieben, benötigt man dafür den
Druck, die Temperatur und das Volumen des Gases. (Seltsa-
merweise steht bei Lavoisier diese Erklärung *nach* der Beschreibung des Gasometers – ein weiterer Beleg für die her-
vorgehobene Stellung dieses Instruments.) Den Druck mißt
man mit der vierten Leitung. Die Temperatur im Innenraum
der Glocke mißt man mit Hilfe eines Thermometers (Abb. 6,
Fig. 4, »24«, »25«). Und das Volumen mißt man über die Veränderung der Stellung des Waagebalkens auf einem mit einer
Skala versehenen Kreisbogen (Abb. 5, Fig. 1, »E«).

3.12 Das Eiskalorimeter (S. 151-162)

Ganz anders als bei dem Gasometer beginnt Lavoisier die Erklärung des Eiskalorimeters nicht mit technischen Details des
Geräts, sondern mit dem Gedankenexperiment einer hohlen
Eiskugel. Dieses Gedankenexperiment, das Lavoisier schon im
ersten Teil des *Systems* für die Einführung des Wärmestoffs
verwendet hat, läßt das eigentliche Eiskalorimeter als eine Ver-
wirklichung eines Prinzips, nämlich der Umwandlung des
Zustandes von Stoffen durch den Wärmestoff, erscheinen.

Man stelle sich also eine hohle Eiskugel vor, in deren Inneren sich ein warmer Gegenstand befindet. Die Temperatur
des Eises muß 0 °R sein. Der Körper im Inneren wird sich nun
abkühlen, indem er seinen Wärmestoff abgibt. Dieser Wärmestoff führt nun aber nicht zur Erwärmung der Eiskugel, da
Eis nicht wärmer als 0 °R werden kann. Statt dessen schmilzt
ein Teil des Eises zu Wasser, und dieser Anteil ist der Menge
des Wärmestoffs proportional. Man braucht also nur die
Menge des Wassers zu bestimmen, um den Verlust des Wärmestoffs des ursprünglich warmen Körpers zu messen. Ebenso
führt die Wärme von außen nicht zu einer Temperaturerhöhung, sondern nur zum Abschmelzen des Eises von außen.

Die Eiskugel hat also zwei ganz verschiedene Zwecke. Ihr
innerer Teil dient der *Messung* des umgesetzten Wärmestoffs
und ihr äußerer Teil der für eine solche Messung wichtigen
thermischen Isolierung von dem Außenraum. In dem Kalori-
meter sind beide Funktionen räumlich getrennt. Der mit dem
Buchstaben »a« gekennzeichnete Raum (Abb. 8, Fig. 3, S. 153)
ist mit einer Mischung von Eis und Wasser gefüllt. Die Temperatur bleibt dort immer auf 0 °R, nur der Anteil des Wassers
gegenüber dem Eis nimmt zu. Der mit dem Buchstaben »b«
bezeichnete Bereich, ebenfalls mit einer Mischung von Eis
und Wasser gefüllt, dient hingegen der Messung. Da der äußere Bereich immer 0 °R hat, kann die Wärme nur von innen
kommen, so daß die Menge an Schmelzwasser ein Maß für

den freigesetzten Wärmestoff ist. Durch einen Hahn kann dieses Schmelzwasser nach unten abgelassen, aufgefangen und anschließend gewogen werden.

Der warme Körper befindet sich in dem inneren Draht-korb. Erlaubt man die Luftzufuhr durch ein kleines Röhrchen in dem ansonsten gut isolierten Deckel (Fig. 7), so kann auch die Freisetzung von Wärmestoff bei chemischen und physio-logischen Prozessen gemessen werden. Zum Beispiel kann man eine kleine Lampe oder ein Meerschweinchen in den Drahtkorb setzen.

Als Maßeinheit nimmt Lavoisier die Menge Wärmestoff, die nötig ist, um ein Pfund Wasser von 0 auf 60 °R (75 °C) zu erwärmen. Nach Lavoisier ist dies genau die Menge, mit der ein Pfund Eis zu Wasser geschmolzen wird (nach heutigen Werten entspricht diese Schmelzwärme einer Erwärmung auf 80 statt 75 °C).

3.13 Destillationen (S. 162-180)

Die einzelnen Komponenten der in Fig. 1 (Abb. 2, S. 51) dar-gestellten Destillationsapparatur sind gängige chemische und pneumatische Geräte: eine Retorte, ein Glasballon, vier Fla-schen, dazu Glasröhren, Stöpsel und Kitt. In der Zusammen-stellung zeigt sich jedoch wiederum Lavoisiers Bestehen auf einer den gesamten Versuchsablauf bilanzierenden Methode, verbunden mit einigen experimentierpraktischen Neuerun-gen.

Bei gewöhnlichen Destillationen werden Flüssigkeiten oder Festkörper getrennt, indem man sie verdampft und an ver-schiedenen Stellen wieder kondensiert. Dies geschieht in der Retorte A und dem Glasballon G. Bei chemischen Zerlegun-gen hingegen entstehen auch Gase, die gasförmig bleiben. Da die Retorte und der Glasballon gasdicht verschlossen sind, entweichen sie durch das Wasser der ersten Flasche in den Raum oberhalb des Wassers, dann, bei höherem Druck, in die zweite Flasche usw. Das Wasser in den Flaschen löst, wie bereits beschrieben, einen Teil der Gase auf. Die nicht wasserlöslichen Gase sammeln sich schließlich unter der Glocke einer pneumatischen Apparatur (in Fig. 1 nicht gezeigt).

Die entscheidende technische Neuerung besteht in der jeweils dritten Röhre in den Flaschen. Wenn in einer Flasche in dem Raum oberhalb der Wasseroberfläche ein Unterdruck entsteht (zum Beispiel durch die Lösung von Gas in Wasser oder eine chemische Reaktion), dann wird nicht aus der nächsten Flasche *Wasser* in die Flasche gesogen, sondern durch die dritte Röhre *Luft*. Und hier zeigt sich der Zusammenhang zur Bilanzmethode. Die zusätzlich eingesogene Luft verfälscht das Ergebnis kaum, wohingegen schon etwas zusätzliches Wasser jede Präzisionsmessung unmöglich machen würde.

Man muß sich verdeutlichen, daß für die Bilanzmethode die Differenz zwischen dem Gewicht des Wassers *mit* darin gelöstem Gas gegenüber dem Wasser *ohne* das gelöste Gas gemessen werden muß. Lavoisier gesteht ein, daß dies äußerst schwierig ist. Dennoch behauptet er, für die Messung insgesamt, das heißt für die Gewichtsbestimmung des Rückstandes in der Retorte, der festen und flüssigen Kondensate, der in den Flaschen gelösten Gase und schließlich der in der Glocke aufgefangenen Gase, eine Meßgenauigkeit von 6 bis 8 Gran pro Pfund, also kaum glaubliche 0,1 % erreicht zu haben. Daß dafür absolut dichte Kitte erforderlich sind, ist offensichtlich.

Einen idealen Kitt gibt es nicht. Er müßte gut an Glas und Metall haften, keinen Stoff (außer dem Wärmestoff) durchlassen und gleichzeitig formbar, säureresistent und hitzebeständig sein. Ein Kitt aus Wachs und Terpentin zum Beispiel verschließt zwar gut, schmilzt aber bei Erwärmung. Der von Lavoisier empfohlene Kitt wird hergestellt, indem man gebrannten Ton pulvert und mit Leinöl und Bleiglätte vermischt. (Man beachte, daß Lavoisier hier die allgemein gebräuchliche Bezeichnung *litharge* verwendet und nicht etwa die nach seiner eigenen Nomenklatur korrekte Bezeichnung »rotes Bleioxid«, *oxide rouge de plomb*.) Noch besser wird der

Kitt, wenn man zuvor Bernstein in dem Leinöl aufgelöst hat. Da aber auch dieser Kitt bei Erhitzung weich wird, muß eine Verbindungstelle entweder mit Blase umwickelt und mit Zwirn festgebunden oder mit in Eiweiß und Kalk getränktem Leinen fixiert werden.

Die Bilanzmethode erfordert es, mit geschlossenen Apparaturen zu arbeiten. Entsprechend sorgfältig muß man die Geräte konzipieren. Die Auflösung von Metallen in Säuren geschieht in der Regel unter starkem Aufbrausen, was in offenen Gefäßen kein Problem darstellt. Dann sind jedoch die gerade interessierenden Gase entwichen. Die Figuren 1, 3 und 4 (Abb. 1, S. 35) zeigen Zusatzgeräte für die kontrollierte Zuleitung von Säure in das geschlossene System.

Für die Analyse der Produkte der alkoholischen und faulen Gärung empfiehlt Lavoisier eine Apparatur, die durchgängig modular konzipiert ist (Abb. 4, Fig. 1, S. 121). Jeder Abschnitt, der der Fixierung bestimmter Reaktionsprodukte dient, kann mit Hähnen separat verschlossen werden. Da die Verbindungen mit Schrauben versehen sind, können die Abschnitte einzeln herausgenommen und gewogen werden.

Daß auch die Erzeugung von Wasserstoffgas unter den Zerlegungen abgehandelt wird, ist Lavoisiers Theorie des Wassers geschuldet. Das Wasser wird dabei in einer Retorte verdampft und durch ein Eisenrohr geleitet (Abb. 1, Fig. 11). Dort oxidiert das Eisen, zerlegt also das Wasser in seine Bestandteile, und das Wasserstoffgas entweicht. Für die große Vorführung vor den Vertretern der *Académie royale des sciences* von 1785 hatten Meusnier de la Place und Lavoisier sogar die ganze Apparatur vor dem Versuch luftleer gepumpt, um jede Verunreinigung des entstehenden Wasserstoffgases zu vermeiden. Auch hier findet sich wieder Lavoisiers Vorgehensweise, aus an sich gängigen Geräten und Verfahren der angewandten Chemie komplexe Apparaturen zu bauen, die sich für quantitatives Experimentieren eignen. Die dafür erforderlichen technischen Kniffe und die notwendige Geschicklichkeit und Erfahrung im Umgang mit derart sensiblen Systemen darf dabei nicht unterschätzt werden.

3.14 Das Lehrbuch als Manifest der Chemischen Revolution

Weder der Entstehungszusammenhang noch die Anlage oder die tatsächliche Nutzung von Lavoisiers *System* entsprechen dem- bzw. derjenigen üblicher Lehrbücher. Die Unabhängigkeit von tatsächlicher Lehrpraxis zeigt sich schon an der fehlenden Spezifik des avisierten Publikums. Der erste Teil richtet sich an theoretisch interessierte Chemiker und an andere Leser, die sich für Naturwissenschaft (Physik) generell interessieren und die diesen Teil ohne professionelle Vorbildung verstehen können. Der zweite Teil mit den langen Listen tatsächlicher und möglicher chemischer Substanzen und der doppelten Benennung versucht, die Vorzüge der Nomenklatur im allgemeinen und zahlreiche neue Benennungen im besonderen durchzusetzen. Dieser Teil richtet sich vor allem an Personen, die mit einer Vielzahl verschiedener Stoffe zu tun haben, vor allem also Apotheker. Der dritte Teil hingegen wird den nicht selbst experimentierenden Naturforschern wenig nützen, während für professionelle Praktiker die Abschnitte zu den gängigen Techniken kaum erforderlich sind. Die Abschnitte zu den neuen Instrumenten hingegen sind nur für die wenigen Chemiker wichtig, die selbst im Sinne von Lavoisiers quantitativer Methode experimentieren wollen.

Wenn das *System* also als allgemeine Einführung in die Chemie ebenso ungeeignet ist wie als Handbuch gängiger Verfahren, so fragt es sich, warum Lavoisier für sein Anliegen überhaupt die Form eines Lehrbuchs gewählt hat. Warum schreibt Lavoisier nicht einfach eine wissenschaftliche Monographie, ohne Rücksicht darauf, wie die neue Chemie am besten vermittelt werden kann?

Die Wahl der Form des Lehrbuchs wird plausibel, wenn man den Anspruch berücksichtigt, eine Revolution in der Chemie zu bewirken. Auf den ersten Blick mag dies seltsam erscheinen, steht doch das Genre »Lehrbuch« heutzutage für den etablierten, sicheren Wissensbestand und gerade nicht für eine grundlegende Neuorientierung. Die Verbindung Lehrbuch – Revolution wird jedoch dann verständlich, wenn man sich das Paradox einer wissenschaftlichen Revolution vor Augen führt.

Das Paradox einer wissenschaftlichen Revolution besteht – aus der Selbstsicht der Wissenschaft heraus – darin, daß es in den Naturwissenschaften nur auf eines ankommt: Tatsachen. Darüber bestand um 1800 unter den meisten Naturwissenschaftlern einschließlich Lavoisiers (bis auf ein paar kritische Naturphilosophen) ein Konsens. Der Fortschritt wurde als eine immer bessere Kenntnis von immer weiteren Eigenschaften von immer mehr Stoffen angesehen. Die Vereinigung dieser Tatsachen ist dann höchstens eine geeignete *Ordnung*, aber kein (theoretisches) *System*. Eine Revolution als ein plötzlicher Umbruch setzt aber genau eine solche größere Einheit, die man ersetzen könnte, voraus. Das kumulative Fortschrittsverständnis paßt so gar nicht zu einem radikalen Regimewechsel und der großen Geste des Verwerfens des Vergangenen. Wie kann es in einer Sammlung von Tatsachen eine Revolution geben?

Zu diesem Paradox gehört auch, die *eigenen* Errungenschaften als maßgeblich erscheinen zu lassen, ohne das Objektivitätsideal zu verraten. Zumindest für den ersten Teil des *Systems*, der die wesentlichen theoretischen und konzeptionellen Neuerungen enthält, gibt Lavoisier ohne Zögern zu, nur seine eigenen Forschungen berücksichtigt zu haben. Wie kann aber ein Wissenschaftler allein den Ruhm einer hervorragenden Leistung ernten, ohne den Verdacht zu erwecken, es handele sich dabei um ein idiosynkratisches System? Wie kann es *Lavoisiers* Revolution sein, wenn alles auf Tatsachen aufbaut, die doch in der *Natur* sind?[4]

---

4 Zu dieser Janusköpfigkeit der Wissenschaft siehe grundlegend Bruno Latour, *Science in Action. How to Follow Scientists and Engineers through Society*, Cambridge/Mass. 1987; Bruno Latour, *Wir sind nie modern gewesen. Versuch einer symmetrischen Anthropologie.* Übersetzt von Gustav Roßler, Berlin 1995, Neuauflage Frankfurt/M. 2008 (Erstausgabe 1991).

Lavoisier löst dieses doppelte Paradox durch den expliziten Verweis auf die Philosophie Condillacs. Dessen Kombination von pseudo-naivem Sensualismus, Instrumentalismus und anthropologischer Sprachphilosophie erlaubt es Lavoisier, seine Revolution in der Chemie als mehr denn einen bloßen Systemwechsel darzustellen. Lavoisiers Revolution versteht sich weniger als *Umsturz* denn als *Neubeginn*. Dieser Neubeginn ist aber einer des möglichst einfachen, ja naiven Beobachtens, Experimentierens und Benennens. Das nur langjährig ausgebildeten Eingeweihten verständliche Begriffssystem der Chemie wird dafür ersetzt durch eine logische, für jeden einsehbare Methode der Benennung von Stoffen. Aus komplizierten, alle Sinne und viel Erfahrung erfordernden Verfahren (etwa in der Apotheke) werden einfache Experimente, bei denen man nur vorher und nachher die Bestandteile wiegen muß, um daraus auf die Zusammensetzung schließen zu können. Immer geht es vom Einfachen zum Komplizierten. Und der Clou der Philosophie Condillacs besteht darin, daß das in der Natur Einfache auch das einfach zu Verstehende ist.

So wird aus Lavoisiers Revolution eine Revolution ganz ohne revolutionären Gestus. Das Wort »Revolution«, das Lavoisier an anderer Stelle für seine Errungenschaften durchaus verwendet, kommt ausgerechnet in seinem *System* gar nicht vor. Zwar erfindet Lavoisier neue *Begriffe*, aber eigentlich – so wird zumindest suggeriert – sind diese von der Natur vorgegeben. Zwar führt *Lavoisier* die Experimente durch (und einige geraten durch eine übertriebene Erwartung an Präzision dann doch so kompliziert und teuer, daß buchstäblich nur Lavoisier selbst sie durchführen kann), aber eigentlich ist es ja nur die Natur, die sich in den Experimenten zeigt. Das Revolutionäre an Lavoisiers Chemischer Revolution – so läßt sich paradox formulieren – besteht darin, daß an ihr gar nichts revolutionär ist. Alles ist im Prinzip einfach, dabei aber durch die richtige Sprache *notwendig* als richtig einsehbar, weil so eben die Natur beschaffen ist.

Der Wärmestoff *(calorique)*, der erklärt, warum derselbe

Stoff fest, flüssig oder gasförmig vorkommen kann, ist keine metaphysische Spekulation, sondern folgt aus dem Experiment. Er muss vorhanden sein, weil man ihn messen kann. Der Sauerstoff *(oxygène)* heißt deshalb so, weil es etwas geben muss, das Stoffe sauer macht. Es ist also ganz natürlich, einen solchen Stoff nicht nur anzunehmen, sondern ihn auch entsprechend zu benennen. Wenn Lavoisier feststellt, daß Wasser aus diesem Sauerstoff und einem weiteren Stoff besteht, so ist es logisch, diesen »Wasserstoff« *(hydrogène)* zu nennen, weil seine Haupteigenschaft eben darin besteht, Wasser zu bilden.

Die Präsentation des *Systems* als Lehrbuch bietet eine gute Begründung für die voraussetzungslose Darstellung. Insbesondere kann Lavoisier so legitimieren, alle Vorläufer und überholten Konzepte wegzulassen. Gleichzeitig wird es möglich, daß jeder die Chemie neu beginnen kann. Auf diese Weise wird das *System* zum Manifest der Chemischen Revolution. Genauer gesagt, es ist das Manifest von *Lavoisiers* Chemischer Revolution.

3.15 Frühere und spätere Konzepte

Diese Charakterisierung des *Systems* als Manifest der Chemischen Revolution wird plausibel, wenn man sich Lavoisiers Äußerungen zur Chemischen Revolution und seine weiteren Konzepte für ein Lehrbuch der Chemie ansieht.

Die Verbindung von »Chemie« und »Revolution« war spätestens seit 1753 gegeben, als Gabriel François Venel (1723-1775) in seinem Beitrag »Chymie ou Chimie« zur *Encyclopédie* für die Etablierung der Chemie als eigener Wissenschaft nichts weniger als »eine Revolution« gefordert hatte.[5] Lavoisier wird diesen Text gekannt haben, als er am 20. Februar 1773 seine berühmt gewordene Notiz in sein Labortagebuch schrieb:

---

5 Gabriel François Venel, »Chymie ou Chimie«, in: Didérot/d'Alembert, *Encyclopédie*, Bd. 3, 1753, S. 408-421.

»Die Wichtigkeit des Gegenstands hat mich ermuntert, die ganze Arbeit wieder aufzunehmen, die mir geschaffen schien, um eine Revolution in der Physik und in der Chemie zu bewirken.«[6]

In gedruckten Texten hat Lavoisier nicht von »Revolution« gesprochen, wohl aber in Briefen nach dem Erscheinen seines *Traité*. Am 2. Februar 1790 schrieb er an Benjamin Franklin (1706-1790): »Es handelt sich also um eine Revolution in einem wichtigen Bereich menschlicher Kenntnisse, die seit Ihrer Abreise aus Europa passiert ist. Ich werde diese Revolution für weit fortgeschritten, ja für ganz abgeschlossen halten, wenn Sie sich bei uns einreihen.«[7] Und in einem Brief an Jean Antoine Chaptal (1756-1832) bemerkte er 1791: »Die ganze Jugend übernimmt die neue Theorie, und ich schließe daraus, daß die Revolution in der Chemie abgeschlossen ist.«[8]

Hinsichtlich der Beurteilung der zeitgenössischen Zuschreibungen des revolutionären Status der Theorie – durch andere und durch Lavoisier selbst – ist jedoch zu bedenken, daß erst mit der Französischen Revolution der Ausdruck »Revolution« seine heutige Bedeutung einer abrupten, fundamentalen Erneuerung bekam.[9] Zumindest Lavoisiers Äußerungen am Anfang seiner Forschungen lassen sich in diesem Lichte durchaus im Sinne eines kontinuierlichen Fortschritts verstehen. Der Absatz der Labornotizen von 1773, in dem Lavoisier

---

6 Siehe Kap. I, Anm. 4.
7 Übersetzt nach dem Zitat in Henry Guerlac, »The Chemical Revolution. A Word from Monsieur Fourcroy«, in: *Ambix. The Journal of the Society for the History of Alchemy and Chemistry* 23 (1976), S. 1- 4, hier S. 2.
8 Übersetzt nach dem Zitat in Guerlac, »The Chemical Revolution«, S. 2.
9 Darauf hat insbesondere Bernadette Bensaude-Vincent hingewiesen, siehe Bernadette Bensaude-Vincent, »A Founder Myth in the History of Sciences? The Lavoisier Case«, in: Loren Graham, Wolf Lepenies, Peter Weingart (Hg.), *Functions and Uses of Disciplinary Histories* (= *Sociology of the Sciences, A Yearbook*, Bd. 7), Dordrecht, Boston, Lancaster 1983, S. 53-78.

von einer Revolution spricht, enthält eine viel seltener zitierte Passage, die diese Deutung stützt. Dort heißt es: »Die Arbeiten der verschiedenen Autoren, die ich zitiert habe, haben mir in dieser Hinsicht einzelne Abschnitte einer großen Kette dargeboten; sie haben einige Glieder davon zusammengefügt. Aber es braucht eine immense Reihe von Experimenten, um daraus einen Zusammenhang zu bilden.«[10]

Lavoisiers Ziel ist also eine *Kontinuität* mit den Arbeiten seiner Vorgänger, und eine aus einzelnen Gliedern zu bildende Kette ist auch nicht gerade eine Metapher für einen radikalen Umsturz.

Dies stellte sich schon anders dar, nachdem die wesentlichen Experimente und theoretischen Umdeutungen zur Verbrennung und zur Säurebildung abgeschlossen waren. Es existiert ein Entwurf für ein Lehrbuch aus dem Jahr 1780 oder 1781.[11] Demnach plante Lavoisier in seinem Lehrbuch eine explizite Auseinandersetzung mit den vorherrschenden Theorien, vor allem den verschiedenen Varianten der Phlogistontheorie. Zwar war die Diskussion der aktuellsten Positionen in einem Lehrbuch zu dieser Zeit nichts Ungewöhnliches, aber durch die Fokussierung auf die Lavoisier interessierenden Themen handelt es sich doch eher um eine thematische Monographie. Die Aussage, daß sich der *Traité* unbeabsichtigt aus der Reform der Nomenklatur ergeben habe (S. 13), ist angesichts dieses Entwurfs nicht haltbar.[12] Die entsprechende Darstellung im *Discours préliminaire* ist vielmehr schon Teil der Strategie, die ganze Theorie als eine Revolution aus dem Nichts erscheinen zu lassen.

Dies war jedoch erst 1789 möglich, als die Kerngruppe der

---

10 Übersetzt nach dem Zitat in Guerlac, *Lavoisier – The Crucial Year*, S. 230.

11 Maurice Daumas, »L'élaboration du Traité de Chimie de Lavoisier«, in: *Archives Internationales d'Histoire des Sciences* (1950), S. 570-590; gleichlautend in Daumas, *Lavoisier*, S. 91-112.

12 Sogar die Zitate aus Condillacs *Logique* finden sich schon in dem ersten Entwurf.

Chemiker schon auf seiner Seite stand. 1780 stand Lavoisier noch weitgehend allein, weswegen dieses Buch eher eine direkte Kampfschrift und kein Manifest in Form eines Lehrbuchs geworden wäre. Auch wenn die Gründe dafür, daß Lavoisier bis dahin den Entwurf nicht realisiert hatte, nicht genau bekannt sind,[13] so scheint es plausibel, daß er andere Mittel als ein Lehrbuch für geeigneter hielt, Zustimmung zu seiner Theorie zu bekommen.

Von 1792 datiert ein weiteres Konzept, in dem Lavoisier seinen *Traité* tatsächlich zu einem umfassenden Lehrbuch auszubauen plante. Umfassend heißt, daß dieses Lehrbuch auch diejenigen Teile der Chemie enthalten sollte, die er nicht grundlegend erneuert hatte, etwa die Theorie der Affinität, die Chemie der Tiere und Pflanzen und die meisten Bereiche der technischen Chemie. Ob dieses ein praktisch einsetzbares Lehrbuch der Chemie geworden wäre, läßt sich nicht sagen. Für ein allgemeines Lehrbuch hätte Lavoisier jedenfalls in viel größerem Umfang als in seinem *Traité* auf die Arbeiten anderer Chemiker zurückgreifen müssen.

Von dem erweiterten Lehrbuch sind nur einige Seiten fertiggestellt worden. Ende 1792 scheint Lavoisier die Arbeiten an dem Lehrbuch zugunsten eines anderen Projektes aufgegeben zu haben. Dieses Projekt bestand darin, alle für die neue Chemie relevanten *Mémoires* gemeinsam zu publizieren.[14] Obwohl es markante Ähnlichkeiten in der inhaltlichen Konzeption der beiden geplanten Werke gibt, ähnelt das Projekt, verschiedene eigenständige *Mémoires* zusammenzustellen, eher den *Opuscules* als dem *Traité*.

Die Gründe für die Verlagerung der Priorität werden prag-

---

13 Der Tod Jean-Baptiste Michel Bucquets (1746-1780), mit dem Lavoisier geplant hatte, das Lehrbuch gemeinsam zu schreiben, wird ein Grund gewesen sein, siehe Bensaude-Vincent, »A View of the Chemical Revolution through Contemporary Textbooks.«

14 Siehe zu diesem Projekt vor allem Marco Beretta, »Lavoisier and His Last Printed Work. The *Mémoires de physique et de chimie* (1805)«, in: *Annals of Science* 58 (2001), S. 327-356.

matische gewesen sein. Auch wenn Lavoisier den bevorstehen-
den Terror oder gar seine eigene Hinrichtung offensichtlich
nicht vorhersehen konnte, muß es für ihn Ende 1792 absehbar
gewesen sein, daß er kaum Ruhe für ein ganz neu zu schrei-
bendes Lehrbuch finden würde. Immerhin war er ja selbst als
Mitglied der *Commission des poids et mesures* und als *Commissaire de la Trésorerie nationale* unmittelbar in die politischen
Ereignisse involviert. Der Druck fertiger oder kürzlich ge-
schriebener, aber noch unveröffentlichter *Mémoires* erschien
ihm zu diesem Zeitpunkt eher realisierbar. In der Tat wurden
bis zur Schließung der *Académie royale des sciences* im Sommer
1793 fast zwei Bände gedruckt. Diese wurden später von der
Witwe Lavoisier gebunden und ab 1805 unter dem Titel
Mémoires de physique et de chimie verbreitet.

Von den 40 gedruckten *Mémoires* ist Lavoisier von 21 allei-
niger Autor, von 7 weiteren Koautor, 10 *Mémoires* stammen
von Séguin, mit dem Lavoisier ab etwa 1788 intensiv zur Phy-
siologie der Atmung geforscht hatte, die übrigen von anderen
Autoren. Mit der Tatsache, daß Lavoisier zwar die meisten,
aber keineswegs alle *Mémoires* beisteuerte, sollte nun keineswegs eine Relativierung seiner Chemischen Revolution einhergehen. Im zweiten Band der *Mémoires* hat Lavoisier noch
einmal seine Urheberschaft an wesentlichen Punkten der Chemischen Revolution betont und zusammengefaßt, worin diese
für ihn besteht: »Diese Theorie ist also nicht, wie ich sagen
höre, die Theorie der französischen Chemiker, sie ist *meine*,
und dies ist ein Eigentum, das ich gegenüber meinen Zeitgenossen und gegenüber der Nachwelt beanspruche. Andere
haben ihr ohne Zweifel neue Grade der Vollständigkeit gegeben, aber man wird mir kaum streitig machen können, so
hoffe ich: die ganze Theorie der Oxidation und der Verbrennung, die Analyse und Zersetzung der Luft mittels Metallen
und brennbarer Körper, die Theorie der Säurebildung, die
genaueren Kenntnisse über eine große Anzahl an Säuren, insbesondere der Pflanzensäuren, die ersten Ideen über die Zusammensetzung pflanzlicher und tierischer Substanzen, die

Theorie der Atmung, zu der Seguin gemeinsam mit mir gelangt ist.«[15]

Was Lavoisier hier als sein »Eigentum« beansprucht, ist offensichtlich mehr als nur die Ersetzung des Phlogistons durch den Sauerstoff. Andererseits ist es weniger als eine fundamentale Revolution in der Chemie oder gar der Beginn der Chemie als Wissenschaft überhaupt. Doch die Selbsteinschätzung kann die Historiographie der Chemischen Revolution nicht ersetzen, sondern muß selbst ihr Gegenstand sein.[16]

---

15 Antoine Laurent Lavoisier, *Mémoires de physique et de chimie*, Bd. 2, S. 87 [Paris 1805], auch in *Œuvres de Lavoisier*, Bd. 2, S. 104. Nach einem Hinweis des Herausgebers der *Œuvres* schrieb Lavoisier dies im Jahr 1792.

16 Bernadette Bensaude-Vincent, »Sur la notion de révolution scientifique. Une contribution méconnue de Lavoisier«, in: Christiane Demeulenaere-Douyère (Hg.), *Il y a 200 ans Lavoisier. Actes du colloque organisé à l'occasion du bicentenaire de la mort d'Antoine Laurent Lavoisier, le 8 mai 1794, sous le patronage de l'Académie des sciences et de l'Académie d'agriculture de France, Paris et Blois, 3-6 mai 1994*, Paris 1995, S. 275-283.

4. Rezeptionsgeschichte

4.1 Die Bedeutung der Rezeption

Phänomene der Rezeption erhalten in der Wissenschaftsgeschichte zunehmend eine eigene Dignität. Für die ältere Historiographie bestand Rezeption darin, das von der Forschung
selbst gefundene und gesicherte Wissen mehr oder weniger
bereitwillig anzunehmen. Entsprechend dem positivistischen
Selbstbild der Chemie galt auch in der Chemiegeschichtsschreibung das Wissen oft genug als eine Sammlung von Tatsachen und aus diesen geschlossenen Theorien, die nur noch
zu verbreiten seien.

Die neuere Wissenschaftsgeschichte hat hier in zweierlei
Hinsicht zu grundlegenden Verschiebungen geführt. Erstens
wird die Rekurrenz des wissenschaftlichen Wissens betont.[1]
Damit ist gemeint, daß sich Wissensbestandteile erst nachträglich konstituieren und konfigurieren. Bezogen etwa auf
wissenschaftliche Entdeckungen stellen sich diese erst im
Rückblick als Entdeckungen des Immer-schon-Dagewesenen
dar. Die Faktizität ist immer eine nachträgliche. Mehr noch:
Die Bestimmung dessen, *was* entdeckt wurde, kann sich im
Laufe der Rezeption tiefgreifend ändern.[2] Die Rezeption greift
also in die Inhalte der Wissenschaft ein. Rezeption ist in den

---

1 Zu der für die Wissenschaft unumgänglichen nachträglichen Kon-
stitution von Identitäten siehe Hans-Jörg Rheinberger, *Experiment,
Differenz, Schrift. Zur Geschichte epistemischer Dinge*, Marburg 1992;
sowie speziell zur Relevanz der Rezeption die Beiträge im *Jahrbuch für
Europäische Wissenschaftskultur* 1 (2005).
2 Siehe zu dieser Auffassung von »Entdeckung« Arabatzis, »On the Inextricability of the Context of Discovery and the Context of
Justification«.

wenigsten Fällen eine Ja-nein-Entscheidung zwischen Ablehnung und Akzeptanz. In der Regel besteht die *Rezeption* in
einer *Transformation*.[3]

Die zweite Verschiebung resultiert aus der heute vorherrschenden Betonung von Wissenschaft als Praxis gegenüber
Wissenschaft als System des Wissens. Dementsprechend ist
Rezeption mehr als die mehr oder weniger widerständige *Einsicht* in die Richtigkeit neuen Wissens. Auch wenn die Einsicht
schon eine psychische Leistung darstellt, so kann von einer
wirklichen, das heißt vor allem dauerhaft wirkmächtigen Rezeption nur die Rede sein, wenn das Neue zu einem Teil der
eigenen Praxis gemacht wird. Die Übernahme in die eigene
Praxis ist dabei in der Regel durch die jeweils lokalen technischen, sozialen und kulturellen Bedingungen geprägt. Rezeption ist also nicht bloße *Akzeptanz*, sondern *Adaption*.

Sowohl die Nachträglichkeit als auch die Notwendigkeit der
Integration in die eigene Praxis gelten für eine wissenschaftliche
Revolution in besonderer Weise. Es liegt in der Natur einer
Revolution, daß sie sowohl zeitgenössisch als auch nachträglich
als solche wahrgenommen werden muß. Jede Revolution hat
eine performative Komponente. Trotz der Tatsache, daß eine
erfolgreiche Revolution immer ein langwieriger Prozeß ist, ist
das Entscheidende an einer Revolution das Bewußtsein, daß
der zentrale Akt der Revolution schon vollzogen ist. Damit ist
die Deutung *als* Revolution immer schon eine nachträgliche,
und diese Nachträglichkeit ist geradezu konstitutiv für eine
Revolution. Damit wird die *Rezeption* der Chemischen Revolution selbst zu einem *Teil* der Chemischen Revolution. Um-

---

3 Zur Kritik an der Trennung zwischen dem *einzelnen* als Akteur der
  Genese von Wissenschaft und *kollektiven Prozessen* bei der *Rezeption*
  und einem simplifizierenden Sender-Empfänger-Modell der Rezeption siehe Bernadette Bensaude-Vincent, »Introductory Essay. A
  Geographical History of Eighteenth-Century Chemistry«, in: Bernadette Bensaude-Vincent, Ferdinando Abbri (Hg.), *Lavoisier in European Context. Negotiating a New Language for Chemistry*, Can-
  ton/Mass. 1995, S. 1-17.

gekehrt läßt sich das Geschehen dann nur noch *als* Revolution rezipieren. Wie die Erläuterungen zur Rezeption in Deutschland zeigen werden, gelang mit der Veröffentlichung von Lavoisiers *System* genau die Polarisierung, die jeder Revolution eigen ist: Man kann sie nur ablehnen oder mitmachen.

Schon für die zeitgenössische Rezeption innerhalb der Chemie unterscheidet sich die Situation in Frankreich grundlegend von der in Deutschland. Für Frankreich stellt der *Traité* ein *nachträgliches* Manifest der Chemischen Revolution dar, weil er nicht nur nach Lavoisiers Forschungen entstand, sondern auch nachdem die führenden Chemiker bereits von Lavoisiers Theorien überzeugt worden waren. Und dennoch ist die Nachträglichkeit keineswegs bloß eine zeitliche Verschiebung, die es nach sich zöge, daß der Text mit dem Geschehen nichts mehr zu tun hätte. Gerade die Konsolidierung eines Theoriekomplexes in so klarer, systematischer, ja hermetischer Form konstituiert das Neue – die »neue Chemie«, die »französische Chemie«, »Lavoisiers Chemie« – als eine Sinneinheit, zu der man fortan entsprechend Stellung beziehen muß.

In Deutschland hingegen löste die Übersetzung des *Traité* die offene Auseinandersetzung mit Lavoisier erst aus. Das Buch als solches war hier also unmittelbar wirkmächtig.

Für die spätere Rezeption ist hingegen das fachspezifische Interesse einschließlich der jeweils dominierenden geschichtsphilosophischen Prämissen prägender als die nationale Zuordnung.

4.2 Durchsetzung in Frankreich

In seinem *Traité* stellt Lavoisier seine Chemie als im wesentlichen sein alleiniges Werk dar. Ungeachtet dessen, inwieweit dies zutrifft, mußte natürlich auch Lavoisier daran gelegen sein, daß seine Chemie allgemein akzeptiert wird. Allgemein – das hieß für Lavoisier offensichtlich: von der Pariser *chemical community*. An verschiedenen Maßnahmen dazu war Lavoisier selbst mehr oder weniger direkt beteiligt.

Adressaten seiner Bemühungen waren zunächst einmal diejenigen Naturforscher, mit denen er sich wöchentlich in seiner
Wohnung im *Arsenal* traf und mit denen er in seinem Labor
gemeinsam Experimente durchführte. Nicht ohne Grund ent-
schuldigt Lavoisier etwaige »Anleihen« bei den Gedanken seiner Kollegen mit der »Gewohnheit miteinander zu leben«
(S. 25) und spricht von einem »gemeinschaftlichen Besitz der
Ideen« (S. 25). Sieht man in dieser Konstellation nicht ein Ge-
nie, das von mehr oder weniger wissenschaftlich qualifizierten
Helfern umgeben ist, sondern eine wirkliche Arbeitsgruppe,
so eröffnet sich damit eine grundlegend neue Sicht auf die
Praxis experimenteller Naturforschung.

Die engsten Partner – Laplace und Meusnieur de la Place –
waren Mathematiker; Lavoisier mußte es aber auch darum
gehen, die Chemiker zu überzeugen. Die Nomenklatur von
1787 war dafür die vermutlich tiefgreifendste Maßnahme.
Zwar hätten Guyton de Morveau, Berthollet und Fourcroy die
Nomenklatur kaum mitgetragen, wären sie nicht sämtlich
kurz zuvor von der Richtigkeit der Sauerstofftheorie überzeugt
worden, aber diese ganz neue Theorie gleich zum Herzstück
der Nomenklatur für die gesamte Chemie zu machen, ist ein
bemerkenswerter Schachzug.

Inwieweit die Publikation des *Traité* 1789 in Frankreich
selbst noch wirkmächtig war, ist schwer einzuschätzen. Vermutlich waren die wichtigsten Leser die Autoren der wirklichen Lehrbücher. In den bedeutendsten Lehrbüchern des ausgehenden 18. Jahrhunderts, Fourcroys *Leçons élémentaires
d'histoire naturelle et de chimie* (2 Bde., Paris 1782), in seinem
*Système des connaissances chimiques, et de leurs applications aux
phénomènes de la nature et de l'art* (10 Bde., Paris 1800-1802)
und in Chaptals *Élémens de chimie* (3 Bde., Montpellier 1790) –
sämtlich in mehreren Auflagen erschienen – wurde die Sauerstofftheorie vermittelt.[4] Ungeachtet dessen sind diese Lehr-

---

4 Bensaude-Vincent, »A View of the Chemical Revolution through
Contemporary Textbooks«.

bücher weiterhin der traditionellen naturhistorischen Ordnung gemäß nach den drei Naturreichen aufgebaut, was zeigt,
daß Lavoisiers Theorie durchaus im Rahmen üblicher Curri-
cula vermittelbar war.

Von größerer Langzeitwirkung war die Gründung der *Annales de chimie*, einer chemischen Fachzeitschrift, deren Herausgeber lavoisierfreundliche Chemiker waren, von denen anfänglich auch die meisten Beiträge stammten.[5] Die neue
Zeitschrift sollte eine Alternative darstellen zu den von 1771 bis
1823 erschienenen *Observations sur la physique, sur l'histoire
naturelle et sur les arts* (ab 1794: *Journal de physique, de chimie et
d'histoire naturelle*), die als traditionell »phlogistisch« galten.[6]
Mit dem Titel nimmt sich die neue Zeitschrift die von Lorenz
Florenz Friedrich von Crell (1745-1816) herausgegebenen *Chemischen Annalen für die Freunde der Naturlehre, Arzneygelahrtheit, Haushaltungskunst und Manufacturen* zum Vorbild.[7]

Angesichts dessen, daß die Akzeptanz der neuen Chemie in
Paris von Lavoisier selbst und seinen frühen Anhängern aktiv
betrieben wurde, kann man eher von einer Durchsetzung als
von einer Rezeption sprechen. Dies gilt nicht für die Chemiker
in Deutschland, deren Haltung gegenüber seiner Chemie Lavoisier selbst vermutlich kaum interessiert haben dürfte. Jedenfalls hat niemand aus Paris sich um ihre Akzeptanz in
Deutschland bemüht. Der Umgang in Deutschland mit den

---

5 Siehe dazu Maurice Crosland, *In the Shadow of Lavoisier. The* Annales
   de chimie *and the Establishment of a New Science*, Oxford 1994; Maurice Crosland, »Lavoisier et les *Annales de chimie*. Un moyen de propager la nouvelle chimie au-delà du XVIIIᵉ siècle«, in: Christiane Demeulenaere-Douyère (Hg.), *Il y a 200 ans Lavoisier. Actes du colloque
   organisé à l'occasion du bicentenaire de la mort d'Antoine Laurent Lavoisier, le 8 mai 1794, sous le patronage de l'Académie des sciences et de
   l'Académie d'agriculture de France, Paris et Blois, 3-6 mai 1994*, Paris
   1995, S. 191-200.

6 Der Herausgeber von 1785 bis 1817 war Jean Claude de la Méthérie
   (1743-1817).

7 In dieser Titelwahl liegt eine gewisse Ironie, da Crell selbst zeit seines
   Lebens Lavoisiers Chemie nie akzeptiert hat.

Entwicklungen in Paris ist zunächst ein reines Rezeptionsphänomen.

4.3 Rezeption und Transformation in Deutschland

Verspätet, halbherzig, nationalistisch voreingenommen.[8] Diese Schlagworte charakterisieren das gängige Bild der Rezeption Lavoisiers in Deutschland. In der Tat begann die offene Auseinandersetzung erst mit Hermbstaedts Projekt einer deutschen Ausgabe des *Traité*. Wenn Hermbstaedt Lavoisiers Chemie ganz gezielt nutzte, um eine Debatte anzustoßen, die ihm, Hermbstaedt, eine Rolle im Zentrum der *chemical community* verschaffte (wie Michael Engel meint[9]), so ist ihm beides gelungen. Unter den deutschen Chemikern gab es zwischen 1792 und 1794 eine intensive, zuweilen hitzig geführte Debatte, die vor allem in Crells *Chemischen Annalen*, in Friedrich Albrecht Carl Grens (1760-1798) *Journal der Physik* und in dem *Intelligenzblatt* der in Jena erscheinenden *Allgemeinen Literatur-Zeitung* ausgetragen wurde und an der Hermbstaedt selbst maßgeblich beteiligt war.

Auf eigene Initiative hin hatte Hermbstaedt von einem Studenten eine Übersetzung anfertigen lassen und diese dann überarbeitet und korrigiert.[10] In einem Brief vom 20. August

---

8 Teile des Folgenden sind ausführlicher dargestellt in Jan Frercks, »Die Lehre an der Universität Jena als Beitrag zur deutschen Debatte um Lavoisiers Chemie«, in: *Gesnerus. Swiss Journal of the History of Medicine and Science* 63 (2006), S. 209-239.

9 Michael Engel, »Antiphlogistiker in Berlin 1789-1793. Versuch der Rekonstruktion einer *Scientific community* im Theoriestreit«, in: Michael Engel (Hg.), *Von der Phlogistik zur modernen Chemie. Vorträge des Symposiums aus Anlaß des 250. Geburtstages von Martin Heinrich Klaproth, Technische Universität Berlin, 29. November 1993*, Berlin 1994, S. 168-259, hier S. 191.

10 Zu dem Übersetzungsprojekt siehe Peter Laupheimer, *Phlogiston oder Sauerstoff. Die Pharmazeutische Chemie in Deutschland zur Zeit des Übergangs von der Phlogiston- zur Oxidationstheorie*, Stuttgart 1992, S. 58-63.

1790 an den Verleger Christoph Friedrich Nicolai (1733-1811) bot er diesem das fertige Manuskript zum Druck an. Nicolai sagte sofort zu, doch Hermbstaedt wollte zunächst Kommentare einiger führender deutscher Chemiker einholen. Doch er erhielt weder von Johann Friedrich Westrumb (1751-1819), noch von Martin Heinrich Klaproth (1743-1817) oder Johann Christian Wiegleb (1732-1800) die erwünschten Stellungnahmen, so daß die Übersetzung erst 1792 und ohne Kommentare (abgesehen von denjenigen Hermbstaedts) erschien.

Während Hermbstaedt den Text sehr eng am Original übersetzt, gilt dies für den Titel nicht: Er übersetzt Lavoisiers *Traité élémentaire de chimie* mit *System der antiphlogistischen Chemie*. Damit präsentiert er das Buch nicht als Lehrbuch (von denen es in Deutschland ohnehin zahlreiche gab), sondern als eine unabhängige theoretische Abhandlung. Insbesondere der Zusatz »antiphlogistisch« deutet auf die schon etablierte Polarisierung in eine phlogistische und eine antiphlogistische Chemie (einschließlich der entsprechenden Anhänger, Phlogistiker und Antiphlogistiker) hin. Außerdem zeigt sich hier die Fokussierung der Diskussion in der deutschen *chemical community* auf die Existenz des Phlogistons und des Sauerstoffs.[11]

Die explizite Aufforderung Hermbstaedts, zu Lavoisier Stellung zu beziehen, dürfte der Auslöser für die *experimentell* geführte Debatte um die Freisetzung von Lebensluft aus rotem Quecksilberkalk gewesen sein, denn an dieser Debatte waren weitgehend dieselben Personen beteiligt. Karl Hufbauer, der diese Debatte minutiös aufgearbeitet hat, sieht in ihr einen Beleg für eine schon lange vor 1800 etablierte *chemical com-*

---

11 Daß die Theorie Lavoisiers weitgehend bekannt war und zu diesem Zeitpunkt schon die Diskussion innerhalb der deutschen *chemical community* stattfand, zeigt sich auch daran, daß der anonyme Rezensent von Hermbstaedts Übersetzung (*Chemische Annalen für die Freunde der Naturlehre, Arzneygelahrtheit, Haushaltungskunst und Manufacturen*, Bd. 2, 1792, S. 475-478) gar nicht den Haupttext Lavoisiers, sondern nur die Zusätze Hermbstaedts bespricht.

munity.[12] Unabhängig von der jeweiligen beruflichen Einbindung der Beteiligten fand eine überregionale, durch das junge Medium der Fachzeitschrift ermöglichte Diskussion unter Personen statt, die sich selbst als Chemiker betrachteten.

Das Thema der Debatte war die Theorie der Verbrennung und insbesondere die Existenz des Sauerstoffs. Es ging um ein einziges Experiment, das auch bei Lavoisier an prominenter Stelle als Argument für den Sauerstoff angeführt worden war. Man war sich mit Lavoisier einig, die Theorien der Verbrennung anhand der Verkalkung der Metalle zu studieren. Als besonders aussagekräftig galt hierbei der rote Quecksilberkalk (heute: HgO), weil sich dieser durch Hitze allein, das heißt ohne Zusatz weiterer Stoffe, reduzieren läßt.

Roter Quecksilberkalk *(mercurius praecipitatus per se)* wird hergestellt, indem Quecksilber am Boden einer lang ausgezogenen, aber offenen Phiole über Monate in einem Sandbadofen auf einer Temperatur gehalten wird, bei der es verdampft, aber nicht glüht. Dies erforderte offensichtlich ein kontinuierlich betriebenes Labor, wie es am ehesten den Apothekern zur Verfügung stand. In der Tat waren alle, die sich mit eigenen Experimenten an der Debatte beteiligten, Apotheker oder hatten ein Apothekenlabor zur Verfügung.

Nach einigen Tagen setzt sich auf dem Quecksilber ein rotes Pulver ab. Wenn man dieses nun stark erhitzt, wird nach Lavoisier Sauerstoffgas (oder theorieneutral ausgedrückt: Lebensluft) frei, und das Quecksilber wird aus dem Kalk »hergestellt« (reduziert). Nach der Phlogistontheorie muß man für die Wiederherstellung Phlogiston zuführen, das sich mit dem Kalk zu Quecksilber verbindet. Diese Erklärung funktioniert zum Beispiel sehr gut für die Reduktion des Eisens aus Eisenerz, wenn man annimmt, daß die das Erz umgebende Kohle nicht nur der Erhitzung dient, sondern auch der Bereitstellung des Phlogistons.

---

12 Karl Hufbauer, *The Formation of the German Chemical Community (1720-1795)*, Berkeley, Los Angeles, London 1982.

Beim roten Quecksilberkalk funktioniert hingegen die Reduktion ohne externe Phlogistonquelle, was das Phänomen zu einem Prüfstein der Theorie macht. In der Tat waren sich die Beteiligten darüber einig, daß dieses Experiment das *experimentum crucis* für die gesamte Debatte über die rivalisierenden Theorien darstelle.[13]

In der Debatte gab es zwei Streitpunkte. Der erste bestand darin, was bei der Erhitzung frei wird. Es gab keine standardisierte Experimentalpraxis, unter anderem deshalb, weil jeder an einem anderen Ort experimentierte und der Austausch hauptsächlich in schriftlicher Form stattfand. Entsprechend wurde nur in einigen Experimenten – wie nach Lavoisier zu erwarten – Lebensluft freigesetzt, während in anderen entweder Wasserdampf oder gar nichts entwich.

Während der erste Streitpunkt nur das Experimentieren betraf, waren bei dem zweiten das richtige Verfahren und die Theorie eng miteinander verknüpft. Die Frage war, was es überhaupt aussagt, wenn man Lebensluft erhält. Hintergrund der Skepsis, von der Freisetzung von Lebensluft unmittelbar auf die Richtigkeit von Lavoisiers Theorie zu schließen, war die Theorie, daß Lebensluft (wie von einigen englischen Chemikern angenommen) mit Wärmestoff verbundenes dephlogistisiertes Wasser sein könnte. Dann käme es darauf an, in dem Experiment sehr genau darauf zu achten, daß der rote Quecksilberkalk nicht mit Wasser »verunreinigt« ist. Genau dies vermuteten die Phlogistiker in den Versuchen Lavoisiers und in denen der deutschen Antiphlogistiker.

---

13 Daß die Reduktion des roten Quecksilberkalks eine gravierende Anomalie der Phlogistontheorie darstellt, ist schon eine wesentliche Konsensleistung, war doch gerade wegen dieses ungewöhnlichen Phänomens lange nicht klar, ob das rote Pulver ein »richtiger« Kalk ist und ob Quecksilber überhaupt ein »richtiges« Metall ist, siehe dazu Carleton E. Perrin, »Prelude to Lavoisier's Theory of Calcination. Some Observations on *mercurius calcinatus per se*«, in: *Ambix. The Journal of the Society for the History of Alchemy and Chemistry* 16 (1969), S. 140-151.

Das Wasser hätte bei Lavoisier in den Versuch geraten können, wenn er den roten Quecksilberkalk nicht durch Erhitzen,
sondern durch Lösen von Quecksilber in Salpetersäure mit
anschließendem Abdampfen hergestellt hätte. Es war nicht
selbstverständlich, daß der so hergestellte Quecksilberkalk mit
dem in der Hitze gewonnenen Quecksilberkalk identisch ist.
Sicherheitshalber verwendete man für diesen eine andere Bezeichnung, nämlich *mercurius praecipitatus ruber*. Bei dieser
Bereitungsart mit der verdünnten Salpetersäure wäre es offensichtlich schwer, Verunreinigungen durch Wasser auszuschlie-
ßen.

Es war aber auch möglich, daß Lavoisier den Kalk zwar
»korrekt«, das heißt durch Erhitzen, hergestellt, daß dieser
aber beim Abkühlen Wasser aus der Luft aufgenommen hatte,
wie man dies von Metallkalken kannte. Jedenfalls waren alle
Beteiligten bemüht, den roten Quecksilberkalk sofort nach
der Herstellung zu glühen, damit er kein Wasser aufnehmen
konnte. Dennoch war weder über den richtigen experimentellen Prozeß noch über die Interpretation Einigkeit zu erzie-
len.[14] Es waren bezeichnenderweise diejenigen Chemiker, de-

---

14 Jean Baptiste van Mons (1765-1842) aus Brüssel, ein für die Rezeption in Deutschland wichtiger Vermittler, erklärte schließlich das
Ausbleiben der Freisetzung von Lebensluft damit, daß man durch zu
starkes Vorglühen (um die Adhäsion von Wasser zu vermeiden) den
roten Quecksilberkalk durch die Abgabe von Sauerstoff in schwarzes
Quecksilberoxid (heute: Hg_2O) verwandelt habe, das dann in dem
eigentlichen Experiment kaum noch Sauerstoff abgäbe. Die theoretisch begründete Vorsicht wäre damit die Ursache für die Unmöglichkeit eines richtigen Ergebnisses. Der erste Streitpunkt ist daher
doch mit der theoretischen Erwartung verknüpft. Damit ist auch
klar, daß dieses Experiment, wie immer man es auch ausführt, kein
experimentum crucis sein kann. Die klassische Referenz für die These
einer prinzipiellen Unmöglichkeit eines *experimentum crucis* ist
Pierre Maurice Marie Duhem, *Ziel und Struktur der physikalischen
Theorien*. Übersetzt von Friedrich Adler, Leipzig 1908. Auf dieser
These beruht Harry Collins' stärkere These eines *experimenter's regress*. Dieser *experimenter's regress* besagt, daß das letzliche Kriterium
für das richtige Funktionieren einer Apparatur der Nachweis des
Effekts ist, der wirkliche Nachweis des Effekts aber auf dem richtigen

ren berufliche Hauptaufgabe zum Zeitpunkt der Debatte die *Lehre* der Chemie war, die entweder von vornherein die neue Chemie vertraten (Hermbstaedt) oder sich bereitfanden, ihre Position anzupassen (Klaproth, Gren). Die Nur-Apotheker (Westrumb und Johann Bartholomäus Trommsdorff, 1770-1837) hingegen stiegen schließlich aus der Debatte aus, ohne sich unbedingt bekehrt zu zeigen.

An dieser Auseinandersetzung ist gleich mehreres bemerkenswert und erklärungsbedürftig: 1. Warum war es so schwierig, sich mit experimentellen Mitteln zu einigen? 2. Warum begann die Debatte erst so spät? 3. Warum war sie auf ein einziges Experiment fokussiert und betraf nur Lavoisiers Theorie der Verbrennung?

1. So aussagekräftig dieser Streit und sein Ausgang für die Binnenstruktur der *chemical community* in Deutschland ist, so untypisch ist er auch, und zwar weil er in Form von Experimenten ausgetragen wurde. Experimente waren aber weder bei Apothekern noch bei Professoren die typische, das heißt ihrem Beruf geschuldete Form der chemischen Praxis. Für die Apotheker bestand die Chemie aus *Arbeiten* zur Herstellung von Stoffen. Für die Lehrenden bestand die chemische Praxis zuallererst in der Vermittlung chemischen Wissens. Wenn dabei mit Geräten und Stoffen hantiert wurde, dann zum Zweck der *Demonstration*. Experimente hingegen hatten keinen Ort. Das ist ganz wörtlich zu nehmen. Es ist bezeichnend, daß Hermbstaedt seine ersten gelungenen Versuche in seiner Vorlesung vorführte,[15] und das »öffentliche« Experiment vom 3. April 1793 fand in den Räumen seiner Apotheke statt, nicht etwa in der *Königlichen Akademie der Wissenschaften zu Berlin*.[16]

Funktionieren der Apparatur beruht. Siehe Harry Collins, *Changing Order. Replication and Induction in Scientific Practice*, London, Beverly Hills, New Delhi 1985. Für die Quecksilberexperimente trifft dies offensichtlich zu.

15 Engel, *Antiphlogistiker in Berlin 1789-1793*, S. 240.

16 Engel, *Antiphlogistiker in Berlin 1789-1793*, S. 241.

Und Experimentieren war sehr teuer.[17] Wenn Hermbstaedt
in der Widmung zu der vorliegenden Übersetzung an den
preußischen Minister Ewald Friedrich Graf von Hertzberg
(1725-1795), gleichzeitig Kurator der *Akademie*,[18] diesen recht
unverblümt um Geld für die zum Nachvollzug von Lavoisiers
Experimenten nötigen Geräte bat, weil der dazu nötige »Ko-
stenaufwand [...] die Kräfte eines deutschen Privatmannes bei
weitem übersteigt«,[19] wenn Klaproth dieses Anliegen in einer
Rede vor der *Akademie* am 21. Juni 1792 fast wörtlich wiederholte,[20] wenn Gren nicht selbst experimentierte, weil er sich
das Quecksilber als Sperrflüssigkeit des pneumatischen Apparats nicht leisten konnte,[21] und wenn Westrumb geeignete
Dichtungen für gasdichte Glasverbindungen erst erfinden
mußte,[22] so zeigt dies die gegenüber Lavoisier beschränkten
Möglichkeiten. Immerhin gehörten diese Chemiker sämtlich
zu der von Hufbauer ausgemachten *core group* der *chemical
community* in Deutschland.[23]

   2. Die Frage nach dem späten Beginn der Debatte läßt sich

---

17 Hellmut Vopel, *Die Auseinandersetzung mit dem chemischen System
    Lavoisiers in Deutschland am Ende des 18. Jahrhunderts*, Leipzig 1972,
    sieht hierin einen wesentlichen Grund für die zögerliche Akzeptanz
    von Lavoisiers Chemie.
18 Engel, *Antiphlogistiker in Berlin 1789-1793*, S. 191.
19 Lavoisier, *System der antiphlogistischen Chemie*, Widmung.
20 Engel, *Antiphlogistiker in Berlin 1789-1793*, S. 233-235.
21 Markus Seils, *Friedrich Albrecht Carl Gren in seiner Zeit 1760-1798.
    Spekulant oder Selbstdenker?* Stuttgart 1995, S. 166.
22 Diese sind beschrieben in einem Brief Westrumbs, abgedruckt in:
    Friedrich Albrecht Carl Gren, »Neue Bestätigung durch Versuche,
    daß der im Feuer bereitete Quecksilberkalk keine Lebensluft bey
    seiner Wiederherstellung für sich im Glühen liefert«, in: *Journal der
    Physik* 6 (1792), S. 29-34; und kritisiert in: Sigismund Friedrich
    Hermbstaedt, »Einige Anmerkungen über die Entbindung der Le-
    bensluft *(gaz oxygène)*, aus für sich verkalktem Quecksilber, durch
    bloßes Glühen; nebst Untersuchung derjenigen Einwendungen,
    welche der Hr. Prof. Gren, und der Hr. Bergcomm. Westrumb die-
    sem Versuche entgegengesetzt haben«, in: *Journal der Physik* 6 (1792),
    S. 422-429.
23 Hufbauer, *The Formation of the German Chemical Community*, S. 83-
    95.

nur angemessen beantworten, wenn man nicht nur die in Zeitschriften publizierte Forschung betrachtet, sondern auch die in Lehrbüchern publizierte Lehre. Dann wird deutlich, daß die dominierenden Chemiker in Deutschland, die zum großen Teil Professoren an Universitäten oder Lehrende an anderen höheren Bildungsinstitutionen waren, eine ganz spezifische Form der wissenschaftlichen Chemie praktizierten, die ihrer eigenen Alltagspraxis angemessen war. Das macht es plausibel, daß für eine Zuspitzung und Polarisierung im Sinne einer Revolution keinerlei Anlaß bestand, weil Lavoisiers Chemie sich genau in diese Form der chemischen Praxis, die man als »freies Theoretisieren« bezeichnen kann, einpassen ließ. Am besten läßt sich dies anhand der verschiedenen Ausgaben der Lehrbücher Grens verdeutlichen.

Schon 1787 widmet Gren der Theorie der Verkalkung ein eigenes Kapitel in seinem *Systematischen Handbuch der gesammten Chemie*. Die Tatsachen, daß sich bei Verbrennungen in einem geschlossenen Gefäß das Volumen der Luft auf höchstens 3/4 reduziert und daß der Kalk genau um so viel schwerer wie die übrige Luft leichter wird, werden von Gren akzeptiert. Daraus folgt aber für Gren noch nicht eine bestimmte Theorie. Er stellt verschiedene theoretische Erklärungen dar, die er als »im Grunde alle nicht so sehr voneinander verschieden« ansieht.[24] Von einer krisenhaften Situation ist hier nichts zu merken, Lavoisiers Theorie ist eine unter mehreren.

Grens Kritik an Lavoisier betrifft vor allem die Tatsache, daß die Freisetzung nur *eines* Stoffs nicht erklärt, warum bei Verbrennungen Licht *und* Wärme entstehen. Nach Grens eigener Theorie besteht hingegen das Phlogiston aus Lichtstoff und Wärmestoff, die bei der Verkalkung beide einzeln freigesetzt werden und die sich entsprechend als Licht und Wärme beobachten lassen.[25]

---

24 Friedrich Albrecht Carl Gren, *Systematisches Handbuch der gesammten Chemie. Zum Gebrauche seiner Vorlesungen entworfen*, 1. Aufl., Bd. 1, Halle 1794, S. 214.
25 Mit dieser Auffassung ist die Reduktion des roten Quecksilberkalks

In dem erst 1790 erschienenen vierten Band seines *Handbuchs* ist der Umgang mit Lavoisier ein ganz anderer. Gren nennt eine Reihe von Einwänden gegen dessen Theorie, zum Beispiel: Es gibt Verkalkungen ohne Licht und Wärme, Lavoisier erklärt aber nicht, wo der Wärmestoff nach der Trennung von der Basis der Lebensluft bleibt. Oder: Die Hitze kann (beim roten Quecksilberkalk) nicht sowohl die *Verbindung* der Basis der Lebensluft mit dem Quecksilber bewirken als auch die *Trennung* von diesem. Oder: Die meisten Kalke sind nicht sauer, obwohl sie nach Lavoisier die »base oxigyne«[26] enthalten.

Lavoisiers Experiment zur Reduktion des roten Quecksilberkalks hat hier schon den Status des *experimentum crucis*. Denn wenn Lavoisier tatsächlich nicht sorgsam genug darauf geachtet haben sollte, daß der rote Quecksilberkalk wasserfrei ist, so würde dieser Fehler nach Gren genügen, das »so künstlich ausgedachte System gerade in seinem Grunde zu erschüttern«.[27] Insgesamt ist die Diskussion im Gegensatz zu 1787 stark polarisiert, das Wort »Antiphlogistiker«[28] fällt erstmals, und Gren denkt, mit seinem Beitrag »die deutsche Stahlische Lehre vom Phlogiston gerettet zu haben«.[29]

Eigene Ansichten, Argumentation, Diskussion, Polemik – all dies findet sich nicht nur in Zeitschriften, sondern auch im Lehrbuch und beschränkt sich keineswegs auf das übliche Nachtragen »neuester Entdeckungen«, wie es häufig in Untertiteln heißt. Das Lehrbuch gibt nicht einfach den aktuellen Stand der Diskussion wieder, es ist Teil dieser Diskussion.

(ungeachtet ihrer Relevanz für die Existenz des Sauerstoffs) jedenfalls kein Argument gegen das Phlogiston mehr, denn wenn man den Kalk glüht, ist ja genügend Lichtstoff und Wärmestoff für die Phlogistisierung vorhanden.

26 Gren, *Systematisches Handbuch der gesammten Chemie*, 1. Aufl., Bd. 4, Halle 1790, S. 87.

27 Ebd., S. 189.

28 Ebd., S. 75.

29 Ebd., S. 78.

1794, als der erste Band der zweiten Auflage seines *Handbuchs* erschien, ist Grens Haltung zu Lavoisier wiederum eine ganz andere. Gren verwendet Lavoisiers Begriffe »Wasserstoffgas«[30] und »Sauerstoff«[31]. Er ist zwar von der säuernden Wirkung des letzteren noch nicht ganz überzeugt und hält es immer noch für möglich, daß Wasser die Basis der »reinen Lebensluft«[32] ist, doch von »dephlogistisierter Luft« spricht er nicht mehr. Die Ursache für das Wohlwollen ist, daß er sich durch das Verschwinden der »reinen Lebensluft« beim Verbrennen von Phosphor in einem Experiment Johann Friedrich August Göttlings (1753-1809) dazu veranlaßt sah, »die vorzüglichsten und unterscheidenden Sätze des Lavoisierschen Systems anzunehmen«.[33]

Gren sieht jetzt – wie Lavoisier – in der Verbrennung eine Verbindung mit der Basis der Lebensluft. Er nimmt jedoch weiterhin einen »Brennstoff«[34] in den brennbaren Körpern an. Diesen betrachtet er jetzt – Jeremias Benjamin Richter (1762-1807) folgend – als die Basis des Lichts. Wenn dieser sich mit dem Wärmestoff der Lebensluft verbindet, entsteht Licht, das man in der Flamme sieht.

Es kann also keine Rede von einer Inkommensurabilität der Systeme im Sinne Kuhns sein. In Grens Theorie kommen Sauerstoff *und* Brennstoff vor, und das in einer durchaus konsistenten und den Tatsachen gerecht werdenden Weise. Es handelt sich um eine echte Hybridtheorie.[35]

---

30 Gren, *Systematisches Handbuch der gesammten Chemie*, 2. Aufl., Bd. 1, Halle 1794, S.187.

31 Ebd., S.190.

32 Ebd., S.172.

33 Ebd., S.172.

34 Ebd., S.172.

35 Entsprechend irreführend ist es, Gren (und andere Autoren) der einen oder der anderen Seite zuzuordnen, wie dies Laupheimer und Hufbauer tun. Nur in diesem dichotomen Schema (phlogistisch/antiphlogistisch) sind widersprechende Einschätzungen wie »Gren blieb bis zu seinem Tod im Jahre 1798 Phlogistiker« (Laupheimer, *Phlogiston oder Sauerstoff*, S. 281) und »außer, daß er das Phlogiston

Phlogiston als Verbindung von Lichtstoff und Wärmestoff im Jahr 1790 und Lichtstoff als Verbindung von Brennstoff und Wärmestoff im Jahr 1794: Die Virtuosität der Erfindung neuer Theorien durch Umdeutung und Rekombination von Grundstoffen in der Abfolge von Grens Theorien ist bemerkenswert. Dieses »freie Theoretisieren« in Verbindung mit weitgehender Toleranz gegenüber den Theorien anderer trifft keineswegs nur auf Gren zu, sondern war weit verbreitet, und zwar unter Chemikern und Physikern gleichermaßen. Der Hintergrund ist die von beiden Fächern geteilte Metaphysik der Grundstoffe. Spätestens ab 1790 gab es in der Physik für jedes Phänomen (Elektrizität, Magnetismus, Wärme, Licht) einen oder mehrere solcher Grundstoffe. Ungeachtet dessen, ob sie für ponderabel gehalten wurden oder nicht, hielt man sie für chemische Stoffe, die je nach Wahlverwandtschaft mit anderen chemischen Stoffen reagieren.

Die Frühphase der Rezeption Lavoisiers paßt genau in dieses Schema. Dessen Theorie der Verbrennung war zunächst nur ein weiteres dieser Systeme, das man zur Kenntnis nahm und auch kritisieren konnte, aber eben *innerhalb* des herrschenden Paradigmas des freien Theoretisierens. Dies erklärt den späten Beginn der Zuspitzung der Auseinandersetzung. Auch wenn im Zuge der offenen Debatte nationalistische Töne nicht ausblieben, waren antifranzösische Ressentiments daher nicht der Grund für die »Verspätung«.[36] Nicht die Be-

---

als Lichtstoff beibehielt, um die Strahlung bei vielen chemischen Reaktionen zu erklären, akzeptierte er Lavoisiers Theorie« (Hufbauer, *The Formation of the German Chemical Community*, S. 137) möglich. Sehr differenziert hingegen ist Seils, *Friedrich Albrecht Carl Gren in seiner Zeit 1760-1798*.

36 Als wesentlicher Grund werden solche gennant von: Vopel, *Die Auseinandersetzung mit dem chemischen System Lavoisiers in Deutschland am Ende des 18. Jahrhunderts*, S. 245; Hufbauer, *The Formation of the German Chemical Community*, S. 104; Hans-Georg Schneider, »The ›Fatherland of Chemistry‹. Early Nationalistic Currents in Late Eighteenth Century German Chemistry«, in: *Ambix. The Journal of the Society for the History of Alchemy and Chemistry* 36 (1989), S. 14-21;

schäftigung mit Lavoisiers Theorie begann spät, sondern die Einsicht, daß diese Theorie nicht vollständig auf die übliche Weise integrierbar war.

3. Warum aber ging es sowohl in der kurzen und intensiven experimentellen Auseinandersetzung als auch in der lang andauernden, toleranten und kreativen theoretischen Auseinandersetzung nur um die Verbrennung? Zum einen gibt es Aspekte, die im Zuge der Theoriediskussion ohne eigenständige Debatte mit übernommen wurden. Dies betrifft die Theorie der Gase, die mit einem »expansiven« Wärmestoff für die deutsche Metaphysik kein Problem darstellte. Dies betrifft ebenso die Theorie der Atmung, die als Anwendung des Phlogistonkonzepts behandelt und entsprechend später mittels des Sauerstoffkonzepts erklärt wurde.

Die Reform der chemischen Nomenklatur, auch wenn sie letztlich im Sinne Lavoisiers ausfiel, war ein dringendes Problem, das aber nicht unbedingt anhand von Lavoisier erörtert werden mußte.[37] Die Bedeutung der Sprache für das Denken wurde implizit gesehen, wenngleich die Theorie selbst zunächst mit althergebrachten oder möglichst neutralen Begriffen diskutiert wurde. Erst lange nachdem die Theorie akzeptiert war, wurden auch Lavoisiers Begriffe übernommen, indem man in der Regel die französischen Begriffe eindeutschte.[38]

Carleton E. Perrin, »The Chemical Revolution«, in: Robert C. Olby (Hg.), *Companion to the History of Modern Science*, London, New York 1990, S. 264-277, hier S. 275; Rüdiger Stolz, »Die chemische Revolution des 18. Jh. und ihre Wirkung auf das 19. Jahrhundert«, in: *Rostocker Wissenschaftshistorische Manuskripte* 20 (1991), S. 46-50; William H. Brock, *The Norton History of Chemistry*, New York, London 1992, S. 121.

37 In Ermangelung eines Beitrages in Bensaude-Vincent/Abbri, *Lavoisier in European Context*, sei hier vorläufig auf Vopel, *Die Auseinandersetzung mit dem chemischen System Lavoisiers in Deutschland am Ende des 18. Jahrhunderts*, verwiesen.

38 Andreas Kleinert, »La diffusion des idées de Lavoisier dans le monde scientifique de langue allemande«, in: Christiane Demeulenaere-Douyère (Hg.), *Il y a 200 ans Lavoisier. Actes du colloque organisé à*

Andere Aspekte kommen nicht vor, weil sie um 1790 längst etabliert waren. Dazu gehört die Existenz verschiedener Luftarten. Dazu gehört ebenfalls die Abkehr von den Prinzipien als Erklärung von Eigenschaften einzelner Stoffe zugunsten materieller Stoffe und der Betrachtung von Reaktionen. Wie weit man von dem Konzept der Prinzipien entfernt war, zeigt die häufige Kritik an Lavoisier, mit dem »säurezeugenden« und dem »wasserzeugenden« Stoff gerade derartige Prinzipien wieder eingeführt zu haben. Auch faßte man Elemente schon vor der Lavoisier-Rezeption pragmatisch als die mit den verfügbaren Mitteln nicht weiter zerlegbaren Stoffe auf.

Die Einführung quantitativer Präzisionsmessungen wurde in Deutschland nicht übernommen, da sie keine soziale und wirtschaftliche Basis hatte. Immer wenn man in den Lehrbüchern Experimente mit präzisen Mengenangaben beschrieben findet, handelt es sich um Experimente Lavoisiers. Es wurde nicht einmal das *Ideal* der Präzisionsmessung übernommen. Paradoxerweise hängt dies mit der in Deutschland ganz selbstverständlichen Nähe zwischen Chemie und Physik zusammen, nur verstand man hier unter Physik eben das Hervorbringen sinnlich wahrnehmbarer Phänomene und die nachherige, rein qualitative Erklärung durch die Kombination verschiedener Imponderabilien, und gerade nicht Präzisionsmessung.

Vieles deutet somit darauf hin, daß Chemie in ihrer Breite so weiter betrieben wurde wie zuvor. Alfred Nordmann sieht hierin sogar das Hauptmotiv für die schnelle Schließung der Debatte.[39] Lichtenberg konnte als Professor der *Physik* leicht vor einer zu schnellen Entscheidung warnen. Die Lehrenden

---

l'occasion du bicentenaire de la mort d'Antoine Laurent Lavoisier, le 8 mai 1794, sous le patronage de l'Académie des sciences et de l'Académie d'agriculture de France, Paris et Blois, 3-6 mai 1994, Paris 1995, S. 181- 190.

39 Alfred Nordmann, »Comparing Incommensurable Theories. A Textbook Account from 1794«, in: *Studies in History and Philosophy of Science A* 17 (1986), S. 231-246.

der *Chemie* hingegen wollten nicht auf Dauer konkurrierende Systeme lehren, und die Apotheker wollten zur Tagesordnung zurückkehren.

Wenn es Anfang der 1790er Jahre grundlegende Veränderungen in der Chemie in Deutschland gab, dann gerade in der Festigung dieser Aufspaltung in die praktische Chemie der Apotheker und die theoretisierende Chemie der Dozenten. Diese Spaltung war strukturell einflußreicher als die Sauerstofftheorie Lavoisiers an sich. Für die Chemie in Deutschland (und für die Physik gleichermaßen) stellte die Ersetzung einer *Theorie* durch eine andere oder eines *Stoffs* (Phlogiston) durch einen anderen (Sauerstoff) überhaupt nichts Revolutionäres dar, sondern paßte genau in die übliche Praxis der Erstellung von Systemen aus einem Repertoire an Stoffen, um damit die bekannten Tatsachen zu erklären.

Die klare Gegenüberstellung von Personen und Positionen, wie es sie in der Debatte um die Reduktion des roten Quecksilberkalks gab, ist für die Rezeption von Lavoisiers Chemie in Deutschland insgesamt eher untypisch. Die grundsätzlichen Befürworter kritisierten durchaus verschiedene Punkte an der »neuen« Chemie und behielten nicht nur aus Zurückhaltung gegenüber den arrivierten Chemikern eine skeptische Distanz. So erhebt eine anonyme Rezension des *Traité*, die Lavoisiers Theorie sehr wohlwollend und prägnant referiert,[40] die Einwände, daß nicht unbedingt alle Stoffe eine ausreichend große Affinität zum Wärmestoff haben müßten, um als Gase existieren zu können, daß die Frage nach der Ursache des Lichts in Lavoisiers Theorie gar nicht erklärt werde oder daß die inflammable Luft »wasserzeugender Grundstoff« genannt werde, nicht aber die Lebensluft, die doch ebenso unabdingbar für die Bildung von Wasser sei. Auch Georg Friedrich Hildebrandt (1764-1816), der die Aussagen beider Systeme

---

40 Anonyme Rezension von Lavoisiers *Traité* in: *Allgemeine Literatur-Zeitung* N° 133, 13. Mai 1790, Sp. 337-344 und N° 140, 20. Mai 1790, Sp. 393-394.

sorgfältig gegenübergestellt hat, sieht sich angesichts von Vor- und Nachteilen auf beiden Seiten nicht in der Lage, eindeutig Stellung zu beziehen.[41] Und der als Phlogistiker geltende Crell plädierte dafür, daß man als »philosophischer Selbstdenker« keines der beiden Systeme ganz annehmen solle, sondern beide Systeme in Einzelaussagen teilen solle, die entsprechend einzeln zu beurteilen seien.[42]

Diese wenigen Beispiele mögen ausreichen, um zu verdeutlichen, daß die Auseinandersetzung mit Lavoisiers Theorie trotz einer zeitweiligen Polarisierung im ganzen wesentlich differenzierter, ernsthafter, uneinheitlicher und kreativer war, als gewöhnlich angenommen. Lavoisiers Theorie wird dabei nicht nur *rezipiert* (akzeptiert oder abgelehnt), sondern *transformiert*. Die später von Hermbstaedt selbst vorgeschlagene Theorie, in der der Lichtstoff – anders als bei Lavoisier – eine zentrale Rolle spielt, kann man durchaus als eine Weiterentwicklung von Lavoisiers Theorie ansehen.[43]

Die Frage der Rezeption bezieht sich in der Regel auf den Theorienkomplex und die Nomenklatur. Da beide spätestens um 1800 weitgehend anerkannt waren, beschränkt sich die Forschung zur Rezeption meist auf das letzte Jahrzehnt des 18. Jahrhunderts. Noch kaum untersucht ist hingegen der Umgang mit Lavoisier in der ersten Hälfte des 19. Jahrhunderts. Dies gilt insbesondere für die Methode der quantitativen Bi-

---

41 Georg Friedrich Hildebrandt, »Vergleichende Uebersicht des phlogistischen und des antiphlogistischen Systems«, *Chemische Annalen für die Freunde der Naturlehre, Arzneygelahrtheit, Haushaltungskunst und Manufacturen* 1793, Bd. 1, S. 536-560.

42 Lorenz Florenz Friedrich von Crell, »Einige Bemerkungen über das phlogistische und antiphlogistische System«, *Chemische Annalen für die Freunde der Naturlehre, Arzneygelahrtheit, Haushaltungskunst und Manufacturen* 1793, Bd. 2, S. 346-352 und S. 406-423.

43 Diese ist dargestellt in Sigismund Friedrich Hermbstaedt, *Systematischer Grundriß der allgemeinen Experimentalchemie*. 2. Aufl., 4 Bde., Berlin 1800-1805, Bd. 1. Laupheimer, *Phlogiston oder Sauerstoff*, S. 336, sieht hierin hingegen einen »Rückschritt in das phlogistische Zeitalter«.

lanzierung von Reaktionen und die entsprechend neu entwikkelten Instrumente. Es bleibt zu untersuchen, in welchem
Maße diese Verbreitung fanden und ob sie eher der Vermittlung der Theorie oder tatsächlich der Forschung dienten. In
jedem Fall findet man im Laufe des 19. Jahrhunderts einen
symbolischen Bezug auf Lavoisier, der bisweilen Züge der
Mythisierung annimmt.

4.4 Aneignung und Mythisierung: Lavoisier und die Chemische Revolution in Chemie, Wissenschaftstheorie und Wissenschaftsgeschichte

Der Übergang von der fachlichen Diskussion und Rezeption
zur Historisierung und Mythisierung von Lavoisier und der
Chemischen Revolution verlief fließend. Die erste umfassende
nachträgliche Darstellung der Chemiegeschichte im allgemeinen und der Beiträge Lavoisiers im besonderen stammt von
Fourcroy, der mit seinen Lehrbüchern wesentlich zur Verbreitung der neuen Chemie beigetragen hat. Die ausführlich-
ste Darstellung findet sich in seinem Beitrag zur *Encyclopédie
méthodique*.[44]

Dieser Text ist in mehrfacher Hinsicht ambivalent. Einerseits bietet er eine historische (im Gegensatz zu einer fach-
systematischen) Darstellung der Chemie. Andererseits dient
hier eine Fachgeschichte der aktuellen Chemie. Für Fourcroy
bildet die Geschichte (neben der Theorie, der Praxis und der
Anwendung) eine der Säulen der Chemie als Wissenschaft.

---

44 *Encyclopédie méthodique. Chymie, pharmacie et métallurgie*, 6 Textbände und zwei Tafelbände, Paris 1786-1815. Die Einträge zur Chemie wurden begonnen von Guyton de Morveau, fortgesetzt durch
Fourcroy und nach dessen Tod abgeschlossen durch Louis Nicolas
Vauquelin (1763-1829). Siehe dazu Janis Langins, »Fourcroy, historien de la révolution chimique«, in: Michelle Goupil (Hg.), *Lavoisier
et la révolution chimique. Actes du colloque tenu à l'occasion du bicentenaire de la publication du »Traité élémentaire de chimie« 1789*. Palaiseau 1992, S. 13-33.

Die zweite Spannung besteht in der Einschätzung der Chemischen Revolution in bezug auf die Chemie davor. Für Fourcroy gab es schon vorher Revolutionen in der Chemie, die (ganz ähnlich wie bei Kuhn) die Lösung einer Krise darstellten, aber die Revolution des ausgehenden 18. Jahrhunderts ist doch die *Grande révolution*. Und schließlich gibt es ein Schwanken darin, inwieweit die Chemische Revolution Lavoisier zuzuschreiben ist. Auch hier ähnelt Fourcroy einerseits Kuhn, wenn er als Träger des Wissens und Akteur von Revolutionen die *chemical community* und nicht Einzelpersonen ansieht (und auf diese Weise sich selbst als Beteiligten auffassen und präsentieren kann). Andererseits findet sich eine pathetische Herausstellung der Leistungen Lavoisiers (wobei die Frage ungeklärt bleibt, inwieweit dies den mangelnden Einsatz zugunsten Lavoisiers während des Revolutionstribunals kompensieren sollte – eine Zurückhaltung, die Fourcroy zum Vorwurf gemacht worden war).

Der Begriff *Révolution chimique* findet sich demnach schon bei Fourcroy, doch wurden dessen Schriften bald durch andere Lehrbücher ersetzt. Zu einer gängigen Wendung in der Wissenschaftstheorie und Wissenschaftsgeschichte wurde der Ausdruck »Chemische Revolution« erst nach dem Erscheinen von Berthelots Buch *La révolution chimique: Lavoisier*.[45]

Zum 100. Jahrestag der Publikation von Lavoisiers *Traité élémentaire de chimie* beabsichtigte der Autor, die moderne Chemie als auf Lavoisiers Errungenschaften basierend darzustellen. Der Hintergrund dafür war die andauernde Rivalität zwischen Deutschland und Frankreich. Gegen den vermeintlichen Konnex der zunehmenden wirtschaftlichen und militärischen Unterlegenheit Frankreichs im Laufe des 19. Jahrhunderts mit dem (insbesondere seit der Niederlage von 1870/71) von den Franzosen selbst so verstandenen Niedergang der französischen Wissenschaft sollte gezeigt werden, daß wenigstens der Ursprung des Siegeszugs der Chemie im

---

45 Berthelot, *La révolution chimique – Lavoisier*.

19. Jahrhundert auf einen Franzosen zurückging.[46] Wurtz hatte 1869 – wie erwähnt – seine Chemiegeschichte noch selbstbewußt mit dem Satz beginnen lassen: »Die Chemie ist eine französische Wissenschaft: Sie wurde gegründet durch Lavoisier, unsterblichen Andenkens.«[47]

Jean Baptiste André Dumas (1800-1884), der ab 1862 Lavoisiers Werke herausgab, schrieb in vergleichbarem Pathos: »Ein Wort über Lavoisier, den ich Ihnen in dem Moment vorstellen werde, in dem er, sein *fiat lux* aussprechend, mit unerschrockener Hand, die Schleier zerreißt, welche zu heben die alte Chemie sich vergebens bemüht hat, in dem Moment, sage ich, in welchem, seiner mächtigen Stimme gehorchend, die erste Morgenröte jene Finsternis durchdringt, die vor dem Feuer seines Genies weichen muß.«[48]

Die Werkausgabe bezeichnet Dumas als »Evangelium der Chemiker«.[49] Spätestens hier wurden Lavoisier und die Chemische Revolution zum Mythos. Lavoisier steht fortan wahlweise für französische, für wissenschaftliche, für rationale oder für moderne Chemie. Je nach Situation und Interesse ist die Bezugnahme selbstverständlich eine andere, die besondere Bedeutung Lavoisiers als Symbolfigur findet sich aber bis heute.[50]

Als 2003 eine Büste Lavoisiers im Ehrensaal des *Deutschen Museums* in München aufgestellt wurde (eine der ganz wenigen eines Nichtdeutschen), wurde dies von den Initiatoren

---

46 Siehe dazu Claude Digeon: *La crise allemande de la pensée française, 1870-1914*, 2. Aufl., Paris 1992 (Erstausgabe 1959).

47 Vgl. Kap. I, Anm. 1.

48 Zitiert nach Bensaude-Vincent, »Lavoisier. Eine wissenschaftliche Revolution«, S. 681.

49 Ebd. Zur Vereinnahmung durch Dumas siehe auch Kim, »Lavoisier, the Father of Modern Chemistry?«

50 Zu dem Lavoisierbild in der Chemie in Deutschland und dessen jeweils historisch bedingten Funktionen siehe Christoph Meinel, »Demarcation Debates. Lavoisier in Germany«, in: Marco Beretta (Hg.), *Lavoisier in Perspective. Proceedings of the International Symposium*, München 2005, S. 153-166.

explizit in Zusammenhang mit der Zerstörung der Lavoisier-
statue in Paris durch die Wehrmacht im Jahr 1943 gebracht.[51]
Dieser geschichtspolitische Akt wurde von einer internatio-
nalen Fachtagung zu Lavoisier begleitet, offensichtlich als Geste eines abgeklärten, dezidiert antinationalistischen Umgangs
mit Frankreich und seinem berühmtesten Chemiker.

Auch die professionelle Historiographie der Chemie, oft
genug aus der Chemie heraus und zu ihrer Legitimation betrieben, ist vom Mythos Lavoisier nicht frei – und kann und
sollte dies vielleicht auch gar nicht sein. Jedenfalls spricht sie
weiterhin – wenn auch mit anderem Gestus – von der Chemischen Revolution. Hintergrund divergierender Einschätzungen sind hier jedoch weniger nationale oder disziplinäre
Abgrenzungen und Konsolidierungsbemühungen als vielmehr
wissenschaftstheoretische und geschichtsphilosophische Prämissen.

Nach John McEvoy lassen sich in der Historiographie der
Chemie im 20. Jahrhundert drei Hauptrichtungen identifizieren.[52] Auch wenn sie kaum jemals in Reinform zu finden sind
und die zeitliche Abfolge nicht strikt ist, so beruhen diese doch
auf grundlegend verschiedenen Auffassungen von Wissenschaft. Insbesondere zeigen sich hier tiefgreifende Einflüsse
anderer Disziplinen auf die Wissenschaftsgeschichte, nämlich
solche der Naturwissenschaften selbst, der Philosophie und
der Soziologie. Solange die Wissenschaftsgeschichte jedoch
noch an fremden Erklärungskategorien partizipiert, ist sie – so
könnte man es vielleicht ausdrücken – immer noch nicht zu
sich selbst als einer originär *historischen* Disziplin gekommen.

Die erste der drei Richtungen nennt McEvoy *positivistisch-*

---

51 Marco Beretta, »Introduction«, in: Marco Beretta (Hg.), *Lavoisier in
Perspective. Proceedings of the International Symposium*, München
2005, S. 11-18, hier S. 17; Wolf Peter Fehlhammer, »Preface«, in:
Marco Beretta (Hg.), *Lavoisier in Perspective. Proceedings of the International Symposium*, München 2005, S. 7-9, hier S. 9.
52 McEvoy, »In Search of the Chemical Revolution«.

whiggish.[53] Die englische Vorstellung eines teleologischen Geschichtsverlaufs verbindet sich hier mit dem französischen Positivismus Comtescher Prägung. Dieser seit der Entstehung von Wissenschaftshistoriographie Ende des 18. Jahrhunderts bis zur Mitte des 20. Jahrhunderts dominierenden Auffassung zufolge besteht das Unternehmen Wissenschaft darin, durch heroische Leistungen einzelner den Geheimnissen der Natur immer besser auf die Spur zu kommen. Verbesserte Instrumente sind dafür ebenso wichtig wie eine spezifisch wissenschaftliche Methodik, die sich grundlegend von anderen Kulturbereichen unterscheidet. Entsprechend kann es auch nur *eine* wissenschaftliche Revolution gegeben haben, wenngleich diese unter Umständen für einige Fächer – wie für die Chemie – gegenüber der wissenschaftlichen Revolution des 16. und 17. Jahrhunderts verspätet erfolgt. Als Vertreter dieser Richtung nennt McEvoy für die Wissenschaftsgeschichte allgemein u. a. George Sarton, Herbert Butterfield und Charles C. Gillispie und für die Geschichte der Chemie u. a. Douglas McKie, James R. Partington und Maurice Crosland.

Demgegenüber besteht die Gemeinsamkeit *postpositivistischer* Positionen der 1960er und 1970er Jahre (genannt werden Karl Popper, Thomas Kuhn, Imre Lakatos und Larry Laudan bzw. Carleton E. Perrin, Arthur Donovan, Evan Melhado und Marco Beretta) darin, der Theorie eine bevorzugte Rolle in der Wissenschaft zuzugestehen. Entsprechend ist Wissenschaft nicht das im wesentlichen empirische Auffinden der Wahrheit über die Natur, sondern die Entwicklung von Konzepten, Theorien und Interpretationen. Da diese prinzipiell revidier-

---

53 Der Begriff »whiggish« hat sich in der Historiographie als – in der Regel abwertend gemeinte – Kennzeichnung von historiographischen Ansätzen durchgesetzt, die nicht nur den gegenwärtigen Stand des Wissens zum Bewertungskriterium nehmen, sondern auch diesen gegenwärtigen Stand des Wissens als einen notwendigen (vorläufigen) Endpunkt der Wissenschaftsentwicklung ansehen. Der Begriff geht auf Herbert Butterfield, *The Whig Interpretation of History*, o. O. 1931, zurück.

bar sind, kann es durchaus eine Folge mehrerer, jeweils grundlegend verschiedener Auffassungen geben, ohne daß diese Diskrepanzen einfach unter Verweis auf die Natur zu beseitigen wären. Aus dieser Perspektive werden klare Zuschreibungen von Entdeckungen und Einzelleistungen fragwürdig. Wissenschaft funktioniert vielmehr in überpersönlichen Denkmodellen. Mit der damit unhintergehbaren Intersubjektivität der Wissenschaft ist nun aber keineswegs ein Externalismus verbunden. Im Gegenteil, gerade das Bestehen auf Bereichen rationalen Denkens löst die Wissenschaft mehr noch als der Positivismus aus den gesellschaftlichen und technischen Bezügen.

Genau hiergegen richtet sich die Hauptkritik der – von McEvoy so bezeichneten – *postmodernen* Positionen. Diesen geht es eher um den Alltag der Wissenschaft als um ihre Helden, eher um ihre Praxis als um ihre Resultate und eher um die lokale Eingebundenheit als um die universale Geltung von Wissen. Entsprechend spielen Konzepte der wissenschaftlichen Revolution keine besondere Rolle. Es geht eher um die Mikrotechniken der Überzeugung, die von der Standardisierung von Geräten über komplexe Verfahren der Zeugenschaft bis hin zu rhetorischen Techniken reichen, immer aber an lokale Bedingungen gebunden sind, wie u. a. David Bloor, Steven Shapin, Simon Schaffer, Steve Woolgar und Bruno Latour gezeigt haben. Für die Chemiegeschichte nennt McEvoy Jan Golinski, Wilda C. Anderson, Lissa Roberts und Bernadette Bensaude-Vincent.

5. Positionen der Forschung

Die dominierende Leitfrage in der Forschung zu Lavoisier ist nach wie vor die nach der Chemischen Revolution. Doch der affirmative Bezug auf die Chemische Revolution ist inzwischen einem zunehmend differenzierten Blick gewichen. Kaum ein Chemiehistoriker wird, wie I. Bernard Cohen dies noch 1985 tat, apodiktisch behaupten: »Offensichtlich erfüllt Lavoisiers chemische Revolution alle Kriterien einer wissenschaftlichen Revolution.«[1]

Eine Synthese ist dabei weniger denn je in Sicht. Dies ist um so weniger verwunderlich, als die Leitfrage nach der Chemischen Revolution ja eigentlich aus (mindestens) vier Fragen besteht, deren Antworten sich zum Teil gegenseitig bedingen: Handelt es sich bei den Ereignissen in der Chemie des letzten Drittels des 18. Jahrhunderts um eine wissenschaftliche Revolution? Was ist überhaupt eine wissenschaftliche Revolution? Wenn es eine Chemische Revolution gegeben hat, wie wurde sie bewirkt? Und welche Rolle spielte Lavoisier dabei?

Die an sich erfreuliche Entwicklung, daß sich Chemiehistoriker sehr detailliert mit einzelnen Aspekten und Forschungsgebieten Lavoisiers befassen, wird daran wenig ändern. Dies liegt zum einen an dem Umfang des Materials. Große Teile der Labortagebücher Lavoisiers im Besitz des Archivs der *Académie des sciences* sind bis heute noch unerschlossen.[2] Doch schon jetzt ist die Primär- und Sekundärliteratur kaum noch zu überblicken, so daß die einzelnen Chemiehi-

---

1 I. Bernard Cohen, *Revolutionen in der Naturwissenschaft.* Übersetzt von Werner Kutschmann, Frankfurt/M. 1994 (Erstausgabe 1985), S. 351.
2 Beretta, *The Enlightenment of Matter*, S. 168; Beretta/Scotti, »Panopticon Lavoisier«, S. 199.

storiker häufig ihre eigenen Spezialthemen in ihrer Bedeutung für die Chemische Revolution überbewerten.

Zum anderen wird auch eine vollständige Erschließung der Quellen nicht automatisch zu einem kohärenten Bild führen. Schon die Tatsache, daß alle der von McEvoy erwähnten Auffassungen zu wissenschaftlichen Revolutionen heute noch präsent sind, zeigt, daß die Frage nach der Chemischen Revolution ebenso eine philosophische und methodologische wie eine des Überblicks über das Material ist. Dementsprechend divergent wird die Frage nach der Chemischen Revolution in der Historiographie der letzten 20 Jahre beurteilt.

Die folgende Liste faßt die Positionen der maßgeblichen aktuellen Lavoisierspezialisten zusammen. Die buchhalterische Darstellung ist mit Bedacht gewählt, wird so doch die Heterogenität und die fehlende Synthese deutlich.

Nach *Arthur Donovan* wurde die Chemie erst durch die Chemische Revolution zu einer wissenschaftlichen Disziplin. Lavoisier war daran maßgeblich beteiligt, indem er die Chemie nach dem Vorbild der Experimentalphysik auf eine methodologische Grundlage stellte. Jedenfalls war dies – nach Donovan – die Sichtweise Lavoisiers selbst und die seiner Zeitgenossen. Erst als die Chemie im Laufe des 19. Jahrhunderts als Wissenschaft etabliert war, wurde die Chemische Revolution als Revolution *innerhalb* der Chemie betrachtet, – eine Sichtweise, die bis heute nachwirkt.[3]

Ähnlich wie Donovan sieht auch *Marco Beretta* in der Chemischen Revolution einen Vorgang, bei dem durch die Anwendung physikalischer Methoden die Chemie zu einer Wissenschaft wurde. Allerdings steht für Beretta weniger das quantitative Experimentieren im Vordergrund als vielmehr die systematische, rationale Nomenklatur, die ganz in der Tradition der Aufklärung steht. In der Frage, ob es sich um eine

3 Arthur Donovan, »Introduction«, in: Arthur Donovan (Hg.), *The Chemical Revolution. Essays in Reinterpretation* (= *Osiris* (2) 4 (1988)), S. 5-12; Donovan, »Lavoisier and the Origins of Modern Chemistry«.

Chemische Revolution handelt, plädiert Beretta für strikt historistische Kriterien: Da man schon seinerzeit von einer Revolution gesprochen hat, war es auch eine. Allerdings stellt für Beretta die zeitgenössische Interpretation nicht einfach eine historische Tatsache dar (die man selbst historiographisch untersuchen könnte), sondern er hält diese Einschätzung – insbesondere angesichts der vollständigen und schnellen Durchsetzung der neuen Nomenklatur – auch für berechtigt. Die Hervorhebung der Person Lavoisiers – etwa durch Berthelot – hält er entsprechend für angemessen.[4]

Evan Melhado vertritt die Ansicht, daß Lavoisier die Physik nicht nur als Modell für die Verwissenschaftlichung der Chemie genommen habe, sondern sein Interesse selbst ein originär physikalisches gewesen sei. Er habe zwar die zentralen Konzepte der Chemie – Phlogiston als Stoff und Affinität – benutzt, diese seien gegenüber seinem eigentlichen Interesse aber sekundär gewesen. Dieses habe in den makroskopischen Phänomenen von Wärme und Luft, insbesondere in der Theorie der Aggregatzustände bestanden. Kurz, Lavoisier sei in erster Linie Physiker, nicht Chemiker gewesen.[5]

Frederic L. Holmes möchte den Begriff der Chemischen Revolution auf die Frage nach Phlogiston oder Sauerstoff beschränken, denn nur hier gab es eine polarisierte und dramatisierte Auseinandersetzung. Nach Holmes stand diese aber stellvertretend für eine Richtungsentscheidung hinsichtlich langfristiger und damit tiefgreifender methodologischer Entwicklungen. Lavoisier unternahm ein von vornherein vielschichtiges Forschungsprogramm, von dem er sich bedeutende Entdeckungen (einschließlich des entsprechenden Ruhms) versprach, ohne am Anfang genau sagen zu können, wie sich dieses Programm entwickeln würde. Wenn Lavoisier von »Revolution« sprach, so meinte er damit schon vor ihm initiierte Entwicklungen *innerhalb* der schon als Wissenschaft

---

4 Beretta, *The Enlightenment of Matter*.
5 Melhado, »Chemistry, Physics, and the Chemical Revolution«.

etablierten Chemie. Von einer Physikalisierung durch Lavoisier kann somit keine Rede sein. Im Gegenteil, gerade in Priestleys bleibender Skepsis gegenüber Lavoisiers Chemie sieht Holmes nicht etwa ein Festhalten an einer veralteten chemischen Theorie, sondern die Verteidigung des Forschungsfeldes der »pneumatischen Chemie«, das Priestley als *natural philosopher*,[6] nicht im engeren Sinne als Chemiker bearbeitete.[7]

John McEvoy ist grundsätzlich skeptisch gegenüber philosophisch geprägten Konzepten wissenschaftlicher Revolutionen und propagiert statt dessen einen originär historischen Zugang, der Kontinuitäten und Diskontinuitäten nicht gegeneinander aufwiegt, sondern beide als Bedingungen historischer Veränderung versteht. Anhand eines Vergleichs von Lavoisier mit Priestley zeigt McEvoy, daß es zwischen beiden sowohl weitreichende Gemeinsamkeiten als auch signifikante Differenzen gab. Gemeinsamkeiten sind etwa die Ideale von Fortschritt und Nützlichkeit der Wissenschaft, ein mit der Ablehnung metaphysischer Spekulation einhergehender Sensualismus oder das Ziel der Analyse zusammengesetzter Stoffe. Differenzen bestehen hingegen hinsichtlich der Funktion der Sprache (allgemeinverständliche Konvention bei Priestley, rationales Erkenntnismittel bei Lavoisier), technisch aufwendiger Präzisionsgeräte (Verkomplizierung der Phänomene bzw. Ermöglichung genauer, fehlerfreier Messungen) oder der so-

---

6 Der Begriff *natural philosopher* ist schwer zu übersetzen. Jedenfalls hat der britische Typus des *natural philosophers* nichts mit dem deutschen idealistischen Naturphilosophen zu tun. Die treffendste moderne Übersetzung wäre demnach »Naturwissenschaftler«, die zeitgenössische »Naturkundiger« oder – im Sinne des 18. Jahrhunderts – »Physiker«.

7 Holmes, »Lavoisier's Conceptual Passage«; Holmes, »Beyond the Boundaries«; Frederic L. Holmes, »What Was the Chemical Revolution About?«, in: *Bulletin for the History of Chemistry* 20 (1997), S. 1-9.; Frederic L. Holmes, »The ›Revolution in Chemistry and Physics‹. Overthrow of a Reigning Paradigm or Competition between Contemporary Research Programs?«, in: *Isis* 91 (2000), S. 735- 753.

zialen Organisation von Wissenschaft (individualistisch und egalitär bzw. gemeinschaftlich und professionalisiert). Im Spiegel der Ansichten Priestleys bekommen daher die gemeinschaftlichen Aktivitäten Lavoisiers – das Forum der *Académie royale des sciences*, die Arbeit an der Nomenklatur, die *Annales de chimie* und die spektakulären öffentlichen Vorführungen – eine größere Bedeutung als in der auf die Person Lavoisier zentrierten Forschung. In der Durchsetzung von Lavoisiers Modell der Organisation von Wissenschaft sieht McEvoy die tiefgreifendste Entwicklung der Chemie um 1800.[8]

Genau diese wissenschaftspolitischen Aktionen sieht auch *Maurice Crosland* als entscheidend an, er spricht aber – anders als McEvoy – weiterhin von der durch Lavoisier bewirkten Chemischen Revolution. Diese bestand vor allem in einer Objektivierung einerseits der chemischen Fachsprache und andererseits der chemischen Experimente durch die quantitative Methode. Es handelt sich hier weniger um richtige oder falsche Theorien, sondern um verschiedene Stile oder verschiedene Spiele mit unterschiedlichen Regeln, wobei sich eben Lavoisiers Art, Chemie zu betreiben, gegenüber derjenigen Priestleys durchgesetzt hat.[9]

Carleton E. Perrin wendet sich gegen die Sichtweise, die Phlogistontheorie habe die Entwicklung der Chemie zu einer Wissenschaft so lange blockiert, bis die Chemische Revolution die wissenschaftliche Revolution des 17. Jahrhunderts auch für die Chemie nachholte. Nach Perrin stellt bereits Stahls Phlogistontheorie einen wesentlichen Beitrag zur Verwissenschaftlichung der Chemie dar, indem sie die Metaphysik der Ele-

---

8 McEvoy, »Continuity and Discontinuity in the Chemical Revolution«; McEvoy, »In Search of the Chemical Revolution«.
9 Maurice Crosland, »Chemistry and the Chemical Revolution«, in: George Sebastian Rousseau, Roy Porter (Hg.), *The Ferment of Knowledge*, Cambridge u. a. 1980, S. 389-416; Maurice Crosland, »Lavoisier, the Two French Revolutions and ›The Imperial Despotism of Oxygen‹«, in: *Ambix. The Journal of the Society for the History of Alchemy and Chemistry* 42 (1995), S. 101-118.

mente mit der Laborpraxis verband. Das Phlogiston war so
erfolgreich, weil man in chemischen Verfahren praktisch mit
ihm umgehen konnte. Ebenso erfolgreich war die Theorie der
Affinität, weil sie es ermöglichte, die Stoffe über ihre Reaktionen zu charakterisieren. Lavoisier arbeitete an diesem Programm weiter. Die Besonderheit Lavoisiers bestand darin, daß
er keinen für Chemiker typischen beruflichen Hintergrund in
Bergbau, Metallurgie oder Pharmazie hatte. Dies ermöglichte
ihm einen physikalischen Zugang in Form seiner quantitativen Präzisionsexperimente. Das Ziel blieb jedoch auch für Lavoisier ein chemisches. So wie Stahl aus dem Feuer einen chemischen Stoff gemacht hatte, tat Lavoisier dies mit der Luft.
Wenn es sich also um eine Revolution handelte, so fand sie
innerhalb der Chemie statt, und zwar hinsichtlich der sozialen
Polarisierung in »Phlogistiker« und »Antiphlogistiker« in den
1780er Jahren, die letztlich bestimmte, wer weiterhin als Chemiker galt. Perrin sieht in Lavoisiers Projekt aber eher eine
tiefgreifende Reform, ganz so wie Lavoisier auch auf anderen
Gebieten (Gesundheit, Staatsfinanzen, Militär) Reformen
vorangebracht hat.[10]

Für *Jerry Gough* stellt Lavoisiers Chemie an sich keine Revolution dar, sondern bildet nur den Abschluß einer lange
vorher von Stahl und seinen Schülern initiierten Revolution.
Diese bestand in der selbstbewußten Ablehnung des mechanistischen Programms, das darauf abzielte, verschiedene Stoffe
und ihre Reaktionen durch die Form der Materie zu erklären.
Vielmehr nahmen diese Chemiker die Verschiedenheit chemischer Stoffe als gegeben an und untersuchten ihre Zusammensetzung aus einfacheren Stoffen, ein die Disziplin der
Chemie bis heute in Abgrenzung zur Physik definierendes

---

10 Carleton E. Perrin, »Research Traditions, Lavoisier, and the Chem-
ical Revolution«, in: Arthur Donovan (Hg.), *The Chemical Revo-
lution. Essays in Reinterpretation* (= *Osiris* (2) 4 (1988)), S. 53-81;
Carleton E. Perrin, »Chemistry as Peer of Physics. A Response to
Donovan and Melhado on Lavoisier«, in: *Isis* 81 (1990), S. 259-270;
Perrin, »The Chemical Revolution«.

Programm. Die Trennlinie zwischen beiden Formen der Naturerkenntnis verlief entlang der *parties intégrantes*, der kleinsten Teile eines chemischen Stoffs. Hat man es mit größeren Mengen zu tun, so ist dies Physik. Die Chemie hingegen sucht die verschiedenen Bestandteile der kleinsten auf physikalischem Weg zerteilten Teilchen. Dies kann nur durch chemische Reaktionen geschehen. Lavoisiers Beitrag bestand für Gough darin, mit der quantitativen, auch die gasförmigen Stoffe einbeziehenden Bilanzmethode ein praktikables und objektives Verfahren erarbeitet zu haben, um die Zusammensetzung der Stoffe aus anderen, einfacheren Stoffen tatsächlich zu überprüfen.[11]

Robert Siegfried sieht den Kern der Chemischen Revolution in der Ermöglichung einer Konzeption zusammengesetzter Stoffe. Lavoisiers Theorie der Verbrennung brachte hier maßgebliche Umordnungen zwischen einfachen und zusammengesetzten Stoffen im einzelnen. Aber es ist in erster Linie das Konzept der »einfachen Stoffe« selbst, das der Chemie eine eigenständige, nicht mehr an der Naturgeschichte orientierte Systematik (mit entsprechender Nomenklatur) ermöglicht hat. Siegfried weist ferner darauf hin, daß erst mit John Daltons (1766-1844) Atomtheorie die moderne Chemie beginnt.[12]

Ebenso hat für *Rüdiger Stolz* die Bildung der wissenschaftlichen Chemie erst mit den Arbeiten Daltons und Berzelius' ihren Abschluß gefunden. Die Chemische Revolution des 18. Jahrhunderts hat hierfür mit der Sauerstofftheorie, der konzeptionellen Neufassung von Konzepten wie »Element«, »Säure«, »Base« und »Salz« sowie der reformierten Nomenklatur lediglich die Ausgangbedingungen geschaffen.[13]

---

11 Gough, »Lavoisier and the Fulfillment of the Stahlian Revolution«.
12 Robert Siegfried, »The Chemical Revolution in the History of Chemistry«, in: Arthur Donovan (Hg.), *The Chemical Revolution. Essays in Reinterpretation* (= *Osiris* (2) 4 (1988)), S. 34-50.
13 Stolz, »Die chemische Revolution des 18. Jh. und ihre Wirkung auf das 19. Jahrhundert«.

Mi Gyong Kim weist – sicherlich etwas überspitzt – darauf hin, daß die bleibenden Errungenschaften der Chemischen Revolution, nämlich die pragmatische Definition chemischer Elemente und die neue Nomenklatur, nicht bzw. nicht allein von Lavoisier stammen, wohingegen zwei von Lavoisiers eigenen Beiträgen, nämlich die Theorie der Säurebildung und die Wärmetheorie, bald in Frage gestellt und grundlegend modifiziert wurden. Für Kim ist nicht Lavoisier oder Dalton, sondern Berzelius die zentrale Figur für die Etablierung von moderner Chemie. Stöchiometrie als quantitative Weiterentwicklung der Affinitätstheorie war die Leitidee im beginnenden 19. Jahrhundert. Diese läßt sich kaum auf Lavoisiers Neuerungen zurückführen. Die Überschätzung der Rolle Lavoisiers für die Entstehung der modernen Chemie (bis hinein in die heutige Chemiegeschichtsschreibung) ist daher als ein Rezeptionsphänomen des 19. Jahrhunderts anzusehen, dessen historische Bedingungen selbst untersucht werden müssen.[14]

Genau um derartige Prozesse der nachträglichen Interpretation, in der Regel verbunden mit einer thematischen Vereinfachung und einer Betonung der Leistungen einzelner, geht es hingegen *Bernadette Bensaude-Vincent*.[15] Sie sagt keineswegs, daß es sich *nicht* um eine Chemische Revolution handele oder daß Lavoisier *keine* bedeutende Rolle in der Chemie des ausgehenden 18. Jahrhunderts gespielt habe. Nur müsse man erstens genau beachten, was man unter »Revolution« verstand, und zweitens müsse man die nachträglichen Bewertungen (einschließlich derjenigen der vermeintlich interesselosen Historiographie) ebenso kontextualisieren wie das Geschehen zwischen 1770 und 1790 selbst. Dies sei zunächst einmal eine ganz andere Aufgabe als die möglichst realitätsnahe wissen-

---

14 Kim, »Lavoisier, the Father of Modern Chemistry?«

15 Bensaude-Vincent, »A Founder Myth in the History of Sciences?«; Bensaude-Vincent, *Lavoisier*; Bernadette Bensaude-Vincent, Isabelle Stengers, *A History of Chemistry*, Cambridge 1996; Bensaude-Vincent, »A View of the Chemical Revolution through Contemporary Textbooks«.

schaftshistorische Rekonstruktion des Geschehens, aber auch
als die wissenschaftstheoretische Beurteilung der Art der Veränderungen in der Chemie vor 1800. Dabei sei es allerdings
unausweichlich, daß die Rekonstruktion der Rekonstrukti-
onsgeschichte selbst ein neues Licht auf die Chemische Revolution wirft.

Die Komplexität des Geschehens selbst spiegelt sich somit
in der Historiographie in Form einer Uneinigkeit darüber, was
die Chemische Revolution letztlich ausmacht. Gerade die Suche nach einem solchen Kern der Chemischen Revolution ist
aber nach McEvoy schon verfehlt: »In diesem Sinne auf der
Komplexität der historischen Ereignisse zu bestehen heißt die
Vorstellung zurückzuweisen, die Chemische Revolution be-
sitze ein bestimmendes Wesensmerkmal oder ein entscheiden-
des Moment, das ihre verschiedenen Aspekte in einen einheit-
lichen historischen Prozeß einzuordnen erlaube.«[16]

Ob die Frage nach der Chemischen Revolution weiterhin
für die Forschung leitend sein wird, bleibt abzuwarten. In
jedem Fall scheint es für die Beurteilung der Chemiegeschichte des ausgehenden 18. Jahrhunderts anderer Perspekti-
ven zu bedürfen. Zu den fruchtbarsten methodologischen
Neuerungen zählen sicherlich die schon in der *Einleitung* erwähnten Entwicklungen, wichtige Trennungen in der Wissenschaft selbst nicht für die Historiographie zu übernehmen,
sondern erstens unvoreingenommen zu untersuchen, ob diese
Trennungen bestehen, und zweitens zu untersuchen, welche
Rolle die *Schaffung* oder die *Behauptung* solcher Trennungen
für die Wissenschaft selbst haben. Diese Trennungen sind
1. die zwischen reiner und angewandter Chemie, 2. die zwischen Forschung und Lehre und 3. die zwischen dem eigentlichen Gang der Wissenschaft und seiner nachträglichen
Darstellung. Jede dieser drei Trennungen eröffnet neue For-
schungsperspektiven, die in der bisherigen Diskussion um die
Chemische Revolution keine zentrale Rolle gespielt haben.

---

16 McEvoy, »In Search of the Chemical Revolution«, S. 50.

Und zumindest für die zweite und die dritte Perspektive bekommt auch Lavoisiers *System der antiphlogistischen Theorie*
eine neuerliche Bedeutung.

6. Stellenkommentar

11.3 *antiphlogistischen]* Bezeichnung für Lavoisiers Sauer-stoffchemie im Zuge der Debatte um diese. Der Begriff stammt von Richard Kirwan (ca. 1733-1812), wurde aber allgemein, auch von Lavoisier selbst, verwendet.

13.3 *Akademie]* *Académie royale des sciences*, die zentrale wissenschaftliche Institution in Frankreich: 1666 gegründet, 1793 aufgelöst und 1795 als *Première classe (sciences physiques et mathématiques)* des *Institut national des sciences et des arts* wiedereröffnet, seit 1816 wieder unter der Bezeichnung *Académie des sciences* innerhalb des *Institut de France.*

13.4-5 *Abhandlung, über die Nothwendigkeit, die chemische Nomenklatur zu verbessern]* Publiziert als Teil von: Louis Bernard Guyton de Morveau, Antoine Laurent Lavoisier, Claude Louis Berthollet, Antoine François de Fourcroy, *Méthode de nomenclature chimique, proposée par MM. de Morveau, Lavoisier, Berthol[l]et, & de Fourcroy. On y a joint un nouveau systême de caractères chimiques, adaptés à cette nomenclature, par MM. Hassenfratz & Adet*, Paris 1787.

13.8 *der Abt von Condillac]* Étienne Bonnot de Condillac (1714-1780): französischer Philosoph.

13.8 *Logik]* Étienne Bonnot de Condillac, *La logique ou les premiers développemens de l'art de penser. Ouvrage élémentaire*, Paris 1780; deutsche Ausgabe: Étienne Bonnot de Condillac, *Die Logik. Oder die Anfänge der Kunst des Denkens*, Berlin 1959.

13.15 *räsoniren]* In der Regel abwertende Bezeichnung für das reine, nicht-empirische Erdenken von Theorien und Systemen. Hier hingegen neutral im Sinne von »schließen«.

13.20-21 *chemische Elementarwerk]* Wörtliche Übersetzung von *Traité élémentaire de chimie*. Wenn Hermbstaedt demgegenüber seine Übersetzung mit *System der antiphlogistischen*

Chemie betitelt, so verdeutlicht diese Akzentuierung den engen Zusammenhang des Übersetzungsprojektes mit der Debatte um die Theorie der Verbrennung in Deutschland.

13.26-27 *Vorstellungen]* Orig.: *idées.*

14.22 *Empfindung]* Geändert aus »Sensation« (Orig.: *sensation*). Siehe auch 2.12 *Die Erkenntnistheorie Condillacs.*

15.2 *Physik]* Nicht im Gegensatz zu Chemie zu verstehen. Physik (synonym mit Naturlehre) bezeichnete im 18. Jahrhundert neben einigen im engeren Sinne physikalischen Wissensgebieten auch die auf Erklärungen abzielende Naturerkenntnis insgesamt, das heißt einschließlich der reinen Chemie.

15.3 *Erfahrung]* Orig.: *expérience*, kann sowohl »Erfahrung« als auch »Experiment« bedeuten.

16.2-3 *daß wir nur Thatsachen aufbewahren; denn sie sind das allein von der Natur Gegebene]* Geändert von »daß wir nur Thatsachen aufbewahren; denn sie sind die Vordersätze welche die Natur uns giebt« (Orig.: *à ne conserver que les faits qui ne sont que des données de la nature*).

16.20 *chemischen Lehrbüchern]* Orig.: *les cours & [...] les traités de Chimie.*

16.23 *Grundstoffe]* Siehe Glossareintrag »Elemente«.

16.24 *Affinitäten]* Siehe Glossareintrag »Anziehung«.

17.13 *Elementar-Geometrie]* Euklidische Geometrie, hier als Muster einer auf Axiomen aufbauenden, deduktiven Theorie angeführt.

17.27 *Attraktionen oder Wahlanziehungen]* Siehe Glossareintrag »Anziehung«.

17.28 *Geoffroy]* Étienne François Geoffroy (1672-1731): französischer Chemiker und Mediziner.

17.28 *Gellert]* Christlieb Ehregott Gellert (1713-1795): deutscher Metallurge und Mineraloge.

17.28 *Bergmann]* Tobern Olof Bergman (1735-1784): schwedischer Chemiker, Mineraloge, Entomologe, Astronom, Physiker und Geograph.

17.28 *Scheele]* Carl Wilhelm Scheele (1742-1786): schwedischer Pharmazeut und Chemiker.

17.28 *Morveau]* Louis Bernard Guyton de Morveau (1737-1816): französischer Chemiker.

17.28 *Kirwan]* Richard Kirwan (ca. 1733-1812): irischer Chemiker, Mineraloge, Geologe und Meteorologe.

17.36 *transcendentelle Geometrie]* Orig.: *Géométrie transcendante*. Geometrie von transzendenten, das heißt nicht mit Zirkel und Lineal erzeugbaren Kurven, zum Beispiel Darstellungen mathematischer Funktionen. Die transzendente Geometrie benutzt, im Gegensatz zur Elementargeometrie, Differential- und Integralrechnung zur Analyse derartiger Kurven.

18.2 *Anfangsgründe]* Orig.: *Élemens*.

18.7 *Encyclopédie méthodique]* Charles Joseph Panckoucke (Hg.), *Encyclopédie méthodique*, 166 Bde., Paris 1782-1823. Diese *Encyclopédie méthodique* ist eine umfassende Sammlung themenspezifischer Wörterbücher. Gemeint ist hier der Teil *Encyclopédie méthodique. Chymie, pharmacie et métallurgie*, 6 Textbände und 2 Tafelbände, Paris 1786-1815. Die Einträge zur Chemie wurden begonnen von Guyton de Morveau, fortgesetzt durch Fourcroy und nach dessen Tod abgeschlossen durch Louis Nicolas Vauquelin (1763-1829).

18.12-13 *uranfänglichen Bestandtheile und Elemente]* Siehe Glossareintrag »Elemente«.

18.33 *ersten]* Geändert aus »mehrsten« (Orig.: *premiers*).

19.2 *Becher]* Johann Joachim Becher (1635-1682): deutscher Alchemist und Ökonom.

19.5 *Stahl]* Georg Ernst Stahl (ca. 1659-1734): deutscher Mediziner und Chemiker.

19.28 *Stoffen]* Orig.: *principes*. Siehe Glossareintrag »Elemente«.

20.1-3 *die Arbeit, welche die Herren von Morveau, Berthollet, von Fourcroy und ich, im Jahre 1787 gemeinschaftlich unternahmen]* Louis Bernard Guyton de Morveau, Antoine Laurent Lavoisier, Claude Louis Berthollet, Antoine François de Fourcroy, *Méthode de nomenclature chimique, proposée par MM. de Morveau, Lavoisier, Berthol[l]et, & de Fourcroy. On y a joint un*

*nouveau systême de caractères chimiques, adaptés à cette nomen-
clature, par MM. Hassenfratz & Adet*, Paris 1787. Claude Louis
Berthollet (1748-1822): französischer Chemiker. Antoine
François de Fourcroy (1755-1809): französischer Chemiker
und Mediziner.

20.14 *Begriffen]* Orig.: *idées.*

20.21 *Substanz]* Siehe Glossareintrag »Elemente«.

20.32 *Klasse und Gattung]* Lavoisier verwendet die taxono-
mischen Begriffe »Klasse«, »Gattung« und »Art« nicht konsi-
stent. In Carl von Linnés (1707-1778) Taxonomie besteht
zwischen Klasse und Gattung weitgehend ein Inklusionsverhältnis: Mehrere Gattungen gehören einer Klasse an, und in der
Regel gehört jede Gattung nur einer Klasse an. Nur in einigen
Fällen gehören verschiedene Arten einer Gattung verschiedenen Klassen an. Zwischen Arten und Gattungen besteht hingegen ein echtes Inklusionsverhältnis: Eine Gattung umfaßt
mehrere Arten, aber jede Art gehört nur einer Gattung an.

21.27 *Sättigung]* Im allgemeinen bezeichnet »Sättigung« den
Zustand der maximalen Anreicherung eines Stoffs mit einem
anderen. Hier verwendet Lavoisier den Begriff jedoch auch für
stabile (heute sagt man: stöchiometrische) Mengenverhältnisse unterhalb des Maximums.

21.28-29 *reinen und flüchtigen Schwefelsäure]* Bei den An-
gaben zu Säuren wurde häufig nicht zwischen dem in der
Regel festen oder gasförmigen Anhydrid einer Säure und der
Verbindung mit Wasser unterschieden. Dementsprechend bedeutet »reine Schwefelsäure« Schwefeltrioxid (SO_3) oder
Schwefelsäure (H_2SO_4) und »flüchtige Schwefelsäure« Schwefeldioxid (SO_2) oder Schweflige Säure (H_2SO_3). Bei diesen
und allen folgenden »Übersetzungen« von Stoffnamen in moderne Ausdrücke und Summenformeln ist zu beachten, daß
mit den alten Bezeichnungen keineswegs immer Reinstoffe
gemeint waren. Die Begriffe stammen in der Regel aus der
technischen oder pharmazeutischen Praxis, bei denen es oft
nicht möglich oder nicht ökonomisch zweckmäßig war, die
Stoffe bis zur »chemischen« Reinheit von Beimengungen zu

befreien. Formelschreibweisen für chemische Verbindungen etablierten sich erst im 19. Jahrhundert. Die Identifikation der Stoffe erfolgte mit Hilfe von Georg Christian Wittstein, *Vollständiges etymologisch-chemisches Handwörterbuch, mit Berücksichtigung der Geschichte und Literatur der Chemie. Zugleich als synoptische Encyclopädie der gesammten Chemie*, 3 Bde., Nachdruck der ersten Ausgabe von 1847-1849, Hildesheim, Zürich, New York 1984; Wolfgang Schneider, *Lexikon zur Arzneimittelgeschichte. Bd. 3: Pharmazeutische Chemikalien und Mineralien. Sachwörterbuch zur Geschichte der pharmazeutischen Chemie und Mineralogie*, Frankfurt/M. 1968; Hermann Römpp, *Römpps Chemie-Lexikon*, 6 Bde., 8. Aufl., hg. v. Otto-Albrecht Neumüller, Stuttgart 1972-1977.

21.35 *erdigten Zustand]* Phänomenologische Klassifikation: pulvrig oder fest, oft farbig, oft schlecht löslich; im Gegensatz zu metallisch: glänzend, formbar, schmelzbar.

22.4 *Oxide]* Siehe Glossareintrag »Oxidation«.

22.8 *oxidirten Metallen]* Siehe Glossareintrag »Oxidation«.

22.13-14 *Vandermonde]* Alexandre Théophile Vandermonde (1735-1796): französischer Mathematiker.

22.14 *Monge]* Gaspard Monge (1746-1818): französischer Mathematiker, Chemiker und Ingenieur.

22.18 *Pelletier]* Bertrand Pelletier (1761-1797): französischer Chemiker.

22.20-21 *Gattungsnamen]* Orig.: *noms génériques*.

22.31 *Neutralsalze]* Auch *Mittelsalze*. Bezeichnete im 18. Jahrhundert die Verbindungen zwischen Säuren und Basen, wohingegen (anders als heute) die Säuren und Basen selbst auch als *Salze* bezeichnet wurden.

22.32-33 *säurezeugenden Stoff]* Orig.: *principe acidifiant*. Siehe Glossareintrag »Oxidation«.

23.4 *Grundstoffs]* Orig.: *base*. Siehe Glossareintrag »Elemente«.

23.31-32 *Algarothpulver]* Aus der Hydrolyse von Antimonchlorid ($SbCl_3$) entstehende Verbindung ($Sb_4O_5Cl_2$).

23.32 *Alembrothssalz]* Mischung aus Quecksilberchlorid ($HgCl_2$) und Ammoniumchlorid (NH_4Cl).

23.32 *Pompholix]* Pompholyx: Ablagerung von sublimiertem Zinkoxid (ZnO) beim Schmelzen des Zinks. Wegen der Ähnlichkeit der feinen, weißen Ablagerung mit Schnee auch latinisierend *nix* genannt, woraus die Bezeichnung »weißes Nichts« wurde, die dann wiederum in *Nihilum album* rückübersetzt wurde.

23.32 *Mineralturpith]* Auch »Gelbes Quecksilberpräzipitat«: Basisches Quecksilbersulfat ($HgSO_4 \cdot 2HgO$).

23.32-33 *Colkothar]* Kolkothar: roter Farbstoff, basierend auf Eisen(III)-oxid (Fe_2O_3).

24.1 *zerflossenes Weinsteinöl]* Lösung von Kaliumcarbonat (K_2CO_3).

24.1 *Vitriolöl]* Schwefelsäure (H_2SO_4).

24.1 *Arsenikbutter]* Arsenchlorid ($AsCl_3$).

24.2 *Spiesglanzbutter]* Atimonchlorid ($SbCl_3$).

24.2 *Zinkblumen]* Zinkoxid (ZnO).

24.11 *Macquer]* Pierre Joseph Macquer (1718-1784): französischer Chemiker.

24.13 *Upsal]* Uppsala, schwedische Universitätsstadt.

24.30 *Elementarwerke]* Orig.: *ouvrage élémentaire*, andernorts auch *traité élémentaire*.

25.9 *de Laplace]* Pierre Simon Marquis de Laplace (1749-1827): französischer Mathematiker, Astronom und Physiker.

25.32 *umständliche]* Nicht abwertend, sondern im Sinne von »ausführlich«.

26.1 *neuern]* Orig.: *modernes*.

26.5 *Memoirs]* Abhandlungen (*Mémoires*), die an der *Académie royale des sciences* mündlich vorgetragen oder erwähnt und zum Teil in der jährlich erscheinenden *Histoire de l'Académie royale des sciences. Avec les mémoires de mathématique et de physique* publiziert wurden.

26.20-27.5 *Anstatt die Sachen … geschrieben haben]* Lavoisier zitiert hier nicht exakt, aber den Sinn erhaltend aus Condillacs *Logique*. Die Passage in der deutschen Ausgabe (Étienne Bonnot de Condillac, *Die Logik. Oder die Anfänge der Kunst des Denkens*, Berlin 1959, S. 64-65 und S. 68) lautet:

»... und darum haben wir jene Dinge, die wir erkennen wollten, statt sie zu beobachten, erdenken *(imaginer)* wollen. Von einer falschen Annahme zur anderen haben wir uns immer tiefer in Irrtümer verstrickt. Diese Irrtümer sind zu Vorurteilen geworden, und so haben wir sie für Prinzipien genommen. Wir haben uns also immer mehr verirrt. Schließlich konnten wir nur noch nach den angenommenen schlechten Gewohnheiten Schlüsse ziehen. Die Kunst des Schließens wurde für uns zur Kunst des Mißbrauchs von Wörtern. [...] Wenn es so weit gekommen ist, gibt es nur ein Mittel, um wieder Ordnung in die Fähigkeit des Denkens zu bringen, nämlich: alles zu vergessen, was wir gelernt haben, unsere Ideen an ihrem Ursprung wiederaufzunehmen, ihre Entstehung zu verfolgen und, wie Bacon sagt, den menschlichen Verstand neu zu schaffen. Dieses Mittel ist umso schwieriger anzuwenden, je gelehrter man zu sein glaubt. Daher würden solche Werke, in denen die Wissenschaften mit großer Klarheit, Präzision und Ordnung abgehandelt werden, nicht in gleicher Weise für jedermann faßlich sein. Menschen, die nichts studiert haben, würden sie besser verstehen als diejenigen, die viel studiert haben, besser vor allem als jene, die viel über die Wissenschaften geschrieben haben.«

26.33 *Baco]* Francis Bacon (1561-1626): englischer Philosoph und Wissenschaftstheoretiker.

27.7-11 *aber endlich haben die Wissenschaften ... auch richtiger]* Die Passage in der deutschen Ausgabe (Étienne Bonnot de Condillac, *Die Logik. Oder die Anfänge der Kunst des Denkens*, Berlin 1959, S. 81-82) lautet: »Endlich aber haben die Wissenschaften Fortschritte gemacht, weil die Philosophen besser beobachtet und sich so präsis und exakt ausgedrückt haben, wie sie beobachtet hatten. Sie haben also die Sprache in sehr vieler Hinsicht korrigiert, und so hat man auch bessere Schlüsse gezogen.«

28.5 *luftförmigen Flüßigkeiten]* Siehe Glossareintrag »Gase«.

28.9 *Wärmestoffes]* Siehe Glossareintrag »Gase«.

28.10 *elastischen]* Siehe Glossareintrag »Gase«.

28.12 *Boerhave]* Hermann Boerhave (1668-1738): niederländischer Mediziner, Botaniker und Chemiker.

28.21 *Theilchen]* Siehe Glossareintrag »Gase«.

29.4 *weitgehend]* Geändert aus »auf eine bemerkbare Art« (Orig.: *sensiblement*).

29.23-24 *der zurückstoßenden, und der anziehenden Kraft]* Siehe Glossareintrag »Anziehung«.

29.30 *Adhäsion]* Orig.: *adhérence*. Siehe Glossareintrag »Anziehung«.

29.33-34 *Reaumürschen Thermometers]* Thermometer mit einer zwischen dem Eispunkt (0 °) und dem Siedepunkt des Wassers (80 °) in 80 Grade geteilten Skala. Gebräuchlich waren Réaumursche Thermometer mit Quecksilber oder mit Alkohol als Meßflüssigkeit. Benannt nach René-Antoine Ferchault de Réaumur (1683-1757).

30.5 *von allen Körpern der Natur]* Geändert aus »von allen natürlichen Körpern« (Orig.: *de tous les corps de la Nature*).

30.25-27 *in einer Abhandlung welche ich 1777 vorlas, (s. Receuil de l'Académie, pag. 420.)]* Antoine Laurent Lavoisier, »De la combinaison de la matière du feu avec les fluides évaporables, et de la formation des fluides élastiques aëriformes«, in: *Histoire de l'Académie royale des sciences. Avec les mémoires de mathématique et de physique 1777* (gedruckt 1780), S. 420-432. Als Mitglied des *Comité de librairie* der *Académie royale des sciences* erreichte Lavoisier es manchmal, daß seine mündlich vorgetragenen *Mémoires* nicht in dem zugehörigen Jahrgang erschienen, sondern in dem gerade in Druck befindlichen. Es darf also von der Jahreszahl, auf die sich ein Band bezieht, nicht ohne weiteres auf das Entstehungsjahr des Textes geschlossen werden.

32.9 *Repulsionskraft]* Siehe Glossareintrag »Anziehung«.

32.10 *Atomen]* Siehe Glossareintrag »Gase«.

32.21 *Dunstkreises]* Atmosphäre.

32.23 *Reaum. Thermometers]* Orig.: *thermomètre français*.

33.2 *Schwere]* Siehe Glossareintrag »Anziehung«.

33.6-8 *durch folgenden Versuch bestätigt; welchen ich der Aka-*

demie 1777 (Mém. de l'Académ. pag. 426.) umständlich mitge-theilt habe] Antoine Laurent Lavoisier, »De la combinaison de la matière du feu avec les fluides évaporables, et de la formation des fluides élastiques aëriformes«, in: *Histoire de l'Académie royale des sciences. Avec les mémoires de mathématique et de physique 1777* (gedruckt 1780), S. 420-432.

33.10 *Schwefeläther]* Aus Ethanol (C_2H_5OH) mittels Schwefelsäure erzeugter Diethylether (H_5C_2–O–C_2H_5).

33.11 *Linien]* Siehe Glossareintrag »Maße und Gewichte«.

33.12 *Zoll]* Siehe Glossareintrag »Maße und Gewichte«.

33.19 *Rezipienten einer Luftpumpe]* Die Luftpumpe war im 18. Jahrhundert – neben der Elektrisiermaschine – das typische Instrument der Experimentalphysik. Sie erlaubte Experimente im Vakuum und unter anderen Luftarten als atmosphärischer Luft. In der Regel war direkt auf die Luftpumpe ein Teller aufgesetzt, durch den ein Rohr führte, das den Innenraum des Rezipienten mit der eigentlichen Luftpumpe verband. Als Rezipient diente meist eine Glasglocke.

33.22-23 *Barometer]* Meßgerät zur Messung des Luftdrucks der Atmosphäre oder allgemeiner des Gasdrucks in gasgefüllten Gefäßen. Gebräuchlich waren vor allem Quecksilberbarometer, bei denen der durch das Gewicht einer Quecksilbersäule verursachte Druck mit dem Gasdruck der Atmosphäre bzw. im Innern eines gasgefüllten Gefäßes im Gleichgewicht stand. Der in Lavoisiers Versuchen verwendete Standarddruck von »28 Zoll« bezieht sich auf die Höhe der Quecksilbersäule (758 mm) und beträgt in heutigen Einheiten 1010,6 Hektopascal.

33.35 *spec. Schwere]* Spezifische Schwere. Siehe Glossareintrag »Anziehung«.

33.36 *Weingeistes]* Ethanol (C_2H_5OH).

34.16 *aus dem tropfbaren, in den luftförmigen Zustand]* Siehe Glossareintrag »Gase«.

34.24 *Wasser]* Galt vor Lavoisier als chemisches Element, nach Lavoisier ist Wasser eine Verbindung aus Sauerstoff und Wasserstoff (H_2O).

34.24 *Quecksilber]* Nach Lavoisier ein chemisches Element (Hg).

34.36 *Eine andere Art von Versuch]* Geändert aus »Ein anderer Versuch dieser Art« (Orig.: *Un autre genre d'expérience*).

36.3-5 *in einer der Akademie 1777 vorgelesenen, jetzt noch ungedruckten Abhandlung]* Diese Abhandlung wurde offenbar nie gedruckt.

36.9 *Herr de Lüc]* Jean André Deluc (1727-1817): Schweizer Geologe, Meteorologe, Physiker und Theologe.

36.35 *Mémoires de l'Académ. 1780. 335]* Antoine Laurent Lavoisier, »Mémoire sur quelques fluides qu'on peut obtenir dans l'état aériforme, à un degré de chaleur peu supérieur à la température moyenne de la Terre«, in: *Histoire de l'Académie royale des sciences. Avec les mémoires de mathématique et de physique 1780* (gedruckt 1784), S. 334-343.

37.30-31 *Salpeteräther]* Im Prinzip läßt sich mittels Salpetersäure sowohl der salpetersaure Ester ($C_2H_5-O-NO_2$) als auch der salpetrigsaure Ester (C_2H_5-O-NO) gewinnen. Da Lavoisier aber angibt, daß der Salpeteräther bei niedrigerer Temperatur verdampft als der Schwefeläther, muß es sich um den salpetrigsauren Ester handeln. Zur Zeit Lavoisiers umfaßte der Begriff »Äther« sowohl Ether als auch Ester in heutigem Sinne.

37.34 *Fluidum]* Siehe Glossareintrag »Gase«.

38.13 *Drachmen]* Siehe Glossareintrag »Maße und Gewichte«.

39.2 *Kochsalzsäure]* Salzsäure: Lösung von Chlorwasserstoff (HCl) in Wasser.

39.3 *flüchtiges Laugensalz oder Ammoniak]* Ammoniak (NH_3).

39.3-4 *Kohlensäure oder fixe Luft]* Zunächst phänomenologische Bezeichnung für chemisch gebundene, »fixierte« Luft, später nur für Kohlendioxid (CO_2) verwendet.

39.16 *Gas]* Siehe Glossareintrag »Gase«.

41.33 *latente]* Geändert aus »verborgene« (Orig.: *latente*).

43.18 *Mémoires de l'Académie 1780 p. 364]* Antoine Laurent

Lavoisier, Pierre Simon Marquis de Laplace, »Mémoire sur la chaleur«, in: *Histoire de l'Académie royale des sciences. Avec les mémoires de mathématique et de physique 1780* (gedruckt 1784), S. 355-408. Die dargestellten Experimente wurden erst 1783 durchgeführt.

44.11 *der am meisten elastische Körper]* Geändert aus »der einzige elastische Körper« (Orig.: *le corps éminemment élastique*).

44.32 *Boyleschen leeren Raum]* Robert Boyle (1627-1691): englischer Physiker und Chemiker. Boyle machte die Luftpumpe und damit das Experimentieren mit dem und in dem Vakuum zu zentralen Themen der experimentellen Naturforschung.

46.25 *zu festigen]* Geändert aus »fester zu machen« (Orig.: *fixer*).

46.30-32 *in die Region des Merkurs, wo die gewöhnliche Wärme wahrscheinlich die Wärme des siedenden Wassers weit übersteigt]* In der Tat ist gegenüber der Erde die Intensität der Sonnenstrahlung auf dem Merkur aufgrund des kleineren Abstandes zur Sonne sechsfach höher. Allerdings bewirkt die fehlende Atmosphäre auf dem Mars, daß die Temperatur dort nicht immer höher ist als auf der Erde, sondern zwischen +467 °C auf der Sonnenseite und -183 °C während der Nacht schwankt.

47.20 *papinischen Topf]* Denis Papin (1647-ca. 1712): französischer Technologe, erfand 1679 den Dampfdruck-Kochtopf.

49.17 *respirabel]* Atembar.

50.18 *Prüfungsarten]* Orig.: *genres de preuve*.

50.22-23 *die schlüssigsten Versuche]* Geändert aus »die bündigsten Versuche« (Orig.: *les expériences les plus concluantes*).

50.29 *Phiole]* Glasgefäß mit langem, engen Hals.

50.36 *Unzen]* Siehe Glossareintrag »Maße und Gewichte«.

52.7 *Kochpunkt]* Der Siedepunkt des Quecksilbers liegt bei 357 °C.

52.19 *Verkalkung]* Siehe Glossareintrag »Oxidation«.

52.24 *reduzirt]* Siehe Glossareintrag »Oxidation«.

52.31 *Gran]* Siehe Glossareintrag »Maße und Gewichte«.

53.32 *Priestley]* Joseph Priestley (1733-1804): englischer Chemiker, Physiker und Theologe.

54.5 *mephitischer Luft]* Bezeichnung für stinkende, aus faulem Wasser aufsteigende Dämpfe; allgemein Bezeichnung für lebensfeindliche Gase. Im engeren Sinne gasförmiger Stickstoff (N_2).

54.28 *Basis]* Siehe Glossareintrag »Elemente«.

54.36 *wie 27 zu 73]* Lavoisier gibt nicht an, ob er hier Volumen- oder Massenanteile meint. Aus einer Tabelle im Anhang des *Systems* ergibt sich jedoch, daß hier Massenanteile gemeint sein müssen. Das entsprechende Volumenverhältnis berechnet sich aus den dort angegebenen Werten von 24,5 % zu 75,5 %. Die heutigen Werte für die Hauptbestandteile der Luft sind: Stickstoff: 78 %; Sauerstoff 21 %, Argon 1 % nach Volumen.

55.4 *Kalzination]* Siehe Glossareintrag »Oxidation«.

55.8 *Licht]* Orig.: *lumière*. Lavoisier unterscheidet hier also, anders als bei Wärme/Wärmestoff *(chaleur/calorique)*, nicht zwischen Phänomen und stofflicher Ursache.

55.23 *Auseinandersetzung]* Geändert aus »Zergliederung« (Orig.: *discussion*).

55.31 *Ingen-Hous]* Jan Ingen-Housz (1730-1799): niederländischer Mediziner, Pflanzenphysiologe und Physiker.

56.20 *Pfund]* Siehe Glossareintrag »Maße und Gewichte«.

56.33 *gemeiner Luft]* Atmosphärische Luft.

57.35 *rein]* Hier im Sinne von stickstofffrei, also reiner Sauerstoff (O_2).

58.36 *Eisenmohr]* Magnetit (Fe_3O_4 oder $FeO \cdot Fe_2O_3$), oft mit Beimengung von Kohle.

59.4 *Centner]* Siehe Glossareintrag »Maße und Gewichte«.

59.9-10 *die Gewichtszunahme des Metalls]* Geändert aus »das zusammen Gewicht« (Orig.: *l'augmentation de poids que ce métal a acquise*).

59.12-13 *Daß ein Cubikzoll dieser Luft, ziemlich genau einen halben Gran wiegt ...]* Die genaue Angabe in der Tabelle im Anhang ist 0,50694 Gran/Kubikzoll. Mit heutigen Werten und den im Glossareintrag »Maße und Gewichte« angegebenen Umrechnungen wiegt 1 Kubikzoll Sauerstoffgas bei den von Lavoisier angegebenen Bedingungen (10 °Réaumur; 28 Zoll Luftdruck) 0,5082 Gran.

59.27 *Retorte]* Gefäß, meist aus Glas, mit einem offenen, nach unten gebogenem Hals für Destillationen, vor allem bei hohen Temperaturen.

59.29 *Pflanzenalkali oder ätzendes Laugensalz]* Kaliumhydroxid (KOH).

59.30 *sulphurisirtes Alkali (Schwefelleber)]* Schwefelleber: Gemisch aus elementarem Schwefel, Kaliumpolysulfiden (K_2S_x), Kaliumsulfat (K_2SO_4), Kaliumthiosulfat ($3K_2S_2O_3 \cdot 5H_2O$) u. a.

60.3-4 *pneumatische Vorrichtung]* Auch pneumatische Apparatur: Apparatur für Versuche mit Gasen. Eine pneumatische Apparatur besteht aus eine Wanne aus Holz, Metall oder Stein, die mit Wasser oder (für das Auffangen wasserlöslicher Gase) mit Quecksilber gefüllt ist. Knapp unter der Wasser- bzw. Quecksilberoberfläche ist ein Podest angebracht, das einen Teil der Querschnittsfläche der Wanne einnimmt. Auf dieses Podest werden umgestülpte Glaszylinder oder Glocken gestellt, so daß sich deren Rand vollständig in der Flüssigkeit befindet. Durch die über das Podest hinausreichende Öffnung des Gefäßes können nun mit der Hand Dinge hinein- oder herausgebracht werden. Ebenfalls durch diese Öffnung oder durch in das Podest gebohrte und zuweilen unten mit Trichtern versehene Löcher kann mittels Glasröhren Gas in die Gefäße eingeleitet werden. Dazu wird in der Regel vor Beginn des Versuchs das Glasgefäß ganz mit Wasser bzw. Quecksilber gefüllt, indem es in dem tiefen Teil der Wanne mit der Öffnung nach oben gedreht, dann unter der Flüssigkeit mit der Öffnung nach unten gedreht und schließlich auf das Podest gestellt wird, ohne daß dabei der Rand des Gefäßes über die Oberfläche käme. Der äußere Luftdruck sorgt dafür, daß die

Flüssigkeit nicht aus dem Gefäß fließt. Beim Einleiten von Gasen verdrängen diese die Flüssigkeit und sammeln sich im oberen Teil des Gefäßes, von wo sie mittels weiterer Handgriffe für andere Versuche entnommen werden können.

60.7 *respirable Luft]* Atembare Luft: Gasförmiger Sauerstoff (O_2).

60.28 *aus verschiedenen Reichen]* Gemeint sind die drei Reiche der Natur, das Mineralreich, das Pflanzenreich und das Tierreich.

66.30 *Salpetersäure]* Salpetersäure (HNO_3).

61.7-8 *Einleitung]* Eine weitere Übersetzung von *Traité élémentaire.*

61.14 *von Saussure]* Horace Bénédict de Saussure (1740-1799): Schweizer Geologe, Meteorologe, Botaniker und Pädagoge.

63.22 *van Helmont]* Johannes Baptista van Helmont (1579-1644): belgischer Chemiker und Mediziner.

64.2-3 *Salzsaures Gas]* Chlorwasserstoff (HCl).

64.23 *Markgewicht]* Siehe Glossareintrag »Maße und Gewichte«.

64.31 *azote]* Gräzisierendes Kunstwort für den Grundstoff des »lebensfeindlichen« Teils der atmosphärischen Luft (gasförmiger Stickstoff, N_2), der sich nicht atmen läßt und der Verbrennungen nicht unterhält. Nach Lavoisier ist dieser Teil der Luft eine Verbindung des azotischen Stoffs mit dem Wärmestoff.

64.35-36 *der Cubikzoll 0,4444 Gran]* Die genaue Angabe in der Tabelle im Anhang ist 0,44444 Gran/Kubikzoll. Mit heutigen Werten und den im Glossareintrag »Maße und Gewichte« angegebenen Umrechnungen wiegt 1 Kubikzoll Stickstoffgas bei den von Lavoisier angegebenen Bedingungen (10 °R; 28 Zoll Luftdruck) 0,44475 Gran.

66.29 *Kunkelschen Phosphor]* Phosphor, chemisches Element (P), in seiner weißen Modifikation (P_4). Der Zusatz »Kunkelsch« (nach Johann Kunckel (ca. 1630-ca. 1702): deutscher Chemiker) dient der Unterscheidung des chemischen

Stoffs von Phosphoren in der allgemeineren Bedeutung licht-
speichernder Körper.

67.19 *feste Phosphorsäure]* Geändert aus »konkrete Phosphorsäure« (Orig.: *l'acide phosphorique concret*). Diphosphor-
pentoxid (P_2O_5), wobei 45 Gran Phosphor nach heutigen
Werten nur 58,1 Gran statt wie bei Lavoisier 69,4 Gran Sauerstoff binden.

68.26 *direkte Versuche]* Geändert aus »genaue Versuche«
(Orig.: *expériences directes*).

69.7 *auf ein oder anderthalb Gran genau]* Geändert aus »bis
auf einen oder beinahe anderthalb Gran« (Orig.: *à un grain ou
un grain & demi près*).

69.12-13 *die Hydro-pneumatische Maschine]* Geändert aus
»die Luftpumpe« (Orig.: *la machine hydro-pneumatique*).

69.13 *Herr Meusnier]* Jean Baptiste Marie Charles Meusnier
de la Place (1754-1793): französischer Mathematiker, Physiker
und Ingenieur.

69.14 *in den Mémoires de l'Académie fürs Jahr 1782. S. 466]*
Jean Baptiste Marie Charles Meusnier de la Place, »Descrip-
tion d'un appareil propre à manœuvrer différentes espèces
d'airs, dans les expériences qui en exigent des volumes consi-
dérables, par un écoulement continu parfaitement uniforme et
variable à volonté, et donnant à chaque instant la mesure des
quantités d'air employées, avec toute la précision qu'on peut
désirer«, in: *Histoire de l'Académie royale des sciences. Avec les
mémoires de mathématique et de physique 1782* (gedruckt 1785),
S. 466-475.

69.23 *Brennglase]* Sammellinse zur Fokussierung der Son-
nenstrahlen. Brenngläser stellten im 18. Jahrhundert diejenige
Technik dar, mit der die höchsten Temperaturen erreicht wurden. Zudem ermöglichten sie in der pneumatischen Chemie,
eine Substanz unter einer Glocke eines pneumatischen Apparats von außen zu entzünden.

70.17 *ist]* Geändert aus »war« (Orig.: *est*).

70.35 *Mémoires de l'Académie de Paris 1780. pag. 355]* Antoine Laurent Lavoisier, Pierre Simon Marquis de Laplace,

»Mémoire sur la chaleur«, in: *Histoire de l'Académie royale des sciences. Avec les mémoires de mathématique et de physique 1780* (gedruckt 1784), S. 355-408.

71.36 *Säurezeugung]* Siehe Glossareintrag »Oxidation«.

73.10-11 *Mémoires de l'Académie fürs Jahr 1781. S. 448]* Antoine Laurent Lavoisier, »Mémoire sur la formation de l'acide, nommé *Air fixe* ou *Acide crayeux*, et que je désignerai désormais sous le nom d'*Acide du charbon*«, in: *Histoire de l'Académie royale des sciences. Avec les mémoires de mathématique et de physique 1781* (gedruckt 1784), S. 448-467.

73.33 *o Gran 695]* Gemeint ist 0,695 Gran.

74.9 *angeführten]* Geändert aus »angezogenen« (Orig.: *que je viens de citer*).

74.20 *weinichten Gährung]* Alkoholische Gärung.

75.8 *Destillation]* Erhitzung einer aus mehreren Substanzen bestehenden Lösung zur Trennung in deren Bestandteile, indem die leichter flüchtige Substanz in Gasform die Lösung verläßt und entweder in der Retorte kondensiert oder in Gasform aufgefangen wird.

75.16 *Alkohol]* Gemeint ist hier Ethanol (C_2H_5OH).

75.28-32 *denn nichts wird weder in den Operationen der Kunst, noch in jenen der Natur erschaffen, und man kann als Grundsatz annehmen, daß in jeder Operation eine gleiche Menge Stoff vor und nach derselben da sey]* Hier spricht Lavoisier explizit das Postulat der Massenerhaltung aus, auf dem die Elementaranalyse und die Bilanzmethode beruhen.

76.21 *Zucker]* Entweder eines der Monosaccharide Glucose, Galaktose oder Fructose (Isomere der Summenformel $C_6H_{12}O_6$) oder eines der Disaccharide Saccharose (Glucose + Fructose), Maltose (Glucose + Glucose) oder Lactose (Glucose + Galaktose).

77.22-23 *sogar behalte ich die Brüche bei, die mir die Reductionsrechnung gegeben hat]* Aus der Anzahl der Nachkommastellen darf also nicht auf die Präzision der jeweiligen Angabe geschlossen werden.

82.13 *festgestellt]* Geändert aus »festgesetzt« (Orig.: *établi*).

82.18 *doppelte Affinität]* Geändert aus »doppelte Attraktion« (Orig.: *double affinité*).

83.32-35 *in einem Aufsatze, den ich der Akademie über die weinichte Gährung überreicht habe, und der nächstens gedruckt werden wird]* Vermutlich Antoine Laurent Lavoisier, »Réflexions sur la décomposition de l'eau par les substances végétales et animales«, in: *Histoire de l'Académie royale des sciences. Avec les mémoires de mathématique et de physique 1786* (gedruckt 1788), S. 590-605.

84.6 *Alkalien]* Sammelbegriff für die drei sogenannten »Laugensalze«, das »Pflanzenlaugensalz« (»Kali«, »Pottasche«), das »Minerallaugensalz« (»Natron«, »Soda«) und das »flüchtige Laugensalz« (»Ammoniak«), die Lackmus blau färben. Diese drei kommen einerseits als »ätzende« Laugensalze (KOH, $NaOH$, NH_3) oder als »luftvolle« Laugensalze (K_2CO_3, Na_2CO_3, $(NH_4)_2CO_3$) vor. Die ersten beiden kommen auch als »feuerbeständige« Laugensalze (K_2O bzw. Na_2O) vor. Die Oxide und Hydroxide lassen sich jedoch leicht durch Anfeuchten oder Erhitzen ineinander umwandeln ($K_2O + H_2O \leftrightarrow 2\ KOH$; mit Natrium entsprechend), so daß diese nicht als chemisch verschiedene Stoffe betrachtet wurden. Die Zusammensetzung des Ammoniaks wurde 1784 von Claude Louis Berthollet (1748-1822) gezeigt. Die Darstellung des metallischen Kaliums und Natriums gelang erst 1807 dem englischen Chemiker Humphry Davy (1778-1829) durch Elektrolyse.

84.7 *Erden]* Sammelbegriff für »erdigte« Substanzen. Lavoisier vermutet, daß es sich dabei um Metalloxide handele, deren metallische Basen deshalb noch nicht bekannt seien, weil man sie nicht durch Kohle reduzieren kann. Dennoch führt Lavoisier diese Erden in der Liste der Elemente mit an. Es sind dies die Kalkerde, die Bittersalzerde, die Schwererde, die Alaunerde und die Kiesel- oder Glaserde. Nach heutigem Verständnis handelt es sich dabei um verschiedene Verbindungen auf der Basis der Elemente Calcium (Ca), Magnesium (Mg), Barium (Ba), Aluminium (Al) bzw. Silicium (Si).

84.33 *nitröses Gas]* Stickstoffmonoxid (NO). Reagiert an der Luft sofort zu braunrotem Stickstoffdioxid (NO_2), das sich wiederum in Wasser löst und Salpetersäure (HNO_3) bildet. Auf dieser Doppelreaktion und der damit verbundenen Entfernung des Sauerstoffs aus der Luft und Bindung desselben im Wasser beruhen einige Luftgütemesser (Eudiometer), mit denen der Anteil des Sauerstoffs an der Luft an bestimmten Orten (zum Beispiel Kellern oder Krankenzimmern) gemessen wurde.

85.14 *auf dem nassem Wege]* Die Chemie des 18. Jahrhunderts teilte die chemischen Verfahren (Analysen und Synthesen) in zwei Gruppen, solche auf dem nassen Weg und solche auf dem trockenen Weg. Auf dem nassen Weg bedeutet, daß die Stoffe gelöst in einer Flüssigkeit, meist Wasser, vorliegen. Auf dem trockenen Weg bedeutet, daß die Reaktion durch Feuer bewirkt wird. Dahinter steht die Vorstellung, daß die vier Elemente (Feuer, Wasser, Erde und Luft) nicht nur die elementaren Bestandteile der Materie sind, sondern auch chemische Instrumente, mit denen man chemische Stoffe auflösen kann. Häufig kann ein Stoff auf beiden Wegen hergestellt werden. Bei der Diskussion um Lavoisiers Chemie in Deutschland stand zur Debatte, ob der durch Erwärmung hergestellte Quecksilberkalk *(mercurius praecipitatus per se)* ($2\,Hg + O_2 + \rightarrow 2\,HgO$) und der mittels Salpetersäure hergestellte Quecksilberkalk *(mercurius praecipitatus ruber)* ($Hg + 2\,HNO_3 \rightarrow Hg(NO_3)_2 + H_2 \uparrow$, dann $Hg(NO_3)_2 \rightarrow HgO + 2\,NO_2 + 1/2\,O_2 \uparrow$) identisch sind.

85.30 *oxigenesirten Meersalzsäure]* Chlorgas (Cl_2). Da Chlorgas meist durch die Einwirkung von Braunstein (Mangandioxid, MnO_2), das als Oxidationsmittel bekannt war, gewonnen wurde, hielt man das Chlorgas für oxidierte gasförmige Salzsäure (wobei nach Lavoisier die Salzsäure selbst ja schon Sauerstoff enthält). Erst Davy vermutete ab ca. 1810, daß dieses Gas und die Salzsäure gar keinen Sauerstoff enthalten. Für die Basis der Salzsäure führte Davy den Namen *chlorine* ein.

85.35 *gewöhnliche Meersalzsäure]* Chlorwasserstoff (HCl)
und dessen Lösung in Wasser, im Gegensatz zu der *oxigenesirten Meersalzsäure.*

86.14 *Silber]* Nach Lavoisier ein chemisches Element (Ag).

86.15 *Blei]* Nach Lavoisier ein chemisches Element (Pb).

86.26-27 *die vier salzfähigen Erden, die wir oben angeführt
haben]* In einem hier nicht abgedruckten Kapitel erwähnt Lavoisier die Kalkerde, die Bittersalzerde, die Schwererde und die
Alaunerde als salzfähig, wohingegen die Kiesel- oder Glaserde
mit Säuren keine Salze bildet.

87.5 *Namen der Säuren]* 1. Schweflige Säure (H_2SO_3),
2. Schwefelsäure (H_2SO_4), 3. Phosphorige Säure (H_3PO_3),
4. Phosphorsäure (H_3PO_4), 5. Salzsäure (HCl aq) (die Bezeichnung *muriatique* wurde von Bergman in Anlehnung an
den lateinischen Ausdruck für das Meersalz, *muria*, geprägt),
6. Lösung von Chlor (Cl) in Wasser, 7. Salpetrige Säure
(HNO_2), 8. Salpetersäure (HNO_3), 9. vermutlich sogenannte
rauchende Salpetersäure, das heißt Salpetersäure, in der NO_2
gelöst ist, 10. Kohlensäure (H_2CO_3), 11. existiert nicht, 12. Essigsäure ($C_2H_4O_2$), 13. Oxalsäure ($C_2H_2O_4$), 14. Weinsäure
($C_4H_6O_6$), 15. *spiritus tartari,* das bei der trockenen Destillation von Weinstein (Kaliumhydrogentartrat, $KC_4H_5O_6$)
entstehende   Flüssigkeitsgemisch,   16.   Zitronensäure
($C_6H_8O_7$), 17. Apfelsäure ($C_4H_6O_5$), 18. Flüssigkeit aus der
Destillation des Holzes, hauptsächlich Essigsäure, 19. unklar,
20. Gallussäure ($C_7H_6O_5$), 21. Blausäure (HCN), 22. Benzoesäure   ($C_7H_6O_2$),   23.   Bernsteinsäure   ($C_4H_6O_4$),   24.
$C_8H_{14}(COOH)_2$, 25. Milchsäure ($C_3H_6O_3$), 26. Schleimsäure
($C_6H_{10}O_8$), 27. unklar, 28. Ameisensäure (CH_2O_2), 29. Fett-
säuren: heute Oberbegriff für zahlreiche organische Säuren,
30. Borsäure (H_3BO_3), 31. Fluorwasserstoffsäure (HF aq), 32.
bis 48. die benannten Metallsäuren sind aus der Theorie der
Oxidation gefolgerte Möglichkeiten, die zur Zeit Lavoisiers
keineswegs realisiert waren. In der Tat lassen sich heute von
den meisten Metallen (außer Silber, Gold und Platin) Salze
herstellen, bei denen das Metall in einer hohen Oxidations-

stufe vorliegt und mit einer Basis verbunden ist. Formal sind dies dann Salze einer entsprechenden Metallsäure, wobei man aber die Säure selbst nicht herstellen kann.

89.9 *Übersicht]* Geändert aus »Gemählde« (Orig.: *tableau*).

89.32 *mögliche Salzarten]* Geändert aus »mögliche Salzgattungen« (Orig.: *espèces de sels possibles*).

90.12-13 *und da die Natur immer einen bestimmten Gang verfolgt]* Geändert aus »und da die Natur immer einen bestimmten Gang beobachtet« (Orig.: *et comme la marche de la nature et une*).

90.31-33 *die unvollkommne Phosphorsäure von der vollkommnen Phosphorsäure unterschieden]* Phosphorige Säure, auch Phosphonsäure genannt (H_3PO_3), bzw. Phosphorsäure (H_3PO_4).

91.8-9 *vollkommen schwefelsaures Pflanzenalkali (sulfate de potasse)]* Kaliumsulfat (K_2SO_4).

91.9-10 *vollkommen schwefelsaure Sode (sulfate de soude)]* Natriumsulfat (Na_2SO_4).

91.10-11 *vollkommen schwefelsaures Ammoniak (sulfate d'ammoniaque)]* Ammoniumsulfat ($[NH_4]_2SO_4$).

91.11-12 *vollkommen schwefelsauren Kalk (sulfate de chaux)]* Calciumsulfat ($CaSO_4$): Gips.

91.12 *vollkommen schwefelsaures Eisen (sulfate de fer)]* Ferrosulfat ($FeSO_4$).

91.15 *Arten]* Geändert aus »Gattungen« (Orig.: *espèces*).

92.5-6 *Begriffen, oder Kenntnissen]* Orig.: *notions*.

96.1 *Tabellarische Darstellung der einfachen Substanzen]* Von den aufgelisteten Elementen sind nach heutigem Verständnis Licht und Wärme keine chemischen Stoffe. Die übrigen Elemente sind nach heutiger Benennung Sauerstoff (O), Stickstoff (N), Wasserstoff (H), Schwefel (S), Phosphor (P), Kohlenstoff (C), Chlor (Cl), Fluor (F), Bor (B), Antimon (Sb), Silber (Ag), Arsen (As), Bismut (Bi), Kobalt (Co), Kupfer (Cu), Zinn (Sn), Eisen (Fe), Mangan (Mn), Quecksilber (Hg), Molybdän (Mo), Nickel (Ni), Gold (Au), Platin (Pn), Blei (Pb), Wolfram (W), Zink (Zn), Calcium (Ca), Magnesium (Mg), Barium (Ba), Aluminium (Al) und Silicium (Si).

97.7 *Materien]* Orig.: *substances.*

91.32-33 *Man sehe die Mémoires de l'Académie, für die Jahre 1776. S. 671, und 1778. S. 535]* Antoine Laurent Lavoisier, »Mémoire sur l'existence de l'air dans l'acide nitreux, et sur les moyens de décomposer et de recomposer cet acide«, in: *Histoire de l'Académie royale des sciences. Avec les mémoires de mathématique et de physique 1776* (gedruckt 1779), S. 671-680; bzw. Antoine Laurent Lavoisier, »Considérations générales sur la nature des acides, et sur les principes dont ils sont composés«, in: *Histoire de l'Académie royale des sciences. Avec les mémoires de mathématique et de physique 1778* (gedruckt 1781), S. 535-547.

98.1 *(die alkalischen)]* Gegenüber dem Original hinzugefügt.

99.1-3 *Tabellarischer Abriß der zusammengesetzten, oxidirbaren und säurefähigen Grundstoffe und Basen ...]* Königswasser: Mischung aus drei Teilen Salzsäure und einem Teil Salpetersäure, bei der Nitrosylchlorid ($NOCl$) entsteht, das (außer Silber) alle Metalle auflöst. Bei den organischen Säuren macht aus heutiger Sicht die Angabe einer Basis, die mit Sauerstoff verbunden die Säure ergibt, keinen Sinn. Die organischen Säuren lassen sich unter der Summenformel $R{-}OOH$ zusammenfassen, wobei »R« für einen organischen Rest steht, der selbst auch Sauerstoff enthalten kann. Die Benennung folgt auch bei Lavoisier nach der Herkunft in der Natur. Dies bedingt, daß sich hinter einigen Bezeichnungen (zum Beispiel Fettsäure) verschiedene Säuren verbergen. Berlinerblausäure: Blausäure (HCN).

102.4 *des Lichtstoffes]* Orig.: *de la lumière.*

103.29 *organisirten]* Heute: organischen.

104 *Tabellarischer Abriß der zweifachen Verbindungen ...]* Die Liste der oxidierbaren Stoffe differiert in einigen Punkten gegenüber der Liste der Elemente. 1. Der Lichtstoff ist hier nicht mit aufgenommen; chemische Verbindungen des Lichtstoffs kommen in Lavoisiers Theorie nicht vor. 2. Die Erden kommen nicht vor, offenbar weil Lavoisier nicht wußte, ob

und wieweit diese schon oxidiert sind und weiter oxidiert werden können.

110.11-12 *rothoxidirte Quecksilber (der Mercur praecipit-
ruber)]* Roter Quecksilberkalk *(mercurius praecipitatus ruber)*:
Quecksilberoxid (HgO), das durch die Verkalkung von
Quecksilber in Salpetersäure erzeugt wird.

110.13-14 *die durch das Quecksilber nicht angegriffen werden]*
Geändert von »die das Quecksilber nicht angreifen« (Orig.:
qui ne sont point attaqués par le mercure).

110.20 *schwarzoxidirte Magnesium]* Manganoxid: Mn_2O_3,
Mn_3O_4 oder MnO_2 (Braunstein), oder eine Mischung aus
diesen.

110.20 *das rothoxidirte Blei]* Bleioxid (PbO), das in roter
oder gelber Form vorliegen kann.

110.20-21 *das oxidirte Silber]* Silberoxid (Ag_2O).

110.34 *salpetersaurem Pflanzenalkali]* Kaliumnitrat, auch
Kalisalpeter (KNO_3).

110.34 *salpetersaurer Sode]* Natriumnitrat, auch Natronsal-
peter ($NaNO_3$).

110.35 *oxigenesirt meersalzsaurem Pflanzenalkali]* Kaliumchlorat ($KClO_3$).

115.5 *genaue Beschreibungen]* Geändert aus »geringfügige
Beschreibungen« (Orig.: *descriptions minutieuses*).

115.7 *philosophischen Werke]* Orig.: *ouvrage de raisonnement*.

116.12-13 *Nihil est in intellectu quod non prius fuerit in sensu!]*
»Nichts ist im Geist, was nicht vorher in den Sinnen gewesen
ist!« Aus dem Mittelalter stammender Lehrsatz, der später von
mehreren Empiristen aufgegriffen wurde.

116.22 *Porphyrisation]* Pulverisierung eines Materials mittels
eines auf einem harten Stein rollenden Steinrades.

118.9 *der Raum]* Geändert aus »das Locale« (Orig.: *le locale*).

120.8 *man braucht nicht wie beim Holze besorgt sein]* Geändert von »man darf nicht wie beim Holze besorgen« (Orig.:
on n'a pas à craindre, comme avec le bois).

120.28 *Unfällen]* Geändert aus »Zufällen« (Orig.: *accidens*).

120.33 *Eudiometer]* Geändert aus »Eudiomer« (Orig.: *eu-*

diomètres). Wörtlich: »Luftgütemesser«. Geräte zur Bestimmung des Sauerstoffgehaltes der Luft. Es gab zahlreiche verschiedene Formen von Eudiometern, die mit verschiedenen Stoffen zur Absorption des Sauerstoffs betrieben wurden.

127.26 *eines gläsernen Hebers]* Geändert aus »einer gläsernen Spitze« (Orig.: *d'un siphon der verre*). Gemeint ist ein Saugheber (Siphon).

128.11 *ein kupfernes Lineal, das in Zolle und Linien abgetheilt ist]* Geändert aus »ein kupfernes Lineal, das in Grade, Zolle und Linien abgetheilt ist« (Orig.: *une règle de cuivre graduée & divisée en pouces & lignes*).

129.16 *gleitet]* Geändert aus »glitscht« (Orig.: *glisse*).

130.8 *Dille (limbus)]* Eine Dille ist (nach Johann Dietrich Krünitz, *Oekonomische Encyklopädie oder allgemeines System der Staats-, Stadt-, Haus- und Landwirthschaft*, 242 Bde., Berlin 1773 bis 1858, Bd. 9, 1796, S. 318) »an verschiedenen Werkzeugen, eine kurze Röhre, etwas hinein zu stecken«. Später übersetzt Hermbstaedt *limbe* treffender mit »Limbus«, einem in Grade geteilten Randkreis, vor allen an astronomischen und optischen Geräten.

130.12-13 *Nonnius]* Der Nonius ist eine 1631 von dem französischen Mathematiker Pierre Vernier (1584-1638) erfundene Vorrichtung zur Messung kleiner Längen. Das Prinzip besteht darin, neben einer Skala, die in n gleiche Abschnitte geteilt ist, eine weitere, verschiebbare Skala anzubringen, die in $n-1$ gleiche Abschnitte geteilt ist. Die beste Übereinstimmung der Teilstriche zwischen beiden Skalen gibt dann die n-tel der Skalenteilung an. Das Prinzip beruht darauf, daß man die Übereinstimmung von Strichen weit besser erkennen kann, als es möglich ist, die Proportionen eines geteilten Längenintervalls zu schätzen.

130.17 *Vaucanson]* Jacques de Vaucanson (1709-1782): französischer Ingenieur und Erfinder.

131.12 *durch Probieren]* Geändert aus »durchs Gefühl« (Orig.: *par tatônnemens*).

131.16 *eine halbe Linie]* Geändert aus »eine Linie« (Orig.: *une demi-ligne*).

132.8 *Meignié]* Pierre Bernard Mégnié (geb. 1758): französischer Instrumentenmacher.

132.9 *Brevete de Königs]* Um den Rückstand gegenüber England im Bau wissenschaftlicher Instrumente aufzuholen und Instrumentenmachern eine legale Existenz ohne Meisterbriefe in allen im Instrumentenbau vorkommenden Handwerken zu ermöglichen, wurde 1787 das *Corps des ingénieurs brevetés en instruments scientifiques* gegründet, dessen Mitglieder von der *Académie royale des sciences* ausgewählt wurden und die vom König ein entsprechendes Patent *(brevet)* erhielten. Mégnié wurde 1788 Patentinhaber *(Breveté du Roi)*, wie zuvor schon Nicolas Fortin (1750-1831).

132.22 *Genauigkeit]* Geändert aus »Richtigkeit« (Orig.: *exactitude*).

134.6-7 *daß ein Cubikfuß oder 1728 Cubikzoll Wasser 70 Pfund wiegen]* Dieser Wert stimmt mit dem heutigen überein.

134.9 *Reduktionen]* Begriff aus der Astronomie: Umrechnung von Beobachtungsdaten auf tatsächliche Werte, hat hier also nichts mit Reduktion im Sinne von Desoxidation zu tun.

135.5 *darf]* Geändert aus »muß« (Orig.: *On doit donc éviter d'appliquer les mains sul la cloche, ou au moins de les y tenir long-tems*).

135.11 *10 Cubikzoll zu 10 Cubikzoll]* Geändert aus »10 Zoll zu 10 Zoll«. Die Angabe von Größen in Einheiten, die zu anderen Größen gehören (hier Zoll als Längeneinheit für ein Volumen) war zwar bis ins 19. Jahrhundert üblich, wurde hier aber korrigiert, um die Unterscheidung zwischen Volumenangaben der Gase und Druckangaben (in Höhe der Quecksilbersäule) zu erleichtern, welche von Lavoisier häufig beide in *pouces* (und entsprechend von Hermbstaedt in Zoll) angegeben werden.

135.15 *Passement's Nachfolger]* Claude Siméon Passemant (1702-1769): französischer Instrumentenmacher. Über dessen Nachfolger ist nichts bekannt.

136.31 *diese Vermuthung]* Geändert aus »diesen Argwohn« (Orig.: *ce soupçon*).

137.24 *vorläufige]* Im Sinne »vorherig« oder »zuvor« verwendet.

138.27 *Eudiometer des Volta]* In dieser Modifikation des Eudiometers dient nicht Stickstoffmonoxid (NO) zur Absorption des Sauerstoffs, sondern Wasserstoffgas (oder ein anderes brennbares Gas), das mittels eines elektrischen Funkens zur Reaktion mit dem Sauerstoff gebracht wird. Benannt nach Alessandro Giuseppe Antonio Anastasio Volta (1745-1827).

140.17-19 *auch wenn der Arm des Hebers B C D bei C abgeschnitten ist und man den Abschnitt C D entfernt]* Geändert aus »obschon der Arm des Hebels B C D bei C abgeschnitten ist, und man davon noch den Theile C D nimmt« (Orig.: *quoique la branche du siphon B C D soit coupée en C & qu'on en retranche la partie C D).*

142.29 *abstrahirt]* Geändert aus »abgezogen« (Orig.: *déduit).*

143.27 *schließt]* Geändert aus »reduzirt« (Orig.: *déduit).*

144.32 *28 Zoll]* Geändert aus »27 Zoll« (Orig.: *28 pouces).*

145.25-26 *daß das Quecksilber 13,5681 mal so schwer als das Wasser ist]* Lavoisier gibt hier nicht an, ob dies auf eine Temperatur von 10 °Réaumur bezogen ist. Der heutige Wert ist 13,546 bei 20 °C.

146.17 *1/211]* Geändert aus »1/214« (Orig.: *1/211).*

148.23 *1/211 dieses Volumens]* Geändert aus »Die 210 dieses Volumens« (Orig.: *Le 210ᵉ de ce volume).*

151.24 *Receuil de l'Académie, année 1780. pag. 355]* Antoine Laurent Lavoisier, Pierre Simon Marquis de Laplace, »Mémoire sur la chaleur«, in: *Histoire de l'Académie royale des sciences. Avec les mémoires de mathématique et de physique 1780* (gedruckt 1784), S. 355-408.

154.4-5 *im vollkommnen Verhältnisse stehen]* Proportional sein.

157.13 *über Null]* Geändert aus »unter Null« (Orig.: *au-dessus de zéro).*

159.13 *Verbindung]* Geändert aus »Verbrennung« (Orig.: *combinaison).*

162.3-4 *die Übersicht der Resultate]* Geändert aus »den Grundriß der Resultate« (Orig.: *le tableau des résultats*).

163.18 *Hales]* Stephen Hales (1677-1761): englischer Physiologe und Mediziner.

163.18 *Woulfe]* Peter Woulfe (ca. 1727-1803): irischer Chemiker.

163.29 *tubulirt]* Mit einer Röhre versehen.

164.8 *Tara]* Leergewicht.

164.20-21 *sublimiren]* Destillieren fester Körper statt Flüssigkeiten.

164.34 *caput mortuum]* Wörtlich: Totenkopf; fester Rückstand am Boden der Retorte nach Beendigung einer Destillation. Die Zusammensetzung hängt von den destillierten Stoffen ab.

167.33 *queue de rat]* Wörtlich: Rattenschwanz.

168.20 *Cavendish]* Henry Cavendish (1731-1810): englischer Naturforscher.

171.3-4 *meersalzsauren Kalk]* Calciumchlorid ($CaCl_2$).

171.4 *essigsaures Pflanzenalkali]* Kaliumacetat (CH_3–COOK).

171.21 *Gäsch (Schaum)]* Mundartliche Bezeichnung für Schaum bei der Gärung (Orig.: *mousse*).

172.9 *Überwachung]* Geändert aus »Wachsamkeit« (Orig.: *surveillance*).

172.21-22 *in dem ersten Theile dieses Werkes, im achten Abschnitt]* Bezieht sich auf einen in dieser Ausgabe nicht berücksichtigten Abschnitt.

172.33 *schwarzoxidirtes Eisen]* Eisen(II, III)-oxid (Fe_3O_4), auch als Magnetit bezeichnet.

173.31-32 *welchen Hr. Meusnier und ich, in Gegenwart der Commissairs der Akademie angestellt haben]* Gemeint sind die Versuche vom Februar 1785 zur Analyse und Synthese des Wassers.

174.2-3 *Wir werden der Akademie in einer ausführlichen Abhandlung die erhaltenen Resultate vorlegen.]* Die angekündigte Abhandlung ist nie publiziert worden.

174.6-7 *den Nachteil]* Geändert aus »das Schlimme« (Orig.: *l'inconvénient*).

174.14 *Hr. von Brische]* Orig.: *de la Briche*. Über einen Instrumentenmacher diesen Namens ist nichts bekannt.

176.11 *Pistill]* Stößel eines Mörsers.

176.13 *Bleiglätte]* Bleioxid (PbO), das in roter oder gelber Form vorliegen kann.

176.16 *Börnsteinfirniß]* Bernsteinlack: Lösung von Bernstein in Leinöl.

177.11-12 *vor allen Unfällen geschützt]* Geändert aus »vor allen Zufällen geschützt« (Orig.: *à l'abri de tout accident*).

180.18 *Hrn. Seguin]* Armand François Séguin (1765-1835): französischer Chemiker und Physiologe.

7. Glossar

ANZIEHUNG – *Anziehung* oder *Anziehungskraft* bezeichnete im 18. Jahrhundert die Eigenschaft von Körpern, Körper aus demselben oder aus einem anderen Stoff anzuziehen. In atomistischen Vorstellungen läßt sich dies als eine Anziehung zwischen Atomen auffassen, aber auch in nicht-atomistischen Vorstellungen gab es eine Anziehung auf mikroskopischer Ebene. Sowohl die Ursache der Anziehung (oder synonym: der *Attraktion*) als auch ihre Wirkungsweise, vor allem aber die Abhängigkeit ihrer Stärke von der Entfernung war unklar. Das Ideal war Newtons *Gravitationskraft*, von der zwar der Grund und der Wirkmechanismus ebensowenig bekannt waren (und es genaugenommen bis heute nicht sind), wohl aber das Abstandsgesetz: Die Stärke der Kraft nimmt umgekehrt proportional mit dem Quadrat des Abstandes ab (doppelter Abstand, ein Viertel der Kraft).

Für den mechanischen Umgang mit Körpern war dies ein praktikables Konzept. Man ging davon aus, daß die meisten Körper der *Gravitation* unterliegen, das heißt *Schwere* besitzen. Bezogen auf die Erde haben diese Körper ein *Gewicht*. Auf das Volumen eines Körpers bezogen ist dies das *spezifische Gewicht* (oder *spezifische Schwere*), das damit eine Stoff- und keine Körpereigenschaft ist. Ein *Körper* ist eine (bestimmte) *Menge* eines (bestimmten) *Stoffs* in einer (bestimmten) *Form*. Stoffe mit Schwere nannte man *ponderabel*. Einige Stoffe wurden hingegen als *schwerelos* (*imponderabel*) und damit *gewichtslos* angesehen, oder ihr Gewicht wurde zumindest als zu gering für einen Nachweis durch Wägung gehalten. Die wichtigste *Imponderabilie* in diesem Zusammenhang war der Wärmestoff *(calorique)* (Näheres

J. Frercks und J. Jost, *Lavoisier*, Klassische Texte der Wissenschaft, https://doi.org/10.1007/978-3-662-67257-0

zu diesem unter »Gase«). Nichtsdestotrotz betrachtete man diese Imponderabilien als materielle Stoffe, die chemisch mit anderen Stoffen reagieren.

Das gegen Ende des 17. Jahrhunderts vorherrschende mechanistische Programm der Chemie, die verschiedenen Stoffeigenschaften auf die Form der einen *Materie* zurückzuführen, war fruchtlos geblieben. Die Chemie des 18. Jahrhunderts setzte deswegen qualitativ verschiedene Stoffe schlicht voraus. Damit war die Rückführung auf Newtons Gravitationskraft nicht mehr möglich, und so blieb auch die Frage nach den Kräften ohne nennenswerten Fortschritt. In der Regel nahm man nahwirkende Flächenkräfte an (*Zusammenhang* oder *Kohäsion* für den Zusammenhalt eines aus einem Stoff bestehenden Körpers und *Anhängung* oder *Adhäsion* für den Zusammenhalt zwischen Körpern aus verschiedenen Stoffen). Aber auch Fernkräfte waren denkbar.

Bezogen auf die Anziehung chemischer Stoffe mit sich selbst und mit anderen Stoffen sprach man von *Verwandtschaft* (synonym: *Affinität*), die als eine spezielle Form der Anziehung zu verstehen ist. Der Umgang mit der Verwandtschaft war phänomenologisch-klassifikatorisch. Man ordnete die Verwandtschaften zwischen je zwei Stoffen danach, ob ein Bestandteil einer chemischen *Verbindung* (synonym: *Mischung*) durch einen anderen Stoff vertrieben wurde. In diesem Fall sprach man von einer höheren *Wahlverwandtschaft* (synonym: *Wahlanziehung*) des ersetzenden Stoffs. Wenn bei einer Reaktion zwischen zwei aus je zwei Stoffen bestehenden Verbindungen die Partner getauscht wurden, sprach man von einer *doppelten Wahlverwandtschaft*. Über die Chemie hinausgehend bekannt geworden ist das Konzept durch Johann Wolfgang von Goethes (1749-1832) Roman *Die Wahlverwandtschaften*, in dem der Begriff auf menschliche Beziehungen angewandt wird.

Das Ordnungskriterium der Wahlverwandtschaften erlaubte die auf zahlreichen empirischen Versuchen beru-

hende Anordnung der Stoffe ohne metaphysische Spekulation, ein Programm, das auf Étienne François Geoffroy
(1672-1731) zurückgeht und das vor allem von Tobern Olof
Bergman (1735-1784) extensiv betrieben wurde.

Die *Abstoßung* (synonym: *Zurückstoßung*, *Repulsion*), die es
zumindest in nicht-atomistischen Vorstellungen geben
muß, damit die Materie sich nicht unendlich zusammen-
zieht, die aber in atomistischen Vorstellungen auch vorkommt, um die unterschiedliche Dichte der Körper, insbesondere die Eigenschaft von Gasen, von selbst einen
Raum auszufüllen, zu erklären, war für die Chemiker weniger von Interesse. Einige Naturforscher behaupteten sogar, man könne ganz ohne abstoßende Kräfte auskommen.
Erklärt wurde die Abstoßung in der Regel durch *Wärme*,
wobei die Wärme selbst als chemischer Stoff *(Wärmestoff)*
aufgefaßt werden konnte, aber nicht mußte.

ELEMENTE – Nach traditioneller Vorstellung sind *Elemente* die
niemals rein darstellbaren, einfachsten Bestandteile der
Materie, nämlich Feuer, Wasser, Erde und Luft. Das Konzept wurde von verschiedenen Autoren um weitere Elemente, z.B. Schwefel oder Quecksilber erweitert, oder es
wurden Varianten der klassischen Elemente, z.B. *verschiedene* Erden eingeführt. Die Elemente wurden als *Prinzipien*
angesehen, die den Stoffen, deren Bestandteile sie waren,
bestimmte qualitative Eigenschaften verliehen. Im Laufe
des 18. Jahrhunderts wurde der Begriff Element zunehmend
auch für *einfache Stoffe* oder *Grundstoffe*, also für nicht aus
verschiedenen anderen Stoffen zusammengesetzte *Stoffe*
(synonym: *Substanzen*), verwendet. Allerdings blieb ein
Vorbehalt in dieser Benennung, da man nicht sicher sein
konnte, ob ein Stoff nicht doch aus anderen Stoffen zusammengesetzt ist. Erst Lavoisier umging dieses Problem, indem er die Grenze der Analyse in die Definition von »Element« mit einbezog. Nach Lavoisier sind Elemente die mit
den verfügbaren Techniken noch nicht zerlegten Stoffe.
Die traditionellen Elemente Feuer, Wasser, Erde und Luft

sind demnach keine unzugänglichen *Uranfänge* (oder *uran-fänglichen Bestandtheile*) mehr, sondern Stoffe wie andere auch. Dennoch galten sie bis zu Lavoisier als *einfache*, das heißt als *nicht zusammengesetzte* Stoffe. Nach der Theorie Lavoisiers sind sie allerdings nicht einmal mehr einfach, also auch nach der modernen Definition keine Elemente: Luft ist aus gasförmigem Sauerstoff und gasförmigem Stickstoff zusammengesetzt, Wasser aus Sauerstoff und Wasserstoff, das Feuer enthält sicherlich *Wärmestoff*, möglicherweise aber auch einen unabhängigen *Lichtstoff*, und von den Erden hatte Lavoisier immerhin eine begründete Vermutung, daß sie (wie die Metallkalke) aus einer *Basis* (einem metallischen Grundstoff) und Sauerstoff bestehen. Der Wechsel in der Bedeutung von *Element* (von *Uranfang* zu *nicht zusammengesetzter Stoff*) hatte auch Auswirkungen auf die Bedeutung des Begriffs *Mischung*. In den traditionellen Vorstellungen sind alle sinnlich erfahrbaren Stoffe Mischungen, da sie nie aus nur einem Element bestehen. Die einfachen Stoffe wurden dementsprechend auch als *Grundmischungen* bezeichnet. Nach der neuen Definition bezeichnet Mischung hingegen Stoffe, die aus verschiedenen einfachen Stoffen bestehen. Anders als heute wurde allerdings noch nicht zwischen physikalischen Lösungen und chemischen Verbindungen unterschieden, sondern beide wurden als Mischungen bezeichnet.

Bemerkenswert ist, daß Lavoisier die Vorstellung von *Prinzipien*, die bestimmte Eigenschaften verleihen, nicht aufgab, sondern im Gegenteil mit dem warmmachenden Wärmestoff *(calorique)*, dem sauermachenden Sauerstoff *(oxygène)* und dem wasserbildenden Wasserstoff *(hydrogène)* ganz neue Prinzipien einführte.

GASE – Das ursprünglich von Johannes Baptista van Helmont (1579-1644) eingeführte Wort *Gas* war zur Zeit Lavoisiers schon für luftförmige Stoffe gebräuchlich, erhielt aber erst durch Lavoisier eine bestimmte, in den Grundzügen bis heute gültige Bedeutung. Der Begriff *Flüssigkeit* (oder *Flui-*

dum) umfaßte im 18. Jahrhundert Flüssigkeiten und Gase in heutigem Sinne, die man *tropfbare Flüssigkeiten* bzw. *elastische Flüssigkeiten* (oder auch *luftförmige Flüssigkeiten*) nannte. Zu den luftförmigen Flüssigkeiten gehörten zahlreiche im Laufe des 18. Jahrhunderts entdeckte sogenannte *Luftarten*, die sich mechanisch wie die Luft verhielten, chemisch aber ganz unterschiedliche Eigenschaften hatten.

Nach Lavoisier sind diese Luftarten nicht *per se* gasförmig, so daß sie sich auch nicht prinzipiell von anderen, gewöhnlich in flüssiger oder fester Form vorliegenden Stoffen unterscheiden. Vielmehr kann im Prinzip jeder Stoff fest, flüssig oder gasförmig sein. Der Begriff *Gas* bezeichnet also nicht einen *Stoff* oder eine *Stoffklasse*, sondern einen *Zustand*. Gase sind demnach verschiedene chemische Substanzen in gasförmigem Zustand.

Während zuvor die Luftarten als in *der* Luft gelöst betrachtet worden waren, geht Lavoisier hier einen Schritt weiter. Die Luft ist selbst eine Mischung verschiedener Substanzen in gasförmigem Zustand: Sie besteht aus Sauerstoffgas und Stickstoffgas.

Bei den Gasen wurde unterschieden in *bleibend elastische Gase* und *dunstförmige Gase*. Bleibend elastische Gase sind demnach diejenigen Gase, die bei normalen Druck- und Temperaturverhältnissen in der Atmosphäre gasförmig sind. *Dunstförmige Gase* (oder *Dünste*; heute: *Dämpfe*) hingegen sind diejenigen gasförmigen Stoffe, die gleichzeitig in flüssiger oder fester Form vorhanden sind. Wichtigstes Beispiel ist der Wasserdampf.

Mit der Auffassung von Gas als Zustand und nicht als Stoffklasse wurden physikalische Randbedingungen, vor allem der Druck der Atmosphäre, auch für die Chemie relevant. Neben dem äußeren Druck hängt der Zustand eines Stoffs vor allem von der Menge des aufgenommenen *Wärmestoffs (calorique)* ab. Die Aufnahme von Wärmestoff bewirkt *innerhalb* eines Zustandes eine *Erwärmung* (Erhöhung der Temperatur), während sie an den Temperaturgrenzen zwischen den Zuständen eine *Zustandsänderung* ohne Temperaturerhöhung bewirkt. Mikroskopisch versteht Lavoisier die Ausdehnung so, daß sich der Wärmestoff in die Poren zwischen den *Theilchen* (oder *kleinsten Theilen, Atomen*) der Materie drängt und diese dabei auseinanderdrückt.

MASSE UND GEWICHTE –

Längenmaße:

1 Pariser Meßrute *(toise)* = 6 Pariser Fuß = 1,9488 Meter

1 Pariser Fuß *(pied)* = 12 Pariser Zoll = 0,3248 Meter

1 Pariser Zoll *(pouce)* = 12 Pariser Linien = 27,07 Millimeter

1 Pariser Linie *(ligne)* = 2,256 Millimeter

Volumenmaße:

1 Pariser Kubikfuß *(pied cube)* = 34265 Kubikzentimeter = 34,3 Liter

1 Pariser Kubikzoll *(pouce cube)* = 19,8 Kubikzentimeter

Basierend auf der Umrechnung 1 Pariser Fuß = 0,3248 Meter, nach Johann Albert Eytelwein, *Vergleichungen der gegenwärtig und vormals in den königlich preußischen Staaten eingeführten Maaße und Gewichte, mit Rücksicht auf die vorzüglichsten Maaße und Gewichte in Europa*, 2. Aufl., Berlin 1810. Die Veränderung der Definition des Meters gegenüber der Zeit Eytelweins ist vernachlässigbar.

Gewichte:

Das für die Chemie in Deutschland relevante deutsche Apotheker- und Medizinalgewicht war reichsweit einheitlich:

1 Zentner = 100 Pfund = 35,79 kg

1 Pfund = 12 Unzen = 357,92 g

1 Unze = 2 Loth = 29,83 g

1 Loth = 4 Drachmen = 14,91 g

1 Drachme = 1 Quentchen = 3 Skrupel = 3,728 g

1 Skrupel = 20 Gran = 1,243 g

1 Gran = 0,06214 g

In Paris war das Apotheker-Pfund etwas schwerer:

1 deutsches Pfund = 0,975 Pariser Pfund.

Entsprechend waren alle Gewichte um 2,56 % schwerer:
1 *quintal* = 36,71 kg
1 *livre* = 367,10 g
1 *once* = 30,59 g
1 *gros* = 3,824 g
1 *scrupel* = 1,275 g
Das *grain* betrug in Paris, anders als in Deutschland, nur 1/24 *scrupels*, also
1 *grain* = 0,05311 g.
Das Markgewicht *(poids-de-marc)* ist ein System, in dem das Pfund 4/3 Pfund Apothekergewicht betrug, also:
1 *livre poids-de-marc* = 489,5 g
Da in diesem System 1 Pfund = 9216 Gran ist, entspricht das Gran demjenigen des Apothekergewichts:
1 *grain poids-de-marc* = 0,05311 g
Benennung, Aufteilung und Umrechnung zwischen deutschen und Pariser Gewichtsmaßen nach Friedrich Albrecht Carl Gren, *Systematisches Handbuch der gesammten Chemie. Zum Gebrauche seiner Vorlesungen entworfen*, 3 Bde., Halle 1787-1790, Bd. 1, S. 127-128; Umrechnung in Gramm nach Eytelwein, *Vergleichungen der gegenwärtig und vormals in den königlich preußischen Staaten eingeführten Maaße und Gewichte.*

Oxidation – (synonym: *Oxygenesierung*) bezeichnet den Prozeß der Verbindung mit *Sauerstoff* (Hermbstaedt verwendet in der Regel den Ausdruck *säurezeugender Stoff*). *Sauerstoff (oxygène)* ist ein von Lavoisier geprägtes Kunstwort, das nach Lavoisiers Auffassung die Haupteigenschaft dieses Stoffs bezeichnet, nämlich Stoffe, mit denen es in ausreichender Menge verbunden ist, zu Säuren zu machen. Ein mit Sauerstoff verbundener Stoff heißt *Oxid*.
Heute weiß man, daß es erstens Säuren gibt, die keinen Sauerstoff enthalten, und daß es zweitens zahlreiche Oxide mit hohem Sauerstoffanteil gibt, die nicht sauer sind, so daß das Konzept der Säure nicht mehr auf den Sauerstoff zurückgeführt wird.

Bis heute gültig ist hingegen die Bedeutung des Sauerstoffs für die Theorie der *Verbrennung*. Nach der Theorie Georg Ernst Stahls (ca. 1659-1734) gibt bei einer Verbrennung der verbrennende Körper einen *Brennstoff*, das sogenannte *Phlogiston*, ab, der sich an die Luft anhängt und diese *phlogistisiert*. Das Phlogiston verleiht zudem den Metallen ihre charakteristischen Eigenschaften wie Glanz, Formbarkeit und elektrische Leitfähigkeit. Nach Lavoisier existiert das Phlogiston gar nicht. Bei der Verbrennung verbindet sich vielmehr die *Basis* eines Teils der atmosphärischen Luft, eben der Sauerstoff, mit dem verbrennenden Körper. Dazu muß der verbrennende Körper eine höhere Affinität zum Sauerstoff haben als dieser zum Wärmestoff, mit dem er in gasförmigem Zustand immer verbunden ist.

Als Spezialfall der Verbrennung wurde die *Verkalkung* (synonym: *Kalzination, Kalzinierung*) der Metalle angesehen. Verkalkung meinte ursprünglich ein chemisches Verfahren, Metalle mittels Feuer oder Säuren in pulvrige, meist farbige Stoffe zu verwandeln, die alle für Metalle charakteristischen Eigenschaften wie Glanz, Formbarkeit und elektrische Leitfähigkeit verloren hatten. (Der Ausdruck hat hier also nichts mit Kalk im Sinne von Calciumcarbonat zu tun.) Für beide Theorien waren Verkalkungen besonders interessant, weil sie reversibel sind. Durch die Zufuhr von Phlogiston bzw. die Entfernung des Sauerstoffs können die Metalle *wiederhergestellt* (synonym: *reduziert*) werden *(Wiederherstellung, Revivifikation* oder *Reduktion)*, so daß an diesem Spezialfall Verbrennungsvorgänge exemplarisch und vor allem auch quantitativ untersucht werden können. Nach Lavoisier wird dabei gasförmiger Sauerstoff frei, nach der Phlogistontheorie wird die Luft *dephlogistisiert*.

8. Biographischer Abriß und Zeittafel

Biographie Lavoisiers	*Politische und wissenschaftspolitische Ereignisse*
1743 26. August: Geburt Antoine Laurent Lavoisiers in Paris.	
1754 Besuch des *Collège des quatre nations*, genannt *Collège Mazarin*.	
1756	Siebenjähriger Krieg (bis 1763), Gebietsverluste und hohe Verschuldung Frankreichs.
1761 Studium der Rechtswissenschaft an der juristischen Fakultät der *Sorbonne*. Besuch von Vorlesungen über Mineralogie und Chemie bei Guillaume François Rouelle (1703-1770) am *Jardin du Roi*, bis 1763.	
1763 *Baccalauréat* in Rechtswissenschaft. Mineralogische Studien und Forschungen, zum Teil auf Reisen nach Nordfrankreich und in die Vogesen mit Jean Étienne Guettard (1715-1786), bis 1767.	
1764 Studienabschluß als Anwalt *(Licencié en droit)*.	

J. Frercks und J. Jost, *Lavoisier*, Klassische Texte der Wissenschaft, https://doi.org/10.1007/978-3-662-67257-0

1765   25. Februar: erster Vortrag an
       der *Académie royale des scien-*
       ces zum Kristallisationswasser
       des Gipses.

1766   9. April: Goldmedaille für ei-
       nen Beitrag zu der Preisfrage
       der *Académie royale des*
       sciences zur Verbesserung
       der Straßenbeleuchtung von
       Paris.

1768   Eintritt in die *Ferme générale*,
       ein Privatunternehmen, das
       gegen Provision für den Staat
       Verbrauchssteuern eintrieb.
       Investition des Hauptteils sei-
       nes ererbten Vermögens.
       20. Mai: Wahl zum *Adjoint*
       chimiste der *Académie royale*
       des sciences.
       Forschungen zur Chemie der
       Verbrennungen und der Gase
       (bis 1774).

1771   Gründung der *Observations*
                                              sur la physique, sur l'histoire
                                              naturelle et sur les arts, einer
                                              der ersten naturwissenschaft-
                                              lichen Fachzeitschriften.

       16. Dezember: Heirat mit
       Marie-Anne Pierrette Paulze
       (1758-1836), Tochter eines
       Fermier des tabacs, die zu La-
       voisiers wissenschaftlichen
       Arbeiten beiträgt, vor allem
       durch die Übersetzung engli-
       scher Texte und die Anferti-
       gung von Kupfertafeln für ge-

druckte Werke; Wohnung in
der *rue Neuve-des-Bons-En-*
fants.

1772 30. August: Beförderung zum
Associé chimiste der *Académie*
royale des sciences.

1773 20. Februar: Notiz am Anfang eines neuen Labortage-
buchs, daß er eine lange
Reihe von Experimenten
durchzuführen gedenke, mit
denen er beabsichtigte, »eine
Revolution in der Physik und
in der Chemie zu bewirken«.

1774 Januar: Publikation der *Opus-*
cules physiques et chymiques,
einer Zusammenstellung der
bisherigen *Mémoires* zu den
Verbrennungsversuchen; Ver-
sendung an zahlreiche wissenschaftliche Institutionen
in Europa.

                              Tod Louis' XV., am 10. Mai
                              wird Louis XVI. König.
                              1. Juli: Gründung der *Régie*
1775   *des poudres et salpêtres* anstelle
                              der aufgelösten *Ferme des*
                              poudres.

        1. Juli: Ernennung zum *Régis-*
        seur des poudres et salpêtres.

1776 Umzug in das *Arsenal* (in der
        Nähe der Bastille), in das
        Hôtel des Régisseurs; Einrich-
        tung von Wohnung, Biblio-
        thek und großem For-
        schungslabor; regelmäßige

Treffen mit den bedeutendsten Pariser Naturwissen-
schaftlern zum Diskutieren
und Experimentieren.

1778   14. Februar: *Pensionnaire* der
Académie royale des sciences.

Kriegseintritt Frankreichs in
den amerikanischen Unab-
hängigkeitskrieg (1775-1783)
gegen England.

Erwerb einer Domäne in
Fréchines in der Nähe von
Blois.

1780   Tod Jean-Baptiste Michel
Bucquets (1746-1780), mit
dem Lavoisier intensiv zu-
sammengearbeitet hatte.

1782   Experimente mit dem Eiskalorimeter, in Zusammenar-
beit mit Pierre Simon Marquis de Laplace (1749-1827),
zur Messung des Umsatzes
von Wärmestoff bei chemi-
schen und physiologischen
Prozessen (bis 1783).

1783   24. Juni: Experiment der Verbrennung von brennbarer
Luft mit reiner Luft zu Wasser vor zahlreichen Zeugen
(gemeinsam mit Laplace).

4. Juni: Erster Aufstieg eines
Heißluftballons durch die
Gebrüder Michel Joseph de
Montgolfier (1740-1810) und
Étienne Jacques de Montgol-
fier (1745-1799).

21. November: erster bemannter Flug mit einem Heißluftballon; 1. Dezember: erster bemannter Flug mit einem wasserstoffgefüllten Ballon.

Beginn der Zusammenarbeit mit Jean Baptiste Marie Charles Meusnier de la Place (1754-1793) zur Produktion von Wasserstoffgas durch die Zersetzung von Wasser.

1785   27. und 28. Februar: Präzisionsexperimente zur Analyse und Synthese von Wasser unter Beteiligung und Zeugenschaft zahlreicher Pariser Wissenschaftler; Umschlag der vorherrschenden Meinung zugunsten von Lavoisiers Sauerstofftheorie.

Juni: Vortrag an der *Académie royale de sciences*: »Réflexions sur le phlogistique«, erste explizite Kritik Lavoisiers an der Phlogistontheorie.

Jean Claude de la Méthérie (1743-1817) wird Herausgeber der *Observations sur la physique, sur l'histoire naturelle et sur les arts*.

Einrichtung einer *Classe de physique générale* an der *Académie royale des sciences*, u. a. auf Betreiben Lavoisiers.

1787   Publikation der *Méthode de*

nomenclature chimique, gemeinsam mit Louis Bernard Guyton de Morveau (1737-1816), Claude Louis Berthollet (1748-1822) und Antoine François de Fourcroy (1755-1809).

1788

8. August: Einberufung der Generalstände für den Mai 1789.
16. August: Bankrotterklärung der Staatskasse. Zahlreiche Reformbroschüren, Flugschriften und Beschwerdeschriften *(Cahiers de doléances)* zur politischen Situation.

Beginn eines Forschungsprogramms zur quantitativen Bilanzierung von Atmung und Stoffwechsel, mit Armand François Séguin (1765-1835).

1789

Gründung der *Annales de chimie* als Sprachrohr der Anhänger der Sauerstofftheorie in Abgrenzung zu den *Observations sur la physique, sur l'histoire naturelle et sur les arts.*

Frühjahr: Publikation des *Traité élémentaire de chimie.*

5. Mai: Zusammentritt der Generalstände in Versailles.
17. Juni: Der Dritte Stand erklärt sich zur Nationalversammlung *(Assemblée nationale).*

		14. Juli: Erstürmung der Bastille.

14. Juli: Erstürmung der Bastille.

4./5. August: Abschaffung der Feudalrechte.

26. August: Deklaration der Menschen- und Bürgerrechte.

6. Oktober: Verbringung des Königs nach Paris, Umzug der verfassungsgebenden Nationalversammlung *(Constituante)*, der faktischen Regierungsgewalt, von Versailles nach Paris.

2. November: Enteignung der Kirchengüter.

1790 Mitglied der *Commission des poids et mesures.*

Enteignung der religiösen Orden, Verstaatlichung der Kirche.

1791

2. bis 17. März: Abschaffung der Zünfte.

20. März: Auflösung der *Ferme générale.*

7. April: *Commissaire de la Trésorerie nationale.*

20. Juni: Fluchtversuch des Königs, 22. Juni: Verhaftung des Königs.

3. September: Verabschiedung der Verfassung (konstitutionelle Monarchie).

1. Oktober: Zusammenkunft der gesetzgebenden Versammlung.

Beginn der Zusammenstellung der *Mémoires de physique et de chimie*.
18. Dezember: Schatzmeister der *Académie royale des sciences* (bis 1793).

Ersetzung der *Régie interessé* durch die *Régie directe*, also die vollständige Verstaatlichung der Salpeterproduktion.

1792 Arbeiten zum metrischen System mit René Just Haüy (1743-1822).

20. April: Kriegserklärung an Österreich; Beginn des 1. Koalitionskrieges.
10. August: Suspendierung der Monarchie.

17. August: Absetzung als *Régisseur des poudres*, Umzug in den *Boulevard de la Madeleine*.

2. bis 5. September: Massaker in Pariser Gefängnissen.
20. September: Zusammentritt des Nationalkonvents *(Convention nationale)*.
21. September: Beginn des Jahres I der Republik; Einführung der 10-Tage-Woche, Umbenennung der Monate.

Beginn der Arbeit an einem vollständigen Lehrbuch der Chemie.

1793

21. Januar: Hinrichtung Louis' XVI.

1. Februar: Kriegserklärung an England und Holland.
11. März: Beginn des Aufstands in der Vendée.

März: Beginn des Drucks der *Mémoires de physique et de chimie.*

6. April: Gründung des *Comité de salut public.*
2. Juni: Staatsstreich der Jakobiner und Montagnards gegen die Girondisten.
27. Juli: Robespierre wird Mitglied des *Comité de salut public.*
1. August: Beschluß der Zerstörung der aufständischen Vendée.
8. August: Auflösung der *Académie royale des sciences.*
23. August: Einführung der allgemeinen militärischen Dienstpflicht *(Levée en masse).*
10. November: Umwidmung der Kathedrale Notre Dame in einen Tempel der Vernunft.

28. November: Verhaftung gemeinsam mit 27 ehemaligen Kollegen der *Ferme générale* mit der Begründung, die Auflösung der *Ferme générale* verzögert und dabei Geld unterschlagen zu haben; Konfiszierung von Lavoisiers Laboreinrichtung.

	19. Dezember: Einführung der allgemeinen Schulpflicht, kostenfreier Unterricht.
1794	27. Januar: Französisch wird alleinige Amtssprache.
	4. Februar: Abschaffung der Sklaverei in den französischen Kolonien.
	30. März: Verhaftung und Hinrichtung (5. April) Dantons und Beginn der Diktatur Robespierres.
8. Mai: Prozeß, Verurteilung und Hinrichtung auf der Guillotine.	

9. Auswahlbibliographie

Bibliographien

Denis I. Duveen, Herbert S. Klickstein, *A Bibliography of the Works of Antoine Laurent Lavoisier, 1743-1794*, London 1954.

Denis I. Duveen, *Supplement to a Bibliography of the Works of Antoine Laurent Lavoisier, 1743-1794*, London 1965.

Panopticon Lavoisier, zugänglich unter http://moro.imss. fi.it/lavoisier/

Das von Marco Beretta geleitete Projekt bietet nicht nur eine auf Vollständigkeit zielende Bilbliographie der Primär- und Sekundärliteratur von und zu Lavoisier, sondern auch Listen von Lavoisiers Manuskripten, Mineralien und Instrumenten sowie eine Faksimileausgabe von Lavoisiers *Œuvres*, der *Mémoires de physique et de chimie* und zahlreicher weiterer Texte und Manuskripte.[1]

Werke Lavoisiers

Antoine Laurent Lavoisier, *Opuscules physiques et chymiques*, Paris 1774, 2. Aufl. 1801. Die *Opuscules* sind eine Zusammenstellung von Abhandlungen über die Verbrennung.

---

1 Das Projekt wird unterstützt durch das *Istituto & museo di Storia della Scienza* in Florenz und das *Centre de recherche en histoire des sciences et des techniques de la Cité des sciences et de l'Industrie* in Paris. Eine Erläuterung des Konzepts der Datenbank bietet Marco Beretta, Andrea Scotti, »Panopticon Lavoisier. A Presentation«, in: Marco Beretta (Hg.), *Lavoisier in Perspective. Proceedings of the International Symposium*, München 2005, S. 193-207.

Louis Bernard Guyton de Morveau, Antoine Laurent Lavoisier, Claude Louis Berthollet, Antoine François de Fourcroy, *Méthode de nomenclature chimique, proposée par MM. de Morveau, Lavoisier, Berthol[l]et, & de Fourcroy. On y a joint un nouveau systême de caractères chimiques, adaptés à cette nomenclature, par MM. Hassenfratz & Adet*, Paris 1787, 2. Aufl. 1789. Lavoisiers Beiträge darin finden sich auch in *Œuvres de Lavoisier*, Bd. 5, S. 354-378.

Antoine Laurent Lavoisier, *Traité élémentaire de chimie, présenté dans un ordre nouveau et d'après les découvertes modernes*, Paris 1789, zahlreiche weitere Auflagen und Nachdrucke bis 1805.

Antoine Laurent Lavoisier, *Œuvres de Lavoisier*, 6 Bde.; Bd. 1: *Traité élémentaire de chimie, Opuscules physiques et chimiques*, hg. von Jean Baptiste André Dumas, Paris 1864, Bd. 2: *Mémoires de chimie et de physique*, hg. von Jean Baptiste André Dumas, Paris 1862, Bd. 3: *Mémoires et rapports sur divers sujets de chimie et de physique pures ou appliquées à l'histoire naturelle générale et à l'hygiène publique*, hg. von Jean Baptiste André Dumas, Paris 1865, Bd. 4: *Mémoires et rapports sur divers sujets de chimie et de physique pures ou appliquées à l'histoire naturelle, à l'administration et à l'hygiène publique*, hg. von Jean Baptiste André Dumas, Paris 1868, Bd. 5: *Mémoires de géologie et de minéralogie, notes et mémoires divers de chimie, mémoires scientifiques et administratifs sur la production du salpêtre et sur la régie des poudres*, hg. von Édouard Grimaux, Paris 1892, Bd. 6: *Rapports à l'Académie, notes et rapports divers, économie politique, agriculture et finances, commission des poids et mesures*, hg. von Édouard Grimaux, Paris 1893; Nachdruck New York 1966.

Eine elektronische Version der *Œuvres de Lavoisier* mit der Möglichkeit einer Volltextsuche ist unter http://histsciences.univ-paris1.fr/i-corpus/lavoisier/ zugänglich. Als Ergänzung wurde erst später damit begonnen, Lavoisiers Korrespondenz herauszugeben.

Antoine Laurent Lavoisier, *Œuvres de Lavoisier: Correspondance*, 8 Bde. (geplant); bislang erschienen: Bd. 1: 1763-1769, hg. von René Fric, Paris 1955, Bd. 2: 1770-1775, hg. von René Fric, Paris 1957, Bd. 3: 1776-1783, hg. von René Fric, Paris 1964, Bd. 4: 1784-1786, hg. von Michelle Goupil, Paris 1986, Bd. 5: 1787-1788, hg. von Michelle Goupil, Paris 1993, Bd. 6: 1789-1791, hg. von Patrice Bret, Paris 1997.

Antoine Laurent Lavoisier, *Mémoires de physique et de chimie*, 2 Bde., Bristol 2004.
Die *Mémoires de physique et de chimie* sind das Relikt eines 1791 begonnenen Projekts Lavoisiers, alle für seinen Theorienkomplex relevanten *Mémoires* in 8 Bänden zusammenzustellen. Der Druck begann 1793, doch die Auflösung der *Académie royale des sciences* und die Verhaftung Lavoisiers unterbrachen den Fortgang. Nach der Hinrichtung Lavoisiers erhielt dessen Witwe die bislang gedruckten Teile (Bd. 1 fast vollständig, Bd. 2 vollständig, von Bd. 4 einige Seiten). Die meisten der *Mémoires* stammen von Lavoisier, einige aber auch von Armand François Séguin sowie weiteren Autoren. 1805 ließ Madame Lavoisier die bedruckten Bögen in jeweils zwei Bände binden, schrieb ein Vorwort dazu und versandte einen Teil der Auflage an Wissenschaftler im In- und Ausland. In den Verkauf gelangten die *Mémoires de physique et de chimie* jedoch nie.

Übersetzungen ins Deutsche

Antoine Laurent Lavoisier, *Physikalisch-chemische Schriften*, 5 Bde., Bde. 1-3 hg. von Christian Ehrenfried Weigel, Bde. 4-5 hg. von Heinrich Friedrich Link, Greifswald 1783-1794.
Der erste Band ist die Übersetzung der *Opuscules*, die weiteren Bände enthalten Übersetzungen weiterer Aufsätze Lavoisiers sowie Kommentare der Herausgeber.

Antoine Laurent Lavoisier, *System der antiphlogistischen Che-*

mie. Aus dem Französischen übersetzt und mit Anmerkungen und Zusätzen versehen von D. Sigismund Friedrich Hermbstaedt, 2 Bde., Berlin, Stettin 1792, 2. Aufl. 1803.

Louis Bernard Guyton de Morveau, Antoine Laurent Lavoisier, Claude Louis Berthollet, Antoine François de Fourcroy, *Methode der chemischen Nomenklatur für das antiphlogistische System. Nebst einem neuen Systeme der dieser Nomenklatur angemessenen chemischen Zeichen, von Herrn Hassenfratz und Adet*, hg. von Karl Freyherrn von Meidinger, Wien 1793, 2. Aufl. 1799; Nachdruck Hildesheim, New York 1978.

Weiterhin wurden zahlreiche Abhandlungen Lavoisiers in deutschsprachigen Fachzeitschriften publiziert und kommentiert.

Biographien

Édouard Grimaux, *Lavoisier 1743-1794. D'après sa correspondance, ses manuscrits, ses papiers de famille et d'autres documents inédits*, Paris 1888.

Maurice Daumas, *Lavoisier. Théoricien et expérimentateur*, Paris 1955.

Henry Guerlac, »Lavoisier, Antoine-Laurent«, in: Charles C. Gillispie (Hg.), *Dictionary of Scientific Biography*, Bd. 8, New York 1973, S. 66-91.

Jean-Pierre Poirier, *Antoine Laurent de Lavoisier. 1743-1794*, Paris 1993.

Arthur Donovan, *Antoine Lavoisier. Science, Administration, and Revolution*, Oxford, Cambridge 1993, 2. Aufl. 1996.

Marco Beretta, *Lavoisier. Die Revolution in der Chemie* (Spektrum der Wissenschaft: Biographie 3/1999).

Marco Beretta, »Lavoisier, Antoine-Laurent«, in: Noretta Koertge (Hg.), *New Dictionary of Scientific Biography*, Bd. 4, Detroit 2008, S. 213-220. Fortsetzung von Guerlacs Eintrag im *Dictionary of Scientific Biography*.

Tagungsbände

Michelle Goupil (Hg.), *Lavoisier et la révolution chimique. Actes du colloque tenu à l'occasion du bicentenaire de la publication du »Traité élémentaire de chimie« 1789*, Palaiseau 1992.

Christiane Demeulenaere-Douyère (Hg.), *Il y a 200 ans Lavoisier. Actes du colloque organisé à l'occasion du bicentenaire de la mort d'Antoine Laurent Lavoisier, le 8 mai 1794, sous le patronage de l'Académie des sciences et de l'Académie d'agriculture de France, Paris et Blois, 3-6 mai 1994*, Paris 1995.

Marco Beretta (Hg.), *Lavoisier in Perspective. Proceedings of the International Symposium*, München 2005.

Traité élémentaire de chimie

Maurice Daumas, »L'élaboration du Traité de Chimie de Lavoisier«, in: *Archives Internationales d'Histoire des Sciences* (1950), S. 570-590.

Robert Delhez, »Révolution chimique et Révolution française. Le *Discours préliminaire* au *Traité élémentaire de chimie* de Lavoisier«, in: *Revue des Questions Scientifiques* 143 (1972), S. 3-26.

Marco Beretta, »Lavoisier and His Last Printed Work. The *Mémoires de physique et de chimie* (1805)«, in: *Annals of Science* 58 (2001), S. 327-356.

Chemie im 18. Jahrhundert allgemein

Roger Hahn, *The Anatomy of a Scientific Institution. The Paris Academy of Sciences, 1666-1803*, Berkeley, Los Angeles, London 1971.

Frederic Lawrence Holmes, *Eighteenth-Century Chemistry as an Investigative Enterprise*, Berkeley 1989.

Bernadette Bensaude-Vincent, Isabelle Stengers, *A History of Chemistry*, Cambridge/Mass., London 1996.

William H. Brock, *Viewegs Geschichte der Chemie. Aus dem Englischen übersetzt von Brigitte Kleidt und Heike Voelker*, Braunschweig, Wiesbaden 1997.

Isabelle Stengers, »Die doppelsinnige Affinität. Der newtonsche Traum der Chemie im achtzehnten Jahrhundert«, in: Michel Serres (Hg.), *Elemente einer Geschichte der Wissenschaften*. Übersetzt von Horst Brühmann, 2. Aufl., Frankfurt/M. 2002, S. 526-567.

Christoph Meinel, »Chemische Wissenschaften«, in: Friedrich Jaeger (Hg.), *Enzyklopädie der Neuzeit*, Bd. 2, Stuttgart, Weimar 2005, S. 664-681.

Theorie der Verbrennung

Henry Guerlac, *Lavoisier – The Crucial Year. The Background and Origin of His First Experiments on Combustion in 1772*, Ithaca/N.Y. 1961.

Elisabeth Ströker, *Theoriewandel in der Wissenschaftsgeschichte. Chemie im 18. Jahrhundert*, Frankfurt/M. 1982.

Carleton E. Perrin, »Lavoisier's Thoughts on Calcination and Combustion, 1772-1773«, in: *Isis* 77 (1986), S. 647-666.

Berücksichtigung der Luft in der Chemie

Maurice Crosland, »›Slippery Substances‹. Some Practical and Conceptual Problems in the Understanding of Gases in the Pre-Lavoisier Era«, in: Frederic L. Holmes, Trevor H. Levere (Hg.), *Instruments and Experimentation in the History of Chemistry*, Cambridge/Mass., London 2000, S. 79-104.

Trevor H. Levere, »Measuring Gases and Measuring Goodness«, in: Frederic L. Holmes, Trevor H. Levere (Hg.), *Instruments and Experimentation in the History of Chemistry*, Cambridge/Mass., London 2000, S. 105-135.

Marco Beretta, »Pneumatics vs. ›Aerial Medicine‹. Salubrity and Respirability of Air at the End of the Eighteenth Century«, in: *Nuova Voltiana. Studies on Volta and His Time* 2, 2000, S. 49-72.

Theorie der Gase

Robert Fox, *The Caloric Theory of Gases. From Lavoisier to Regnault*, Oxford 1971.

Bilanzmethode

Frederic Laurence Holmes, *Antoine Lavoisier – The Next Crucial Year. Or the Sources of His Quantitative Method in Chemistry*, Princeton/N.J. 1998.
Jean-Pierre Poirier, »Lavoisier's Balance Sheet Method. Sources, Early Signs and Late Developments«, in: Marco Beretta (Hg.), *Lavoisier in Perspective. Proceedings of the International Symposium*, München 2005, S. 69-77.

Axiom der Massenerhaltung

Hélène Metzger, *La philosophie de la matière chez Lavoisier*, Paris 1935.
Prajit K. Basu, »Similarities and Dissimilarities between Joseph Priestley's and Antoine Lavoisier's Chemical Beliefs«, in: *Studies in History and Philosophy of Science* 23 (1992), S. 445-469.
Ursula Klein, »Origin of the Concept of Chemical Compound«, in: *Science in Context* 7 (1994), S. 163-204.

Neue Instrumente

Maurice Daumas, Denis Duveen, »Lavoisier's Relatively Unknown Large-Scale Decomposition and Synthesis of Water, February 27 and 28, 1785«, in: *Chymia. Annual Studies in the History of Chemistry* 5 (1959), S. 113-129.

Trevor H. Levere, »Lavoisier. Language, Instruments, and the Chemical Revolution«, in: Trevor H. Levere, William R. Shea (Hg.), *Nature, Experiment, and the Sciences. Essays on Galileo and the History of Science in Honour of Stillman Drake*, Dordrecht 1990, S. 207-223.

Lissa Roberts, »A Word and the World. The Significance of Naming the Calorimeter«, in: *Isis* 82 (1991), S. 199-222.

Bernadette Bensaude-Vincent, »The Balance. Between Chemistry and Politics«, in: *The Eighteenth Century* 33 (1992), S. 217-237.

Pierre Belin, »Un collaborateur d'Antoine-Laurent Lavoisier à l'Hôtel de l'Arsenal. Jean-Baptiste Meusnier (1754-1793)«, in: Michelle Goupil (Hg.), *Lavoisier et la révolution chimique. Actes du colloque tenu à l'occasion du bicentenaire de la publication du »Traité élémentaire de chimie« 1789*, Palaiseau 1992, S. 263-293.

Jan Golinski, »Precision Instruments and the Demonstrative Order of Proof in Lavoisier's Chemistry«, in: *Osiris* (2) 9 (1994), S. 30-47.

Jan Golinski, »›The Nicety of Experiment‹. Precision of Measurement and Precision of Reasoning in Late Eighteenth-Century Chemistry«, in: M. Norton Wise (Hg.): *The Values of Precision*, Princeton/N.J. 1995, S. 72-91.

Claude Viel, »Le salon et le laboratoire de Lavoisier à l'Arsenal, cénacle où s'élabora la nouvelle chimie«, in: *Revue d'Histoire de la Pharmacie* 42 (1995), S. 255-266.

Frederic L. Holmes, »The Evolution of Lavoisier's Chemical Apparatus«, in: Frederic L. Holmes, Trevor H. Levere (Hg.), *Instruments and Experimentation in the History of Chemistry*, Cambridge/Mass., London 2000, S. 137-152.

Bernadette Bensaude-Vincent, »›The Chemist's Balance for Fluids‹. Hydrometers and Their Multiple Identities, 1770-1810«, in: Frederic L. Holmes, Trevor H. Levere (Hg.), *Instruments and Experimentation in the History of Chemistry*, Cambridge/Mass., London 2000, S. 153-183.

Marco Beretta, »Lavoisier's Collection of Instruments. A Checkered History«, in: Marco Beretta, Paolo Galuzzi, Carlo Triarico (Hg.), *Musa Musaei. Studies on Scientific Instruments and Collections in Honour of Mara Miniati*, Florenz 2003, S. 313-334.

Trevor H. Levere, »Lavoisier's Gasometer and Others. Research, Control, and Dissemination«, in: Marco Beretta (Hg.), *Lavoisier in Perspective. Proceedings of the International Symposium*, München 2005, S. 53-67.

Bezug zur Physik

Thomas S. Kuhn, *Die Entstehung des Neuen. Studien zur Struktur der Wissenschaftsgeschichte*. Übersetzt von Hermann Vetter, Frankfurt/M. 1977.

Fritz Krafft, »Der Weg von den Physiken zur Physik an den deutschen Universitäten«, in: *Berichte zur Wissenschaftsgeschichte* 1 (1978), S. 123-162.

Rudolf Stichweh, *Zur Entstehung des modernen Systems wissenschaftlicher Disziplinen. Physik in Deutschland 1740-1890*, Frankfurt/M. 1984.

Anders Lundgren, »The Changing Role of Numbers in 18th-Century Chemistry«, in: Tore Frängsmyr, J. L. Heilbron, Robin E. Rider (Hg.), *The Quantifying Spirit in the 18th Century*, Berkeley, Los Angeles, Oxford 1990, S. 245-266.

John L. Heilbron, *Weighing Imponderables and Other Quantitative Science Around 1800* (= *Historical Studies in the Physical and Biological Sciences*, Supplement to Vol. 24, Part 1), Berkeley 1993.

Jan Frercks, »Rezeption und Selbstverständnis. Naturlehre/Physik um 1800«, in: *Jahrbuch für Europäische Wissenschaftskultur* 1 (2005), S. 153-184.

Theorie der Atmung

Frederic Lawrence Holmes, *Lavoisier and the Chemistry of Life. An Exploration of Scientific Creativity*, Madison/Wisc. 1985.
Angela Bandinelli, »1783 – Lavoisier and Laplace: Another Crucial Year. Antiphlogistic Chemistry and the Investigation on Living Beings Between the Eighteenth and the Nineteenth Centuries«, in: *Nuncius. Journal of the History of Science* 18 (2003), S. 127-139.

Theorie der Säuren

Maurice Crosland, »Lavoisier's Theory of Acidity«, in: *Isis* 64 (1973), S. 306-325.

Pragmatische Definition der chemischen Elemente

Alister M. Duncan, »The Functions of Affinity Tables and Lavoisier's List of Elements«, in: *Ambix. The Journal of the Society for the History of Alchemy and Chemistry* 17 (1970), S. 28-42.
Robert Siegfried, »Lavoisier's Table of Simple Substances. Its Origin and Interpretation«, in: *Ambix. The Journal of the Society for the History of Alchemy and Chemistry* 29 (1982), S. 29-48.

Neue Nomenklatur

Maurice Crosland, *Historical Studies in the Language of Chemistry,* London 1962, 2. Aufl. 1978.

Wilda C. Anderson, *Between the Library and the Laboratory. The Language of Chemistry in Eighteenth-Century France,* Baltimore, London 1984.

Jan Golinski, »The Chemical Revolution and the Politics of Language«, in: *The Eighteenth Century* 33 (1992), S. 238-251.

Marco Beretta, *The Enlightenment of Matter. The Definition of Chemistry from Agricola to Lavoisier,* Canton/Mass. 1993.

Jonathan Simon, »Authority and Authorship in the Method of Chemical Nomenclature«, in: *Ambix. The Journal of the Society for the History of Alchemy and Chemistry* 49 (2002), S. 206-226.

Philosophie Condillacs

William Randall Albury, »The Order of Ideas. Condillac's Method of Analysis as a Political Instrument in the French Revolution«, in: John A. Schuster, Richard R. Yeo (Hg.), *The Politics and Rhetoric of Scientific Method. Historical Studies,* Dordrecht u. a. 1986, S. 203-225.

Lissa Roberts, »Condillac, Lavoisier, and the Instrumentalization of Science«, in: *The Eighteenth Century* 33 (1992), S. 252-271.

Technische Chemie, Wirtschaft, Administration und Politik

Robert P. Multhauf, »The French Crash Program for Saltpeter Production, 1776-94«, in: *Technology and Culture* 12 (1971), S. 163-181.

Janis Langins, »Hydrogen Production for Ballooning during

the French Revolution. An Early Example of Chemical Process Development«, in: *Annals of Science* 40 (1983), S. 531-558.

Peter J. Austerfield, »From Hot Air to Hydrogen. Filling and Flying the Early Gas Balloons«, in: *Endeavour. Review of the Progress of Science* 14 (1990), S. 194-200.

Jean-Paul Konrat, »S.N.P.E. Héritière de la ›Régie royale des poudres‹ de Lavoisier«, in: Michelle Goupil (Hg.), *Lavoisier et la révolution chimique. Actes du colloque tenu à l'occasion du bicentenaire de la publication du »Traité élémentaire de chimie« 1789*, Palaiseau 1992, S. 171-194.

Seymour H. Mauskopf, »Lavoisier and the Improvement of Gunpowder Production«, in: *Revue d'Histoire des Sciences* 48 (1995), S. 95-121.

Konrad Mengel, »Lavoisier, le salpêtre et l'azote«, in: Christiane Demeulenaere-Douyère (Hg.), *Il y a 200 ans Lavoisier. Actes du colloque organisé à l'occasion du bicentenaire de la mort d'Antoine Laurent Lavoisier, le 8 mai 1794, sous le patronage de l'Académie des sciences et de l'Académie d'agriculture de France, Paris et Blois, 3-6 mai 1994*, Paris 1995, S. 79-85.

Jean-Pierre Poirier, »Lavoisier fermier général, banquier et commissaire de la Trésorerie nationale«, in: Christiane Demeulenaere-Douyère (Hg.), *Il y a 200 ans Lavoisier. Actes du colloque organisé à l'occasion du bicentenaire de la mort d'Antoine Laurent Lavoisier, le 8 mai 1794, sous le patronage de l'Académie des sciences et de l'Académie d'agriculture de France, Paris et Blois, 3-6 mai 1994*, Paris 1995, S. 111-133.

René Amiable, »Lavoisier administrateur et financier de la Régie des poudres et salpêtres (1775–1792)«, in: Christiane Demeulenaere-Douyère (Hg.), *Il y a 200 ans Lavoisier. Actes du colloque organisé à l'occasion du bicentenaire de la mort d'Antoine Laurent Lavoisier, le 8 mai 1794, sous le patronage de l'Académie des sciences et de l'Académie d'agriculture de France, Paris et Blois, 3-6 mai 1994*, Paris 1995, S. 135-140.

Patrice Bret, *L'état, l'armée, la science. L'invention de la recherche publique en France (1763-1830)*, Rennes 2002.

Mi Gyung Kim, »›Public‹ Science. Hydrogen, Balloons and Lavoisier's Decomposition of Water«, in: *Annals of Science* 63 (2006), S. 291-318.

Rezeption in Frankreich und Europa

Bernadette Bensaude-Vincent, »A View of the Chemical Revolution through Contemporary Textbooks. Lavoisier, Fourcroy and Chaptal«, in: *British Journal for the History of Science* 23 (1990), S. 435-460.

Maurice Crosland, *In the Shadow of Lavoisier. The* Annales de chimie *and the Establishment of a New Science*, Oxford 1994.

Maurice Crosland, »Lavoisier et les *Annales de chimie*. Un moyen de propager la nouvelle chimie au-delà du XVIIIᵉ siècle«, in: Christiane Demeulenaere-Douyère (Hg.), *Il y a 200 ans Lavoisier. Actes du colloque organisé à l'occasion du bicentenaire de la mort d'Antoine Laurent Lavoisier, le 8 mai 1794, sous le patronage de l'Académie des sciences et de l'Académie d'agriculture de France, Paris et Blois, 3-6 mai 1994*, Paris 1995, S. 191-200.

Bernadette Bensaude-Vincent, Ferdinando Abbri (Hg.), *Lavoisier in European Context. Negotiating a New Language for Chemistry*, Canton/Mass. 1995. Darin insbesondere:

- Bernadette Bensaude-Vincent, »Introductory Essay. A Geographical History of Eighteenth-Century Chemistry«, S. 1-17.

- David Knight, »Crossing the Channel with the New Language«, S. 143-153.

- Frederic L Holmes, »Beyond the Boundaries. Concluding Remarks on the Workshop«, S. 267-278.

Anders Lundgren, Bernadette Bensaude-Vincent (Hg.), *Communicating Chemistry. Textbooks and Their Audiences, 1789-1939*, Canton/Mass. 2000.

Rezeption in Deutschland

Georg W. A. Kahlbaum, August Hoffmann, *Die Einführung der Lavoisier'schen Theorie im Besonderen in Deutschland*, Leipzig 1897.

Hellmut Vopel, *Die Auseinandersetzung mit dem chemischen System Lavoisiers in Deutschland am Ende des 18. Jahrhunderts*, Leipzig 1972.

Karl Hufbauer, *The Formation of the German Chemical Community (1720-1795)*, Berkeley, Los Angeles, London 1982.

Hans-Georg Schneider, *Paradigmenwechsel und Generationenkonflikt. Eine Fallstudie zur Struktur wissenschaftlicher Revolutionen: die Revolution der Chemie des späten 18. Jahrhunderts*, Frankfurt/M. u. a. 1992.

Peter Laupheimer, *Phlogiston oder Sauerstoff. Die Pharmazeutische Chemie in Deutschland zur Zeit des Übergangs von der Phlogiston- zur Oxidationstheorie*, Stuttgart 1992.

Michael Engel, »Antiphlogistiker in Berlin 1789-1793. Versuch der Rekonstruktion einer *Scientific community* im Theorienstreit«, in: Michael Engel (Hg.), *Von der Phlogistik zur modernen Chemie. Vorträge des Symposiums aus Anlaß des 250. Geburtstages von Martin Heinrich Klaproth*, Berlin 1994, S. 168-259.

Andreas Kleinert, »La diffusion des idées de Lavoisier dans le monde scientifique de langue allemande«, in: Christiane Demeulenaere-Douyère (Hg.), *Il y a 200 ans Lavoisier. Actes du colloque organisé à l'occasion du bicentenaire de la mort d'Antoine Laurent Lavoisier, le 8 mai 1794, sous le patronage de l'Académie des sciences et de l'Académie d'agriculture de France, Paris et Blois, 3-6 mai 1994*, Paris 1995, S. 181-190.

Geoffrey Winthrop-Young, »Terminology and Terror. Lichtenberg, Lavoisier and the Revolution of Signs in France and in Chemistry«, in: *Recherches Sémiotiques* 17 (1997), S. 19-39.

Alfred Nordmann, »The Passion for Truth. Lavoisier's and

Lichtenberg's Enlightenments«, in: Marco Beretta (Hg.), *Lavoisier in Perspective. Proceedings of the International Symposium*, München 2005, S. 109-128.

Jan Frercks, »Die Lehre an der Universität Jena als Beitrag zur deutschen Debatte um Lavoisiers Chemie«, in: *Gesnerus. Swiss Journal of the History of Medicine and Sciences* 63 (2006), S. 209-239.

Chemische Revolution

Thomas S. Kuhn, *Die Struktur wissenschaftlicher Revolutionen.* Zweite revidierte und um das Postskriptum von 1969 ergänzte Auflage, Frankfurt/M. 1976 (Erstausgabe 1962).

Henry Guerlac, »The Chemical Revolution. A Word from Monsieur Fourcroy«, in: *Ambix. The Journal of the Society for the History of Alchemy and Chemistry* 23 (1976), S. 1-4.

Maurice Crosland, »Chemistry and the Chemical Revolution«, in: George Sebastian Rousseau, Roy Porter (Hg.), *The Ferment of Knowledge*, Cambridge u. a. 1980, S. 389-416.

Jerry B. Gough, »Some Early References to Revolutions in Chemistry«, in: *Ambix. The Journal of the Society for the History of Alchemy and Chemistry* 29 (1982), S. 106-109.

I. Bernard Cohen, *Revolutionen in der Naturwissenschaft.* Übersetzt von Werner Kutschmann, Frankfurt/M. 1994 (Erstausgabe 1985).

Evan M. Melhado, »Chemistry, Physics, and the Chemical Revolution«, in: *Isis* 76 (1985), S. 195-211.

Arthur Donovan (Hg.), *The Chemical Revolution. Essays in Reinterpretation* (= *Osiris* (2) 4 (1988)).
Darin:
- Arthur Donovan, »Introduction«, S. 5-12.
- Jerry B. Gough, »Lavoisier and the Fulfillment of the Stahlian Revolution«, S. 15-33.
- Robert Siegfried, »The Chemical Revolution in the History of Chemistry«, S. 34-50.

– Carleton E. Perrin, »Research Traditions, Lavoisier, and the Chemical Revolution«, S. 53-81.
– Frederic L. Holmes, »Lavoisier's Conceptual Passage«, S. 82-92.
– Seymour H. Mauskopf, »Gunpowder and the Chemical Revolution«, S. 93-118.
– H. A. M. Snelders, ›The New Chemistry in the Netherlands«, S. 121-145.
– Anders Lundgren, ›The New Chemistry in Sweden. The Debate that Wasn't«, S. 146-168.
– Ramón Gago, ›The New Chemistry in Spain«, S. 169-192.
– John G. McEvoy, »Continuity and Discontinuity in the Chemical Revolution«, S. 195-213.
– Arthur Donovan, »Lavoisier and the Origins of Modern Chemistry«, S. 214-231.

David Knight, »Revolutions in Science. Chemistry and the Romantic Reaction to Science«, in: William R. Shea (Hg.), *Revolutions in Science. Their Meaning and Relevance*, Canton/Mass. 1988, S. 49-67.

Ferdinando Abbri, ›The Chemical Revolution. A Critical Assessment«, in: *Nuncius. Journal of the History of Science* 4 (1989), S. 303-315.

Carleton E. Perrin, »Chemistry as Peer of Physics. A Response to Donovan and Melhado on Lavoisier«, in: *Isis* 81 (1990), S. 259-270.

Arthur Donovan, »Lavoisier as Chemist *and* Experimental Physicist. A Reply to Perrin«, in: *Isis* 81 (1990), S. 270-272.

Evan M. Melhaldo, »On the Historiography of Science. A Reply to Perrin«, in: *Isis* 81 (1990), S. 273-276.

Carleton E. Perrin, »The Chemical Revolution«, in Robert C. Olby (Hg.), *Companion to the History of Modern Science*, London, New York 1990, S. 264-277.

Rüdiger Stolz, »Die chemische Revolution des 18. Jh. und ihre Wirkung auf das 19. Jahrhundert«, in: *Rostocker Wissenschaftshistorische Manuskripte* 20 (1991), S. 46-50.

Bernadette Bensaude-Vincent, »Sur la notion de révolution

scientifique. Une contribution méconnue de Lavoisier«, in: Christiane Demeulenaere-Douyère (Hg.), *Il y a 200 ans Lavoisier. Actes du colloque organisé à l'occasion du bicentenaire de la mort d'Antoine Laurent Lavoisier, le 8 mai 1794, sous le patronage de l'Académie des sciences et de l'Académie d'agriculture de France, Paris et Blois, 3-6 mai 1994*, Paris 1995, S. 275-283.

Maurice Crosland, »Lavoisier, the Two French Revolutions and ›The Imperial Despotism of Oxygen‹«, in: *Ambix. The Journal of the Society for the History of Alchemy and Chemistry* 42 (1995), S. 101-118.

Frederic L. Holmes, »What Was the Chemical Revolution About?«, in: *Bulletin for the History of Chemistry* 20 (1997), S. 1-9.

Frederic L. Holmes, »The ›Revolution in Chemistry and Physics‹. Overthrow of a Reigning Paradigm or Competition between Contemporary Research Programs?« in: *Isis* 91 (2000), S. 735-753.

Aneignung, Vereinnahmung und Mythisierung

Bernadette Bensaude-Vincent, »A Founder Myth in the History of Sciences? The Lavoisier Case«, in: Loren Graham, Wolf Lepenies, Peter Weingart (Hg.), *Functions and Uses of Disciplinary Histories* (= *Sociology of the Sciences, A Yearbook*, Bd. 7), Dordrecht, Boston, Lancaster 1983, S. 53-78.

Janis Langins, »Fourcroy, historien de la révolution chimique«, in: Michelle Goupil (Hg.), *Lavoisier et la révolution chimique. Actes du colloque tenu à l'occasion du bicentenaire de la publication du »Traité élémentaire de chimie« 1789*, Palaiseau 1992, S. 13-33.

Bernadette Bensaude-Vincent, *Lavoisier. Mémoires d'une révolution*, Paris 1993.

Christiane Demeulenaere-Douyère, »Les papiers de Lavoisier à l'Académie des sciences«, in: Christiane Demeulenaere-

Douyère (Hg.), *Il y a 200 ans Lavoisier. Actes du colloque organisé à l'occasion du bicentenaire de la mort d'Antoine Laurent Lavoisier, le 8 mai 1794, sous le patronage de l'Académie des sciences et de l'Académie d'agriculture de France, Paris et Blois, 3-6 mai 1994*, Paris 1995, S. 219-228.

Bernadette Bensaude-Vincent, »Between History and Memory. Centennial and Bicentennial Images of Lavoisier«, in: *Isis* 87 (1996), S. 481-499.

John G. McEvoy, »In Search of the Chemical Revolution. Interpretive Strategies in the History of Chemistry«, in: *Foundations of Chemistry* 2 (2000), S. 47-73.

Marco Beretta, *Imaging a Career in Science. The Iconography of Antoine Laurent Lavoisier*, Canton/Mass. 2001.

Bernadette Bensaude-Vincent, »Lavoisier. Eine wissenschaftliche Revolution«, in: Michel Serres (Hg.), *Elemente einer Geschichte der Wissenschaften*. Übersetzt von Horst Brühmann, 2. Aufl., Frankfurt/M. 2002, S. 644-685.

Wolf Peter Fehlhammer, »Preface«, in: Marco Beretta (Hg.), *Lavoisier in Perspective. Proceedings of the International Symposium*, München 2005, S. 7-9.

Marco Beretta, »Introduction«, in: Marco Beretta (Hg.), *Lavoisier in Perspective. Proceedings of the International Symposium*, München 2005, S. 11-18.

Christoph Meinel, »Demarcation Debates. Lavoisier in Germany«, in: Marco Beretta (Hg.), *Lavoisier in Perspective. Proceedings of the International Symposium*, München 2005, S. 153-166.

Mi Gyung Kim, »Lavoisier, the Father of Modern Chemistry?« in: Marco Beretta (Hg.), *Lavoisier in Perspective. Proceedings of the International Symposium*, München 2005, S. 167-191.

Danksagung

Dieser Band wäre nicht möglich geworden ohne vielfältige Unterstützung. Olaf Breidbach und Bernd Stiegler haben die mutige Entscheidung getroffen, Lavoisiers *System der antiphlogistischen Chemie* in die Studienbibliothek aufzunehmen. Gabor Kuhles hat in sehr entgegenkommender Weise für die Bereitstellung des Texts und der Kupfertafeln aus dem Bestand der *Thüringer Universitäts- und Landesbibliothek Jena* in materieller und elektronischer Form gesorgt. Michael Markerts umfangreiche Recherchen während des ganzen Projekts waren eine große Hilfe. Olaf Breidbach und Olaf Müller haben verschiedene Fassungen des Manuskripts gelesen und kritisch und konstruktiv kommentiert. Von Marco Beretta habe ich jederzeit kenntnisreiche Antworten auf Nachfragen zu Lavoisier und zum Stand der Forschung bekommen. Paolo Brenni lieferte einige hilfreiche Informationen zu den französischen Instrumentenmachern. Arno Martins akribische Mitarbeit machte die Identifikation vieler der im Text vorkommenden chemischen Stoffe und Reaktionen erst möglich. Bernd Stiegler, Eva Gilmer und Andreas Gelhard haben die Entstehung des Kommentars geduldig und sehr kooperativ redaktionell begleitet. Horst Brühmann hat mit seinem kritischen Lektorat deutlich zur Verbesserung des Texts beigetragen.

Allen Genannten möchte ich an dieser Stelle herzlich danken.